中等职业教育机电类专业“十一五”规划教材

装配钳工工艺学

中国机械工业教育协会
全国职业培训教学工作指导委员会机电专业委员会　组编
刘治伟　主编

机械工业出版社

本教材是为适应“工学结合、校企合作”培养模式的要求，根据中国机械工业教育协会和全国职业培训教学工作指导委员会机电专业委员会组织制定的中等职业教育教学计划大纲编写的。本教材主要内容包括：装配的基础知识，固定联接的装配，传动机构的装配，轴承和轴组的装配，卧式车床及其总装配，机械装置的润湿、密封与治漏，机床夹具，内燃机的工作原理和构造，数控机床及装配，先进制造技术简介等。

本书与《钳工工艺学》是上下册关系，装配钳工应掌握的钳工基本理论及技能参见《钳工工艺学》。

本套教材的公共课、专业基础课、专业课、技能课、企业生产实践教材成龙配套，教学计划大纲、教材、电子教案(或课件)齐全，大部分教材还有配套的习题和习题解答。

本教材可供中等职业技术学校、技工学校、职业高中使用。

图书在版编目(CIP)数据

装配钳工工艺学/刘治伟主编. —北京：机械工业出版社，2009.4（2026.2重印）

中等职业教育机电类专业“十一五”规划教材

ISBN 978-7-111-26273-2

Ⅰ.装…　Ⅱ.刘…　Ⅲ.安装钳工—工艺学—专业学校—教材　Ⅳ.TG946

中国版本图书馆CIP数据核字(2009)第020364号

机械工业出版社(北京市百万庄大街22号　邮政编码100037)

策划编辑：荆宏智　邓振飞　责任编辑：邓振飞　版式设计：张世琴

责任校对：张晓蓉　封面设计：马精明　责任印制：张　博

固安县铭成印刷有限公司印刷

2026年2月第1版第10次印刷

184mm×260mm　·14.25印张·346千字

标准书号：ISBN 978-7-111-26273-2

定价：39.80元

电话服务

客服电话：010-88361066

010-88379833

010-68326294

网络服务

机　工　官　网：www.cmpbook.com

机　工　官　博：weibo.com/cmp1952

金　书　网：www.golden-book.com

机工教育服务网：www.cmpedu.com

中等职业教育机电类专业“十一五”规划教材 编审委员会

主　任　郝广发　季连海

副主任　刘亚琴　周学奎　何阳春　林爱平　李长江　李晓庆
　　　　　徐　彤　刘大力　张跃英　董桂桥

委　员（按姓氏笔画排序）

于　平　王　军　王兆山　王泸均　王德意　方院生
付志达　许炳鑫　杜德胜　李　涛　杨柳青（常务）
杨耀双　何秉戌　谷希成　张　莉　张正明　周庆礼
孟广斌　赵杰士　郝晶卉　荆宏智（常务）　姜方辉
贾恒旦　奚　蒙　徐卫东　章振周　梁文侠　喻勋良
曾燕燕　蒙俊健　戴成增

策划组　荆宏智　徐　彤　何月秋　王英杰

《装配钳工工艺学》编审人员

主　编　刘治伟

参　编　刘晓辉　黄柳平　张麓冰　谢开鸿

审　者　逯萍

序

为贯彻《国务院关于大力发展职业教育的决定》精神，落实文件中提出的中等职业学校实行“工学结合、校企合作”的新教学模式，满足中等职业学校、技工学校和职业高中技能型人才培养的要求，更好地适应企业的需要，为振兴装备制造业提供服务，中国机械工业教育协会和全国职业培训教学工作指导委员会机电专业委员会共同聘请有关行业专家制定了中等职业学校6个专业10个工种新的教学计划大纲，并据此组织编写了这6个专业的“十一五”规划教材。

这套新模式的教材共近70个品种。为体现行业领先的策略，编出特色，扩大本套教材的影响，方便教师和学生使用，并逐步形成品牌效应，我们在进行了充分调研后，才会同行业专家制定了这6个专业的教学计划，提出了教材的编写思路和要求。共有22个省(市、自治区)的近40所学校的专家参加了教学计划大纲的制定和教材的编写工作。

本套教材的编写贯彻了“以学生为根本，以就业为导向，以标准为尺度，以技能为核心”的理念，以及“实用、够用、好用”的原则。本套教材具有以下特色：

1. 教学计划大纲、教材、电子教案(或课件)齐全，大部分教材还有配套的习题集和习题解答。

2. 从公共基础课、专业基础课，到专业课、技能课全面规划，配套进行编写。

3. 按“工学结合、校企合作”的新教学模式重新制定了教学计划大纲，在专业技能课教材的编写时也进行了充分考虑，还编写了第三学年使用的《企业生产实习指导》。

4. 为满足不同地区、不同模式的教学需求，本套教材的部分科目采用了“任务驱动”形式和传统编写方式分别进行编写，以方便大学选择使用；考虑到不同学校对软件的不同要求，对于《模具CAD/CAM》课程，我们选用三种常用软件各编写了一本教材，以供大家选择使用。

5. 贯彻了“实用、够用、好用”的原则，突出“实用”，满足“够用”，一切为了“好用”。教材每单元中均有教学目标、本章小结、复习思考题或技能练习题，对内容不做过高的难度要求，关键是使学生学到干活的真本领。

本套教材的编写工作得到了许多学校领导的重视和大力支持以及各位老师的热烈响应，许多学校对教学计划大纲提出了很多建设性的意见和建议，并主动推荐教学骨干承担教材的编写任务，为编好教材提供了良好的技术保证，在此对各个学校的支持表示感谢。

由于时间仓促，编者水平有限，书中难免存在某些缺点或不足，敬请读者批评指正。

中国机械工业教育协会
全国职业培训教学工作指导委员会
机电专业委员会

前　　言

《装配钳工工艺学》是中等职业学校钳工工种的主要专业课程。根据社会对钳工人才的需要，结合我们的教学实践，按照中等职业教育教学改革的形势和任务，努力贯彻“素质教育为基础，能力为本位”的教学指导思想，特别是国务院关于大力推进职业教育改革与发展的决定，给职业教育的改革发展带来新的机遇，也对职业学校的教材编写提出了更严格要求，我们本着突出应用性及实践性原则，编写了此书。编写的指导思想有以下几方面：

1. 注重教材体系结构和内容方面的适应性、科学性、实用性、创新性和先进性。

2. 在每章节内容的编写体系上，一切从学习培养目标出发，在每章开始前提出了“学习目标”，每章结尾归纳出“本章小结”，并附有“复习思考题”，便于学生把握重点和知识掌握。

3. 在教材内容的处理上，以注重应用为主，拓宽知识面，紧密结合生产实践，由浅入深，依次介绍，力求条理清晰，删除不必要的理论讲解和公式推导，便于组织教学和自修。

4. 本书既可作为中等职业学校的教材，又可作为在职职工岗位培训和自学用书，也可作为各级各类学校机械教学的参考用书，兼顾不同学员和不同地区，有很好的适应性。

本书由刘治伟任主编，刘晓辉、黄柳平、张麓冰、谢开鸿参加编写，逯萍审稿。具体编写分工如下：第一、四、九章由刘晓辉编写，第二、三、十章由黄柳平编写，第五、六章由张麓冰编写，第七、八章由谢开鸿编写。

本书与《钳工工艺学》是上下册关系，装配钳工应掌握的钳工基本理论及技能参见《钳工工艺学》。

限于编者水平，书中错误之处在所难免，恳切希望有关专家和读者不吝赐教。

编　者

目　　录

第一章　装配的基础知识

教学目标　1. 理解装配工艺过程及装配组织形式。
2. 了解装配系统图的内容和画法。
3. 了解旋转件不平衡的形式及掌握旋转件的平衡方法。
4. 了解零件的密封性试验方法。
5. 掌握装配尺寸链的概念及解法。
6. 理解保证产品装配精度的各种方法。

教学重点　1. 旋转件的平衡方法。
2. 零件的密封性试验方法。
3. 装配尺寸链的概念及解法。
4. 保证产品装配精度的各种方法。

教学难点　1. 装配尺寸链的概念及解法。
2. 保证产品装配精度的各种方法。

第一节　装配工艺概述

装配是指按规定的技术要求，将零件或部件进行配合和连接，使之成为半成品或成品的工艺过程。

一、装配工作的重要性

装配工作是产品制造过程中的最后一道工序。装配工作质量的好坏，对产品质量起着决定性的作用。如果装配后零件间的配合不符合技术要求，机器就不能正常工作，零部件之间、机构之间的相互位置不正确，就会影响机器的工作性能，甚至无法使用。如果在装配过程中不按工艺要求装配，也不可能装配出合格的产品。装配质量差的机器普遍存在精度低、性能差、消耗大、寿命短等问题。总之，装配工作是一项重要而细致的工作，必须按技术要求认真进行。

二、装配工艺过程

产品的装配工艺过程分以下四个阶段：

1. 装配前的准备工作

1）研究、熟悉产品装配图及其他工艺文件和技术要求，了解产品结构、各零件的作用以及相互连接关系。

2）确定装配方法、顺序和准备所需要的工具。

3）对装配的零件进行清理和清洗，去掉零件上的毛刺、铁锈、切屑、油污。

4）对有些零件还需要进行刮削等修配工作，有些特殊要求的零件还要进行平衡试验、密封性实验等。

2. 装配工作

（1）部件装配　将两个或两个以上的零件组合在一起或将零件与几个组件结合在一起，成为一个单元的装配工作，称为部件装配。

（2）总装配　指将零件和部件结合成为一台完整产品的过程。

3. 调整、精度检验和试运行阶段

（1）调整　调节零件或机构的相互位置、配合间隙、结合松紧等。目的是使机构或机器工作协调，如轴承间隙、丝杠间隙、蜗轮轴向位置的调整等。

（2）精度检验　包括几何精度检验和工作精度检验等。几何精度通常是指形状和位置精度，如车床总装后要检验主轴中心线对床身导轨的平行度误差、中滑板导轨和主轴中心线的垂直度误差等。工作精度检验指一般的切削试验，如车床进行车外圆和车端面的检验。

（3）试运行　检验机构或机器运转的灵活性及振动、温升、噪声、转速、功率、密封性等性能是否符合要求。

4. 涂装、装箱

机器装配好之后，为了使其美观，防止其生锈和便于运输，还要进行喷漆、涂油和装箱等工作。

产品通常是在工厂中装配的。但在某些场合下，制造厂并不将产品进行总装，而是为了运输方便，在制造厂内只进行部件装配工作，总装则在工作现场进行，如重型机床、大型汽轮机等。

三、装配的组织形式

装配的组织形式随着生产类型和产品复杂程度而不同。装配生产类型可分为三类：

（1）单件生产　单个制造不同结构的产品，并很少重复，甚至完全不重复，这种生产方式称为单件生产。

单件生产的装配工作多在固定的地点，由一个工人或一组工人，从开始到结束进行全部的装配工作。如夹具、模具的装配一般属于此类。这种装配组织形式的装配周期长，占地面积大，需要大量的工具和设备，并要求工人具有较高的技能水平。

（2）成批生产　在一定的时期内，成批制造相同的产品，这种生产方式称为成批生产。

成批生产时，装配工作通常分为部件装配和总装配，每个部件由一个工人或一组工人来完成，然后进行总装配，如机床的装配一般属此类。

（3）大量生产　产品的制造数量庞大，每个工作点完全重复地完成某一项工作，并使用专用设备和专用工具，这种生产方式称为大量生产。在装配过程中，装配对象（零件、部件、组件）有顺序地由一个或一组工人转移给另一个或一组工人，这种转移可以是装配对象的移动，也可以是装配工人的移动。通常把这种装配组织叫做流水装配法。

在大量生产中，由于广泛采用互换性原则，并使装配工作工序化，因此装配质量好、效率高、生产成本低，是一种较先进的装配组织形式，如汽车、拖拉机的装配属于此类。

四、装配单元系统图

表示产品装配单元的划分及其装配先后顺序的图称为装配单元系统图。

装配单元系统图的绘制方法：

1）画一条横线。

2）横线的左边画一长方格，代表基准零件。在长方格中注明基准零件或基准部件的名称、编号和数量。

3）横线的右端也画一长方格，代表装配的成品。

4）横线自左向右表示装配的顺序，直接进入装配的零件画在横线上面，组件画在横线的下面。

装配单元系统图是根据装配工艺制定绘制的。由装配单元系统图可以清楚地看出成品的装配过程，装配所需零件的名称、编号和数量，并可以此为根据划分装配工序，因此可起指导和组织装配工艺的作用。

图 1-1 所示为锥齿轮轴组件装配图，图 1-2 为锥齿轮轴组件装配顺序图，图 1-3 为该组件的装配单元系统图。

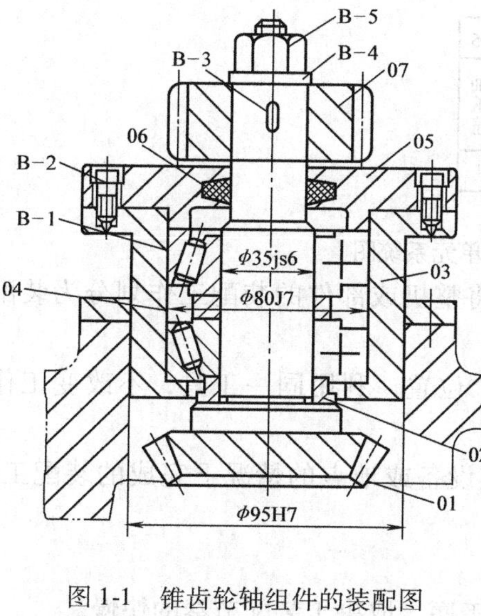

图 1-1　锥齿轮轴组件的装配图

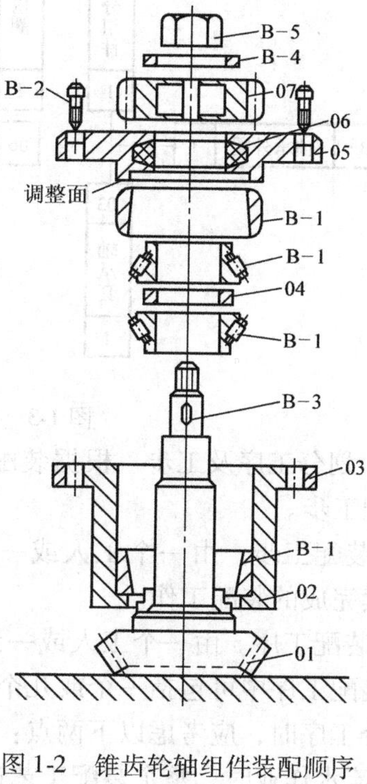

图 1-2　锥齿轮轴组件装配顺序

五、装配工艺规程

装配工艺规程是规定产品及部件的装配顺序、装配方法、装配技术要求和检验方法及装配所需设备、工夹具、时间、定额等的技术文件。它是提高产品装配质量和效率的必要措施，也是组织装配生产的重要依据。

装配工艺规程的编制步骤如下：

（1）分析装配图　了解产品结构特点，确定装配方法。

（2）确定装配的组织形式　根据工厂的生产规模和产品的结构特点，决定装配的组织形式。

（3）确定装配顺序　装配顺序基本上是由产品的结构和装配组织形式决定的。产品的装配总是从基准零件开始的，从零件到部件，从部件到产品，从下到上，以不影响下道工序的进行为原则，有秩序地进行。

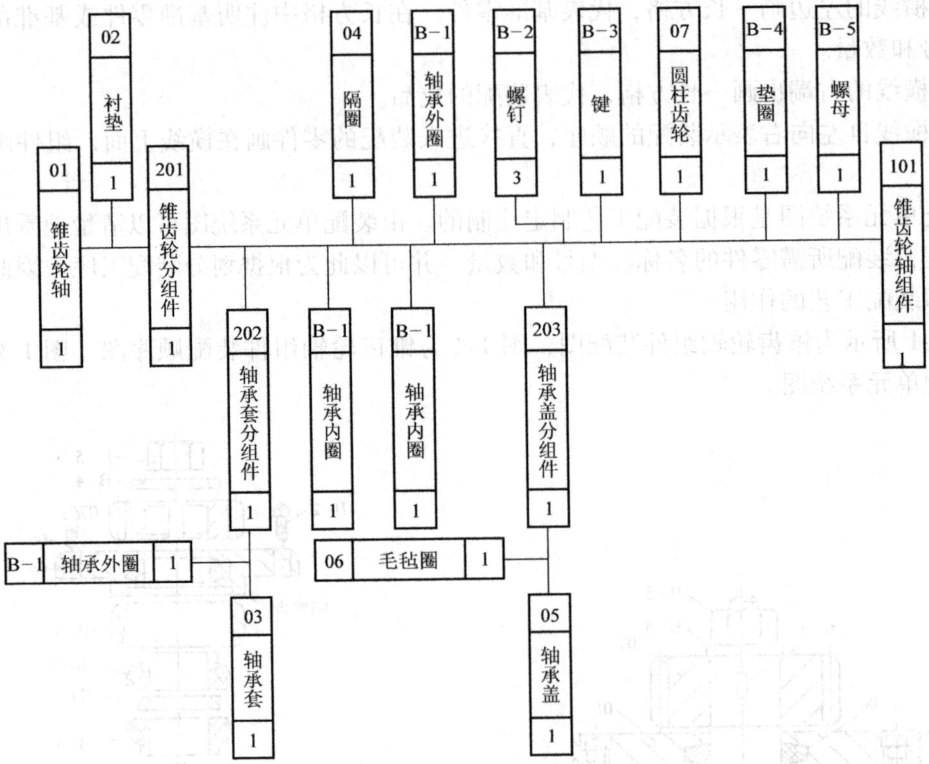

图 1-3　锥齿轮轴组件装配单元系统图

（4）划分工序及工步　根据装配单元系统图，将整机或部件的装配工作划分为装配工序和装配工步。

1）装配工步。由一个工人或一组工人在同一个位置，利用同一工具，不改变工作方法，连续完成的装配工作。

2）装配工序。由一个工人或一组工人在不更换设备或地点的情况下完成的装配工作。在一个装配工序中可包括一个或几个装配工步。

划分工序时，应考虑以下两点：

① 流水作业时，整个装配工艺过程划分多少道工序，取决于装配节奏的快慢。

② 组件的重要部分，在装配工序完成后必须加以检查，以保证质量。重要而又复杂的装配工序，不易用文字明确表达时，还须画出部件局部的指导性装配图。

（5）选择工艺设备　根据产品的结构特点和生产规模，尽量选用先进装配工具和设备。

（6）确定检验方法　根据产品结构特点和生产规模尽量选用先进的检验方法。

（7）确定工人等级和工时定额　根据工厂的实际经验和统计资料及现场实际情况确定工人等级和工时定额。

（8）编写工艺文件　装配工艺技术文件主要是装配工艺卡片（有时需编写更详细的工序卡），它包含有完成装配工艺过程所必需的一切资料。

编写工艺规程，在保证装配质量的前提下，必须是生产率最高而又是最经济的。因此，须根据实际条件，尽量采用最先进的技术。

第二节　装配前的准备工作

一、装配前零件的清理和清洗

在装配过程中，零件的清理和清洗工作对提高装配质量，延长产品使用寿命具有重要的意义。特别是对于轴承、精密配合件、液压元件、密封件以及有特殊清洗要求的零件更为重要。

1. 零件的清理

1）装配前，清除零件上残余的型砂、铁锈、切屑、研磨剂、油污等。特别是要仔细清理孔、沟槽及其他容易积存污物部位。某些非加工表面还需在清理后进行涂装。

2）装配后，必须清理装配中因配做、钻孔、攻螺纹等补充加工所产生的切屑。

3）试运行后，必须清理因摩擦而产生的金属微粒和污物。

零件的清理方法较多，通常清理型砂和铁渣，可用錾子、钢丝刷等工具。清理中还要用毛刷、皮风箱或压缩空气把零件表面清理干净。清理铁锈、干油漆可用刮刀、锉刀、砂布等。对于重要的配合表面，在进行清理时要避免划伤并注意保持其精度。

2. 零件的清洗

1）常用的清洗液有汽油、煤油、柴油和化学清洗液等：

① 工业汽油主要用于清洗油脂、污垢和一般粘附的机械杂质，适用于清洗较精密的零部件。航空汽油用于清洗质量要求较高的零件。

② 煤油和柴油用途与汽油相似，但清洗能力不及汽油，清洗后干燥较慢，但相对安全。

③ 化学清洗剂又称乳化剂，对油脂、水溶性污垢具有良好的清洗能力。这种清洗液配制简单、稳定耐用、安全环保、以水代油节约能源，如 105 清洗剂，6501 清洗剂，可用于冲洗钢件上以全损耗系统用油为主的油垢和机械杂质。

零件的清洗方法：在单件和小批量生产中，常将零件置于清洗槽内用棉纱或泡沫塑料进行手工擦洗或冲洗；在成批大量生产中，则采用清洗机清洗零件。清洗时，根据需要可以采用气体清洗、浸脂清洗、流涂清洗、超声波清洗等。

2）清洗时的注意事项有：

① 对于橡胶制品，如密封圈等零件，严禁用汽油清洗，以防橡胶件发胀变形，而应使用清洗剂进行清洗。

② 清洗零件时，可根据不同精度的零件，选用棉纱或泡沫塑料擦拭。滚动轴承不能使用棉纱清洗，以防止棉纱搅进轴承内，影响轴承装配质量。

③ 零件在清洗工作后，应等零件上的油滴干后，再进行装配，以防油污影响装配质量。同时清洗后的零件不应放置过长时间，防止污物和灰尘再次弄脏零件。

④ 零件的清洗工作，根据需要可分为一次清洗和二次清洗。零件在第一次清洗后，应检查配合表面有无碰伤和划伤，齿轮的齿顶部分和棱角有无毛刺，螺纹有无损坏等。对零件的毛刺和轻微破损的部位可用磨石、刮刀、砂布、细锉刀进行修整。经过检查修整后的零件，再进行第二次清洗。

二、旋转零件或部件的平衡

为了防止机器中的旋转件（如带轮、齿轮、飞轮、叶轮等各种转子）在工作时因出现不平衡的离心力所引起的机械振动，造成机器工作精度降低、零件寿命缩短、噪声增大，甚至发生破坏性事故。装配前，对转速较高或长径比较大的旋转零、部件都须进行平衡，使旋转件的重心调整到转动轴线上，以抵消或减少不平衡离心力。

旋转件不平衡的形式可分为静不平衡和动不平衡两类。

1. 静不平衡

如图 1-4a 所示，零件或部件在径向位置上有偏重而产生的不平衡，称为静不平衡。静不平衡的零件只有当它的偏重停留在铅垂线下方时才能静止不动。在旋转时，由于离心力会使轴产生向偏重方向的弯曲，并使机器发生振动，图 1-4b 所示为曲轴的静不平衡。

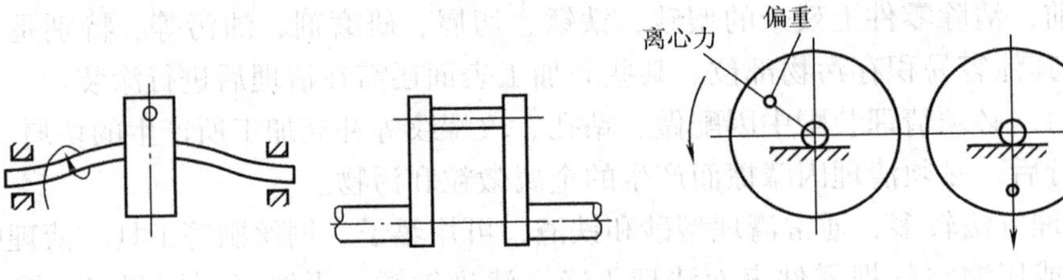

a) b)

图 1-4 零件的静不平衡

a）静不平衡形式 b）静不平衡状态

（1）静平衡法 消除旋转件静不平衡的方法称为静平衡法。静平衡操作是在圆柱形或菱形等平衡支架上进行的，如图 1-5 所示。

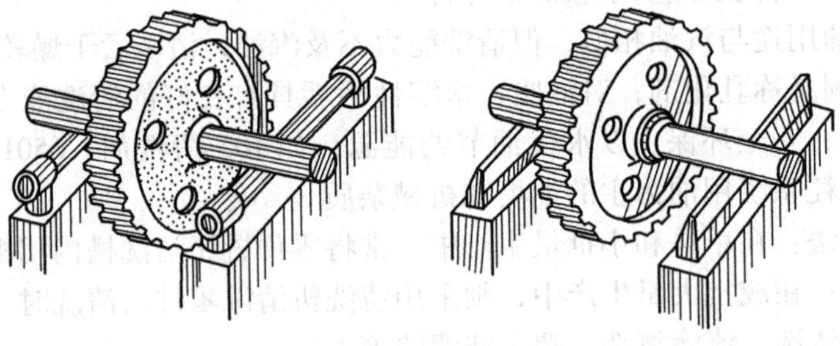

a) b)

图 1-5 静平衡支架

a）圆柱形平衡支架 b）菱形平衡支架

静平衡的方法是首先确定旋转件上不平衡量的大小和位置，然后去除或抵消不平衡量对旋转的不良影响。具体步骤如下：

1）将待平衡的旋转件装上心轴后，放在平衡支架上。用手轻推旋转体使其缓慢转动，待自动静止后，在旋转件正下方作一记号，如此重复若干次，确认所作记号位置不变，则此方向为静不平衡方向。

2）在与记号相对的部位粘贴一质量为 m 的橡皮泥，使 m 对旋转中心产生的力矩，恰好等于不平衡量 G 对旋转中心产生的力矩，即 $mr = Gl$，如图 1-6 所示。此时，旋转件实现静平衡。

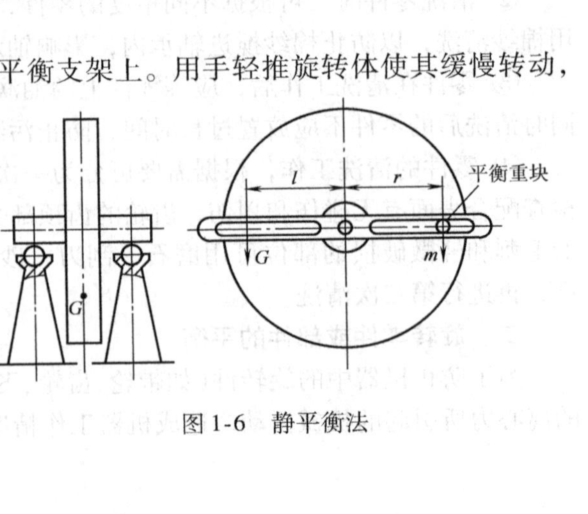

图 1-6 静平衡法

3）去掉橡皮泥，在其所在部位附加相当于 m 的重块（配重法）或在不平衡量处（与 m 相对直径上 l 处）去除一定质量 G（去重法）。待旋转件可在任意角度位置均能在支架上停留时，即达到静平衡。

（2）静平衡的应用　只能平衡旋转件重心的不平衡，无法消除不平衡力矩。因此，静平衡只适用于长径比较小（一般长径比小于0.2）或长径比虽大，但转速不太高的旋转件。

2. 动不平衡

如图1-7所示，零件或部件在径向位置上有不平衡量，且由此产生的离心力形成不平衡力矩，此时产生的不平衡称动不平衡。动不平衡的零件虽然在径向位置上都可以静止不动（即静平衡）但在旋转时由于轴向位置上有偏重而产生力偶矩使轴产生扭曲，同样会使机器发生振动。

消除动不平衡的工作叫动平衡。因其径向位置有偏重，在设计时，用计算法确定应加的平衡重量及安装位置，使曲轴达到了平衡。动平衡操作通常在动平衡机上进行，一般在动平衡前首先进行静平衡。对于长径比比较大或转速比较高的旋转件，通常都要进行动平衡。

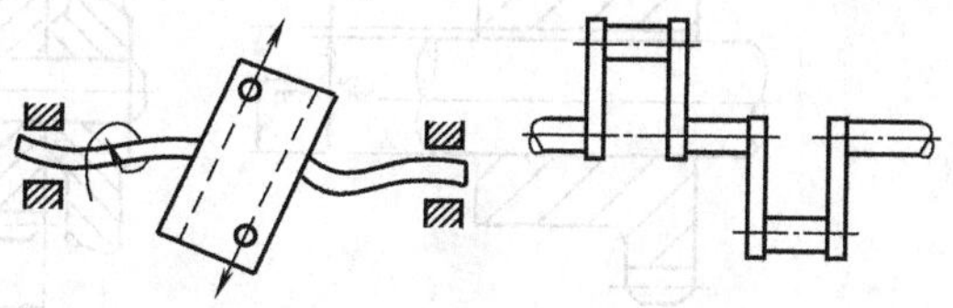

图1-7　零件的动不平衡

三、零件的密封性试验

对某些要求密封的零件，如液压机床的液压元件、液压缸、阀体、泵体等，要求在一定压力下具有不漏油、不漏水或不漏气的功能，就是要求这些元件在一定压力下具有可靠的密封性。因此在装配前应进行密封性试验。

密封性试验有气压法和液压法两种，如图1-8和图1-9所示。其中气压法适用于承受工作压力较小的零件；液压法适用于承受工作压力较大的零件。

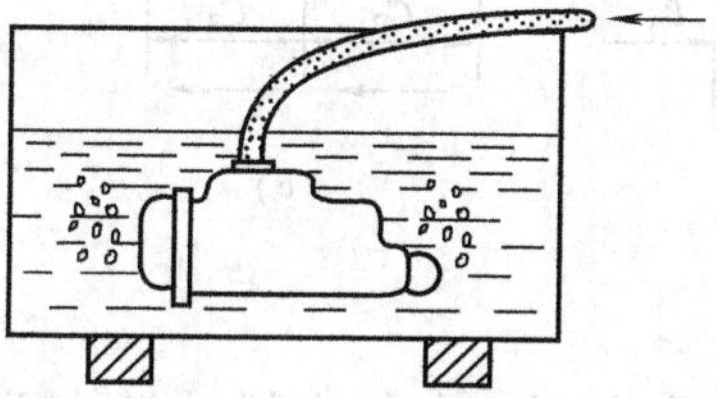

图1-8　气压法试验

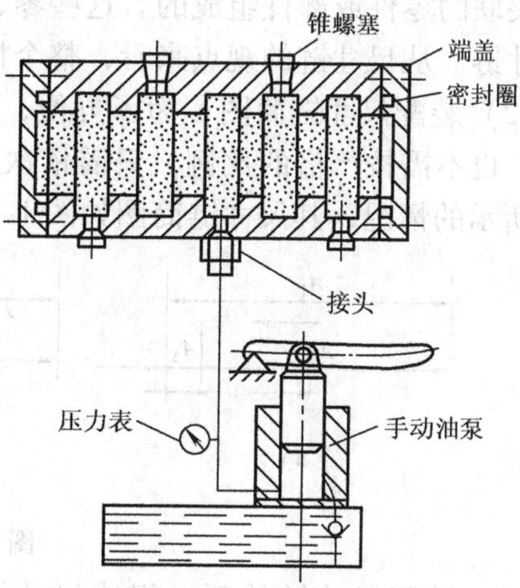

图1-9　液压法试验

第三节　装配尺寸链和装配方法

一、装配精度

在产品的装配过程中，每一步装配均应满足预定的装配要求，即应达到一定的装配精度。

装配精度一般包括零件、部件之间的距离精度、相互位置精度、相对运动精度、配合精度及接触精度等。

二、装配尺寸链的基本概念

（1）装配尺寸链　在装配过程中，把一些影响某一装配精度的有关尺寸按一定的顺序连接成一个封闭图形，这就是尺寸链。装配尺寸链则是这些相互关联的尺寸的总称。

如图 1-10 所示，齿轮孔与轴配合间隙 A_0 的大小，与孔径 A_1 及轴径 A_2 的大小有关。

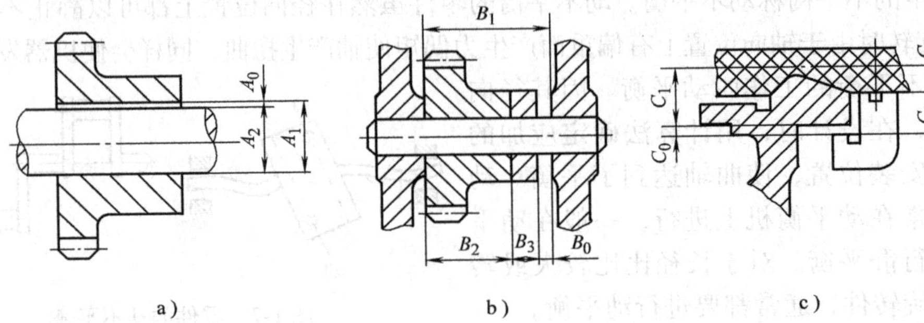

图 1-10　装配尺寸链图

装配尺寸链的特征：

1）各有关尺寸连接成封闭的图形。

2）构成这个封闭图形的每个独立尺寸的误差都影响装配精度。

运用尺寸链原理来分析机器的装配精度问题，是一种有效的方法。任何机械都是由若干互相关联的零件或部件组成的。这些零、部件的有关尺寸就反映着它们之间的彼此联系而形成尺寸链。从尺寸链的观点来看，整个机械就是一个彼此有密切关系的尺寸链系统。

（2）装配尺寸链简图　为了方便，画装配尺寸链简图时，不必画出该装配部分的具体结构，也不需按严格的比例，只需依次绘出各有关尺寸，排成封闭图形的尺寸链简图。图 1-10 所示的情况，其尺寸链简图如图 1-11 所示。

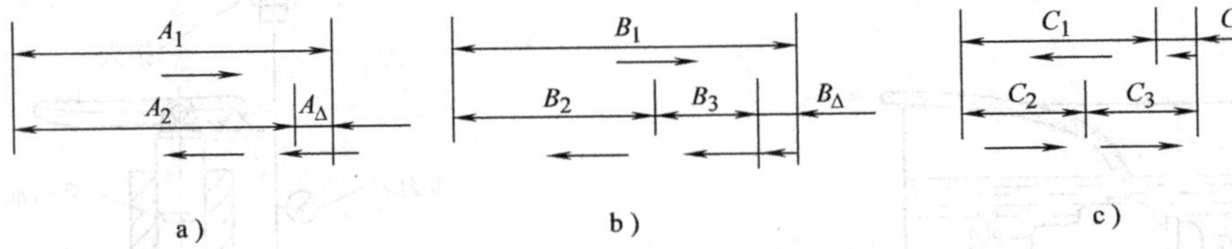

图 1-11　尺寸链简图

（3）装配尺寸链的环　组成尺寸链的各个尺寸简称为环。在每个尺寸链中至少有三个环。

1）封闭环。在尺寸链中，当其他尺寸确定后，新产生的一个环，叫做封闭环。一个尺寸链中只有一个封闭环。封闭环常用 A_Δ、B_Δ、C_Δ 等表示。在装配尺寸链中，封闭环通常就是装配技术要求。

2）组成环。尺寸链中除封闭环以外的其余尺寸叫做组成环。在同一组尺寸链中的组成环，用同一字母表示，如 A_1、A_2、A_3，B_1、B_2、B_3，C_1、C_2、C_3 等。组成环又有增环和减环之分。

① 增环。在其他各组成环不变的条件下，当某组成环增大时，如果封闭环随之增大，那么该组成环就称为增环，如图 1-11a 中的 A_1。增环用符号$\overrightarrow{A}_1$、$\overrightarrow{B}_1$ 表示。

② 减环。在其他各组成环不变的条件下，当某组成环增大时，如果封闭环随之减小，那么该组成环就称为减环，如图 1-11a 中的 A_2。减环用符号$\overleftarrow{A}_2$、$\overleftarrow{B}_2$ 表示。

3）增环、减环的判断。由尺寸链任一环的基准面或基准出发，绕其轮廓一周（顺时针或逆时针）以相反方向回到这一基面，如果所指方向与封闭环方向相反的为增环，所指方向与封闭环方向相同的为减环，如图 1-11 所示。

4）封闭环极限尺寸及公差

① 由尺寸链简图可看出，封闭环的基本尺寸就是各组成环基本尺寸的代数和，即

$$A_\Delta = \sum^{m} \overrightarrow{A}_i - \sum^{n} \overleftarrow{A}_i \tag{1-1}$$

式中 m——增环的数目；

n——减环的数目。

② 封闭环最大极限尺寸：

$$A_{\Delta\max} = \sum^{m} \overrightarrow{A}_{i\max} - \sum^{n} \overleftarrow{A}_{i\min} \tag{1-2}$$

式中 $A_{\Delta\max}$——封闭环最大极限尺寸；

$\overrightarrow{A}_{i\max}$——各增环最大极限尺寸；

$\overleftarrow{A}_{i\min}$——各减环最小极限尺寸。

③ 封闭环最小极限尺寸：

$$A_{\Delta\min} = \sum^{m} \overrightarrow{A}_{i\min} - \sum^{n} \overleftarrow{A}_{i\max} \tag{1-3}$$

式中 $A_{\Delta\min}$——封闭环最小极限尺寸；

$\overrightarrow{A}_{i\min}$——各增环最小极限尺寸；

$\overleftarrow{A}_{i\max}$——各减环最大极限尺寸。

④ 封闭环公差

$$\delta_\Delta = \sum^{m+n} \delta_i \tag{1-4}$$

式中 δ_Δ——封闭环公差；

δ_i——第 i 个组成环公差。

式(1-4)表明，封闭环的公差等于各组成环的公差之和。

例 1-1：图 1-10b 所示齿轮轴装配单元中，为了能使齿轮可靠工作，要求装配后，齿轮端面和机体孔端面之间具有 0.1 ~ 0.3mm 的轴向间隙。已知：尺寸 $B_1 = 80^{+0.01}_{0}$ mm，$B_2 = 60^{0}_{-0.06}$mm，问 B_3（垫片）尺寸应控制在什么范围内才能满足装配要求？

解：1）绘出尺寸链简图，如图 1-11b 所示。

2）确定封闭环 B_Δ，增环为$\overrightarrow{B}_1$，减环为$\overleftarrow{B}_2$，$\overleftarrow{B}_3$。

3）列尺寸链方程式，计算 B_3

$$B_\Delta = B_1 - (B_2 + B_3),$$

$$B_3 = B_1 - B_2 - B_\Delta = 80\text{mm} - 60\text{mm} - 0 = 20\text{mm}$$

4）确定 B_3 极限尺寸

$$B_{\Delta\max}=B_{1\max}-(B_{2\min}+B_{3\min})$$

$$\begin{aligned}B_{3\min}&=B_{1\max}-B_{2\min}-B_{\Delta\max}\\&=80.1\text{mm}-59.94\text{mm}-0.3\text{mm}=19.86\text{mm}\end{aligned}$$

$$B_{\Delta\min}=B_{1\min}-(B_{2\max}+B_{3\max})$$

$$B_{3\max}=B_{1\min}-B_{2\max}-B_{\Delta\min}=80\text{mm}-60\text{mm}-0.1\text{mm}=19.9\text{mm}$$

故 $B_3=20^{-0.10}_{-0.14}\text{mm}$

三、常见的装配方法

通过分析尺寸链可知，由于封闭环公差等于各组成环公差之和，装配精度直接取决于零件制造公差，这将提高零件的加工要求及生产成本。但在装配时采取一定的工艺措施，如装配时对工件进行测量、挑选；对某一装配件进行修配；调整装配件位置等。即使零件制造精度降低，也能保证装配要求。所以零件精度是保证装配精度的基础，但装配精度并不完全取决于零件精度。

为了合理解决装配精度与零件制造精度的关系，在生产中采用了不同的装配方法。其中，装配精度完全依赖于零件制造精度的装配方法是完全互换装配法，装配精度不完全取决于零件制造精度的装配方法有选择装配法、修配装配法和调整装配法。

1. 完全互换装配法

配合件不经修配、选择或调整，装配后即可达到装配精度，这种装配方法称为完全互换装配法。此方法装配方便，生产效率高。适用于组成环数少，精度要求不高的场合或大批量生产中。

2. 选择装配法

选择装配法分直接选配法和分组选配法两种。常用的分组选配法，是将产品配合件按实测尺寸分成若干组，装配时按组进行互换装配以达到装配精度。此法的配合精度取决于分组数，增加分组数可以提高装配精度，适用于大批量生产中装配精度要求很高、组成环数较少的场合。

3. 修配装配法

装配时，修去指定零件上的预留修配量，以达到装配精度的装配方法，称为修配装配法。此法装配周期长、效率低，适用于单件、小批量生产以及装配精度高的场合。

4. 调整装配法

装配时，调整某一零件的位置或尺寸以达到装配要求的方法称为调整装配法。一般采用锥面、斜面、螺纹等移动可调整件的位置；采用调换垫片、垫圈、套筒等控制调整件的尺寸。此法维修方便、生产率低，除必须采用分组装配的精密配件外，可用于各种装配场合。调整装配法主要有可动调整和固定调整两种装配方法。

（1）可动调整　指用改变零件位置来达到装配精度的方法。采用此法可以调整由于磨损、热变形、弹性变形等所引起的误差。如图 1-12 所示，以套筒作为调整件，装配时使套筒沿轴向移动(即调整 A_3)，直

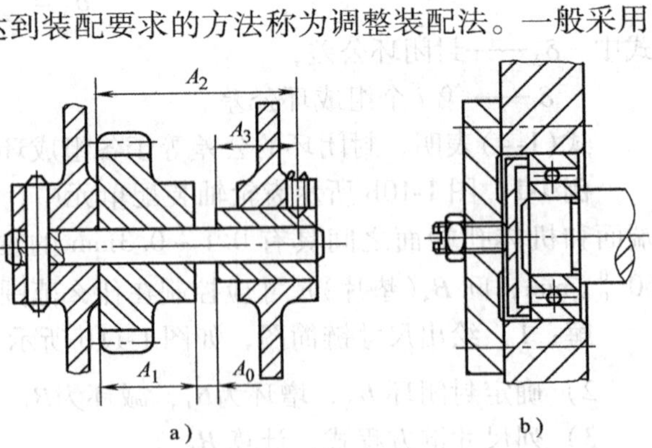

图 1-12　可动调整法

a）利用套筒调整　b）利用具有螺纹的端盖调整

至达到规定的间隙为止。

（2）固定调整法　指在尺寸链中选定一个或加入一个零件作为调整环，通过改变调整环尺寸，使封闭环达到精度要求的方法。作为调整环的零件是以一定尺寸制作的一组专用零件，根据装配时的需要，选用其中一种作为补偿，从而保证所需的装配精度。如图 1-13 所示为利用垫片来调整轴向配合间隙的方法。

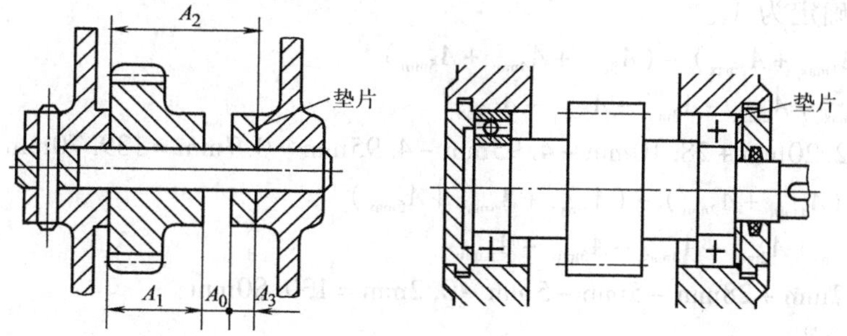

图 1-13　固定调整法

四、装配尺寸链的解法

根据装配精度（即封闭环公差）对装配尺寸链进行分析，并合理分配各组成环的过程，称为解装配尺寸链。

1. 完全互换法解尺寸链

是指按完全互换装配法的要求解有关的装配尺寸链。其工艺计算一般步骤以如下例题说明。

例 1-2：如图 1-14 所示齿轮箱部件，装配要求是保证轴向窜动量 $A_\Delta = 0.2 \sim 0.7\text{mm}$。已知 $A_1 = 122\text{mm}$，$A_2 = 28\text{mm}$，$A_3 = A_5 = 5\text{mm}$，$A_4 = 140\text{mm}$，试用完全互换法解此尺寸链。

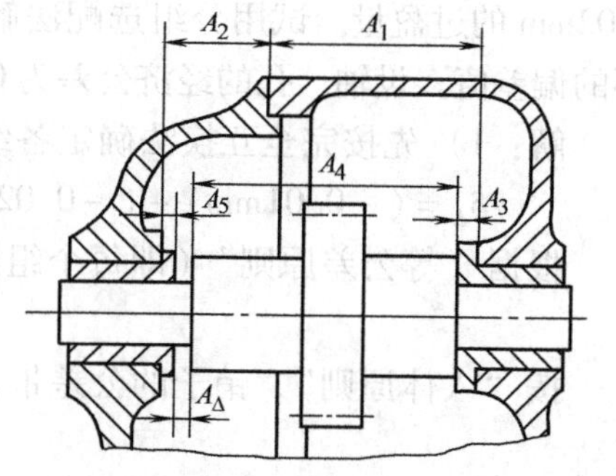

图 1-14　齿轮轴装配图

解：1）据题意绘出尺寸链图，并校验各环基本尺寸。图 1-14b 所示为尺寸链简图，其中$\vec{A}_1$、$\vec{A}_2$ 为增环，$\overleftarrow{A}_3$、$\overleftarrow{A}_4$、$\overleftarrow{A}_5$ 为减环，A_Δ 为封闭环

$$A_\Delta = (\vec{A}_1 + \vec{A}_2) - (\overleftarrow{A}_3 + \overleftarrow{A}_4 + \overleftarrow{A}_5)$$
$$= (122 + 28)\text{mm} - (5 + 140 + 5)\text{mm} = 0$$

各环基本尺寸无误。

2）确定各组成环尺寸公差及极限尺寸。先求出封闭环公差

$$\delta_\Delta = \sum^{m+n} \delta_i = 0.7\text{mm} - 0.2\text{mm} = 0.5\text{mm}$$

据 $\delta_\Delta = \sum^{m+n} \delta_i = \delta_1 + \delta_2 + \delta_3 + \delta_4 + \delta_5 = 0.50\text{mm}$

同时考虑各组成环的加工难易程度，合理分配各环尺寸公差

$$\delta_1 = 0.20\text{mm},\ \delta_2 = 0.10\text{mm},\ \delta_3 = \delta_5 = 0.05\text{mm},\ \delta_4 = 0.10\text{mm}$$

再按“入体原则”（即:当组成环为包容尺寸(孔)时，取下偏差为零；当组成环为被包容尺寸(轴)时，取上偏差为零；若组成环为中心距时，则取对称偏差)来分配偏差

$$A_1=122^{+0.20}_{0}\text{mm},\ A_2=28^{+0.10}_{0}\text{mm},\ A_3=A_5=5^{\ 0}_{-0.05}\text{mm}$$

3）确定协调环。为满足装配精度要求，应在各组成环中选择一个环，其极限尺寸由封闭环极限尺寸方程式来确定，此环称为协调环。一般以便于制造及可通用量具测量的尺寸充当，本题协调环确定为 A_4。

据 $A_{\Delta\max}=(A_{1\max}+A_{2\max})-(A_{3\min}+A_{4\min}+A_{5\min})$

得 $A_{4\min}=A_{1\max}+A_{2\max}-A_{3\min}-A_{5\min}-A_{\Delta\max}$

$=122.20\text{mm}+28.10\text{mm}-4.95\text{mm}-4.95\text{mm}-0.7\text{mm}=139.70\text{mm}$

同理 $A_{\Delta\min}=(A_{1\min}+A_{2\min})-(A_{3\max}+A_{4\max}+A_{5\max})$

得 $A_{4\max}=A_{1\min}+A_{2\min}-A_{3\max}-A_{5\max}-A_{\Delta\min}$

$=122\text{mm}+28\text{mm}-5\text{mm}-5\text{mm}-0.2\text{mm}=139.80\text{mm}$

故 $A_4=140^{-0.20}_{-0.30}\text{mm}$

2. 分组选配法解尺寸链

分组选配法是将尺寸链中组成环的制造公差放大到经济加工精度，然后进行装配，以保证装配精度。

例 1-3：如图 1-15 为某发动机内直径为 ϕ28mm 的活塞销与活塞孔的装配示意图，要求销子与销孔装配时，有 0.01 ~ 0.02mm 的过盈量。试用分组选配法解该尺寸链并确定各组成环的偏差值。设轴、孔的经济公差为 0.02mm。

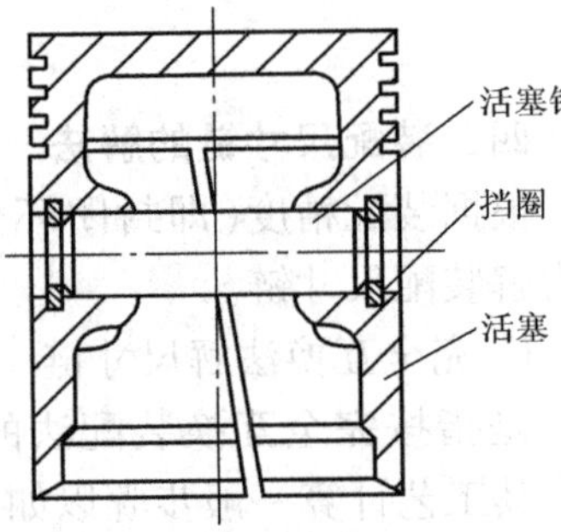

图 1-15　活塞销与活塞孔装配图

解：1）先按完全互换法确定各组成环的公差和偏差值：

$$\delta_\Delta=(-0.01\text{mm})-(-0.02\text{mm})=0.01\text{mm}$$

根据“等公差原则”（即每个组成环分得的公差相等)取

$$\delta_1=\delta_2=0.005\text{mm}$$

按“入体原则”，销子的公差带位置应为单向负偏差，即销子尺寸为

$$A_1=28^{\ 0}_{-0.005}\text{mm}$$

据配合要求可知销孔尺寸为

$$A_2=28^{-0.015}_{-0.020}\text{mm}$$

画出销子与销孔的尺寸公差带图，如图 1-16a 所示。

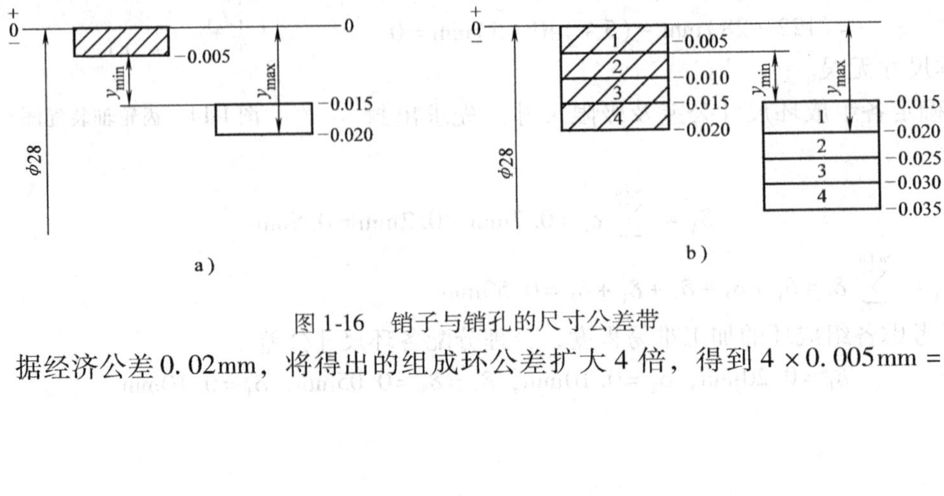

图 1-16　销子与销孔的尺寸公差带

2）据经济公差 0.02mm，将得出的组成环公差扩大 4 倍，得到 $4\times0.005\text{mm}=0.02\text{mm}$

的经济制造公差。

3）按相同方向扩大制造公差，得销子尺寸为 $\phi28^{\ 0}_{-0.020}$ mm，销孔尺寸为 $\phi28^{-0.015}_{-0.035}$ mm，如图 1-16b 所示。

4）制造后，按实际加工尺寸分 4 组，如图 1-16b 所示。然后按组进行装配(见表 1-1)，因分组配合公差与允许配合公差相同，所以符合装配要求。

表 1-1　活塞销与活塞销孔的分组尺寸　　(单位:mm)

组别	活塞销直径	活塞销直径	配合情况	
			最小过盈	最大过盈
1	$\phi28^{\ 0}_{-0.005}$	$\phi28^{-0.015}_{-0.020}$	0.010	0.020
2	$\phi28^{-0.005}_{-0.010}$	$\phi28^{-0.020}_{-0.025}$		
3	$\phi28^{-0.010}_{-0.015}$	$\phi28^{-0.025}_{-0.030}$		
4	$\phi28^{-0.015}_{-0.020}$	$\phi28^{-0.030}_{-0.035}$		

3. 修配法解尺寸链

修配法解尺寸链的主要任务是确定修配环在加工时的实际尺寸，保证修配时有足够的而且是最小的修配量。

例 1-4：如图 1-17 所示，精度要求为卧式车床前后顶尖中心线只许尾座高出 0 ~ 0.06mm。已知 A_1 = 202mm，A_2 = 46mm，A_3 = 156mm，组成环经济公差分别为 $\delta_1 = \delta_3$ = 0.1mm(镗模加工)，δ_2 = 0.5mm(半精刨)。试用修配法解该尺寸链。

解：绘制尺寸链图，如图 1-18a 所示。实际生产中通常把尾座体和尾座底板的接触面先配制好，并以尾座底板的底面为定位基准，精镗尾座体上的顶尖套孔，其经济加工精度为 0.1mm。装配时尾座体与底板是作为一个整体进入总装的，因此原组成环 A_2 和 A_3 合并成一个环 $A_{2,3}$，如图 1-18b 所示。此时，装配精度取决于 A_1 的制造精度(δ_1 = 0.1mm)及 $A_{2,3}$ 的制造精度($\delta_{2,3}$ = 0.1mm)选 $A_{2,3}$ 为修配环。

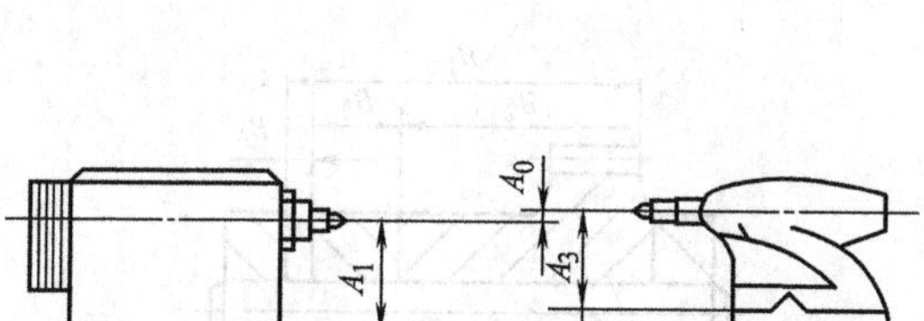

图 1-17　修刮尾座底板

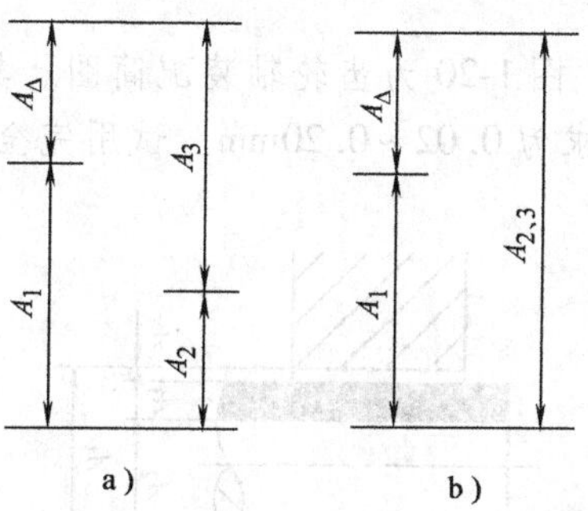

图 1-18　车床前后顶尖中心线等高尺寸链简图
a）原尺寸链　b）转化后的尺寸链

将 $A_{2,3}$ 的极限尺寸加大，以保证足够的刮削余量。一般最小刮削余量不应小于 0.15mm，则应使

$$A_{2,3\min} = 202.05\text{mm} + 0.15\text{mm} = 202.20\text{mm}$$

考虑到$A_{2、3}$的制造公差，则

$$A_{2、3\max}=202.20\text{mm}+0.10\text{mm}=202.30\text{mm}$$

故，修配环的实际尺寸应为

$$A_{2、3}=202^{+0.30}_{+0.20}\text{mm}$$

本章小结

本章第一节介绍了装配工艺过程及装配组织形式，通过实例详细介绍了装配系统图的内容和画法。在第二节中讲解了装配前的准备工作，包括装配前零件的清理、清洗工作，旋转零、部件的平衡有静平衡法和动平衡法两种，以及零件的密封性试验有气压法和液压法两种。在第三节中详细介绍了装配精度的概念和装配尺寸链的基本概念及常见的装配方法，并通过翔实的例子介绍了装配尺寸链的解法，最后介绍了保证产品装配精度的各种方法。

复习思考题

1. 什么是装配？装配工作的重要性是什么？
2. 装配工作的组织形式有哪三种？各有什么特征？
3. 简述装配工艺过程、装配工序和装配工步的概念。
4. 为保证规定的配合要求，一般采用哪四种装配方法？
5. 简述零件在装配过程中的清理和清洗工作内容和方法。
6. 零件和部件由于偏重而产生不平衡的情况有哪几种？如何进行静平衡？
7. 为什么要对有些零件进行密封性试验？有哪几种方法？
8. 什么是零件、部件、组件？
9. 什么是装配单元系统图？如何绘制？
10. 什么是装配尺寸链？怎样确定封闭环的尺寸与公差？
11. 如图1-19所示，某轴需要镀铬，镀铬前轴的尺寸车削至$A_2=\phi59.74^{\ 0}_{-0.016}$mm，孔径$A_1=\phi60^{+0.03}_{\ 0}$mm，保证配合间隙$A_\Delta=0.236\sim0.286$mm。问镀铬层厚度$A_3$应控制在什么范围？
12. 图1-20为齿轮轴装配简图。其中$B_1=100$mm，$B_2=70$mm，$B_3=30$mm，装配后轴向间隙要求为0.02～0.20mm。试用完全互换法解该装配尺寸链。

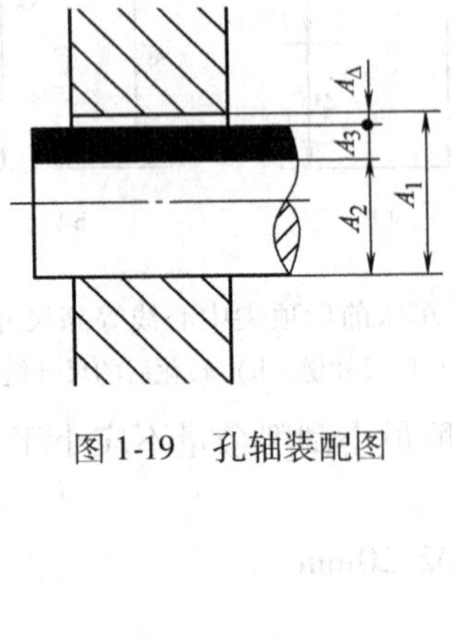

图1-19　孔轴装配图

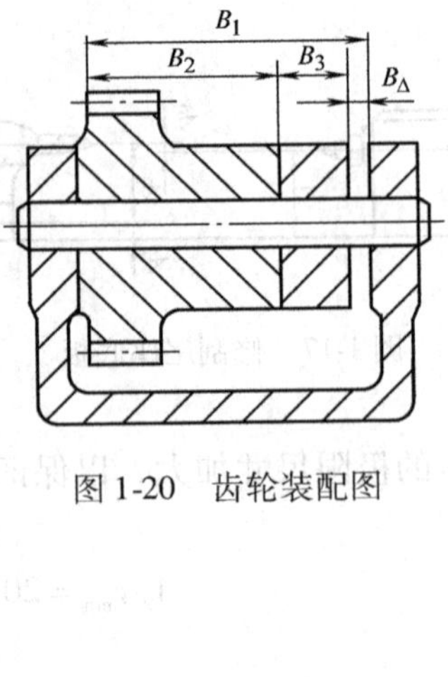

图1-20　齿轮装配图

第二章 固定联接的装配

教学目标 1. 了解螺纹联接、过盈联接的装配技术要求。

2. 了解螺纹联接常用的装拆工具、螺纹联接的配合及键联接的类型及其应用。

3. 熟悉螺纹联接的防松方法和各种过盈联接的基本特点。

4. 掌握各种固定联接的装配方法。

教学重点 1. 螺纹联接常用的装拆工具，螺纹联接的配合及键联接的类型及其应用。

2. 螺纹联接的防松方法和各种固定联接的装配方法。

教学难点 螺纹联接的防松方法和各种固定联接的装配方法。

第一节 螺纹联接的装配

螺纹联接是一种可拆的固定联接，它具有结构简单、联接可靠、装拆方便等优点，在机械中应用广泛。螺纹联接分普通螺纹联接和特殊螺纹联接两大类，普通螺纹联接的基本类型有螺栓联接、双头螺柱联接、螺钉联接等，见表2-1；除此之外的螺纹联接称为特殊螺纹联接。

表2-1 普通螺纹联接的基本类型及其应用

类型	螺栓联接	双头螺柱联接	螺钉联接	紧定螺钉联接
结构	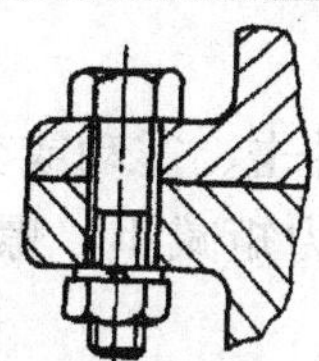	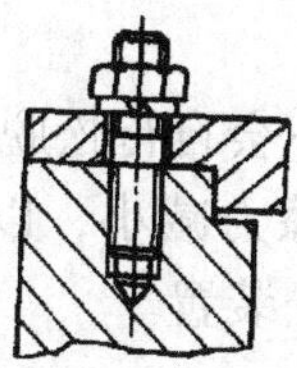	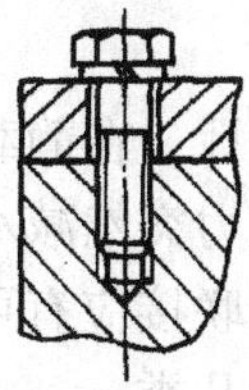	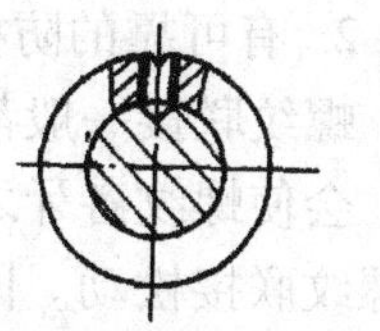
特点及应用	无须在联接件上加工螺纹，联接件不受材料的限制。主要用于联接件不太厚，并能从两边进行装配的场合	拆卸时只须旋下螺母，螺柱仍留在机体螺纹孔内，故螺纹孔不易损坏。主要用于联接件较厚而又需经常装拆的场合	主要用于联接件较厚，或结构上受到限制，不能采用螺栓联接，且不需经常装拆的场合。经常拆装很容易使螺纹孔损坏	紧定螺钉的末端顶住其中一联接件的表面或进入该零件上相应的凹坑中，以固定两零件的相对位置。多用于轴与轴上零件的联接，传递不大的力或扭矩

一、螺纹联接的装配技术要求

1. 保证一定的拧紧力矩

为达到螺纹联接可靠和紧固的目的，要求螺纹牙间有一定摩擦力矩，所以螺纹联接装配时应保证有一定的拧紧力矩，使螺纹副产生足够的预紧力。

拧紧力矩或预紧力的大小是根据使用要求确定的。一般紧固螺纹联接对预紧力无严格要求，常采用普通扳手、风动扳手拧紧，凭操作者的经验来判断预紧力是否适当。而规定预紧力的螺纹联接，常用控制转矩法、控制螺栓伸长法和控制螺母扭角法来保证预紧力准确。

下面分别介绍三种控制预紧力的方法：

（1）控制转矩法　用测力扳手使预紧力达到给定值。图 2-1 所示为控制拧紧力矩的指针式扭力扳手。在弹性扳手柄 3 的一端装有手柄 6，另一端装有带方头的柱体 2。方头上，套装上一个可更换的梅花套筒(可用于拧紧螺钉或螺母)。柱体 2 上还装有一个长指针 4，刻度盘 7 固定在柄座上。工作时，由于扳手柄和刻度盘一起向旋转的方向弯曲，因此指针就可在刻度盘上指出拧紧力矩的大小。

（2）控制螺栓伸长法　这是一种通过控制螺栓伸长量来控制预紧力的方法。如图 2-2 所示，螺母拧紧前，长度为 L_1，按预紧力要求拧紧后，螺栓的长度变为 L_2。通过测量 L_1 和 L_2 便可确定拧紧力矩是否符合要求。

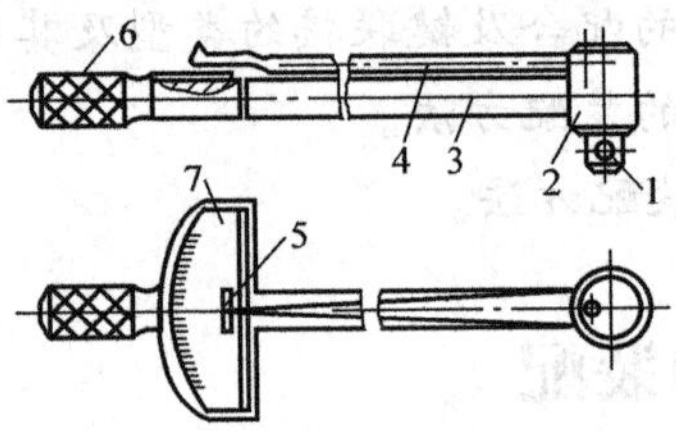

图 2-1　指针式扭力扳手

1—钢球　2—柱体　3—弹性扳手柄　4—长指针　5—指针尖　6—手柄　7—刻度盘

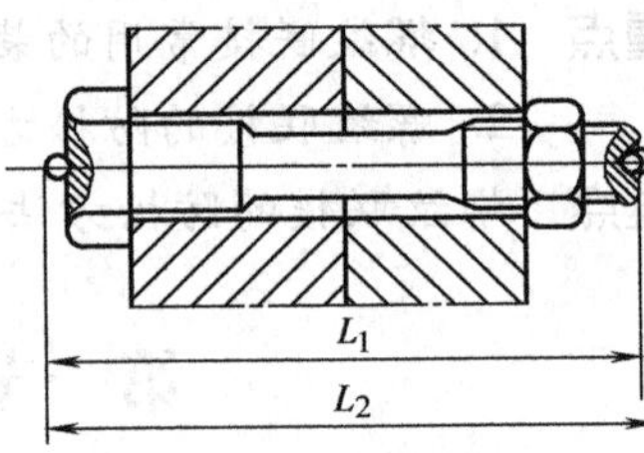

图 2-2　螺栓伸长的测量

（3）控制螺母扭角法　通过控制螺母拧紧时应转过的角度来控制预紧力的方法。其原理和测量螺栓伸长法相同，即在螺母拧紧消除间隙后，测得转角 φ_1，再拧紧一个转角 φ_2，通过测量 φ_1 和 φ_2 来确定预紧力。

2. 有可靠的防松装置

螺纹联接一般都具有自锁性，在静载荷下，不会自行松脱，但在冲击、震动或交变载荷下，会使螺纹各牙之间的正压力突然减小，使摩擦力减小，以致摩擦力矩减小，螺母回转，使螺纹联接松动。因此，螺纹联接应有可靠的防松装置。

常用螺纹防松装置有以下几类：

（1）附加摩擦力防松装置

1）锁紧螺母(双螺母)防松。如图 2-3 所示，这种装置使用主、副两个螺母，使用时先将主螺母拧紧至预定位置，然后再拧紧副螺母。由图 2-3b 可以看出，当拧紧副螺母后，在主、副螺母之间这段螺杆受拉伸长，使主、副螺母分别与螺杆牙型的两个侧面接触，都产生正压力及摩擦力。当螺杆再受某个方面突加载荷时，就能始终保持足够的摩擦力，因而起到防松作用。这种防松装置由于要用两只螺母，增加了结构尺寸和重量，一般用于低速重载或较平稳的场合。

2）弹簧垫圈防松。弹簧垫圈防松装置如图 2-4 所示。这种垫圈用弹性较好的材料 65Mn 制成，开有 70°～80°的斜口，并在斜口处上下拔开。把弹簧垫圈放在螺母下，当拧紧螺母时，垫圈受压，产生弹力，顶住螺母，从而在螺纹副的接触面间产生附加摩擦力，以此防止螺母松动。同时斜口的楔角分别抵住螺母和支承面，也有助于防止回松。这种防松装置容易刮伤螺母和被联接件表面，同时由于弹力分布不均，螺母容易偏斜。它结构简单，防松可靠，一般应用在不经常装拆的场合。

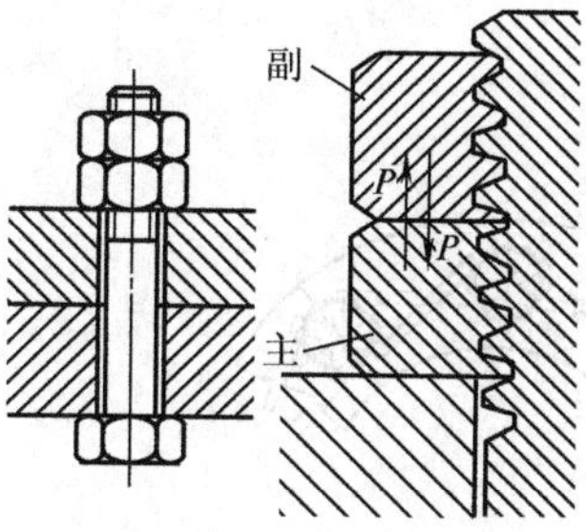

图 2-3　双螺母防松

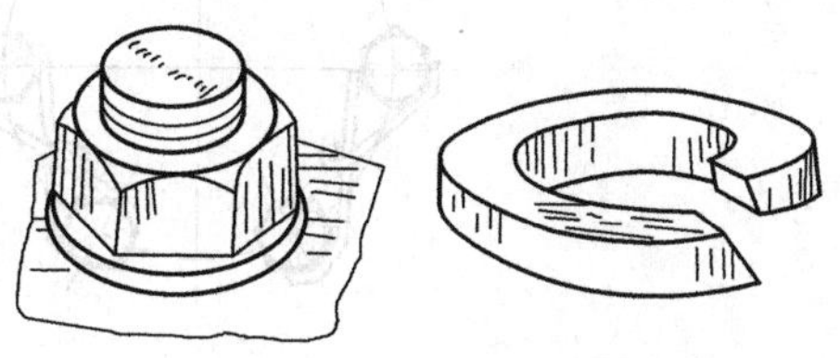

图 2-4　弹簧垫圈防松

（2）机械方法防松的装置　这类防松装置利用机械方法使螺母与螺栓（或螺钉）、螺母与被联接件互相锁牢，以达到防松的目的。常用的有以下几种：

1）开口销与带槽螺母防松。这种装置用开口销把螺母直接锁在螺栓上，如图 2-5 所示。它防松可靠，但螺杆上销孔位置不易与螺母最佳锁紧位置的槽口吻合。多用于有变载和振动处。

2）止动垫圈防松。图 2-6 所示为圆螺母止动垫圈防松装置。装配时，先把垫圈的内翅插入螺杆槽中，然后拧紧螺母，再把外翅弯入螺母的外缺口内。

图 2-5　开口销与带槽螺母防松

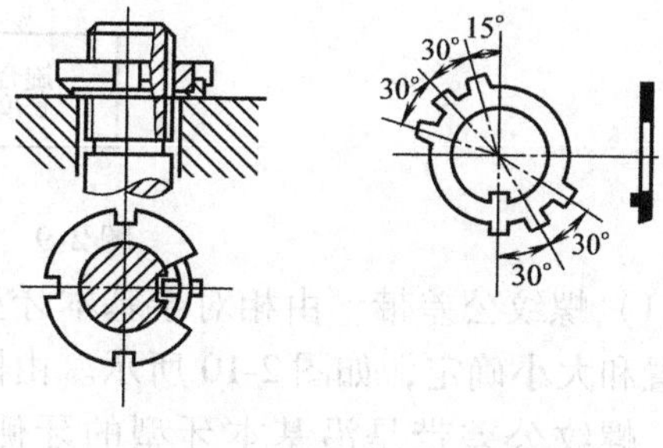

图 2-6　圆螺母止动垫圈防松

图 2-7 所示为带耳止动垫圈防止六角螺母回松的装置。当拧紧螺母后，将垫圈的耳边弯折，并与螺母贴紧。这种方法防松可靠，但只能用于联接部分可容纳弯耳的场合。

3）串联钢丝防松。这种防松装置如图 2-8所示。用钢丝连续穿过一组螺钉头部的径向小孔（或螺母和螺栓的径向小孔），以钢丝的牵制作用来防止回松（图 2-8a），它适用于布置较紧凑的成组螺纹联接。装配时应注意钢丝的穿绕方向，如图 2-8b 所示虚线的钢丝穿绕方向是错误的，螺钉仍有回松的余地。

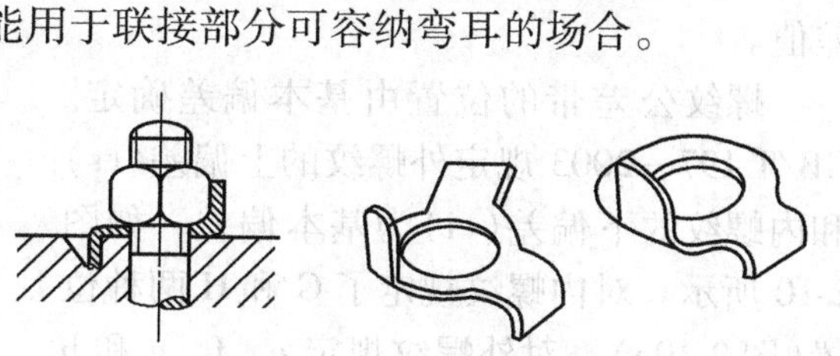

图 2-7　六角螺母止动垫圈防松

（3）其他的螺纹防松装置

1）点铆法防松。

2）粘接法防松。

3）钎焊法防松。

3. 保证螺纹联接的配合精度

螺纹联接的配合精度由螺纹公差带和旋合长度两个因素确定，分为精密、中等和粗糙三种，如图 2-9 所示。

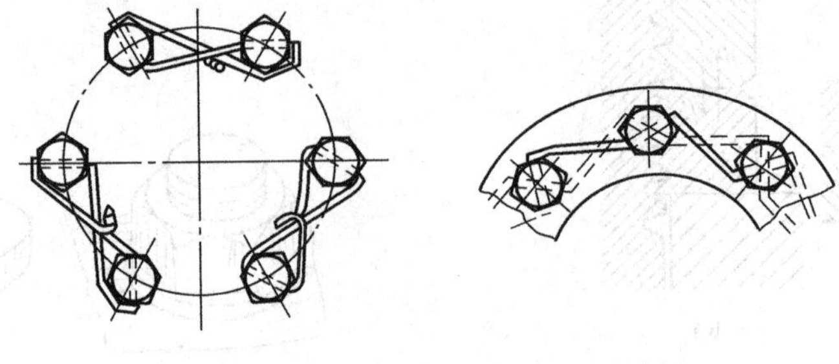

a）　　b）

图 2-8　串联钢丝防松

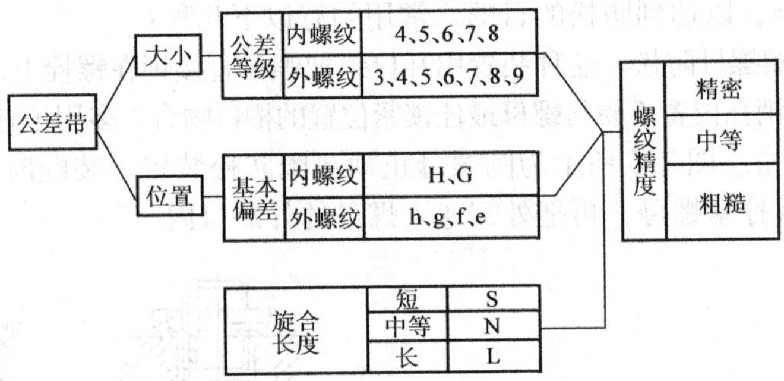

图 2-9　普通螺纹的公差结构

（1）螺纹公差带　由相对于基本牙型的位置和大小确定，如图 2-10 所示。由图可知，螺纹公差带是沿基本牙型的牙侧、牙顶和牙底分布的牙型公差带，应在垂直于螺纹轴线方向上计量大、中、小径的偏差值。

螺纹公差带的位置由基本偏差确定。GB/T 197—2003 规定外螺纹的上偏差（es）和内螺纹的下偏差（ei）为基本偏差，如图 2-10 所示。对内螺纹规定了 G 和 H 两种位置（图 2-10a），对外螺纹规定 e、f、g 和 h 四种位置，如图 2-10b 所示。H、h 的基本偏差为零，G 的基本偏差为正值，e、f、g 的基本偏差为负值。

螺纹公差带的大小由公差值 T 确定，并按其大小分为若干个等级。GB/T 197—2003 规定的内、外螺纹直径公差等级如表 2-2 所示。

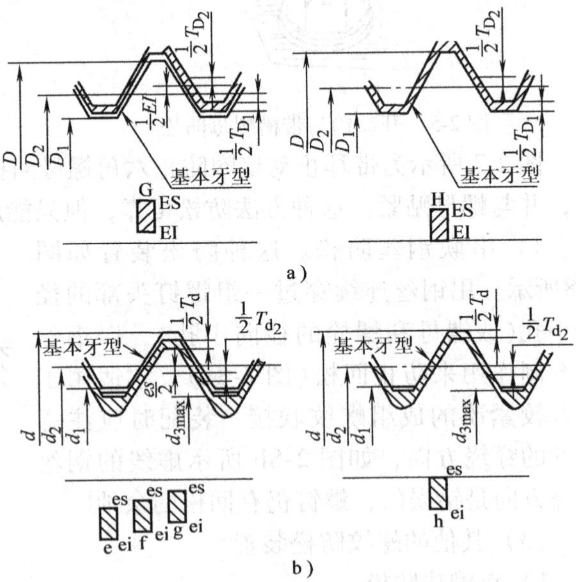

图 2-10　螺纹公差带

a）内螺纹公差带位置　b）外螺纹公差带位置

T_{D_1}—内螺纹小径公差　T_{D_2}—内螺纹中径公差

T_d—外螺纹大径公差　T_{d_2}—外螺纹中径公差

表 2-2　螺纹直径公差等级

螺纹直径	内螺纹小径 D_1	内螺纹中径 D_2	外螺纹大径 d	外螺纹中径 d_2
公差等级	4、5、6、7、8	4、5、6、7、8	4、6、8	3、4、5、6、7、8、9

根据螺纹配合的要求，将公差等级和公差位置组合，可得到各种公差带。但为了减少量具、刃具的规格，国标规定：一般用途螺纹公差带，内螺纹有 5G、6G、7G、5H、6H、7H，外螺纹有 6e、6f、6g、6h。内外螺纹公差带可以任意组合，为了保证足够的接触高度，最好组合为 H/g、H/h、G/h 配合。

（2）螺纹旋合长度　两个相互配合的螺纹，沿螺纹轴线方向相互旋合部分的长度称为螺纹旋合长度。按 GB/T 197—2003 规定，螺纹的旋合长度分为三组，分别称为短旋合长度、中等旋合长度和长旋合长度，相应的代号为 S、N 和 L。

二、螺纹联接的装拆工具

由于螺栓、螺柱和螺钉种类繁多，螺纹联接的装拆工具也很多，使用时应根据具体情况合理选用。

1. 螺钉旋具

它用于旋紧或松开头部带沟槽的螺钉。一般螺钉旋具的工作部分用碳素工具钢制成，并经淬火硬化。常用的螺钉旋具有以下几种：

（1）一字槽螺钉旋具　如图 2-11 所示，由木柄 1、刀体 2 和刃口 3 组成，其规格用刀体部分的长度代表。常用规格有 100mm、150mm、200mm、300mm 和 400mm 等几种。使用时，应根据螺钉直径和沟槽的宽度来合理选用。

（2）其他螺钉旋具　图 2-12a 所示为弯头螺钉旋具，两头各有一个刃口，互成垂直位置，适用于螺钉头顶部空间受到限制的拆装场合；图 2-12b 所示为十字槽螺钉旋具，主要用来旋紧头部带十字槽的螺钉，其优点是旋具不易从槽中滑出。图 2-12c 所示为快速螺钉旋具，工作时推压手柄，使螺旋杆通过来复孔而转动，可以快速拧紧或松开小螺钉，提高装拆速度。

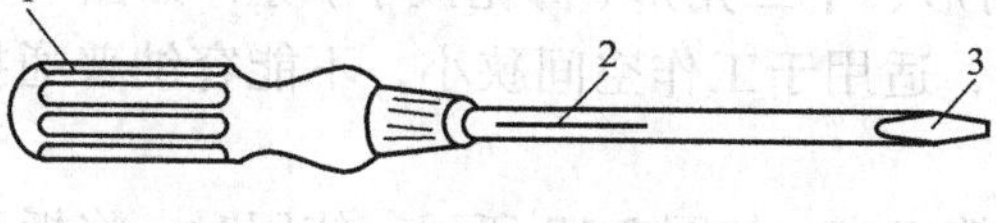

图 2-11　一字槽螺钉旋具

1—木柄　2—刀体　3—刃口

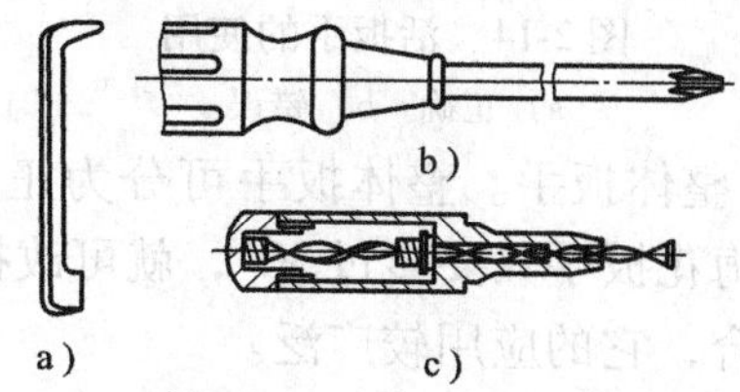

图 2-12　其他螺钉旋具

a）弯头螺钉旋具　b）十字槽螺钉旋具　c）快速螺钉旋具

2. 扳手

扳手是用来旋紧六角形、正方形螺钉及各种螺母的，常用工具钢、合金钢或可锻铸铁制成，其开口处要求光整、坚硬和耐磨。扳手分为通用、专用和特殊三类。

（1）通用扳手　也叫活动扳手，如图 2-13 所示。它由扳手体 4、固定钳口 2、活动钳口 1 和螺杆 3 组成。其开口尺寸能在一定范围内调节，它的规格用扳手长度表示，见表 2-3。

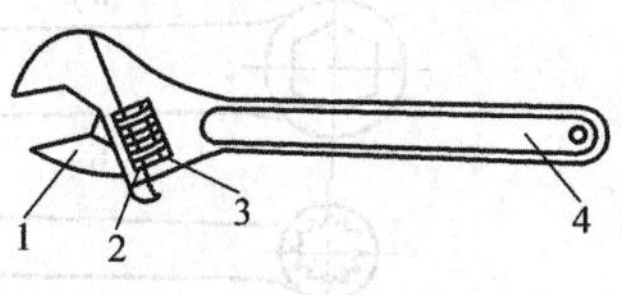

图 2-13　活动扳手

1—活动钳口　2—固定钳口

3—螺杆　4—扳手体

表 2-3　活扳手的规格

长度									
长度	米制/mm	100	150	200	250	300	375	450	600
	英制/in	4	6	8	10	12	15	18	24
开口最大宽度/mm		14	19	24	30	36	46	55	65

注：英制规格仅作参考。

使用活扳手时，应让其固定钳口承受主要作用力（图 2-14a），否则容易损坏扳手。钳口的开度应适合螺母（或螺钉）对边间距尺寸，过宽会损坏螺母（或螺钉）。不同规格的螺母（或螺钉），应选用相应规格的活扳手。扳手手柄不可任意接长，以免拧紧力矩过大而损坏扳手或螺母。活扳手操作时，活动钳口容易歪斜，往往会损坏螺母或螺钉的头部表面。

（2）专用扳手　专用扳手只能用于一种尺寸的螺母或螺钉，根据其用途的不同可分为以下几种类型：

1）呆扳手。用于装拆六角形或方头的螺母或螺钉，有单头和双头之分，如图 2-15 所示。它的开口尺寸与螺母或螺钉的对边间距的尺寸相适应，并根据标准尺寸做成一套。常用十件一套的双头扳手（两端开口）尺寸分别为：5.5mm×7mm、8mm×10mm、9mm×11mm、12mm×14mm、14mm×17mm、17mm×19mm、19mm×22mm、22mm×24mm、24mm×27mm、30mm×32mm。

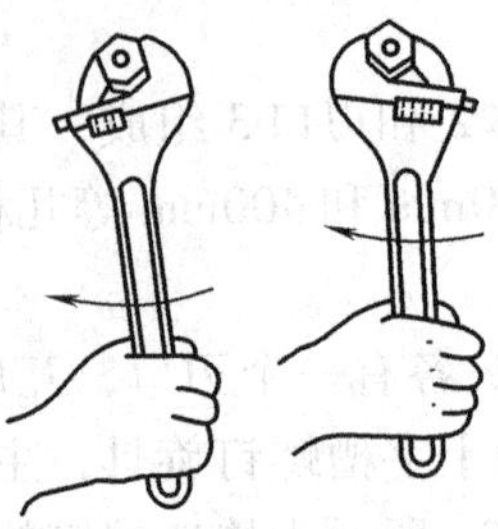
a）　b）

图 2-14　活扳手的使用

a）正确　b）错误

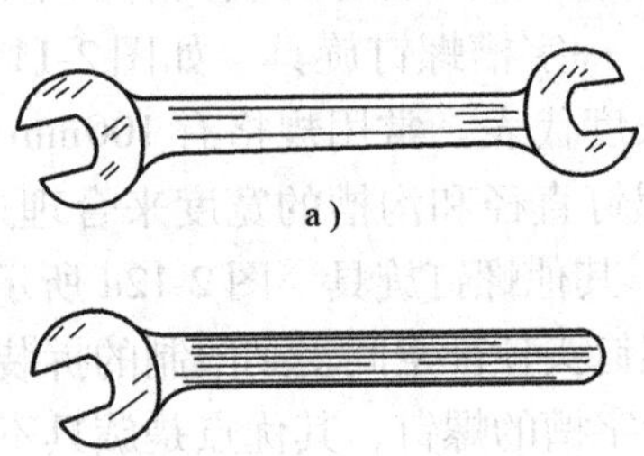
a）
b）

图 2-15　呆扳手

a）双头　b）单头

2）整体扳手。整体扳手可分为正方形、六角形、十二角形（梅花扳手）等，如图 2-16 所示。梅花扳手只要转过 30°，就可改换方向再扳，适用于工作空间狭小，不能容纳普通扳手的场合，它的应用较广泛。

3）成套套筒扳手。由一套尺寸不等的梅花套筒组成，如图 2-17 所示。使用时，将扳手

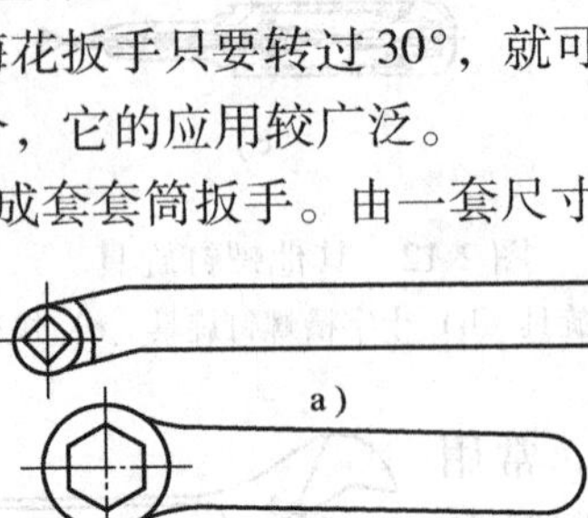
a）
b）
c）

图 2-16　整体扳手

a）方形扳手　b）六角形扳手　c）梅花扳手

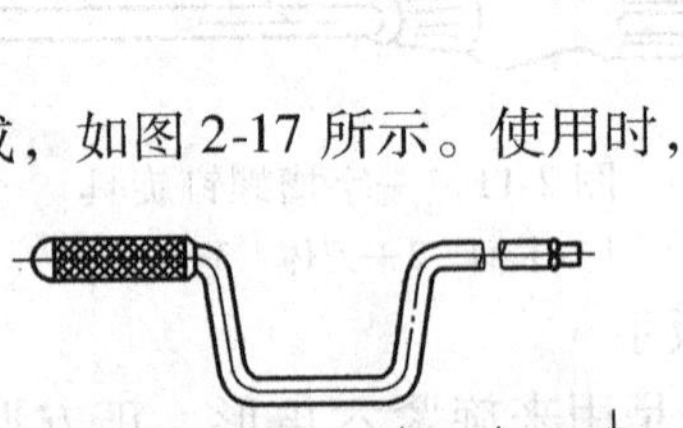

图 2-17　成套套筒扳手

柄方榫插入梅花套筒的方孔内，弓形手柄能连续地转动，使用方便，工作效率较高。

4）钩形扳手。如图 2-18 所示，其结构多种多样，专门用来锁紧各种结构的圆螺母。

5）内六角扳手。如图 2-19 所示，用于装拆内六角螺钉。成套的内六角扳手，可用来装拆 M3 ~ M24 的内六角螺钉。

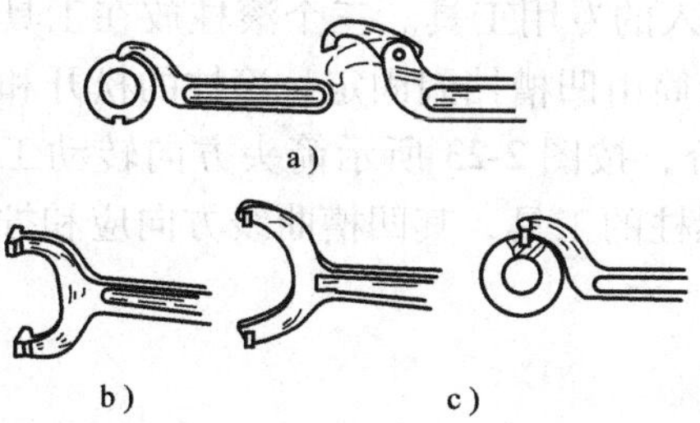

图 2-18 钩形扳手

a）钩形扳手 b）可调式钩形扳手 c）柱销钩形扳手

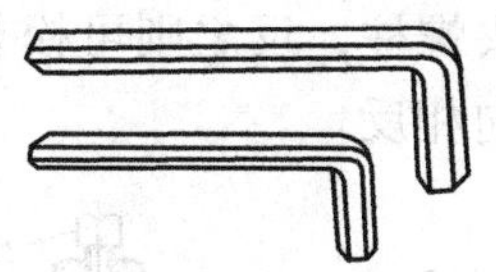

图 2-19 内六角扳手

(3) 特种扳手 特种扳手就是根据某些特殊要求而制造的。图 2-20 所示为棘轮扳手，它使用方便，效率较高。工作时，正转手柄，棘爪 1 在弹簧 2 的作用下进入内六角套筒 3(棘轮)缺口内，套筒便随之转动，拧紧螺母或螺钉；当反转手柄时，棘爪从套筒缺口的斜面上滑过去，因而螺母(或螺钉)不会随着反转，这样反复摆动手柄则可逐渐拧紧螺母或螺钉。松开扳手时，将扳手翻转 180°使用即可。

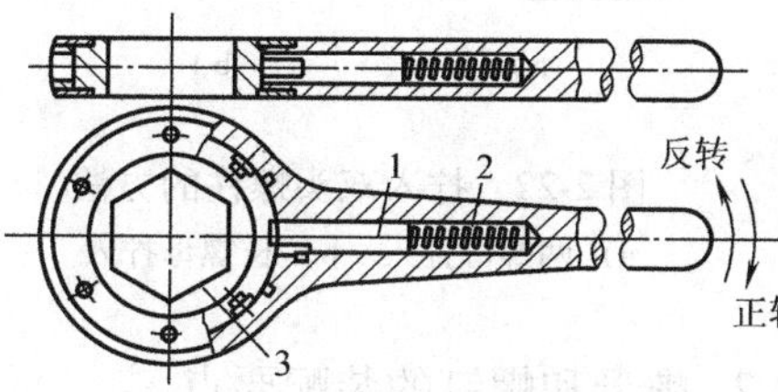

图 2-20 棘轮扳手

1—棘爪 2—弹簧 3—内六角套筒

除了以上介绍的普通扳手以外，在成批生产和装配流水线上广泛采用风动扳手、电动扳手等。为了满足不同需要，还可采用各种专用工具，如定扭力扳手、液力拉伸器、装拆双头螺柱工具等。

三、螺纹联接装配工艺

1. 双头螺柱的装配要点

1）应保证双头螺柱与机体螺纹的配合有足够的紧固性，保证在装拆螺母的过程中，双头螺柱不能有任何松动现象。因此，螺柱的紧固端应采用具有足够过盈量的配合，如图2-21a 所示；也可以以台阶形式紧固在机体上，如图 2-21b 所示；有时也采用把最后几圈螺纹做得浅些，以达到紧固配合的目的。当双头螺柱旋入软材料螺孔时，其过盈量要适当大些。

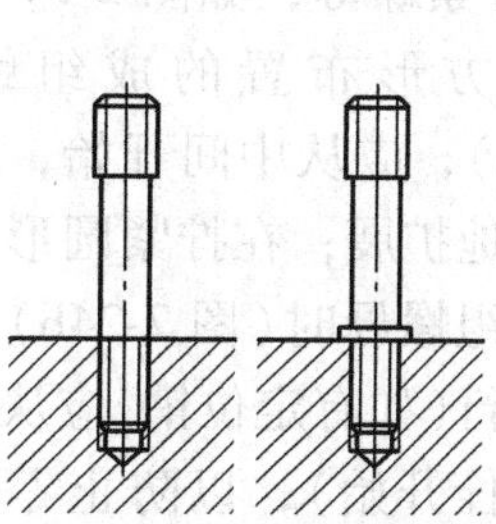

图 2-21 双头螺柱的紧固形式

a）具有过盈的配合

b）具有台阶的紧固

2）双头螺柱的轴线必须与机体表面垂直，装配时，可用直角尺进行检验。如发现较小的偏斜时，可用丝锥校正螺孔后再装配，或将装入的双头螺柱校正至垂直。偏斜较大时，不得强行校正，以免影响联接的可靠性。

3）装入双头螺柱时，必须用油润滑，以免旋入时产生咬住现象，也便于以后的拆卸和更换。

4）拧入双头螺柱的几种常用方法：

① 用两个螺母拧入。如图 2-22a 所示，将两个螺母相互锁紧在双头螺柱上，然后扳动上面一个螺母，把双头螺柱拧入螺孔中。

② 用长螺母拧入。如图 2-22b 的所示，上面的螺钉用来阻止长螺母与双头螺柱之间的相对转动，然后扳动长螺母，双头螺柱即可拧入。松开止动螺钉，即可拆掉长螺母。

③ 用专用工具拧入。图 2-23 所示为双头螺柱拧入的专用工具。三个滚柱放在工具体空腔内，由限位套筒 4 确定其周向和轴向位置。限位套筒由凹槽挡圈固定，滚柱的松开和夹紧由工具体内腔曲线控制。滚柱应夹在螺柱的光杆部分，按图 2-23 所示箭头方向转动工具体即可拧入双头螺柱，反之则可松开螺柱。拆卸双头螺柱的工具，其凹槽曲线方向应和拧入工具的曲线方向相反。

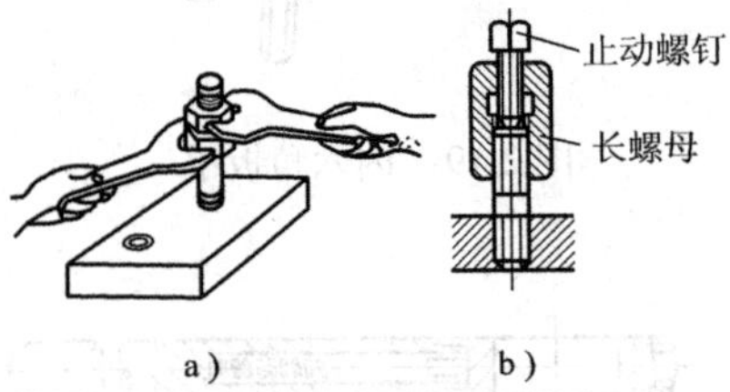

图 2-22 拧入双头螺柱的方法
a) 两螺母拧入 b) 长螺母拧入

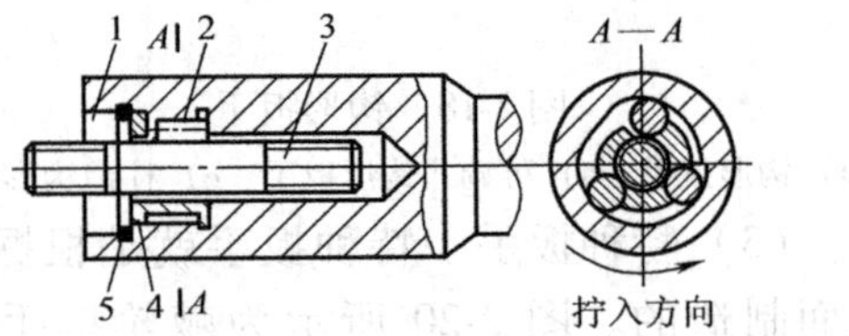

图 2-23 双头螺柱拧入专用工具
1—工具体 2—滚柱 3—双头螺柱 4—限位套筒 5—挡圈

2. 螺母和螺钉的装配要点

螺母和螺钉装配除了要按一定的拧紧力矩来拧紧以外，还应注意以下几点：

1) 螺杆应不产生弯曲变形，螺钉头部、螺母底面应与联接件接触良好。

2) 被联接件应均匀受压，互相紧密贴合，联接牢固。

3) 成组螺栓或螺母拧紧时，应根据被联接件形状和螺栓的分布情况，按一定的顺序逐次(一般为 2 ~ 3 次)拧紧螺母，如图 2-24 所示。在拧紧长方形布置的成组螺母时(图 2-24a)，应从中间开始，逐渐向两边对称地扩展；在拧紧圆形或方形布置的成组螺母时(图 2-24b)，必须对称地进行(如有定位销,应从靠近定位销的螺栓开始)，以防止零件或螺栓产生松紧不一致，甚至变形。

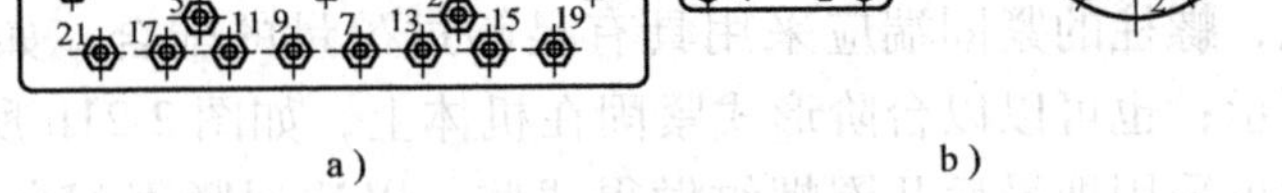

图 2-24 拧紧成组螺母的顺序

第二节 键联接的装配

键是用来联接轴和旋转套件(如齿轮、带轮、联轴器等)的一种机械零件，主要用于周向固定以传递转矩。它具有结构简单、工作可靠、装拆方便等优点，因此得到广泛应用。

根据结构特点和用途不同，键联接可分为松键联接、紧键联接和花键联接三大类。下面从装配的角度分别介绍它们的装配。

一、松键联接的装配

松键联接所用的键有普通平键、半圆键、导向平键及滑键等，它们的特点是：靠键的侧面来传递转矩，只能对轴上零件作周向固定，而不能承受轴向力。轴上零件的轴向固定，要靠紧定螺钉、定位环等定位零件来实现。松键联接的对中性好，能保证轴与轴上零件有较高的同轴度，在高速精密连接中应用较多。

1. 松键联接的装配技术要求

1）保证键与键槽的配合要求。由于键是标准件，各种不同配合性质的获得，要靠改变轴槽、轮毂槽的极限尺寸来得到。键与轴槽和轮毂槽的配合性质一般取决于机构的工作要求，见表 2-4。

表 2-4　键宽 *b* 的配合公差带

键的类型	松联接			正常联接			紧密联接		
	键	轴	毂	键	轴	毂	键	轴	毂
平键 GB/T 1096—2003		H9	D10						
半圆键 GB/T 1099.1—2003	h8	—	—	h8	N9	JS9	h8	P9	P9
薄型平键 GB/T 1566—2003		H9	D10						
配合公差带	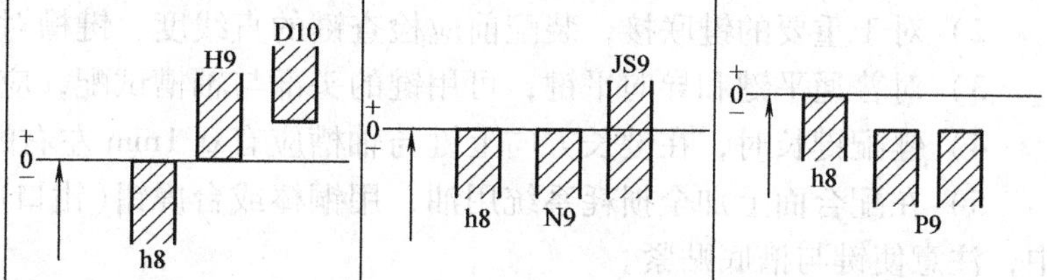								

① 普通平键联接。图 2-25 所示为普通平键联接，键与轴槽的配合为$\frac{P9}{h8}$或$\frac{N9}{h8}$，键与毂槽的配合为$\frac{JS9}{h8}$或$\frac{P9}{h8}$，键在轴上和轮毂上不能轴向移动，一般用于固定联接处。这种联接应用广泛，常用于高精度、传递重载荷、冲击及双向转矩较大的场合。

② 导向平键联接。图 2-26 所示是导向平键联接，键与轴槽的配合为$\frac{H9}{h8}$，并用螺钉固定在轴上，键与轮毂的配合为$\frac{D10}{h8}$。轴上零件能做轴向移动，一般用于轴上零件轴向移动量较小的场合，如变速箱中的滑移齿轮。

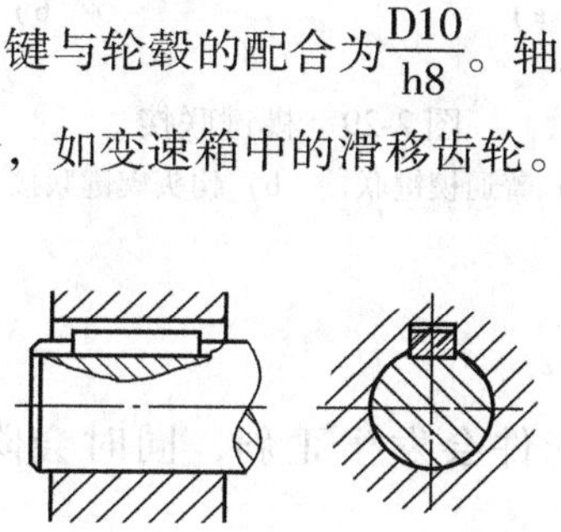

图 2-25　普通平键联接

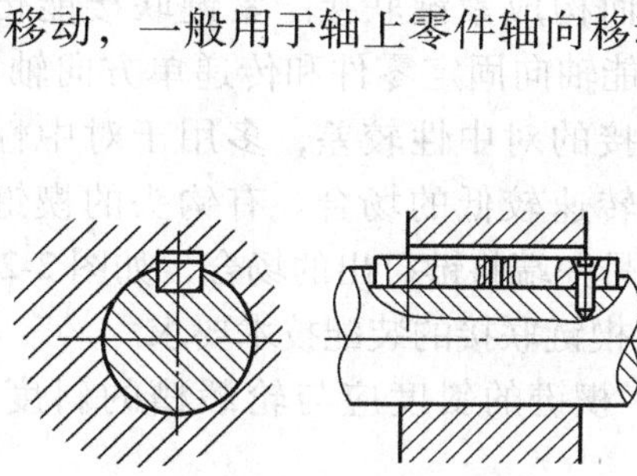

图 2-26　导向平键联接

③ 滑键联接。图 2-27 所示为滑键联接的一种。键固定在轮毂槽中(配合较紧)，键与轴槽为精确间隙配合，键可随轮毂在轴槽中自由移动，多用于轴上零件轴向移动量较大的场合。

④ 半圆键联接。图 2-28 所示为半圆键联接。键在轴槽中绕槽底圆弧曲率中心摆动，用以少量调整位置。但因键槽较深，使轴的强度降低，一般用于轻载或轴的锥形端部。

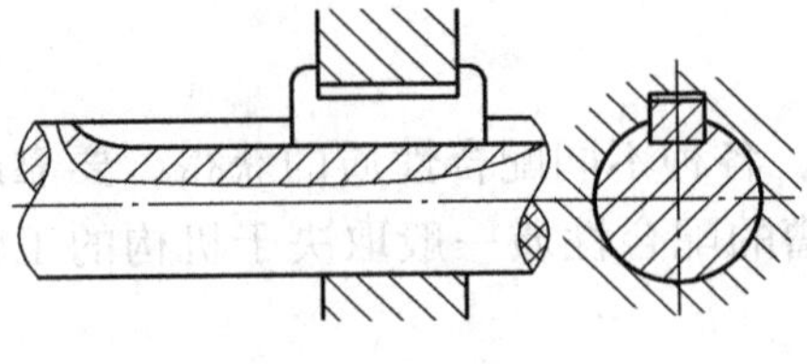

图 2-27 滑键联接

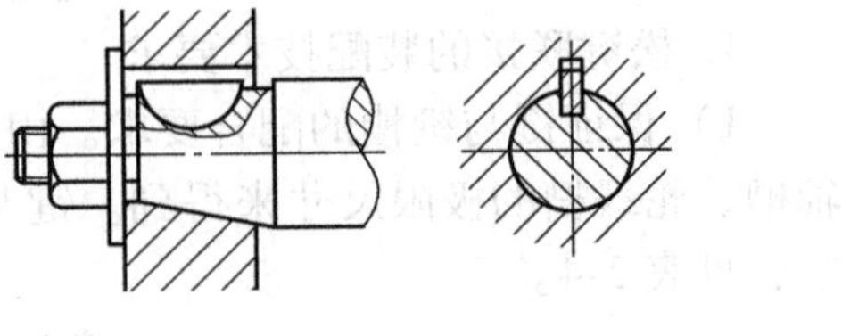

图 2-28 半圆键联接

2）键与键槽应具有较小的表面粗糙度值。

3）键装入轴槽后应与槽底贴紧，键长方向与轴槽有 0.1mm 的间隙，键的顶面与轮毂槽之间有 0.3～0.5mm 的间隙。

2. 松键联接装配要点

1）清理键及键槽上的毛刺，以防配合后产生过大的过盈量而破坏配合的正确性。

2）对于重要的键联接，装配前应检查键的直线度、键槽对轴线的对称度和平行度等。

3）对普通平键和导向平键，可用键的头部与轴槽试配，应能使键较紧地嵌在轴槽中。

4）锉配键长时，在键长方向上键与轴槽应有 0.1mm 左右的间隙。

5）在配合面上加全损耗系统用油，用铜棒或台虎钳(钳口应加软钳口)将键压装在轴槽中，注意使键与槽底贴紧。

6）试配并安装旋转套件(齿轮、带轮等)时，键与键槽的非配合面应留有间隙，装配后的套件在轴上不允许有周向摆动，否则机器工作时，容易引起冲击和振动。

二、紧键联接的装配

紧键联接又叫楔键联接。楔键联接分为普通楔键联接和钩头楔键联接两种，如图2-29 所示。楔键的上下两面是工作面，键的上表面和与它相接触的轮毂槽的底面均有 1∶100 的斜度，键侧与键槽有一定的间隙，装配时将键打入而构成紧键联接。紧键联接能传递转矩，还能轴向固定零件和传递单方向轴向力。紧键联接的对中性较差，多用于对中性要求不高和转速较低的场合。有钩头的楔键用于不能从另一端将键打出的场合，如图 2-29b 所示。

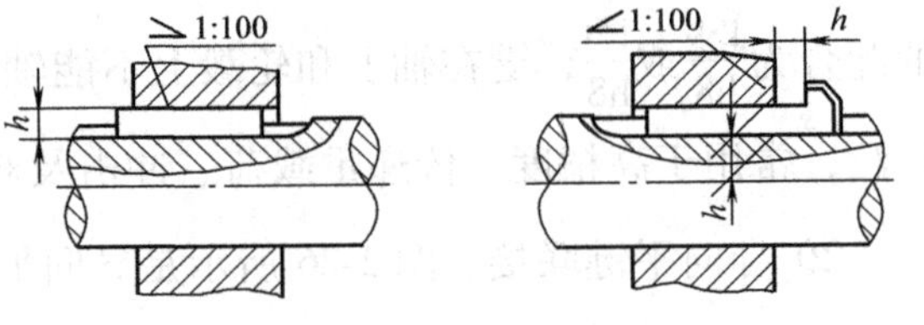

图 2-29 楔键联接

a）普通楔键联接 b）钩头楔键联接

1. 楔键联接的装配技术要求

1）楔键的斜度应与轮毂槽的斜度一致，否则，套件会发生歪斜，同时会降低联接强度。

2）楔键与槽的两侧要留有一定间隙。

3）对于钩头楔键，不应使钩头紧贴套件端面，必须留有一定距离 h，以便拆卸。

2. 楔键联接装配要点

装配楔键时，要用涂色法检查楔键上下表面与轴槽和轮毂槽的接触情况，接触率应大于65%。若发现接触不良，可用锉刀、刮刀修整键槽。合格后，轻敲入键槽，至套件的周向、轴向都紧固可靠为止。

三、花键联接的装配

花键联接是由轴和毂孔上的多个键齿组成的，如图2-30所示。花键联接的工作特点是多齿工作，轴的强度高、传递转矩大、对中性及导向性好。但制造成本高，适用于载荷大和同轴度要求较高的联接中，在机床和汽车中应用较多。

按工作方式花键联接有静联接和动联接两种；按齿廓形状花键可分为矩形花键、渐开线花键和三角形花键三种。其中矩形花键的齿廓是直线，加工方便，应用较广泛。

1. 矩形花键的结构特点

(1) 矩形花键的基本尺寸　包括键数、小径、大径及键宽等，如图2-31所示。

矩形花键的键数 N 为偶数，常用范围4～20；小径 d 和大径 D 分别为花键配合时的最小、最大直径，如图2-31所示；键宽 B 为键或槽的基本尺寸。

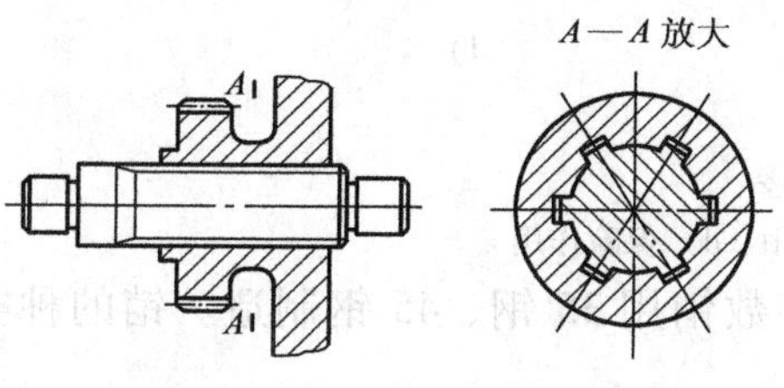

图2-30　矩形花键联接

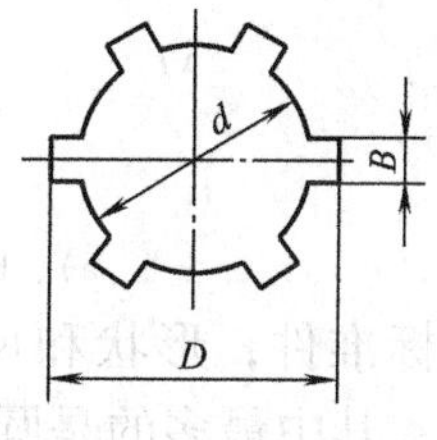

图2-31　矩形内、外花键基本尺寸

(2) 花键的定心方式　花键定心方式即保证内、外花键同轴度的方法。GB/T 1144—2001中规定了矩形花键的定心方式为小径定心。其优点是定心精度高，稳定性好，易实现热处理后磨削花键的工艺，可获得较高精度。同时，采用小径定心，有利于以花键孔为基准的渐开线圆柱齿轮精度标准的贯彻。

(3) 花键的配合　花键配合包括定心直径与轴的小径配合，非定心直径与轴的外径配合以及键宽的配合。花键的配合性质与花键的定心方式、精度要求及联接的松紧等因素有关，详见有关手册。

(4) 花键联接的标记(表2-5)

表2-5　矩形花键标记

花键规格/mm	$N \times d \times D \times B$	$6 \times 23 \times 26 \times 6$
花键副	$6 \times 23 \times \frac{H7}{f7} \times 26 \times \frac{H10}{a11} \times 6 \times \frac{H11}{d10}$	GB/T 1144—2001
内花键	6×23H7×26H10×6H11	GB/T 1144—2001
外花键	6×23f7×26a11×6d10	GB/T 1144—2001

2. 花键联接的装配要点

(1) 静联接花键装配　由于套件固定在花键轴上，故有少许过盈量，装配时可用铜棒轻轻打入，但不得过紧，以防止拉伤配合表面。如果过盈量较大，则应将套件加热至80～

120℃后再进行装配。

(2) 动联接花键装配　动联接花键装配应保证精确的间隙配合。套件在花键轴上可以自由滑动，没有阻滞现象，但也不能过松，用手摆动套件时，不应感觉有明显的周向间隙。

(3) 花键的修整　拉削后热处理的内花键，为消除热处理产生的微量缩小变形，可用花键推刀修整，也可以用涂色法修整，以达到技术要求。

(4) 花键副的检验　花键联接装配后应检查花键轴与套件的同轴度和垂直度误差。

第三节　销联接的装配

销联接的主要作用是定位、联接或锁定零件，有时还可以作为安全装置中的过载剪断元件，如图 2-32 所示。

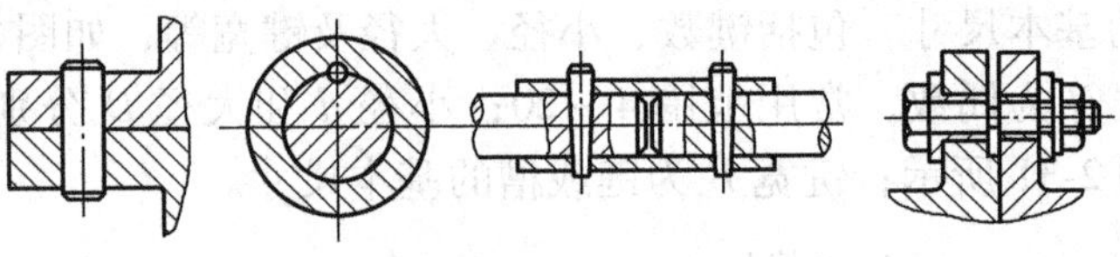

图 2-32　销联接
a)、b) 定位作用　c) 联接作用　d) 保险作用

销是一种标准件，形状和尺寸已标准化。大多数销用 35 钢、45 钢制造。销的种类较多，应用广泛，其中最多的是圆柱销及圆锥销。

一、圆柱销的装配

圆柱销一般依靠过盈配合固定在孔中，用以固定零件、传递动力或作定位元件。用圆柱销定位时，为了保证联接质量，被联接件的两孔应同时钻、铰。对销孔尺寸、形状、表面粗糙度要求较高，孔壁表面粗糙度值应低于 $R_a1.6\mu m$。圆柱销装配时，应在销子表面涂上全损耗系统用油，用铜棒将销子轻轻打入，也可用 C 形夹头将销子压入销孔。由于圆柱销孔经过铰削加工，多次装拆会降低定位精度和联接的紧固性，故圆柱销不宜多次装拆。

二、圆锥销的装配

圆锥销具有 1:50 的锥度，以小端直径和长度代表其规格，钻孔时以小端直径选用钻头。圆锥销定位准确，装拆方便，在横向力作用下可保证自锁，一般多用作定位、经常装拆的场合。

圆锥销装配时，两联接件的销孔应一起钻、铰。用 1:50 锥度的铰刀铰孔，铰孔时，用试装法控制孔径，以圆锥销自由地插入全长的 80%~85% 为宜，如图 2-33 所示。然后，用锤子敲入，圆锥销的大端可稍微露出，或与被联接件表面平齐。

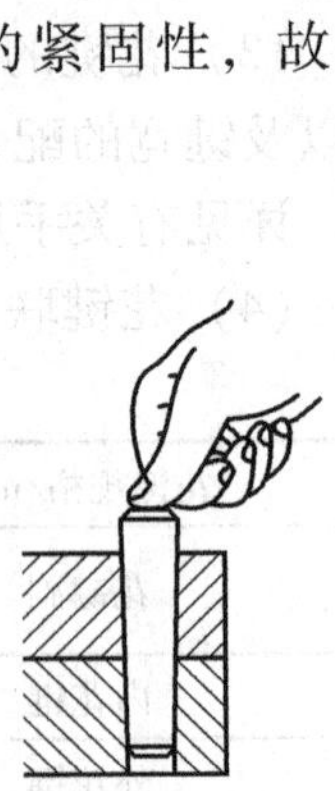

图 2-33　圆锥销自由放入深度

拆卸普通圆柱销和圆锥销时，可从小头(圆锥销)向外敲出。有螺尾的圆锥销可用螺母旋出，如图 2-34 所示。拆卸带内螺纹的圆锥销时，可用拔销器拔出，如图 2-35 所示。

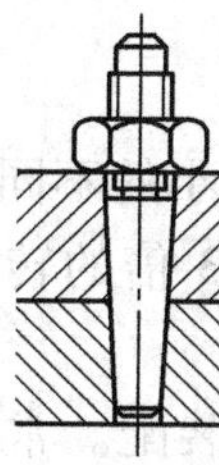

图 2-34　带螺尾圆锥销的拆卸

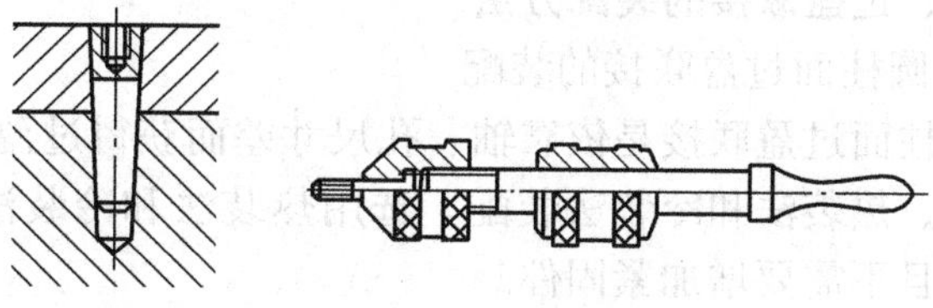

a)　　b)

图 2-35　带内螺纹圆锥销的拆卸

a）内螺纹圆锥销联接　b）拔销器

第四节　过盈联接的装配

过盈联接是通过包容件(孔)和被包容件(轴)配合后的过盈值达到紧固连接的。装配后，轴的直径被压缩，孔的直径被胀大，由于材料发生弹性变性，包容件和被包容件的配合面会产生压力。工作时，依靠此压力产生的摩擦力来传递转矩和轴向力，如图 2-36 所示。

过盈联接结构简单、同轴度高、承载能力强，能承受变载和冲击力，同时可避免键联接中切削键槽而削弱零件强度的不足，但过盈联接配合表面的加工精度要求较高，装配较困难。机车轮心与轮箍及齿轮内孔和轮毂外圆的连接(图 2-37)都采用过盈联接。

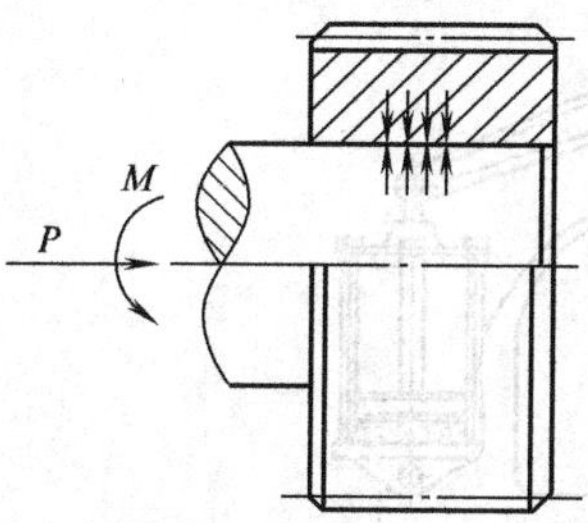

图 2-36　过盈联接

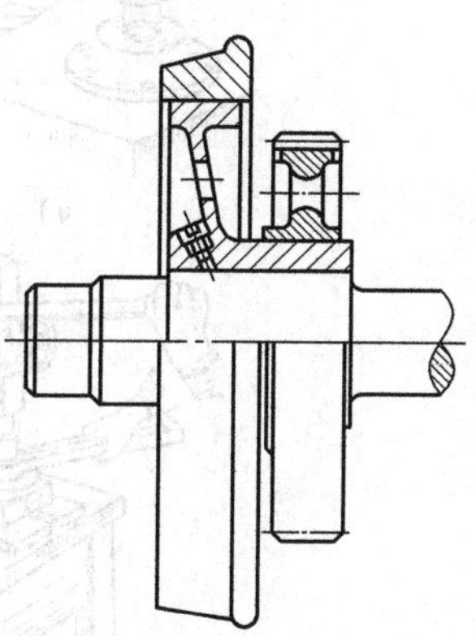

图 2-37　机车轮心与轮箍及齿轮和轮毂外圆的连接

过盈联接的配合面多为圆柱面，也有圆锥面和其他形式。

一、过盈联接的装配技术要求

1）准确的过盈值。配合的过盈值，是按连接要求的紧固程度确定的。过盈量太小不能满足传递转矩的要求，过盈量过大则造成装配困难。一般最小过盈 y_{min} 应等于或稍大于连接所需的最小过盈。

2）配合表面应具有较小的表面粗糙度值，并保证配合表面的清洁。

3）配合表面应具有较高的形位精度，装配中注意保持轴孔的同轴度，以保证装配后有较高的对中性。

4）为了便于装配，孔口和轴端应有适当的倒角。

5）装配时，压入过程应连续，速度应稳定，不宜太快，通常为 2～4mm/s。

二、过盈联接的装配方法

1. 圆柱面过盈联接的装配

圆柱面过盈联接是依靠轴、孔尺寸差而获得过盈量的，根据过盈量大小的不同，可采用压装法、热装法和冷装法装配。选用热装法和冷装法比压装法能多承受3倍的转矩和轴向力，并且不需要增加紧固件。

（1）压装法　当过盈量及配合尺寸较小时，一般采用在常温下压入装配。常用压入方法和设备如图2-38所示。

1）图2-38a所示为用锤子加垫块敲击压入的方法。此法简便，但导向性不易控制，常出现歪斜，适用于配合要求较低或配合长度较短的过渡配合联接，常用于单件生产。

2）图2-38b、c、d所示为用工具压装的方法，其导向性比敲击压装好，生产率高。此法适用于较紧的过渡配合和轻型过盈配合，如小型的轮圈、轮毂、齿轮、套筒和一般要求的滚动轴承等，常用于小批量生产。

3）图2-38e所示为用压力机压装的方法，压力范围为$1\sim10^7$N，配以夹具可提高导向性。此法适用于中型和大型过盈配合的联接件，如车轮、飞轮、齿圈、轮毂、连杆衬套、滚动轴承等，常用于成批生产中。

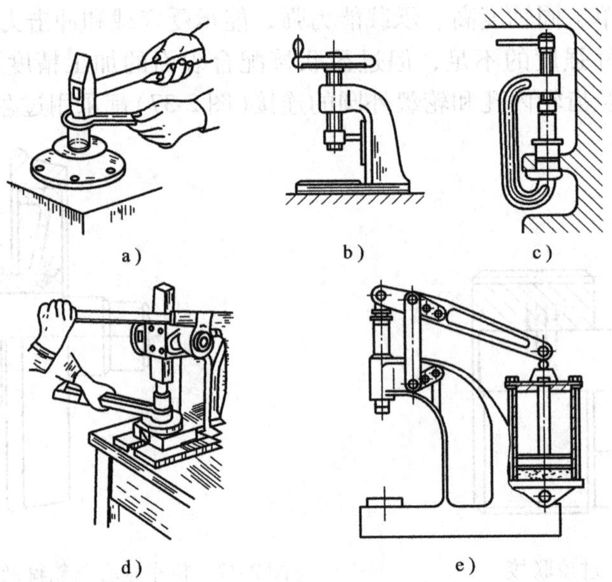

图2-38　压装法和设备

a）锤子和垫块　b）螺旋压力机

c）C形夹头　d）齿条压力机　e）气动杠杆压力机

（2）热装法　热装法也称红套，是利用金属材料热胀冷缩的物理特性进行装配的方法，操作时，将孔加热使之胀大，然后将轴装入胀大的孔中，待孔冷却收缩后，轴孔就形成过盈联接。热装法的加热方法应根据过盈量及套件尺寸的大小选择。过盈量较小的联接件可放在沸水槽（80～120℃）、蒸汽加热槽（120℃）和热油槽（90～320℃）中加热；过盈量大的中型和大型联接件可用感应加热器加热。

（3）冷装法　冷装法是将轴进行低温冷却，使之缩小，然后与常温下的孔进行装配的方法。对于过盈量小的小型联接件和薄壁衬套等装配。可采用干冰将轴件冷至-78℃，操作比较简单。对于过盈量较大的联接件，如发动机连杆衬套等可采用液氮将轴件冷至-195℃，冷缩时间短，生产率高。

冷装法与热装法相比，收缩变形量小，故多用于过渡配合，有时也用于过盈配合。

2. 圆锥面过盈联接装配

圆锥面过盈联接是利用轴和孔产生相对轴向位移互相压紧而获得过盈联接的。它的特点是压合距离短，装拆时配合面不易擦伤，装拆比较方便，但其配合面加工较困难，多用于经常装拆得场合。常用的装配方法有如下两种：

（1）螺母压紧形成圆锥面过盈联接　这种连接如图2-39所示，拧紧螺母可使配合面压紧形成过盈联接。配合面的锥度小时，所需轴向力小，但不易拆卸；锥度大时，拆卸方便，但拉紧轴向力增大。通常锥度可取1:30～1:8。这种方法多用于传递中、小转矩和经常拆卸的场合。

（2）用液压装置装拆圆锥面过盈联接　圆锥面过盈联接是利用液压装置来装配的，其结构如图2-40所示。装配时，用高压液压泵将压力油由包容件上油孔和油沟压入配合面（图2-40a），也可以由被包容件上的油孔和油沟压入配合面间（图2-40b）。压力油使包容件内径胀大，被包容件外径缩小，施加一定的轴向力，就使之互相压入。当压入至预定的轴向位置后，排出压力油，即可形成过盈联接。同样，也可以利用压力油拆卸。利用液压装置装拆过盈联接时，不需要很大的轴向力，配合面不易擦伤，但对配合面接触精度要求较高，且需要高压液压泵等专用设备。这种方法多用于承载较大且需多次装拆的场合，尤其适用于大、中型零件的连接。

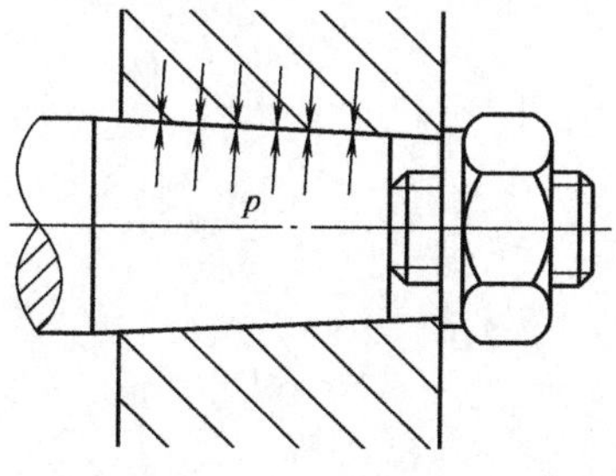

图2-39　螺母压紧形成圆锥面过盈联接

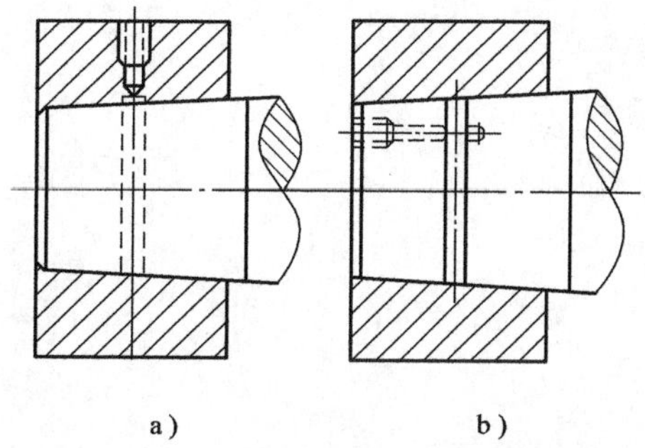

图2-40　用液压装置装拆圆锥面的过盈联接

本章小结

本章内容以几种常见的固定联接的装配（螺纹联接、键联接、销联接、过盈联接等）为主，就技术要求、类型、特点、装配工艺、适用范围进行了全面的讨论。学习本章内容，应该了解到：销联接（圆柱销）不宜多次装拆，否则会降低其定位精度和连接的紧固性；其他固定联接均具有结构简单、连接可靠、装拆方便等特点；由于螺栓、螺柱和螺钉种类繁多，螺纹联接的装拆工具也很多，使用时应根据具体情况合理选用。

另外，除了了解课堂上讲授的理论知识以外，建议学生课下多动手、多动脑，多利用实习时间熟练掌握各种固定联接的装配工艺方法。

复习思考题

1. 普通螺纹联接的基本类型有哪几种？各用于什么场合？
2. 螺纹联接的装配技术要求有哪些？目的何在？
3. 螺纹联接的常用装拆工具有哪些？各应用于何种场合？其规格如何表示？
4. 重要的螺纹联接如何控制预紧力？
5. 双头螺柱装配的要点有哪些？
6. 拧紧双头螺柱的方法有哪几种？其原理是什么？
7. 螺钉和螺母在装配时应注意什么？为什么？
8. 螺纹联按松动的原因是什么？常用的防松方法有哪些？
9. 什么是松键联接？什么是紧键联接？各有何优缺点？
10. 简述松键联接和紧键联接的装配要点。
11. 花键联接结构要素包括哪些内容？
12. 简述花键联接的装配要点。
13. 销联接的作用有哪些？为什么联接件的销孔在装配时要一起钻、铰？
14. 简述圆锥销的装配要点。
15. 什么是过盈联接？圆柱面和圆锥面各用什么方法实现过盈联接？
16. 常用过盈联接的装配方法有哪些？各应用于什么场合？

第三章　传动机构的装配

教学目标　1. 了解各种传动机构的装配技术要求。
2. 熟悉并掌握各种传动机构的装配要点及装配方法。
3. 熟悉联轴器、离合器的类型、特点及应用。
4. 熟悉液压泵、液压缸、压力阀的装配。
5. 掌握V带的安装及张紧力的控制方法。
6. 掌握圆柱齿轮机构的装配、检验方法。
7. 掌握蜗杆传动机构啮合质量的检验。
8. 掌握传动丝杠与导轨装配件的装配及检查方法。
9. 掌握螺旋传动机构的装配要点及双螺母消除间隙机构的调整。
10. 掌握联轴器、离合器的装配要求和方法。

教学重点　1. 各种传动机构的装配、检验方法和链条连接要求。
2. V带的安装及张紧力的控制方法。
3. 螺旋传动机构的装配要点及双螺母消除间隙机构的调整。

教学难点　各种传动机构的装配、检验、调整方法。

第一节　带传动机构的装配

带传动属于摩擦传动，即将挠性带紧紧地套在两个带轮上，利用传动带与带轮之间的摩擦力来传递运动和动力。与齿轮传动相比，带传动具有工作平稳、噪声小、结构简单、不需要润滑、缓冲吸振、制造容易以及能过载保护，并能适应两轴中心距较大的传动等特点，因此得到广泛应用。但其缺点是传动比不准确，传动效率低，传动带的寿命短。常用的带传动有V带和平带等，如图3-1所示。

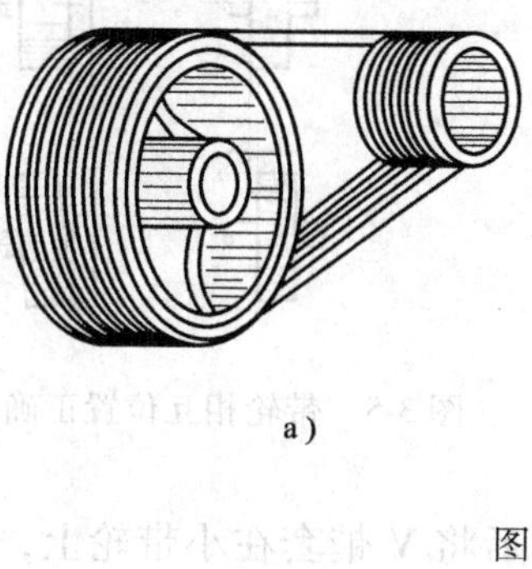

a）

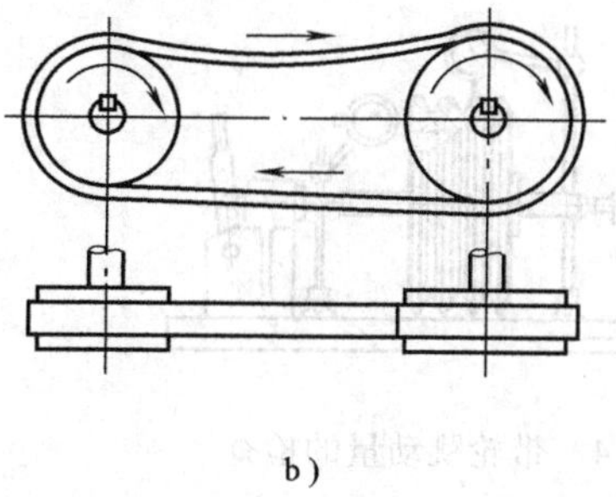

b）

图3-1　带传动

a）V带传动　b）平带传动

一、带传动机构的装配技术要求

1）带轮的安装要正确，其径向圆跳动公差和端面圆跳动量公差为0.2～0.4mm。

2）两带轮的中心平面应重合，其倾斜角和轴向偏移量不应过大。一般倾斜角不应超过1°，否则传动带易脱落或加快传动带侧面磨损。

3）带轮工作表面粗糙度要适当。带轮表面过于粗糙，工作时会因发热大而加剧传动带的磨损；带轮表面过于光滑，则传动带易打滑。其表面粗糙度值一般取 $R_a3.2\mu m$，轮槽的棱边要倒钝。

4）传动带的张紧力要适当，并且调整方便。

二、带轮的装配

带轮孔与轴的连接一般采用过渡配合（H7/k6），有少量过盈，且同轴度要求较高。为了传递较大转矩，需用紧固件等进行周向固定和轴向固定。图 3-2 所示为带轮与轴的几种连接方式。

装配时，按轴和轮毂孔的键槽来修配键，然后清理安装面，并涂上润滑油。把带轮装在轴上时，通常用木锤捶击，或用螺旋压力机压装，如图 3-3 所示。

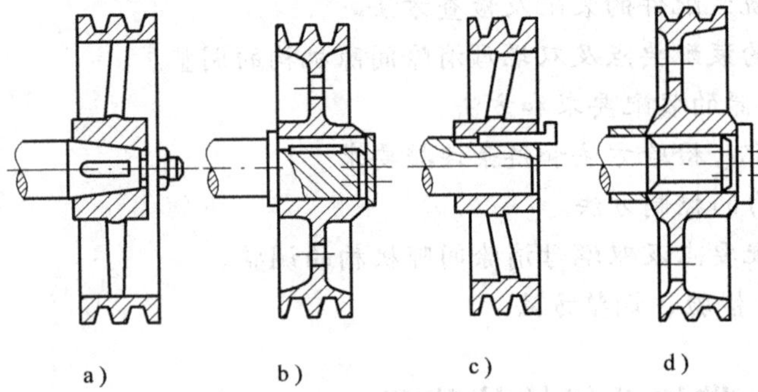

图 3-2　带轮与轴的连接

a）圆锥轴颈、挡圈轴向固定　b）轴肩、挡圈轴向固定　c）楔键周向、轴向固定　d）隔套、挡圈轴向固定

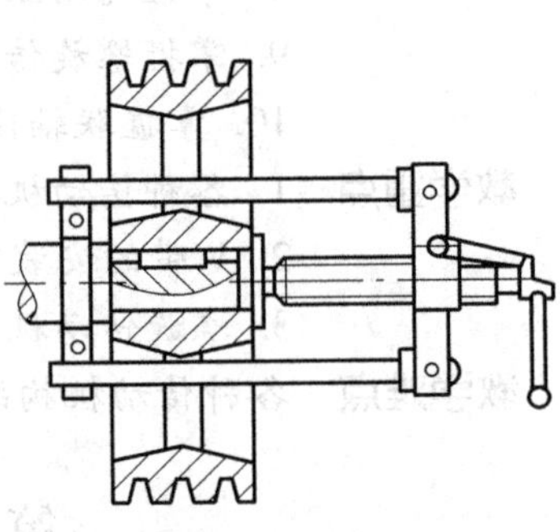

图 3-3　用螺旋压力机压入带轮

带轮装在轴上后，为了保证带轮在轴上安装的正确性，要用划线盘或百分表检查带轮的径向圆跳动和端面圆跳动量，如图 3-4 所示。并且还要经常用平尺或拉线法测量两带轮相互位置的正确性，以免返工，如图 3-5 所示。

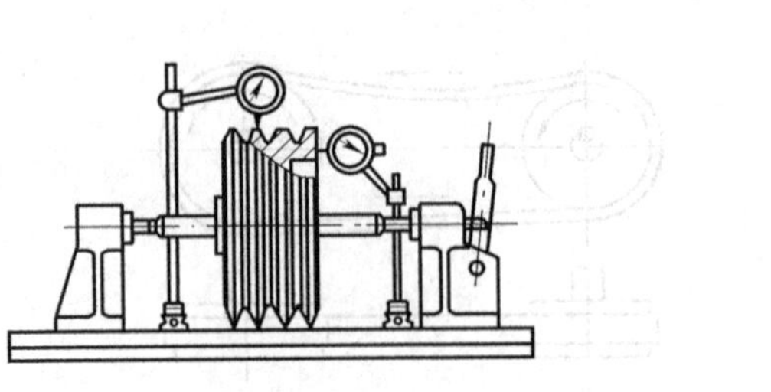

图 3-4　带轮跳动量的检查

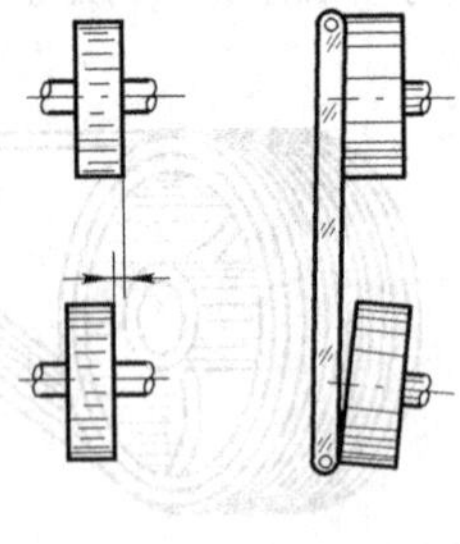

图 3-5　带轮相互位置正确性的检查

三、V 带的安装

安装 V 带时，首先将两带轮的中心距调小，然后将 V 带套在小带轮上，再将 V 带套在大带轮上，边转动大轮，边用螺钉旋具或铜棒将 V 带拨入带轮槽中。装好后的 V 带在槽中的正确位置如图 3-6a 所示。

V 带不宜在阳光下曝晒，特别要防止其与矿物质、酸、碱等的接触，以免变质。

四、张紧力的控制

传动带的张紧力对其传动能力、寿命和轴向压力都有很大影响。张紧力不足，传动带将在带轮上打滑，使带急剧磨损；张紧力过大也会降低传动带的寿命，增大轴和轴承上载荷。因此适当的张紧力是保证带传动正常工作的重要因素。

1. 张紧力的检查

在传动带与两带轮的切点 A、B 连线的中点，垂直于传动带加一载荷 G，通过测量产生的挠度 y 来检查张紧力的大小，如图 3-7 所示。在 V 带传动中，规定在测量载荷 G 作用下，中点挠度应大致等于传动带与两带轮切点跨距长度的 1.6/100，即规定在 G 测量载荷作用下，产生的挠度为：$y=\frac{1.6}{100}l(\mathrm{mm})$，$l$ 是两切点间距离。

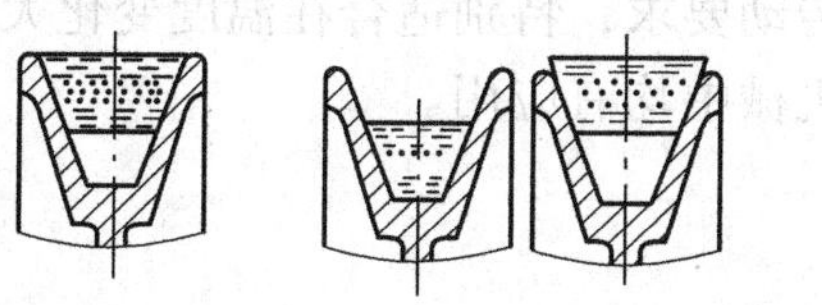

a)　　b)

图 3-6　带在轮槽中的位置

a) 正确　b) 错误

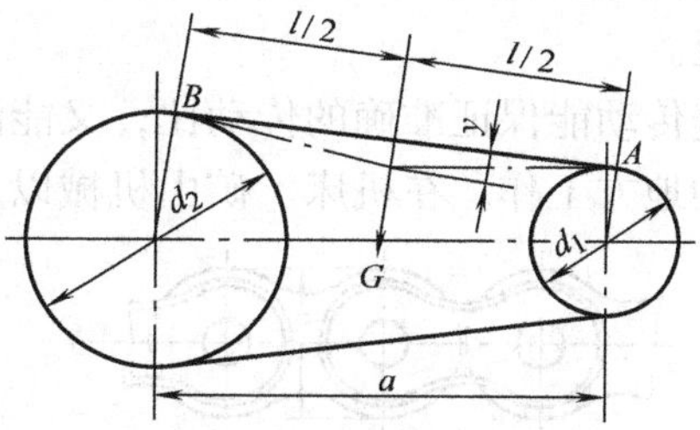

图 3-7　张紧力的检查

测量载荷 G 的大小与 V 带型号、小带轮直径及带速有关，生产中，可按表 3-1 选取。

表 3-1　测定张紧力所需的测量载荷 G　（单位:N）

带　型		Z		A		B		C		D		E	
小带轮直径/mm		50 ~ 100	>100	75 ~ 140	>140	125 ~ 200	>200	200 ~ 400	>400	355 ~ 600	>600	500 ~ 800	>800
带速/(m/s)	0 ~ 10	5 ~ 7	7 ~ 10	9.5 ~ 14	14 ~ 21	18.5 ~ 28	28 ~ 42	36 ~ 54	54 ~ 85	74 ~ 108	108 ~ 162	145 ~ 217	217 ~ 325
	10 ~ 20	4.2 ~ 6	6 ~ 8.5	8 ~ 12	12 ~ 18	15 ~ 22	22 ~ 33	30 ~ 45	45 ~ 70	62 ~ 94	94 ~ 140	124 ~ 186	186 ~ 280
	20 ~ 30	3.5 ~ 5.5	5.5 ~ 7	6.5 ~ 10	10 ~ 15	12.5 ~ 18	18 ~ 27	25 ~ 38	38 ~ 56	50 ~ 75	75 ~ 108	100 ~ 150	150 ~ 225

例 3-1：某传动带为 B 型带，小带轮直径为 ϕ150mm，带速为 8m/s，两带轮切点间距离 $l=300$mm。问检查其张紧力时的测量载荷应为多少？允许挠度应为多少？

解：查表 3-1，B 型带的测量载荷 $G=18.5\sim28$N/根，挠度

$$y=\frac{1.6}{100}l=\frac{1.6}{100}\times300\mathrm{mm}=4.8\mathrm{mm}$$

若挠度大于计算值，说明张紧力小于规定值；若挠度小于计算值，则说明张紧力大于规定值。两种情况都需对张紧力作进一步调整。

2. 张紧力的调整

由于传动带工作一段时间后，将发生永久性的变形，使张紧力减小，所以在带传动机构中都有调整张紧力的张紧机构。张紧力的调整方法是靠改变两带轮的中心距或用张紧轮张紧，如图 3-8 所示。

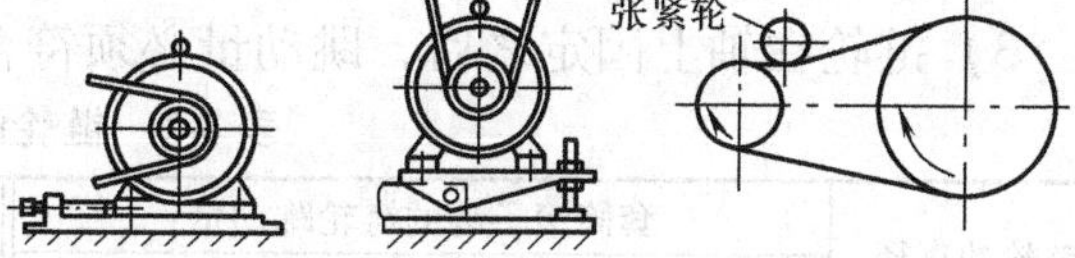

a)　　b)

图 3-8　张紧力的调整

a) 改变中心距　b) 用张紧轮

第二节 链传动机构的装配

链传动机构是由两个链轮和连接它们的链条组成的，通过链和链轮的啮合来传递运动和动力，如图3-9所示。

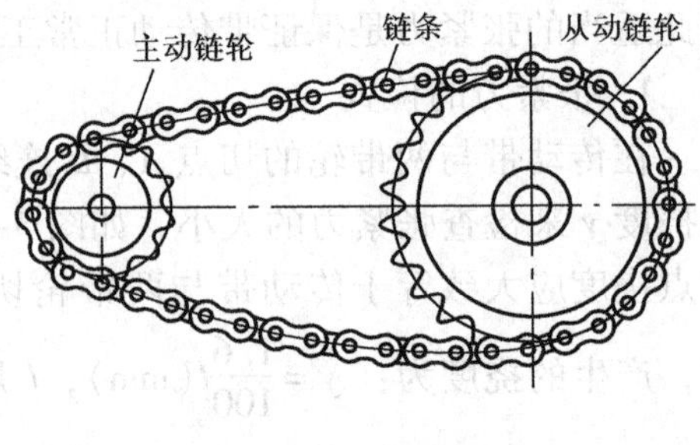

图3-9 链传动构成

按用途不同，链可分传动链、起重链和牵引链三种。常用的传动链有滚子链和齿形链，如图3-10和图3-11所示。滚子链与齿形链相比，噪声大、运动平稳性差、速度低，但结构简单、成本低，故应用广泛。

链传动能保证准确的传动比，又能满足远距离传动要求，特别适合在温度变化大和灰尘较多的地方工作。在机床、矿山机械以及石油化工机械中均有应用。

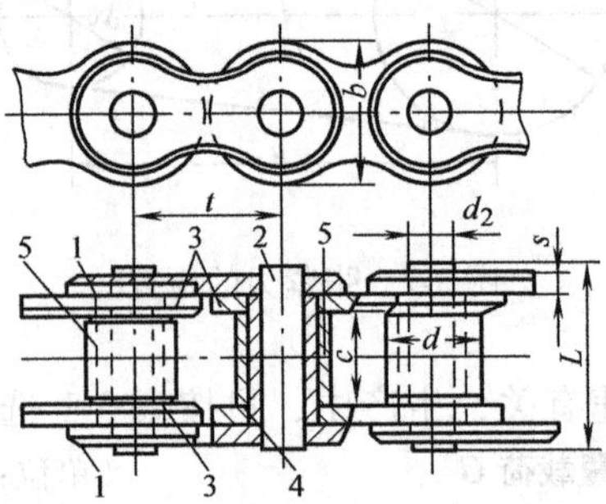

图3-10 滚子链

1—外链片 2—销子 3—内链片

4—衬套 5—滚子

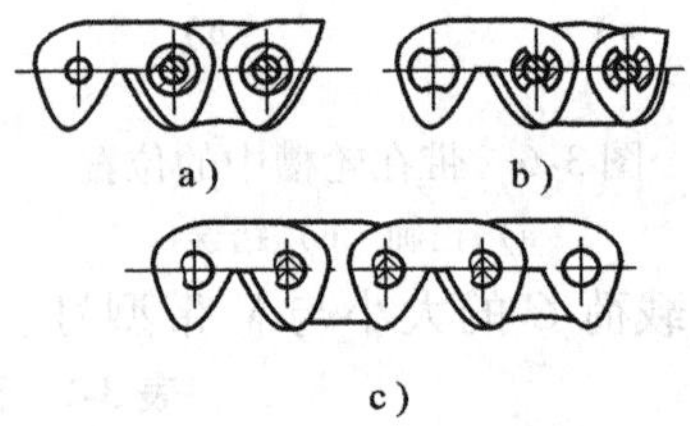

图3-11 齿形链

a）圆销式 b）轴瓦式 c）滚柱式

一、链传动机构的装配技术要求

1）两链轮轴线必须平行，否则会加剧链条和链轮的磨损，降低传动平稳性并使噪声增加。两轴线的平行度可用量具检查，通过测量 A、B 两尺寸来检查其误差，图3-12所示的平行度误差为$(A-B)$。

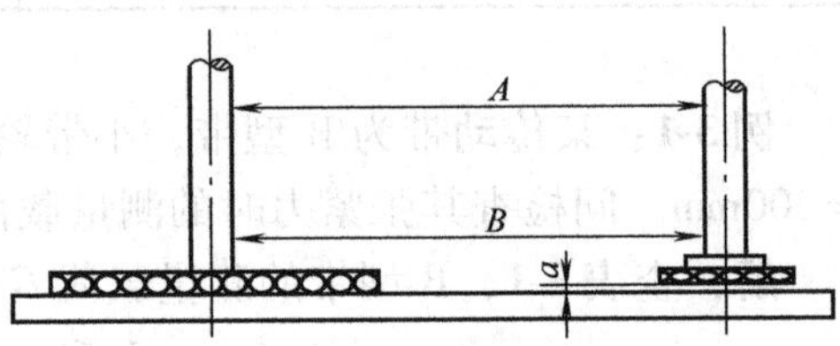

图3-12 两链轮轴线平行度及轴向偏移量的测量

2）两链轮之间轴向偏移量不能太大。一般当两轮中心距小于500mm时，轴向偏移量 a 应在1mm以下；两轮中心距大于500mm时，a 应在2mm以下，如图3-12所示。

3）链轮在轴上固定之后，跳动量必须符合表3-2所列数值的要求。

表3-2 链轮的允许跳动量 （单位:mm）

链轮的直径	套筒滚子链的链轮跳动量		链轮的直径	套筒滚子链的链轮跳动量	
	径向 δ	轴向 a		径向 δ	轴向 a
100以下	0.25	0.3	>300～400	1.0	1.0
>100～200	0.5	0.5	400以上	1.2	1.5
>200～300	0.75	0.8			

链轮跳动量可用划线盘或百分表进行检查，如图 3-13 所示。

4）链条的下垂度应适当。如果链传动是水平或稍微倾斜的（在 45°以内），则下垂度 f 应小于 $2\%L$（L 为两链轮的中心距）；倾斜度增大时，就要减少下垂度。在链垂直放置时，f 应小于 $0.2\%L$，其目的是为了减少链传动的振动或脱链现象。检查方法如图 3-14 所示。

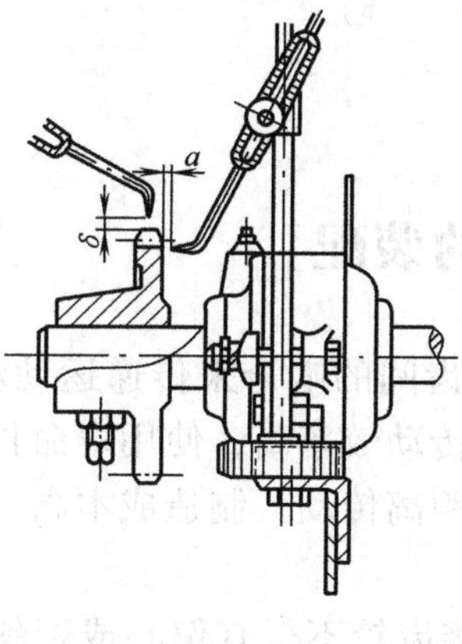

图 3-13　链轮跳动量的检查

δ—径向　a—轴向

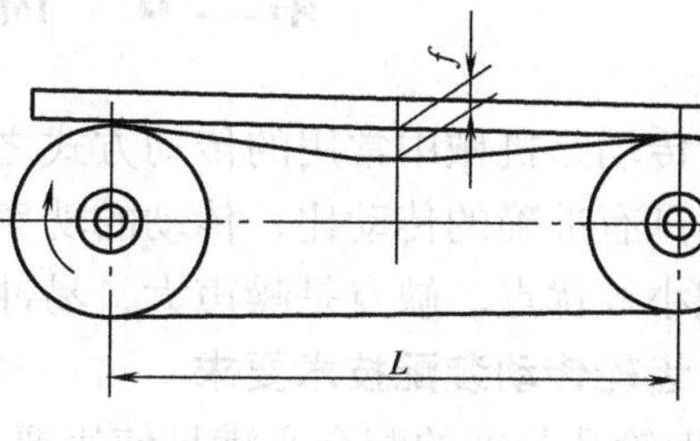

图 3-14　链条下垂度的检查

二、链传动机构的装配

链轮装配方法与带轮装配方法基本相同。链轮在轴上的固定方法，如图 3-15 所示，其中图 3-15a 所示为用键联接并用紧定螺钉固定；图 3-15b 所示为用圆锥销固定。

滚子链的接头形式如图 3-16 所示。图 3-16a 所示为用开口销固定活动销轴，图 3-16b 所示为用弹簧卡片固定活动销轴，这两种形式都在链条节数为偶数时使用。用弹簧卡片时应注意使开口端的方向与链条的速度方向相反，以免运动中因受到撞碰而脱落。图 3-16c 所示为采用过渡链节接合的形式，这种过渡链节的柔性较好，具有缓冲和减震作用，但这种链板会受到附加弯曲作用，因此适用于链节为奇数时。

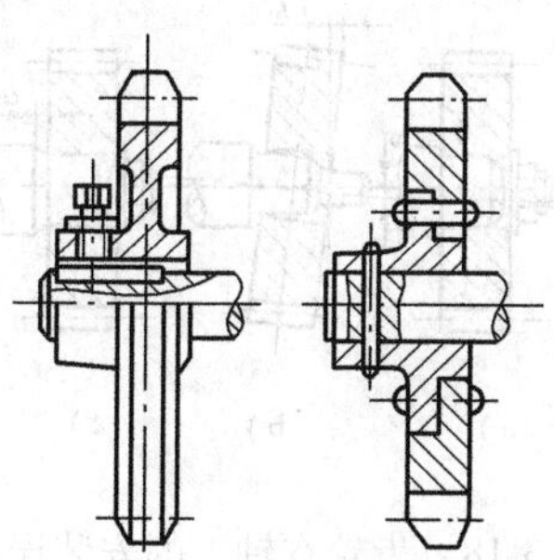

a)　b)

图 3-15　链轮的固定方法

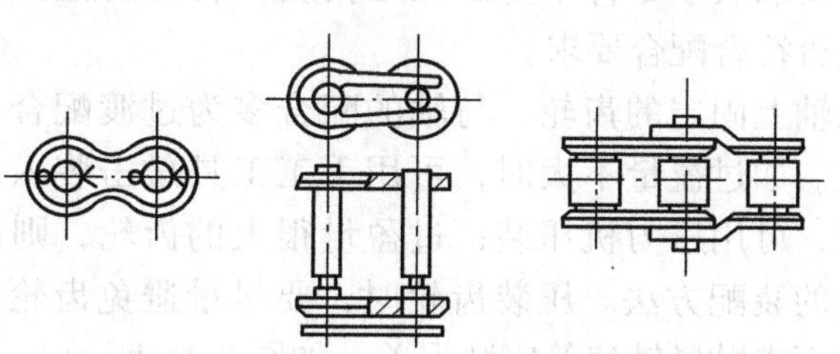

a)　b)　c)

图 3-16　滚子链的接头形式

对于链条两端的接合，如果结构上允许在链轮装好后再装链条的话（例如两轴中心距可调节且链轮在轴端时），可预先接好；如果结构不允许预先将链条接头连接好时，则必须先将链条套在链轮上再进行连接。此时须采用专用的拉紧工具，如图 3-17a 所示。

齿形链条必须先套在链轮上，再用拉紧工具拉紧后进行连接，如图 3-17b 所示。

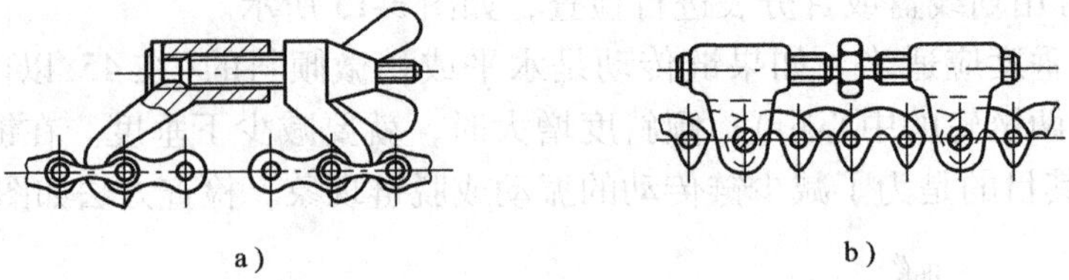

图 3-17　拉紧链条的工具

第三节　齿轮传动机构的装配

齿轮传动是机械中常用的传动方式之一，它是依靠轮齿间的啮合来传递运动和转矩的。齿轮传动具有准确的传动比、传动的功率和速度范围大，传动效率高，使用寿命长，结构紧凑，体积小等优点。缺点是噪声大，易冲击振动，不宜远距离传动，制造成本高。

一、齿轮传动装配技术要求

1）齿轮孔与轴的配合要满足使用要求。例如固定连接齿轮不得有偏心或歪斜现象；对滑移齿轮不应有咬死或阻滞现象；对在轴上空套的齿轮不得有晃动现象。

2）保证齿轮有准确的安装中心距和适当的齿侧间隙。侧隙过小，齿轮转动不灵活，热胀时易卡齿，加剧齿面磨损；侧隙过大，换向时空行程大，易产生冲击、振动。

3）保证齿面有一定的接触面积和正确的接触位置。

4）在变速机构中应保证齿轮准确的定位，其错位量不得超过规定值。

5）对转速较高的大齿轮，一般装到轴上后再做动平衡检查，以免振动过大。

二、圆柱齿轮机构的装配

圆柱齿轮装配一般分两步进行：先把齿轮装在轴上，再把齿轮轴部件装入箱体。

1. 齿轮与轴的装配

在轴上空套或滑移的齿轮，一般与轴为间隙配合，装配精度主要取决于零件本身的加工精度，装配前应检查轴与孔尺寸是否符合配合要求。

在轴上固定的齿轮，与轴的配合多为过渡配合，有少量的过盈。如过盈量不大时，可用手工工具敲击装入；过盈量较大时，可用压力机压装；过盈量很大的齿轮，则需采用液压套合的装配方法。压装齿轮时，要尽量避免齿轮偏心、歪斜和端面未贴紧轴肩等安装误差，如图 3-18 所示。

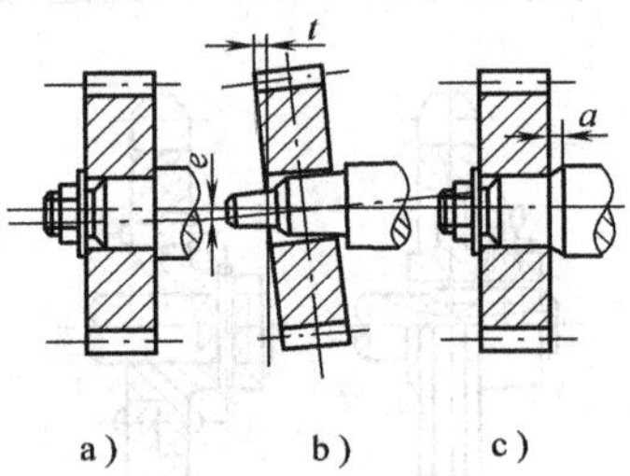

图 3-18　齿轮在轴上的安装误差

a）齿轮偏心　b）齿轮歪斜

c）齿轮端面未贴紧轴肩

精度要求高的齿轮传动机构，在压装好后，应检查径向圆跳动量和端面圆跳动量。检查径向圆跳动的方法如图 3-19 所示，将齿轮轴架在 V 形架或两顶尖上，使轴与平板平行，把圆柱规放在齿轮的齿间，将百分表的触头抵在圆柱规上并读数。然后转动齿轮，每隔 3 ~ 4 齿检查一次。在齿轮旋转一周内，百分表的最大读数与最小读数之差，就是齿轮的径向圆跳动误差。

齿轮端面圆跳动的检查如图 3-20 所示，齿轮轴只能用顶尖顶住，并使百分表的触头抵在齿轮端面上。在齿轮旋转一周范围内，百分表最大读数与最小读数之差为齿轮端面圆跳动量。

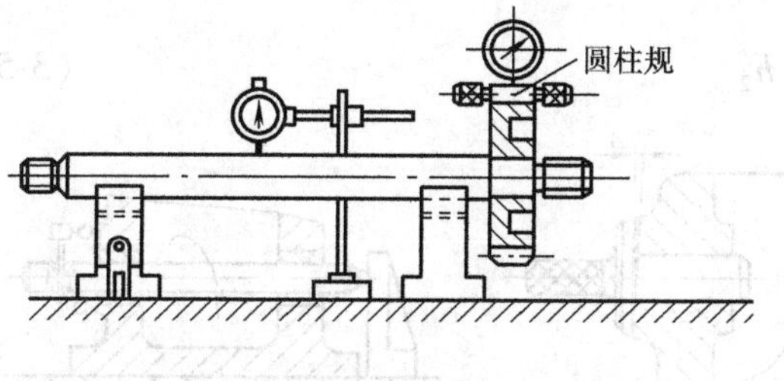

图 3-19　齿轮径向圆跳动的检查

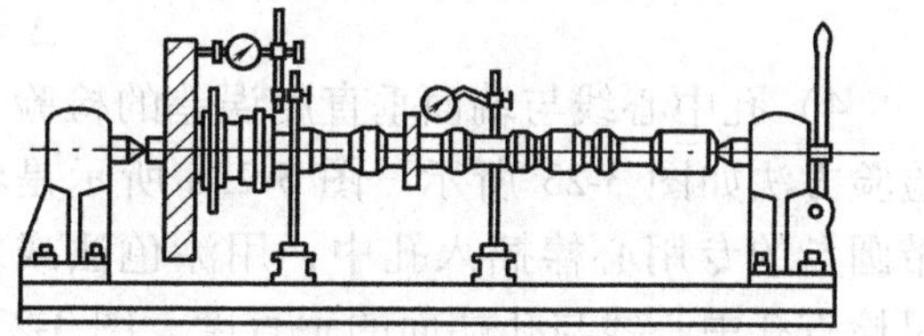

图 3-20　齿轮端面圆跳动的检查

2. 将齿轮轴部件装入箱体

齿轮啮合质量的好坏，除了齿轮本身的制造精度外，箱体孔的尺寸精度、形状精度及位置精度都直接影响齿轮的啮合质量。所以齿轮轴部件装配前一定要进行检查。

（1）装前对箱体检查

1）孔距的检验。相互啮合的一对齿轮的安装中心距是影响齿侧间隙的主要因素，应使孔距在规定的公差范围内。孔距检查方法如图 3-21 所示。图 3-21a 所示为用千分尺或游标卡尺分别测得 d_1、d_2、L_1、L_2，然后计算出中心距 A

$$A = L_1 + \left(\frac{d_1}{2} + \frac{d_2}{2}\right) \tag{3-1}$$

或

$$A = L_2 - \left(\frac{d_1}{2} + \frac{d_2}{2}\right) \tag{3-2}$$

图 3-21b 所示为用游标卡尺和心棒测量孔距

$$A = \frac{M_1 + M_2}{2} - \frac{d_1 + d_2}{2} \tag{3-3}$$

2）孔系（轴系）平行度误差的检验。图 3-21b 所示的检验方法也可用于齿轮安装孔中心线平行度的测量。分别测量心棒两端尺寸 M_1 和 M_2，$M_1 - M_2$ 就是两孔轴线的平行度误差值。

3）孔轴线与基面距离尺寸精度和平行度误差的检验。检查方法如图 3-22 所示，箱体基面用等高垫块支撑在平板上，心棒与孔紧密配合。用高度游标卡尺（量块或百分表）测量心棒两端尺寸 h_1 和 h_2，则轴线与基面的距离

$$h = \frac{h_1 + h_2}{2} - \frac{d}{2} - a \tag{3-4}$$

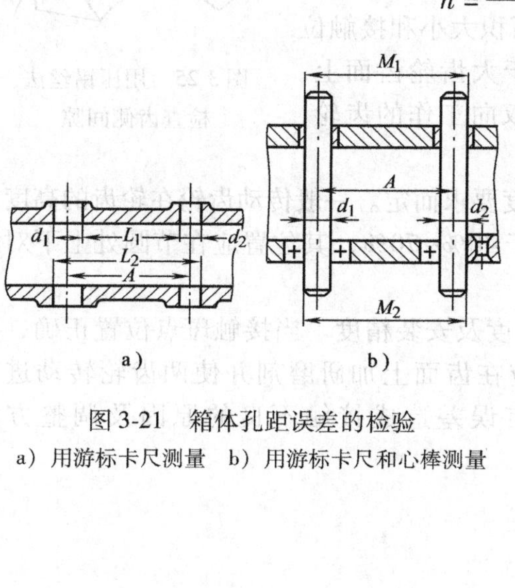

图 3-21　箱体孔距误差的检验

a）用游标卡尺测量　b）用游标卡尺和心棒测量

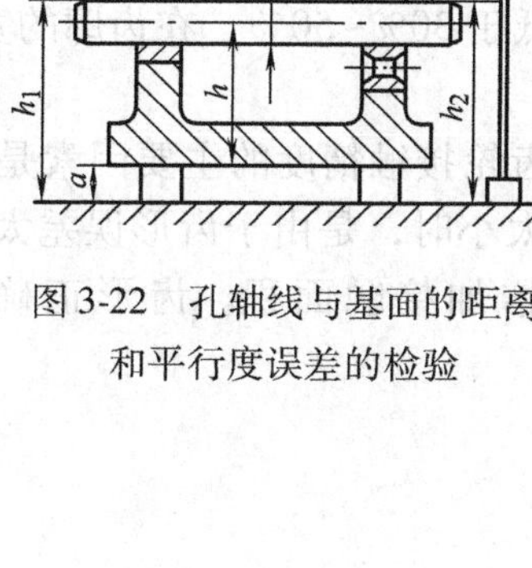

图 3-22　孔轴线与基面的距离和平行度误差的检验

平行度误差 Δ 按下式计算

$$\Delta = h_1 - h_2 \tag{3-5}$$

4）孔中心线与端面垂直度误差的检验

检验方法如图 3-23 所示。图 3-23a 所示是将带圆盘的专用心棒插入孔中，用涂色法或塞尺检查孔中心线与孔端面的垂直度。图 3-23b 所示是用心棒和百分表检查，心棒转动一周，百分表读数的最大值与最小值之差即为端面对孔中心线的垂直度误差。

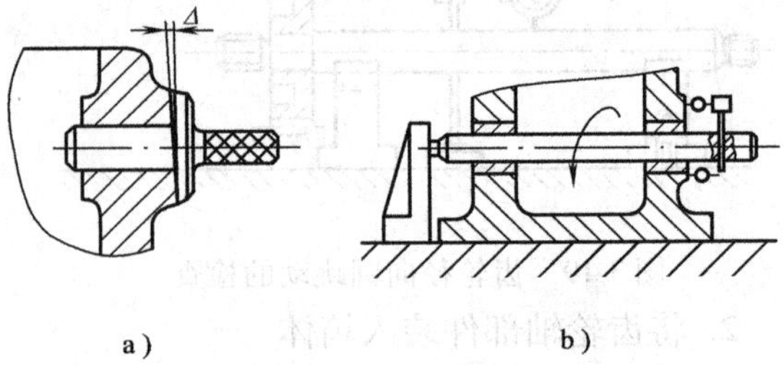

图 3-23　孔中心线与端面垂直度误差的检验

5）孔中心线同轴度误差的检验　检验方法如图 3-24 所示。图 3-24a 所示为成批生产时，用专用检验心棒进行检验；图 3-24b 所示为用百分表及心棒检验，百分表最大读数与最小读数之差的一半即为同轴度误差值。

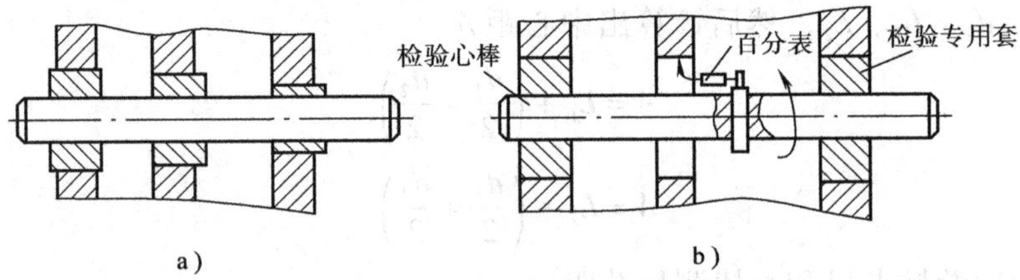

图 3-24　同轴度误差的检验

（2）齿轮啮合质量检验　齿轮轴部件装入箱体后，要检查齿轮的啮合质量，包括齿侧间隙和接触精度两项。

1）齿侧间隙的检验。最简单最直观的检验方法是压铅丝法。如图 3-25 所示，在齿面靠近两端面的位置，平行放置两条铅丝（宽齿应放置 3～4 条），铅丝直径不宜超过最小间隙的 4 倍。转动齿轮啮合挤压铅丝，铅丝被挤压后最薄处的尺寸，即为齿侧间隙。

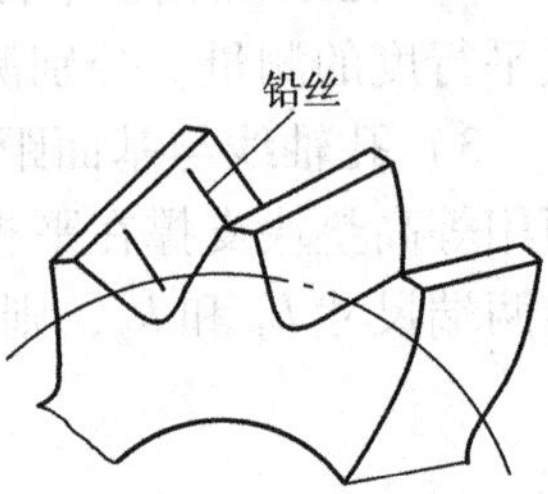

图 3-25　用压铅丝法检查齿侧间隙

2）接触精度的检验。接触精度指接触印痕面积大小和接触位置，一般用涂色法检验。检验时，将红丹粉涂于大齿轮齿面上，然后转动主动齿轮并轻微制动从动齿轮。对于双向工作的齿轮，正反两个方向都要进行检验。

齿轮上接触印痕的面积大小，应根据齿轮精度要求而定。一般传动齿轮在轮齿的高度上接触率不低于 30%～50%，在齿廓的宽度上不低于 40%～70%，其位置应在节圆处上下对称分布。

影响齿轮接触精度的主要因素是齿形制造精度及安装精度。当接触斑点位置正确，而接触面积太小时，是由于齿形误差太大所致，应在齿面上加研磨剂并使两齿轮转动进行研磨，以增加接触面积。齿形正确，而安装有误差造成接触不良的原因及调整方法见表 3-3。

表 3-3　渐开线圆柱齿轮由安装误差造成接触不良的原因及调整方法

接触斑点	原因分析	调整方法
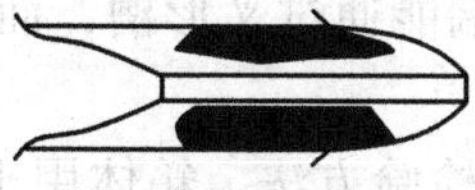 正常接触	—	—
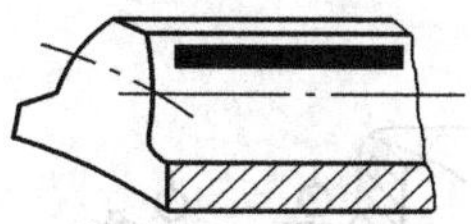	中心距太大	—
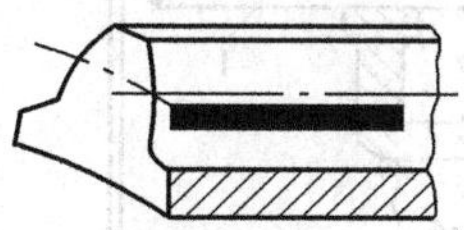	中心距太小	
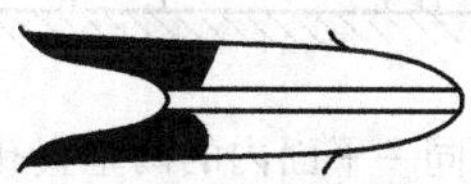 同向偏接触	两齿轮轴线不平行	
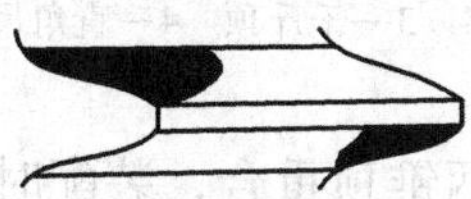 异向偏接触	两齿轮轴线歪斜	可在中心距允差范围内，刮削轴瓦或调整轴承座
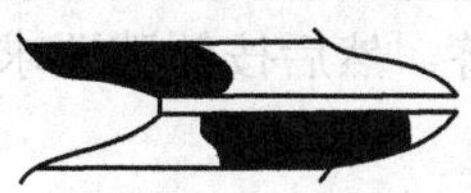 单面偏接触	两齿轮轴线不平行同时歪斜	检查并校正齿轮端面与回转中心线的垂直度
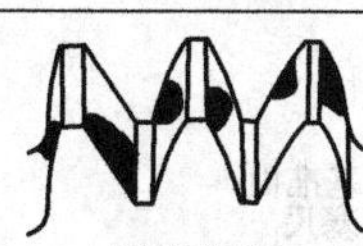 游离接触 在整个齿圈上接触区由一边逐渐移至另一边	齿轮端面与回转中心线不垂直	
不规则接触（有时齿面一个点接触，有时在墙面边线上接触）	齿面有毛刺或有碰伤隆起	去除毛刺，修整

三、锥齿轮传动机构的装配

装配锥齿轮传动机构的顺序和装配圆柱齿轮传动机构的顺序相似。锥齿轮传动机构装配的关键是正确确定锥齿轮的两轴夹角、轴向位置和啮合质量的检测与调整。

1. 箱体检验

锥齿轮一般是传递互相垂直的两条轴之间的运动，装配之前需检验两安装孔轴线的垂直度和相交程度。

图 3-26 所示为轴线在同一平面内的两孔垂直度和相交程度的检验方法。图 3-26a 所示为检验垂直度的方法。将百分表装在心棒 1 上，同时在心棒 1 上装有定位套筒，以防止心棒 1

的轴向窜动。旋转心棒 1，用百分表在心棒 2 上相隔 L 长度的两点读数差值，即为两孔在 L 长度内的垂直度误差。图 3-26b 所示为两孔轴线相交程度检查。心棒 1 的测量端做成叉形槽，心棒 2 的测量端为台阶形，即为过端和止端。检验时，若通端能通过叉形槽，而止端不能通过，则相交程度合格，否则即为超差。

图 3-27 所示为不在同一平面内两垂直孔轴线的垂直度误差的检验方法。箱体用千斤顶 3 支承在平板上，用直角尺 4 将心棒 2 调至垂直位置。此时，测量心棒 1 对平板的平行度误差，即为两孔轴线垂直度误差。

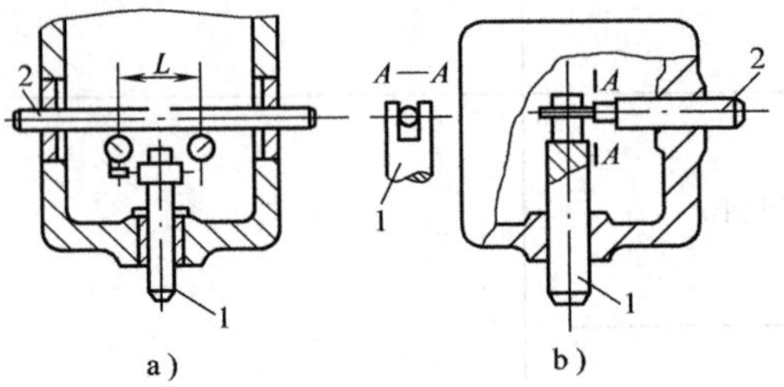

图 3-26 同一平面内两孔中心线垂直度和相交程度的检验

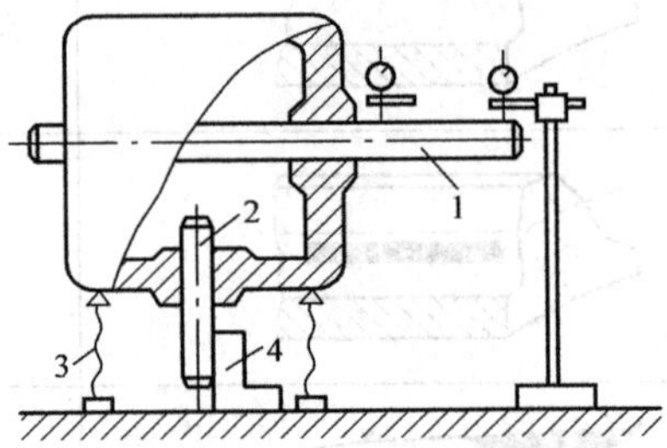

图 3-27 不在同一平面内的两垂直孔轴线垂直度的检验

1、2—测量心棒 3—千斤顶 4—直角尺

2. 两锥齿轮轴向位置的确定

当一对标准的锥齿轮传动时，必须使两齿轮分度圆锥相切，两锥顶重合，装配时据此来确定小齿轮的轴向位置，即小齿轮轴向位置按安装距离（小齿轮基准面至大齿轮轴的距离，如图 3-28 所示）来确定。如此时大齿轮尚未装好，可用工艺轴代替，然后按侧隙要求决定大齿轮的轴向位置。

有些用背锥面作基准的锥齿轮，装配时将背锥面对齐对平，就可保证两齿轮的正确装配位置。

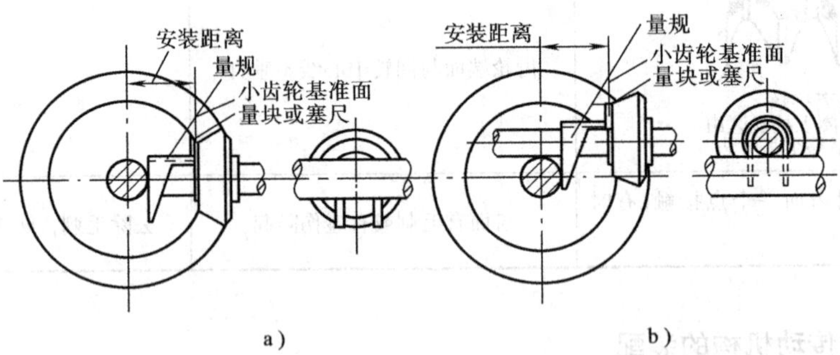

图 3-28 小锥齿轮轴向定位

a）正交锥齿轮 b）偏置锥齿轮

3. 锥齿轮啮合质量的检验

啮合质量的检验包括齿侧间隙的检验和接触斑点的检验。

（1）齿侧间隙检验 一般采用压铅丝法，其检验方法与圆柱齿轮基本相同。

（2）接触斑点检验 一般用涂色法检验。在无载荷时，接触斑点应靠近轮齿小端；满载时，接触斑点在齿高和齿宽方向应不少于40%~60%（随齿轮精度而定）。直齿锥齿轮涂色检验时的各种误差情况见表3-4。

表3-4　直齿锥齿轮接触斑点状况的分析及调整方法

<table>
<tr><th>接触斑点</th><th>接触状况及原因</th><th>调整方法</th></tr>
<tr><td>
正常接触(中部偏小端接触)</td><td>在轻微负荷下，接触区在齿宽中部，略宽于齿宽的一半，稍近于小端，在小齿轮齿面上较高，大齿轮齿面上较低，但都不到齿顶</td><td></td></tr>
<tr><td rowspan="3">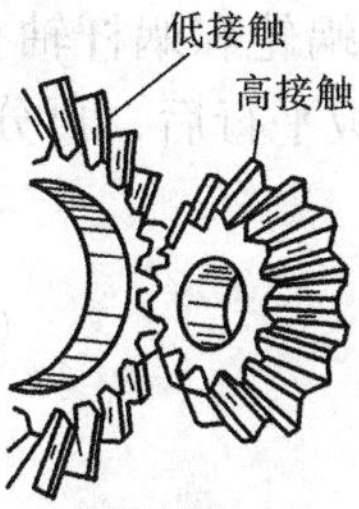

高低接触</td><td>小齿轮接触区太高，大齿轮太低(见左图)。由小齿轮轴向定位误差所致</td><td>小齿轮沿轴向移出；如侧隙过大，可将大齿轮沿轴向移进</td></tr>
<tr><td>小齿轮接触太低，大齿轮太高。原因同上，但误差方向相反</td><td>小齿轮沿轴向移进；如侧隙过小，则将大齿轮沿轴向移出</td></tr>
<tr><td>在同一齿的一侧接触区高，另一侧低。如小齿轮定位正确且侧隙正常，则为加工不良所致</td><td>装配无法调整，需调换零件。若只作单向传动，可按以上两款调整</td></tr>
<tr><td rowspan="2">

同向偏接触</td><td>两齿轮的齿两侧同在小端接触(见左图)。由轴线交角太大所致</td><td rowspan="2">不能用一般方法调整，必要时修刮轴瓦</td></tr>
<tr><td>同在大端接触。由轴线交角太小所致</td></tr>
<tr><td>

异向偏接触</td><td>大小齿轮在齿的一侧接触于大端，另一侧接触于小端(见左图)。由两轴心线偏移所致</td><td>应检查零件加工误差，必要时修刮轴瓦</td></tr>
</table>

第四节　蜗杆传动机构的装配

蜗杆传动机构用来传递互相垂直的两轴之间的运动(图3-29)，具有传动比大、结构紧凑、自锁性好、传动平稳、噪声小等特点。缺点是传动效率比齿轮传动低，工作时发热大，需要有良好的润滑条件。

一、蜗杆传动的技术要求

1）蜗杆轴线应与蜗轮轴线垂直。

2）蜗杆的轴线应在蜗轮轮齿的对称中心平面内。

3）蜗杆、蜗轮间的中心距要准确。

4）有适当的齿侧间隙。

5）有正确的接触斑点。

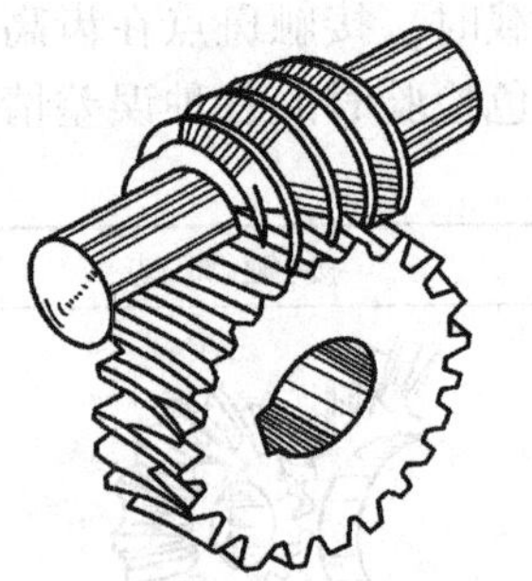

图 3-29　蜗杆传动机构

二、蜗杆传动机构箱体的装前检验

为了确保蜗杆传动机构的装配要求，装配前，先要对蜗杆箱体进行检验。

1. 蜗杆孔与蜗轮孔两轴线间中心距的检验

检验方法如图 3-30 所示，测量时，将检验心轴 1 和 2 分别插入箱体蜗轮和蜗杆轴孔中，用三个千斤顶将箱体支承在平板上，调整千斤顶，使其中一个心轴与平板平行后，再分别测量两心轴至平板的距离，即可计算出中心距 A

$$A=\left(H_1-\frac{d_1}{2}\right)-\left(H_2-\frac{d_2}{2}\right) \tag{3-6}$$

式中　H_1——棒 1 至平板距离(mm)；

H_2——棒 2 至平板距离(mm)；

d_1、d_2——棒 1、棒 2 直径(mm)。

2. 蜗杆孔轴线与蜗轮孔轴线垂直度的检验

检验方法如图 3-31 所示。检验时，将心轴 1 和 2 分别插入箱体孔内。在心轴 1 上的一端套上装有百分表的支架 3，用螺钉 4 固定，百分表触头抵住心轴 2，旋转心轴 1，百分表上的读数差即为两轴线在 L 长度内的垂直度误差值。

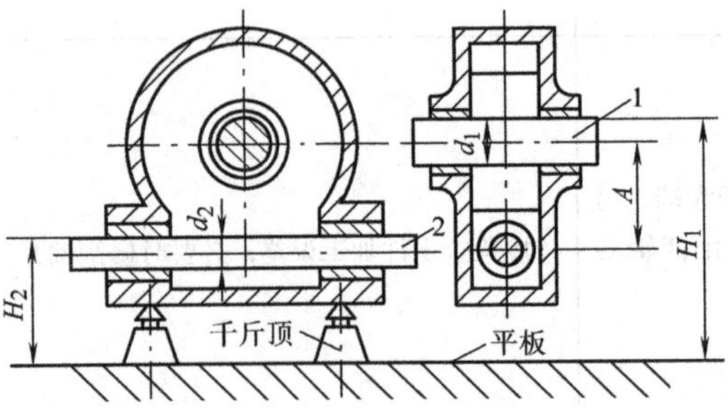

图 3-30　蜗杆轴孔与蜗轮轴孔中心距的检验

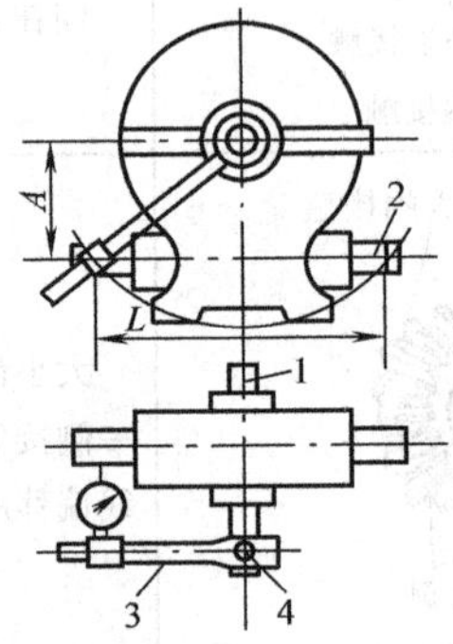

图 3-31　蜗杆箱体孔轴线垂直度的检验

1—蜗轮孔心轴　2—蜗杆孔心轴

3—支架　4—螺钉

三、蜗杆机构的装配过程

1）组合式蜗轮应先将蜗轮齿圈压装在轮毂上，并用螺钉加以固定。

2）将蜗轮装在轴上，其安装及检验方法与圆柱齿轮相同。

3）把蜗轮轴装入箱体，然后再装入蜗杆。因蜗杆轴的位置已由箱体孔确定，要使蜗杆轴线位于蜗轮轮齿的对称中心面内，只能通过改变调整垫片厚度的方法，调整蜗轮的轴向位置。

四、蜗杆传动机构啮合质量的检验

1. 蜗轮的轴向位置及接触斑点的检验

用涂色法检验，先将红丹粉涂在蜗杆的螺旋面上，转动蜗杆，可在蜗轮轮齿上获得接触斑点，如图3-32所示。图3-32a所示为正确接触，其接触斑点应在蜗轮中部稍偏于蜗杆旋出方向。图3-32b、c所示为蜗轮轴向位置不对，应配磨垫片来调整蜗轮的轴向位置。接触斑点的长度，轻载时为齿宽的25%~50%，满载时为齿宽的90%左右。

2. 齿侧间隙的检验

对于不重要的蜗杆机构，也可以用手转动蜗杆，根据空程量的大小判断侧隙的大小。对于要求较高的传动机构，一般用百分表测量。如图3-33a所示，在蜗杆轴上固定一带量角器的刻度盘，百分表测头抵在蜗轮齿面上，用手转动蜗杆，在百分表指针不动的条件下，用刻度盘相对固定指针的最大转角判断侧隙大小。如用百分表直接与蜗轮齿面接触有困难时，可在蜗轮轴上装一测量杆，如图3-33b所示。

侧隙与转角有如下近似关系

$$c_h = z_1 \pi m \frac{\alpha}{360} \tag{3-7}$$

式中 c_h——侧隙(mm)；

z_1——蜗杆头数；

m——模数(mm)；

α——空程转角(°)。

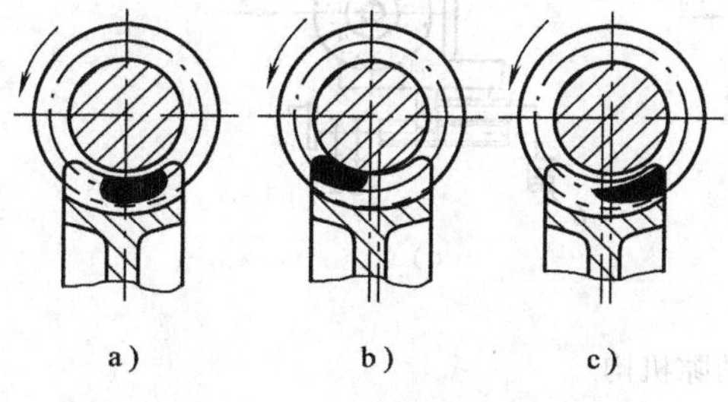

图3-32 用涂色法检验蜗轮齿面接触斑点

a）正确 b）蜗轮偏右 c）蜗轮偏左

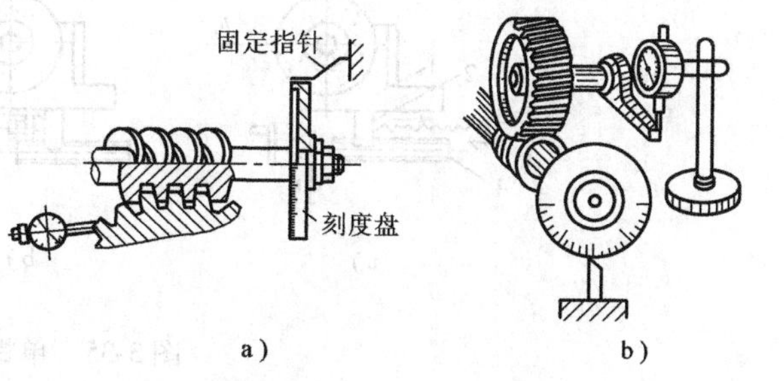

图3-33 蜗杆传动机构侧隙的检验

a）直接测量法 b）用测量杆测量法

装配后的蜗杆传动机构，还要检查其转动的灵活性。蜗轮在任何位置上，用手旋转蜗杆所需的转矩均应相同，转动灵活，没有咬住现象。

第五节 螺旋传动机构的装配

螺旋传动机构可将旋转运动变换为直线运动，其特点是：传动精度高、工作平稳、无噪声、易于自锁、能传递较大的转矩。在机床中螺旋传动机构应用广泛，如车床的纵向和横向进给丝杠螺旋副等。

一、螺旋传动机构的装配技术要求

螺旋传动机构在装配时，为了保证丝杠的传动精度和定位精度，螺旋传动机构装配后，一般应满足以下要求：

1）丝杠螺母副应有较高的配合精度，有准确的配合间隙。

2）丝杠与螺母轴线的同轴度及丝杠轴线与基准面的平行度应符合规定要求。

3）丝杠与螺母相互转动应灵活。

4）丝杠的回转精度应在规定范围内。

二、螺旋传动机构的装配要点和调整方法

1. 丝杠螺母配合间隙的测量和调整

丝杠螺母的配合间隙是保证其传动精度的主要因素，分为径向间隙和轴向间隙两种。

（1）径向间隙的测量　径向间隙直接反映丝杠螺母的配合精度，其测量方法如图 3-34 所示。使百分表测头抵在螺母 1 上，用稍大于螺母重量的力 Q 压下或抬起螺母，百分表指针的摆动量即为径向间隙值。

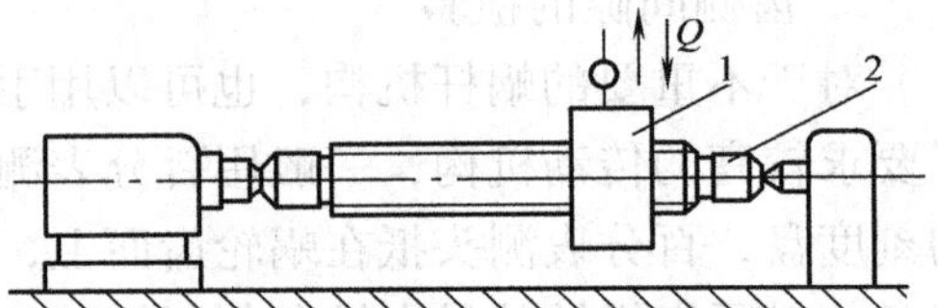

图 3-34　丝杠螺母径向间隙的测量

1—螺母　2—丝杠

（2）轴向间隙的消除和调整　丝杠螺母的轴向间隙直接影响其传动的准确性，进给丝杠应有轴向间隙消除机构，简称消隙机构。

1）单螺母消隙机构。丝杠螺母传动机构只有一个螺母时，常采用如图 3-35 所示的消隙机构，使螺母和丝杠始终保持单向接触，消隙机构上消隙力的方向应和切削力 F_f 方向一致，以防止进给时产生爬行，影响进给精度。

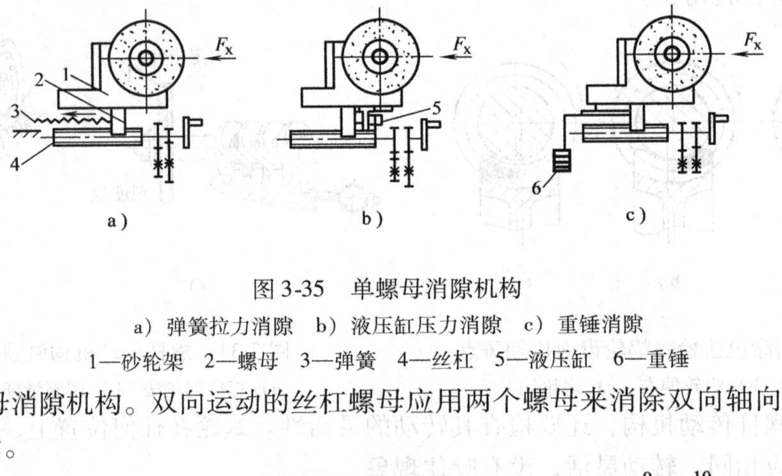

图 3-35　单螺母消隙机构

a）弹簧拉力消隙　b）液压缸压力消隙　c）重锤消隙

1—砂轮架　2—螺母　3—弹簧　4—丝杠　5—液压缸　6—重锤

2）双螺母消隙机构。双向运动的丝杠螺母应用两个螺母来消除双向轴向间隙，其结构如图 3-36 所示。

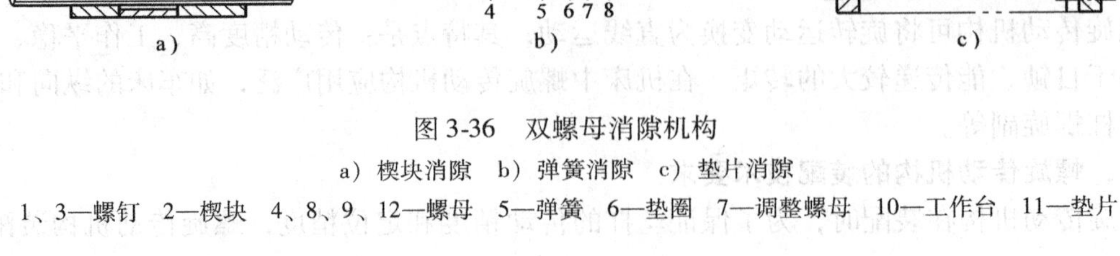

图 3-36　双螺母消隙机构

a）楔块消隙　b）弹簧消隙　c）垫片消隙

1、3—螺钉　2—楔块　4、8、9、12—螺母　5—弹簧　6—垫圈　7—调整螺母　10—工作台　11—垫片

图 3-36a 所示是楔块消隙机构。调整时，松开螺钉 3，再拧动螺钉 1 使锲块 2 向上移动，以推动带斜面的螺母右移，从而消除右侧轴向间隙，调好后用螺钉 3 锁紧。

图 3-36b 所示是利用弹簧消除间隙的机构。调整时，转动调节螺母 4，通过垫圈 6 及压缩弹簧 5，使螺母 8 轴向移动，以消除轴向间隙。

图 3-36c 所示是利用垫片厚度来消除轴向间隙的机构，丝杠螺母磨损后，通过修磨垫片 11 来消除轴向间隙。

2. 校正丝杠螺母同轴度及丝杠轴线与基准面的平行度

为了能准确而顺利地将旋转运动转换为直线运动，丝杠和螺母必须同轴，并且丝杠轴线必须和基准面平行。为此安装丝杠螺母时应按下列步骤进行：

1）先正确安装丝杠两轴承支座，用专用检验心棒和百分表校正，使两轴承孔轴线在同一直线上，且与螺母移动时的基准导轨平行，如图 3-37 所示。校正时，可以根据误差情况修刮轴承座结合面，并调整前、后轴承的水平位置，使其达到要求。其中，心轴上素线 a 校正垂直平面，侧素线 b 校正水平平面。

2）再以平行于基准导轨面的丝杠两轴承孔的中心连线为基准，校准螺母孔轴线的同轴度，如图 3-38 所示。校正时，将检验棒 4 装在螺母座 6 的孔中，移动工作台 2，如检验棒 4 能顺利插入前、后轴承座孔中，即符合要求；否则应按 h 尺寸修磨垫片 3 的厚度。

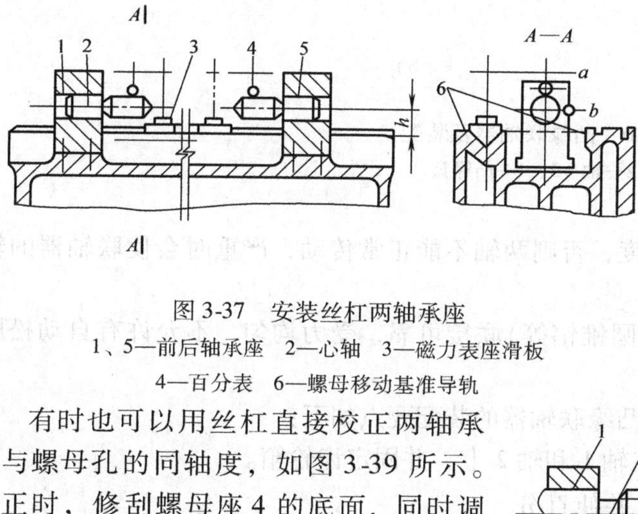

图 3-37　安装丝杠两轴承座
1、5—前后轴承座　2—心轴　3—磁力表座滑板
4—百分表　6—螺母移动基准导轨

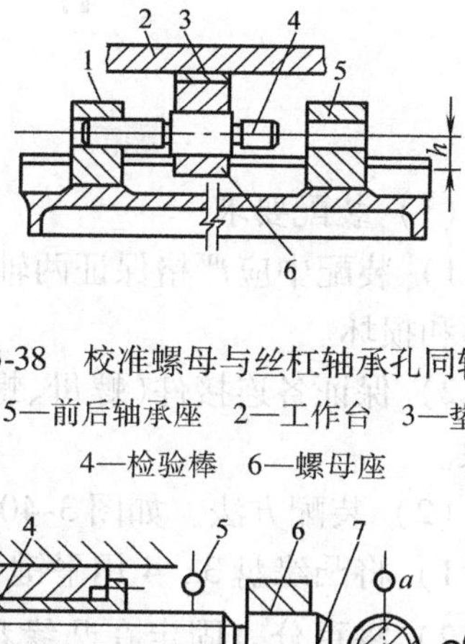

图 3-38　校准螺母与丝杠轴承孔同轴度
1、5—前后轴承座　2—工作台　3—垫片
4—检验棒　6—螺母座

有时也可以用丝杠直接校正两轴承孔与螺母孔的同轴度，如图 3-39 所示。校正时，修刮螺母座 4 的底面，同时调整其在水平面上的位置，使丝杠上素线 a 和侧素线 b 均与导轨面平行。修刮垫片 2、7，并在水平方向调整前、后轴承座 1、6，使丝杠两端轴颈能顺利地插入轴承孔，且丝杠转动灵活。

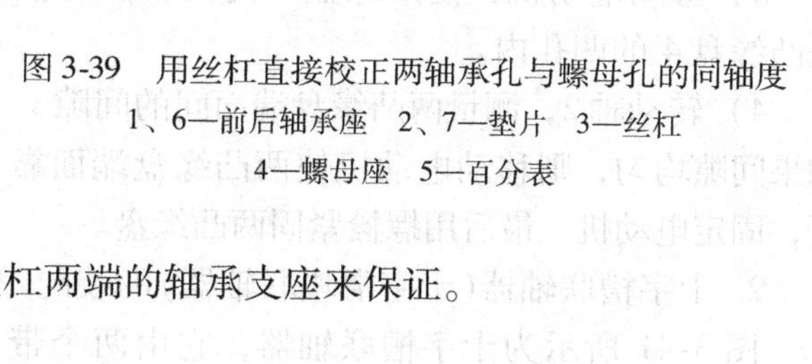

图 3-39　用丝杠直接校正两轴承孔与螺母孔的同轴度
1、6—前后轴承座　2、7—垫片　3—丝杠
4—螺母座　5—百分表

3. 调整丝杠的回转精度

丝杠的回转精度是指丝杠的径向圆跳动和轴向窜动的大小，主要通过正确安装丝杠两端的轴承支座来保证。

第六节 联轴器和离合器的装配

联轴器和离合器主要用于两轴的相互连接，它们的主要功能都是传递运动和转矩，且大多数已标准化。

一、联轴器的装配

联轴器将两轴牢固地联接在一起，只有在机器停机时，用拆卸的方法才能将两轴分开。联轴器的种类很多，如固定式联轴器、可移式联轴器、安全联轴器和万向联轴器等。下面主要介绍凸缘联轴器和十字槽联轴器的装配。

1. 凸缘联轴器的装配

图 3-40a 为凸缘联轴器的结构，它是把两个带有凸缘的半联轴器用键分别与两轴连接，然后用螺栓把两个半联轴器连成一体，以传递运动，如图 3-40b 所示。

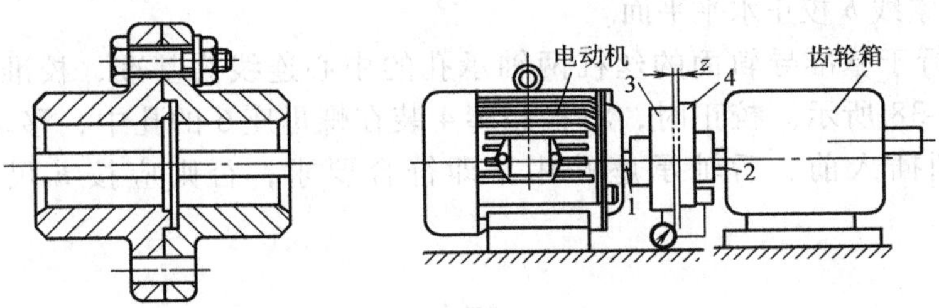

a）　　b）

图 3-40 凸缘联轴器及装配
1、2—轴 3、4—凸缘盘

（1）装配要求

1）装配中应严格保证两轴的同轴度，否则两轴不能正常传动，严重时会使联轴器的轴变形和损坏。

2）保证各连接件（螺母、螺栓、键、圆锥销等）联接可靠，受力均匀，不允许有自动松脱现象。

（2）装配方法 如图 3-40 所示的凸缘联轴器的装配要点如下：

1）将凸缘盘 3、4 用平键分别装在轴 1 和轴 2 上，并固定齿轮箱。

2）将百分表固定在凸缘盘 4 上，并使百分表测头顶在凸缘盘 3 的外圆上，根据百分表的读数保证凸缘盘 3 和 4 的同轴度。

3）移动电动机，使凸缘盘 3 的凸台少许插进凸缘盘 4 的凹孔内。

4）转动轴 2，测量两凸缘盘端面间的间隙 z。如果间隙均匀，则移动电动机使两凸缘盘端面靠近，固定电动机，最后用螺栓紧固两凸缘盘。

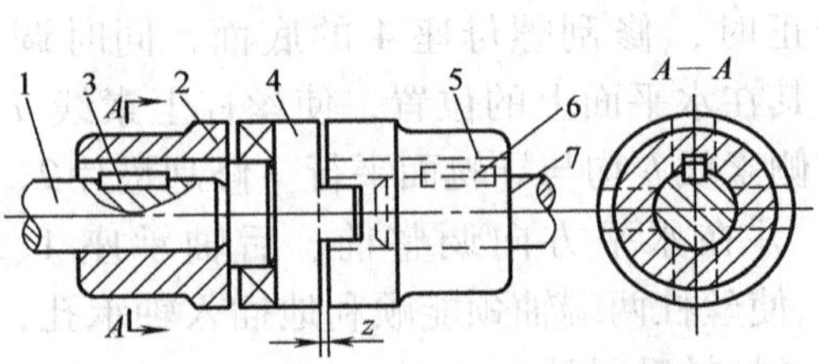

图 3-41 十字槽联轴器
1、7—轴 2、5—联轴盘 3、6—键 4—中间盘

2. 十字槽联轴器（十字滑块联轴器）的装配

图 3-41 所示为十字槽联轴器，它由两个带

槽的联轴盘和中间盘组成。中间盘的两面各有一条矩形凸块，两面凸块的中心线互相垂直并通过盘的中心。两个联轴盘的端面都有与中间盘对应的矩形凹槽，中间盘的凸块同时嵌入两联轴盘的凹槽。当主动轴旋转时，通过中间盘带动另一个联轴盘转动，同时凸块可在凹槽中游动，以适应两轴之间存在的一定径向偏移和少量的轴向移动。

（1）装配要求

1）装配时，允许两轴有少量的径向偏移和倾斜，一般情况下轴向摆动量可在 1 ~ 2.5mm 之间，径向摆动量可在 $0.01d+0.25$mm 左右（d 为轴直径）。

2）中间盘在装配后，应能在两联轴盘之间自由滑动。

（2）装配方法

1）分别在轴 1 和轴 7 上装配键 3 和键 6，安装联轴盘 2 和 5，并用直尺找正，使之在垂直和水平两个方向都均匀接触。

2）找正后，安装中间盘 4，并移动轴，使联轴盘和中间盘留有少量间隙 z，以满足中间盘在联轴盘 2 和 5 的槽内能自由滑动。

二、离合器的装配

离合器是在机器运转过程中，可将主动轴与从动轴随时接合或分离的传动装置。常用的离合器有牙嵌式和摩擦式两种。

1. 牙嵌离合器的装配

牙嵌离合器靠啮合的牙面来传递转矩，结构简单，但有冲击，如图 3-42 所示。它由两个端面具有凸牙的接合子组成，其中接合子 1 固定在主动轴 2 上，接合子 3 用导键或花键与从动轴 5 连接。通过操纵手柄控制的拨叉可带动接合子 3 轴向移动，使接合子 1 和 3 接合或分离。导向环 4 用螺钉固定在主动轴接合子 1 上，以保证接合子 3 移动的导向和定心。

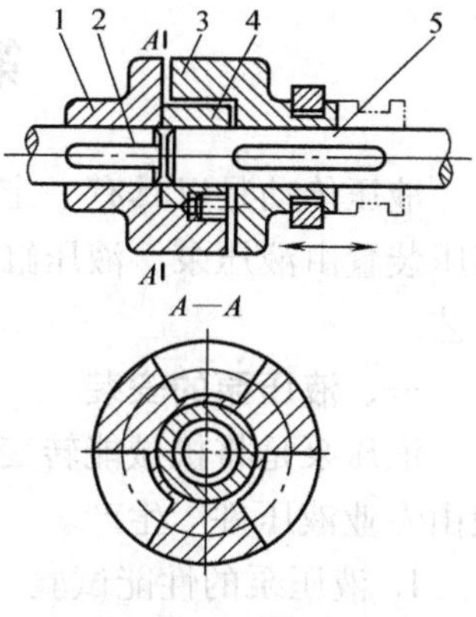

图 3-42　牙嵌离合器

1、3—接合子　2—主动轴

4—导向环　5—从动轴

（1）装配技术要求

1）接合和分开时，动作要灵敏，能传递设计的转矩，工作平稳可靠。

2）接合子齿形啮合间隙要尽量小些，以防旋转时产生冲击。

（2）装配方法

1）将接合子 1 和 3 分别装在轴上，接合子 3 与从动轴 5 和键之间能轻快滑动，接合子 1 要固定在主动轴 2 上。

2）将导向环 4 安装在接合子 1 的孔内，用螺钉紧固。

3）将从动轴 5 装入导向环 4 的孔内，再装拨叉。

2. 圆锥摩擦离合器的装配

摩擦离合器靠接触面的摩擦力传递转矩，特点是接合平稳，且可起安全作用，但结构复杂，须经常调整。图 3-43 所示为圆锥摩擦离合器，它利用内锥面 3 和外锥面 5 的紧密接合，把齿轮 4 的运动传给齿轮 6。图示为扳平手柄 1 的情况，使手柄 1 紧压套筒 2，外锥面 3 与内锥面 5 压紧，接通运动；当向下扳动手柄 1 时，即不再压紧套筒 2，内、外锥面在弹簧作用下脱开，切断运动。根据摩擦表面的形状可分为圆盘式、圆锥式和多片式等类型。

装配方法：

1）两圆锥面接触必须符合要求，用涂色法检查时，其斑点应均匀分布在整个圆锥表面上，如图3-44a所示。图3-44b、c都表示锥体的角度不正确，可通过刮削或磨削方法来修整。

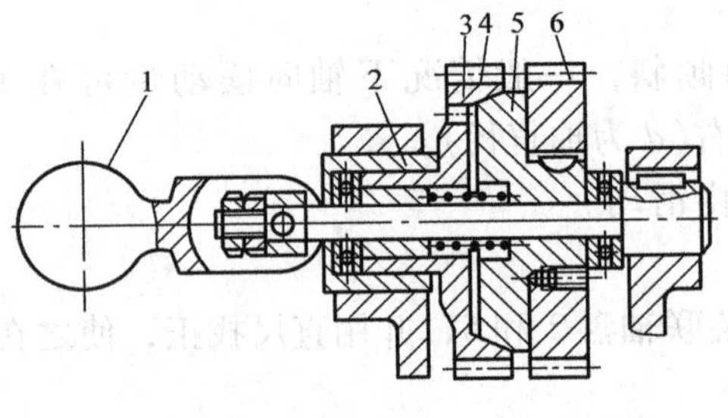

图3-43　圆锥摩擦离合器

1—手柄　2—套筒　3—内锥面

4、6—齿轮　5—外锥面

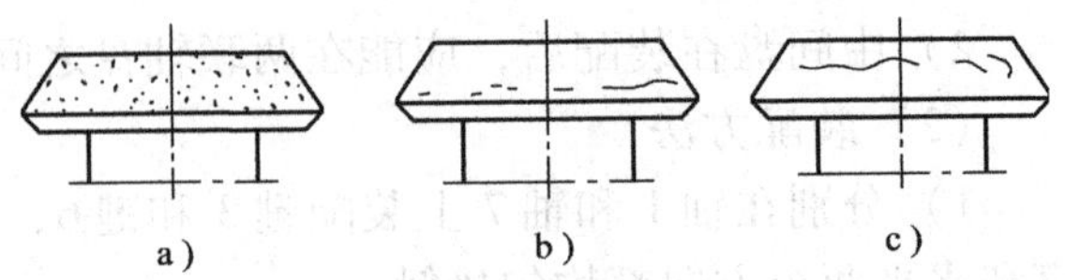

图3-44　锥体上色斑分布情况

a）均匀分布　b）靠近锥底　c）靠近锥顶

2）接合时要有足够的压力把两锥体压紧，断开时应完全脱开。开合装置必须调整到把手柄1扳到如图3-43所示位置时，两个锥面才能产生足够的摩擦力。扳下手柄1时，运动能完全断开。摩擦力的大小，可通过调节螺母来控制。

第七节　液压传动装置的装配

液压传动是以具有一定压力的液体（通常是油液）作为工作介质来传递运动和动力的。液压装置由液压泵、液压缸、阀类零件和管道等组成。本节将简要介绍典型液压元件的安装工艺。

一、液压泵的安装

液压泵是将机械能转变为液压能的转换装置。常用的有齿轮泵、叶片泵和柱塞泵等，一般由专业液压件厂生产。

1. 液压泵的性能试验

1）用手转动主动轴（齿轮泵）或转子轴（叶片泵），要求灵活无阻滞现象。

2）在额定压力下工作时，能达到规定的输油量。

3）压力从零逐渐升到额定值，各接合面不准有漏油和异常的杂声。

4）在额定压力下工作时，其压力波动值不准超过规定值。

2. 液压泵安装要点

1）液压泵一般不得用V带传动，最好由电动机直接驱动。

2）液压泵与电动机轴线应有较高的同轴度，误差一般不大于0.1mm；倾斜角不得大于1°。在安装联轴器时不可敲打泵轴，以免损坏泵的转子。

3）液压泵的入口、出口和旋转方向，一般在铭牌中标明，应按规定连接管路和电路，不得接反。

二、液压缸的装配

液压缸是液压系统中的执行机构，也是液压系统中把液压泵输出的液体压力能转变为机械能的能量转换装置，用以实现工作台或刀架的直线往复移动。

液压缸的形式主要有活塞式液压缸、柱塞式液压缸和摆动式液压缸。典型的双出杆活塞式液压缸的结构如图 3-45 所示。

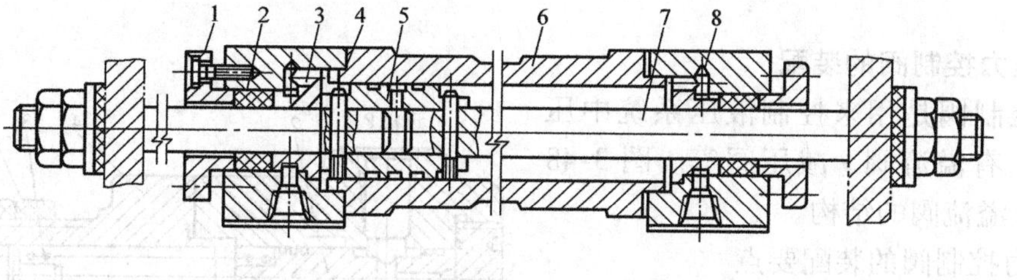

图 3-45 双出杆活塞式液压缸结构

1—压盖 2—密封圈 3—导向套 4—密封纸垫 5—活塞 6—缸体 7—活塞杆 8—端盖

1. 液压缸的装配要点

1）严格控制液压缸与活塞之间的配合间隙，这是防止泄漏和保证运动可靠的关键。活塞上没有 O 形密封圈时，其配合间隙应为 0.02～0.04mm；带 O 形密封圈时，配合间隙应为 0.05～0.10mm。

2）保证活塞与活塞杆的同轴度及活塞杆的直线度。为保证活塞与油缸直线运动的准确和平稳，活塞与活塞杆的同轴度误差应小于 0.04mm；活塞杆在全长范围内，直线度误差不大于 0.20mm。装配时，可将活塞和活塞杆连成一体，放在 V 形架上，用百分表检验并校正，如图 3-46 所示。

3）活塞与液压缸配合表面应保持洁净。

4）装配后，活塞在液压缸全长内移动时应灵活无阻滞。

2. 液压缸的性能试验

1）在规定压力下，观察活塞杆与液压缸端盖、端盖与液压缸的结合处是否有渗漏。

2）油封装置是否过紧而使活塞或液压缸移动时有阻滞，或过松而造成漏油。

3）测定活塞或液压缸移动速度是否均匀。

3. 液压缸的安装

液压缸在机床上安装时，要保证与机床导轨的平行度，应按图 3-47 所示进行检查和调整。

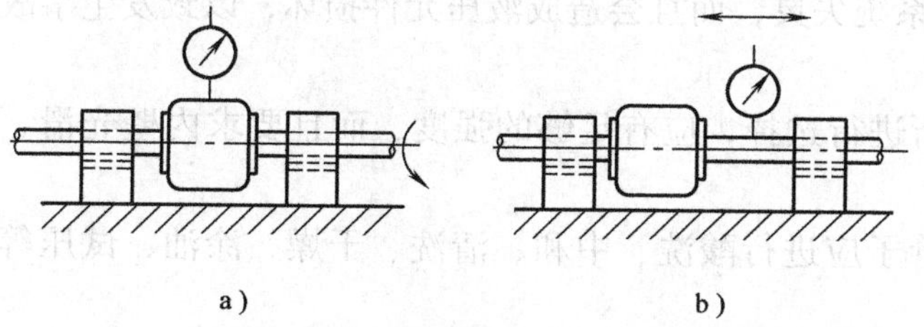

图 3-46 校正活塞杆的方法

a）活塞杆与活塞同轴度检查 b）活塞杆直线度检查

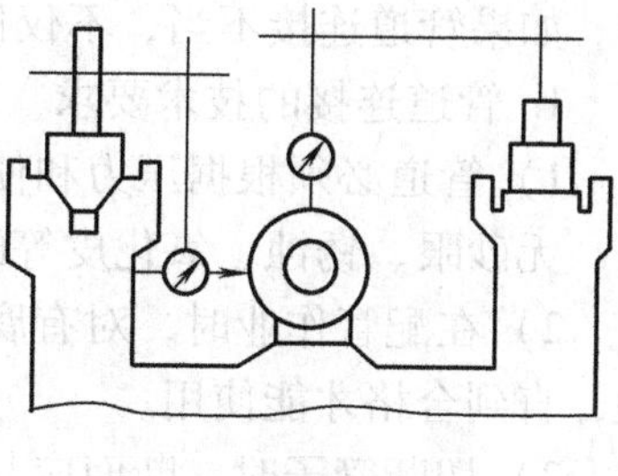

图 3-47 液压缸和机床导轨平行度的检查

1）以机床的平导轨为基准，将平行垫铁放在平导轨上，用百分表测量液压缸的上素线，要求平行度误差在 0.1mm 之内。如果超差，应修刮液压缸与机床的接触面，或修刮床身上的安装面。

2）以V形导轨为基准，测量液压缸侧素线，要求平行度误差在0.1mm以内。如果超差，可松开液压缸与床身间的联接螺钉，校正其侧素线至符合要求，然后紧固螺钉，并以销钉定位。

三、压力控制阀的装配

压力控制阀是用来控制液压系统中压力的阀类，有溢流阀、减压阀等。图3-48所示为低压溢流阀的结构。

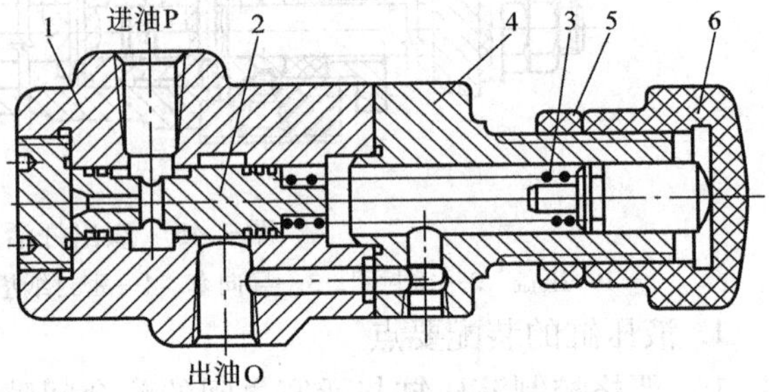

图3-48 低压溢流阀
1—阀体 2—滑阀 3—弹簧 4—压盖 5—螺母 6—调整螺母

1. 压力控制阀的装配要点

1）压力控制阀在装配前，应仔细清洗零件。特别是阻尼孔道，应用压缩空气清除污物。

2）阀芯与阀座的密封应良好，可用汽油试漏。

3）弹簧两端面须磨平，使两端面与中心线垂直。

4）阀体结合面应加耐油纸垫，以确保密封。

5）阀芯与阀体的配合间隙应符合要求，在全行程上移动应灵活无阻滞。

2. 压力控制阀的性能试验

1）将压力调节螺钉尽可能全部松开，然后从最低数值逐渐升高到系统所需压力，要求压力平稳改变，工作正常，压力波动不超过±1.5MPa。

2）当压力控制阀在机床中作循环试验时，观察其运动部件换向时工作的平稳性，应无明显的冲击和噪声。

3）在最大压力下工作时，不允许接合处漏油。

4）溢流阀在卸荷状态时，其压力不超过2MPa。

四、管道连接的装配

管道属于液压系统的辅助装置。管道是由管子、管接头、法兰盘、衬垫等零件组成，管道连接常用的管子有钢管、有色金属管、橡胶管和尼龙管等。用以保证油液的循环和传递能力。如果管道连接不当，不仅使液压系统失灵，而且会造成液压元件损坏，以致发生事故。

1. 管道连接的技术要求

1）管道必须根据压力和使用场所进行选择，应有足够的强度，而且要求内壁光滑、清洁、无砂眼、锈蚀、氧化皮等缺陷。

2）在配管作业时，对有腐蚀的管子应进行酸洗、中和、清洗、干燥、涂油、试压等处理，直到合格才能使用。

3）切断管子时，断面应与轴线垂直；弯曲管子时，不要把管子弯扁。

4）较长管道各段应有支撑，管道要用管夹固定，以免振动。

5）在安装管道时，应使压力损失最小。整个管道要尽量短，转弯次数要少，并使管道受温度影响时，有伸缩变形的余地。

6）系统中任何一段管道或元件，应能单独拆装而不影响其他元件，以便于修理。

7）在管路的最高部分应安装排气装置。

8）全部管道都应进行二次拆装，以清除配管作业时对管道的污染。

2. 管接头的装配要点

（1）扩口薄管接头装配　如图3-49所示，装配时先将管子端部扩口，并分别套上管套3和管螺母2，然后装入管接头1，拧紧管螺母使其与接头体结合。对于有色金属管、薄钢管或尼龙管，都采用扩口薄管接头连接。

（2）球形管接头装配　如图3-50所示，装配时，分别把球形接头体1和接头体3与管子焊接，再把联接螺母2套在球形接头体1上，然后拧紧联接螺母2，其松紧程度要适当，以防损坏螺纹。当压力较大时，接合球面应当研配。涂色检查时，接触面宽度应不小于1mm。

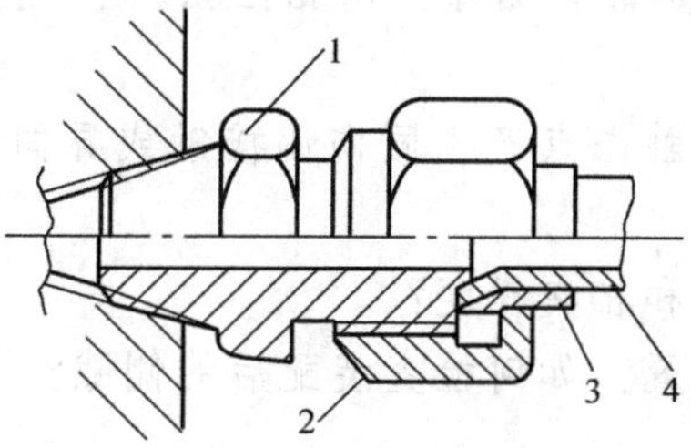

图3-49　扩口薄管接头

1—管接头体　2—管螺母　3—管套　4—管子

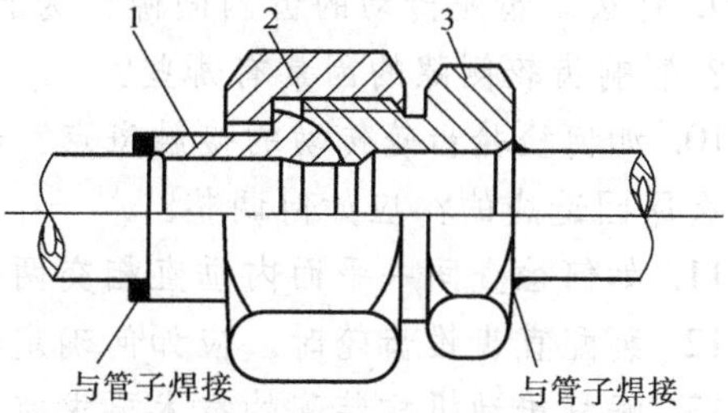

图3-50　球形管接头连接

1—球形接头体　2—联接螺母　3—接头体

（3）高压胶管接头装配　如图3-51所示，装配时，将胶管剥去一定长度的外胶层，剥离处倒15°角，然后装入外套内。胶管端部与外套螺纹部分应留有约1mm的距离，并在胶管外露端做标记，如图3-52所示。最后，把接头芯3拧入接头外套2及胶管1中。于是，胶管便被挤入接头外套2和接头芯3的螺纹中，使胶管与接头芯及接头外套紧密连接起来。

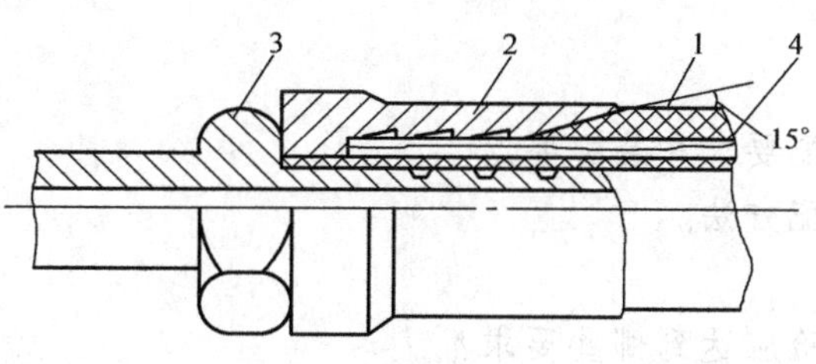

图3-51　高压胶管接头

1—胶管　2—外套　3—接头芯　4—钢丝层

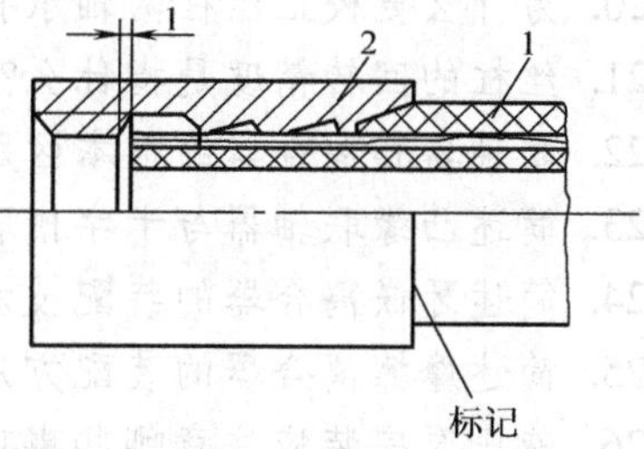

图3-52　胶管装进外套

1—胶管　2—外套

本章小结

通过本章学习，除了要了解带传动、链传动、联轴器和离合器等机构的类型、特点、应用和装配要求外，重点是在了解各传动机构的装配技术要求的基础上，掌握齿轮传动、蜗杆传动等机构的装配要点以及精度和啮合质量的检验和调整方法。

复习思考题

1. 带传动装置的技术要求有哪些？如不符合要求，会对传动有何影响？
2. 为什么要调整传动带的张紧力？怎样检查传动带的张紧力？
3. 链传动有哪些装配要求？如不符合要求，会对传动有何影响？
4. 链条两端接头如何连接？连接时应注意哪些问题？
5. 对齿轮传动机构的装配技术要求有哪些？
6. 齿轮装在轴上以后，为什么要检查跳动量？如何检查？
7. 齿轮轴部件装入箱体之前，一般要对箱体做哪些检查？对传动质量有何影响？
8. 齿轮传动的啮合质量包括哪些方面要求？
9. 什么是齿轮传动的齿侧间隙？为什么齿轮传动要留有侧隙？用铅丝法如何测量齿轮侧隙？影响齿轮侧隙的因素有哪些？
10. 如何检验齿轮传动的接触斑点？齿轮啮合后接触斑点产生同向偏接触或异向偏接触是什么原因造成的？应如何调整？
11. 如何检查同一平面内垂直相交两轴线的垂直度和相交程度？
12. 装配直齿锥齿轮时，应如何确定齿轮的轴向位置？如何检查装配后的侧隙？
13. 蜗杆传动机构装配的技术要求有哪些？
14. 蜗杆传动机构啮合后齿面上的接触斑点应怎样才算合格？
15. 简述蜗杆传动机构的装配顺序。
16. 如何检查蜗杆传动的侧隙？
17. 丝杠螺母传动机构的装配技术要求是什么？这样要求的目的是什么？
18. 为什么要消除丝杠螺母的轴向间隙？说明单、双螺母的丝杠螺母传动机构消除间隙的方法各有哪几种？
19. 如何校正丝杠两轴承孔与螺母孔轴线的同轴度？
20. 为什么要校正丝杠两轴承孔中心线与基准导轨的平行度？如何校正？
21. 丝杠的回转精度是指什么？
22. 联轴器和离合器的根本区别是什么？
23. 简述凸缘联轴器与十字槽联轴器的装配要求和装配要点。
24. 简述牙嵌离合器的装配技术要求和装配方法。
25. 简述摩擦离合器的装配方法。
26. 液压泵安装应注意哪些事项？性能试验应达到哪些要求？
27. 液压缸装配有哪些要点？要做哪些性能试验？
28. 压力控制阀装配有哪些要点？性能试验有哪些要求？
29. 管道连接的主要装配要求是什么？
30. 试述高压胶管接头的装配过程。

第四章　轴承和轴组的装配

教学目标　1. 了解滑动轴承的种类和特点。
2. 熟悉整体式、剖分式滑动轴承及内柱外锥式动压轴承和静压轴承的装配。
3. 掌握滚动轴承的性能、代号及装配方法。
4. 熟悉滚动轴承的轴向固定与密封方法。
5. 熟悉主轴部件装配精度内容及检验方法。

教学重点　1. 滑动轴承、滚动轴承的装配方法。
2. 滚动轴承的轴向固定与密封方法。

教学难点　1. 滑动轴承的装配。
2. 滚动轴承的装配。

第一节　滑动轴承的装配

一、滑动轴承的分类和特点

滑动轴承是指只发生滑动摩擦的轴承，如图 4-1 所示。

1. 滑动轴承的分类

（1）按滑动轴承的摩擦状态分

1）动压润滑轴承。如图 4-2 所示，利用润滑油的黏性和轴颈的高速旋转，把油液带进轴承的楔形空间建立起压力油膜，使轴颈与轴承之间被油膜隔开，这种轴承称为动压润滑轴承。

图 4-1　滑动轴承

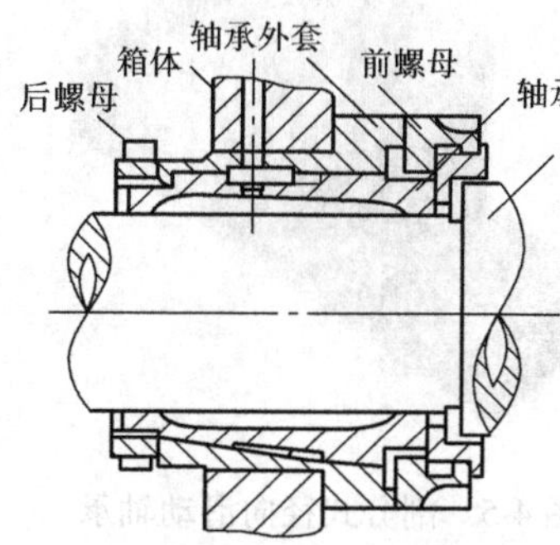

图 4-2　内柱外锥式动压轴承

2）静压润滑轴承。如图 4-3 所示，将液压油强制送入轴和轴承的配合面，利用液体静压力支承载荷，这种轴承称为静压润滑轴承。

（2）按滑动轴承的结构分

1）整体式滑动轴承。如图 4-4 所示，其结构是在轴承壳体内压入耐磨轴套，套内开有油槽、油孔，以便润滑轴承配合面。

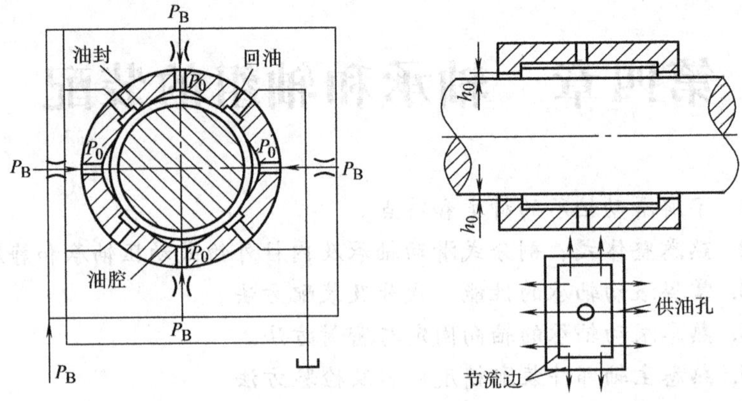

图 4-3 静压润滑轴承

2）剖分式滑动轴承。如图 4-5 所示，其结构是由轴承座、轴承盖、两个对开轴瓦（如图 4-6 所示，上轴瓦有油孔）、垫片及双头螺柱等组成。

3）锥形表面滑动轴承。有内锥外柱式（轴承孔和轴为圆锥形）和内柱外锥式（轴承外圆为圆锥形，轴承孔和轴为圆柱形）两种。图 4-2 所示为内柱外锥式滑动轴承。

4）多瓦式自动调位轴承。如图 4-7 所示，有三瓦式和五瓦式两种，而轴瓦又可分为长轴瓦和短轴瓦两种。

图 4-4 整体式径向滑动轴承

（3）按承受载荷的方向分

1）向心轴承。承受径向力。

图 4-5 剖分式径向滑动轴承

图 4-6 剖分式轴瓦

2）推力轴承。承受轴向力，如图 4-8 所示。

3）向心推力轴承。同时承受向心力和轴向力。

2. 滑动轴承的特点

滑动轴承结构简单，制造方便，径向尺寸小，润滑油膜吸振能力强，能承受较大的冲击载荷，工作平稳，无噪声。在保证有液体润滑的情况下，轴可长期高速运转。适用于精密、高速、重载的转动场合。由于轴颈与轴承之间存在一定间隙，因而影响了回转精度的提高；此外，滑动轴承即使在液体润滑状态下，其润滑油的滑动阻力摩擦因数仍在 0.08～0.12 之间，故其温升较高，润滑及维护都比较困难。

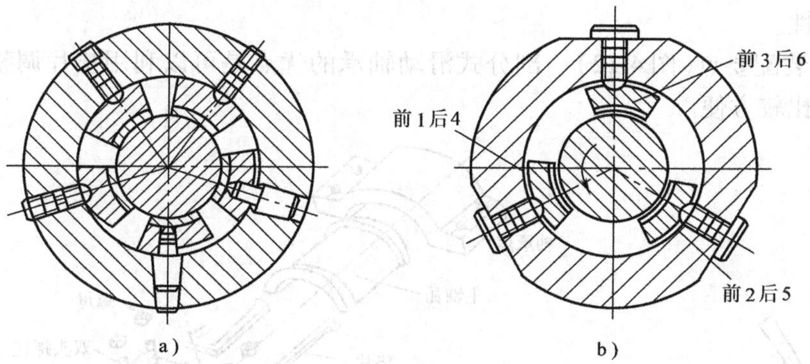

图 4-7　多瓦式自动调位轴承

a）五瓦式　b）三瓦式

图 4-8　推力滑动轴承

二、滑动轴承的装配

滑动轴承装配的主要技术要求是在轴颈与轴承之间获得合理的间隙，保证轴颈与轴承的良好接触和充分润滑，以确保轴颈在轴承中旋转平稳可靠。

（1）整体式滑动轴承的装配要点

1）轴套和轴承孔去毛刺，清洗上油。

2）压入轴套。轴套尺寸和过盈量较小时，可在垫板的保护下用锤子将轴套敲入，尺寸或过盈量较大时，则采用压力机压入或用拉紧夹具把轴套压入机体中。压入过程中需注意：轴套上的油孔应对准机体上的油孔，为了防止轴套歪斜，压入时可用导向环或导向心轴导向。

3）轴套定位。压入轴套后，还需用紧定螺钉或定位销等固定轴套位置，以防轴套随轴转动。图 4-9 所示为几种常用的轴套定位方式。

4）轴承孔的修整。对于整体的薄壁轴套，压入后，内孔易发生变形，如内径缩小或变成椭圆形、圆锥形等，因此，压装后可用铰削、刮削或滚压等方法，对轴套孔进行修整。

5）轴套的检验。用内径百分表在孔的两三处作相互垂直方向上的检验，可以测定轴套的圆度、锥度误差及尺寸，可用如图 4-10 所示方法进行检验。

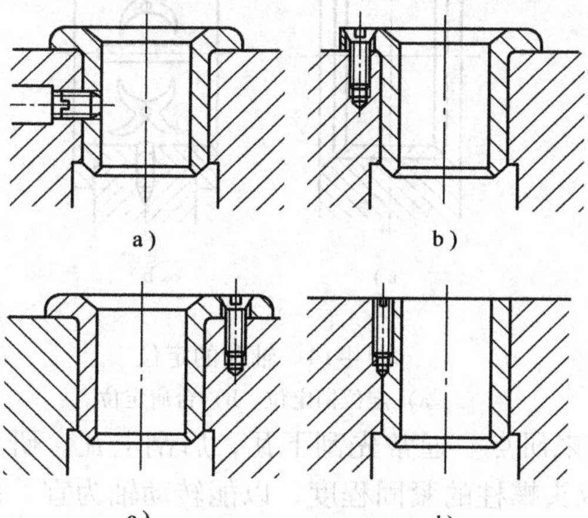

图 4-9　轴套的定位方式

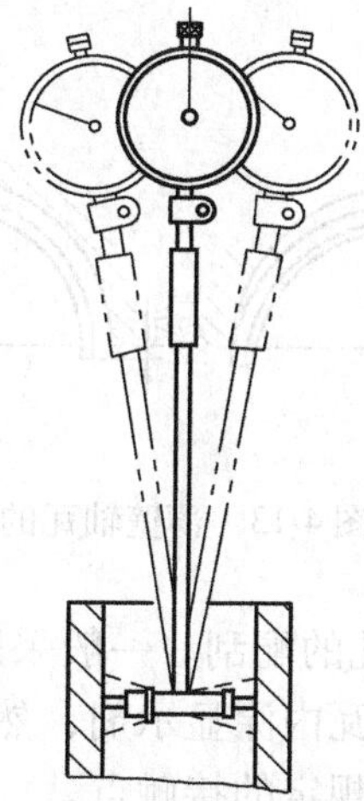

图 4-10　用内径百分表检验轴套孔

此外还要按图 4-11 所示，用塞规检验轴套孔的轴线对轴承端面的垂直度，此时可用涂色法或塞尺来检验其准确性。

（2）剖分式滑动轴承装配要点（图 4-12）　剖分式滑动轴承的优点是可以利用垫片调整瓦与轴的间隙，拆装轴时比较方便。

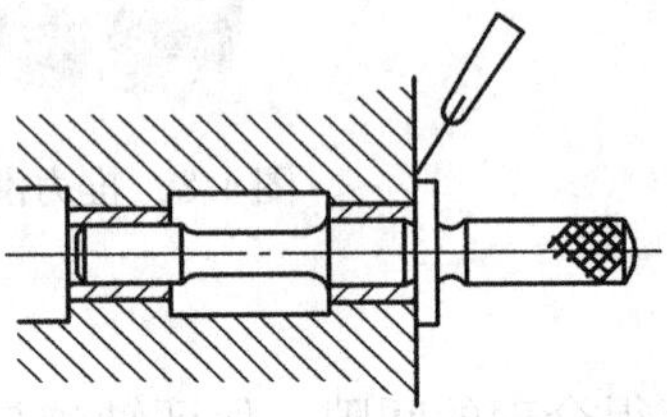

图 4-11　用塞规检验轴套装配的垂直度

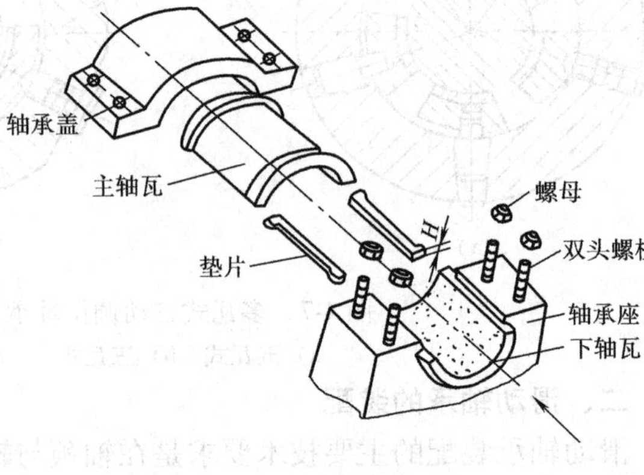

图 4-12　剖分式滑动轴承装配顺序

1）轴瓦与轴承座、盖的装配。轴瓦与轴承座盖装配时，应使轴瓦背与座孔接触良好。如不符合要求时，应以座孔为基准对厚壁轴瓦背部进行铲刮；对于薄壁轴瓦则不需进行修刮，而是进行选配。为了保证配合的紧密，宜采用过盈配合，故薄壁轴瓦的剖分面应比轴承座体的剖分面高出一些。如图 4-13 所示，一般 Δh 取 0.05 ~ 0.1mm。同时，应注意轴瓦的台阶紧靠座孔的两端面，达到 H7/f7 配合，如果太紧，可通过刮削修配。

2）轴瓦的定位。轴瓦安装在机体中，在圆周方向或轴向都不允许有位移，通常可用定位销和轴瓦上的凸台来止动，如图 4-14 所示。一般轴瓦装入时，应用木锤轻轻捶击，听声音判断，要确实贴实。

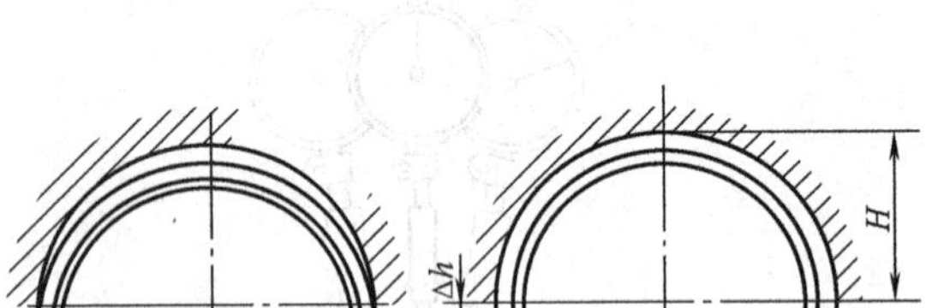

图 4-13　薄壁轴瓦的选配

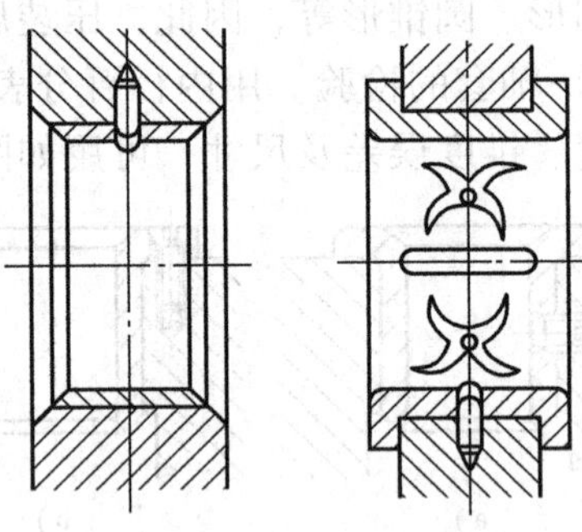

图 4-14　轴瓦的定位

a）定位销定位　b）台肩定位

3）轴瓦孔的配刮。一般采用与袖瓦配合的轴来研点。通常先刮下瓦，后刮上瓦。研点时，在上下轴瓦内涂显示剂，然后把轴瓦装好，双头螺柱的紧固程度，以能转动轴为宜。研点配刮轴瓦至规定的接触点。

主轴外伸长度较大时，考虑到主轴装上工件后因重量产生的变形（如重型机床的主轴），应把下瓦在主轴外伸端处刮得低些，避免发生主轴咬死。

（3）内柱外锥式滑动轴承(图4-2)装配要点

1）将轴承外套压入箱体的孔中，其配合为H7/r6。

2）用专用心轴研点，修刮轴承外套的内锥孔，至接触点为12～16点/25mm×25mm。保证前、后轴承孔的同轴度。

3）在轴承上钻进、出油孔，注意与箱体、轴承外套的油孔相对，并与自身的油槽相接。

4）以轴承外套的内孔为基准，研点配刮轴承的外锥面，接触点要求同上。

5）把轴承装入轴承外套的孔内，两端分别拧入前后螺母，并调整轴承的轴向位置。

6）以主轴为基准配刮轴承的内孔，后轴承处以工艺套支承，以保证前、后轴承孔的同轴度。轴承内孔接触点为12点/25mm×25mm，两端为“硬点”，中间为“软点”。油槽两边的点要“软”，以便形成油膜。油槽两端的点分布要均匀，以防漏油。

7）清洗轴承和轴颈，重新装入并调整间隙。一般精度的车床主轴轴承间隙为0.015～0.03mm。

（4）多瓦式自动调位轴承的装配　多瓦式自动调位轴承结构如图4-7所示。短三瓦自动调位轴承装配要点如下：

1）将前后两轴承的六块轴瓦及其球面螺钉按研配对号装入箱体孔内。注意两端油封上的回油孔要装在上部位置，以保证前后轴瓦工作时完全浸在油中，否则会因油面降低而影响润滑。

2）在箱体孔两端各装一工艺套，其内径比主轴轴径大0.04mm，外径比箱体孔小0.005mm，其用途是使主轴轴线与箱体孔轴线重合。

3）调节前后轴瓦的六个球面螺钉，要求达到：

① 用0.02mm塞尺在前后两工艺套的内孔四周插入检查，要求在主轴四周塞尺都能插入，使主轴与箱体孔的轴线一致。

② 使主轴与前、后轴瓦都保持0.005～0.01mm间隙。间隙的测量方法是：用百分表触及主轴前、后端近工艺套处，用手抬动主轴前、后端，百分表上读数即为间隙值。

③ 用手转动主轴时应轻快无阻，主轴径向圆跳动在0.01mm以下即可。

三、静压轴承的装配

静压轴承装配是细致而复杂的工作，必须经过严格清洗和精心调整，才能使静压轴承达到工作精度和要求。装配要点如下：

1）检查配合尺寸。轴承外圆与箱体孔的配合要有合适的过盈量，否则会使外圆上的油槽互通，使轴承承载能力降低，甚至不能工作。轴承孔预留0.02～0.03mm的研磨量，保证在配研或配磨后，轴承内孔与轴颈的配合间隙要求。

2）装配前，应彻底清除各零件的毛刺，并对零件、箱体孔及箱内部和管路系统仔细清洗，不允许留有切屑、磨粒、棉纱等杂物。装配后，也要用精滤过的煤油冲洗。

3）静压轴承在压入轴承壳体孔(或箱体孔)时，要防止擦伤外圆表面，以免使油腔之间互通。

4）静压轴承装入箱体孔后，可用研磨方法使前后轴承的同轴度达到要求。但要保证与轴的间隙符合要求。必要时，可按研磨后的孔径来配磨主轴。间隙合格后方可装配主轴。

5）接上静压润滑供油系统，润滑油要符合要求，并经粗、精过滤后加入油箱。

6）用手轻轻转动主轴，当轻快灵活时可启动供油系统。如转动不灵活时，要检查并排除故障后方可启动。

7）启动后，要检查供油压力与油腔压力的比值是否正常，并检查各管道有无渗漏现象，不符合要求时要进行调整和修理。

第二节　滚动轴承的装配

滚动轴承一般由外圈、内圈、滚动体和保持架组成。在内、外圈上有光滑的凹槽滚道，工作时滚动体可沿着滚道滚动，以形成滚动摩擦。滚动轴承具有摩擦小、旋转精度高、轴向尺寸小、装拆方便等优点，其缺点是承受冲击能力差，径向尺寸较大，对安装要求较高。滚动轴承是机器中的重要部件之一。

一、滚动轴承的配合及选用

滚动轴承是标准部件，其内径和外径在出厂时均已确定。因此，内圈与轴颈采用基孔制配合，外圈与轴承座孔采用基轴制配合，配合的松紧程度由轴和轴承孔的尺寸公差来保证。

选择轴承配合时，一般要考虑负荷的大小、方向和性质、转速的大小、旋转精度及装拆次数等一系列因素。一般情况下是内圈随轴一起转动，外圈固定不动，而且转动套圈应比固定套圈的配合紧一些。故内圈与轴常采用过盈配合，如 n6、m6、k6 等；而外圈常用较松的配合，如 K7、J7、H7、G7 等。

轴和轴承座孔的公差等级则根据轴承精度选择，如 P4、P5 级轴承选用 IT5 级轴和 IT6 级孔；P6、P0 级轴承用 IT6 级轴和 IT7 级孔等。

主轴轴颈和轴承内外圈都有一定的制造误差，在装配时应作适当选配，以降低误差的影响，提高主轴部件的回转精度。

二、滚动轴承的装配

1. 装配前的准备工作

1）按所要装配的轴承准备好所需的工具和量具。

2）按图样要求检查与轴承相配的零件尺寸是否合格，是否有凹陷、毛刺、锈蚀和固体微粒等，并用煤油等清洗零件，待零件干后涂一层薄油。

3）检查轴承型号与图样是否一致，并清洗轴承。对于两面带防尘盖、密封圈或涂有防锈和润滑两用油脂的轴承，则不需要进行清洗。

2. 滚动轴承的装配方法

滚动轴承的装配方法应视轴承尺寸大小和过盈量来选择。一般滚动轴承的装配方法有锤击法、用螺旋或杠杆压力机压入法及热装法等。

（1）圆柱孔轴承的装配

1）座圈的安装顺序。据轴承的类型不同，轴承内、外圈有不同的安装顺序。

① 不可分离型轴承(向心球轴承)的装配。常用的装配方法有锤击法和压入法。

当内圈与轴颈配合较紧，外圈与壳体孔配合较松时，先将轴承装在轴上。压装时。以铜或低碳钢作的套筒垫在轴承内圈上，如图 4-15a 所示。然后，连同轴一起装入壳体中。当轴承外圈与壳体孔为紧配合，内圈与轴颈为较松配合时，应将轴承先压入壳体中，如

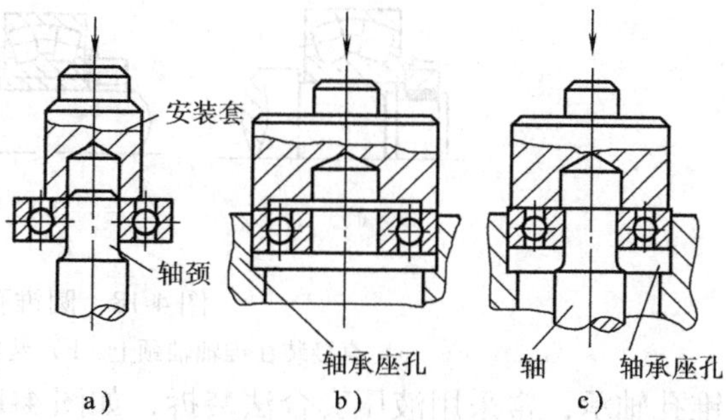

图 4-15　轴承座圈的装配顺序

a）先压装内圈　b）先压装外圈　c）内、外圈同时压装

图 4-15b 所示。此时，套筒的外径应略小于壳体孔直径。当轴承内圈与轴，外圈与壳体孔都是紧配合时，应把轴承同时压在轴上和壳体孔中，如图 4-15c 所示。这时，套筒的端面应做成能同时压紧轴承内外圈端面的圆环。总之，装配时的压力应直接加在待配合的套圈端面上，不能通过滚动体传递压力。

② 分离型轴承（如圆锥滚子轴承），因为外圈可以自由脱开，故装配时可用锤击、压入或热装的方法将内圈和滚动体一起装在轴上，用锤击法或压入法将外圈装在壳体孔内，然后再调整它们之间的游隙。

2）座圈压装方法。座圈压装方法及所用工具的选择，主要由配合过盈量的大小确定。

① 当配合过盈量较小时，可用图 4-16 所示方法压装轴承。图 4-16a 所示为用套筒压装法；图 4-16b、c 所示是用铜棒对称地垫在轴承内圈（或外圈）端面，将轴承均匀敲入。禁止直接用锤子敲打轴承座圈。

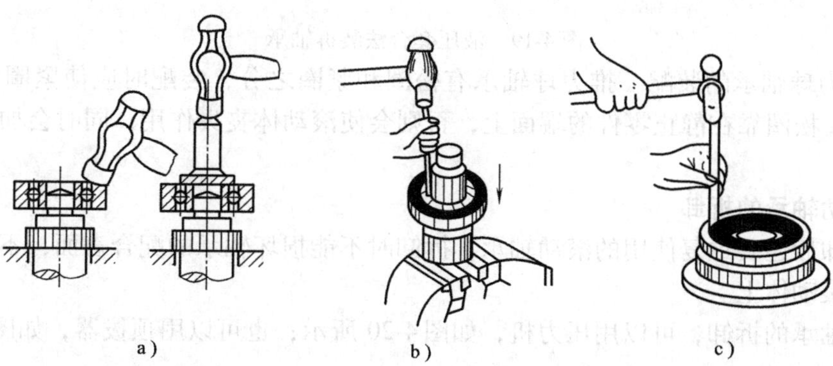

图 4-16　用铜棒、套筒压装法

② 当配合过盈量较大时，可用压力机械压装，常用杠杆齿条式或螺旋式压力机，如图 4-17 所示。若压力不能满足还可以采用液压机装压轴承。

③ 如果轴颈尺寸较大、过盈量也较大时，为装配方便可用热装法，即将轴承放在温度为 80 ~ 100℃ 的油中加热，然后和常温状态的轴配合。内部充满润滑油脂带防尘盖或密封圈的轴承，不能采用热装法装配。

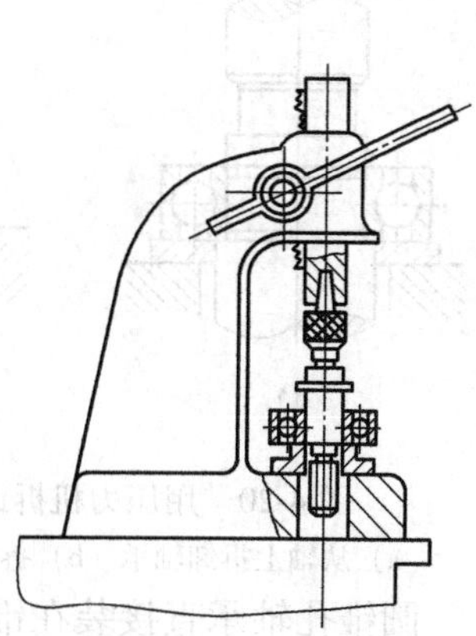

图 4-17　压力机压入

（2）圆锥孔轴承的装配

1）过盈量较小时可直接装在有锥度的轴颈上，也可以装在紧定套或退卸套的锥面上，如图 4-18 所示。

2）对于轴径尺寸较大或配合过盈量较大，又需经常拆卸的

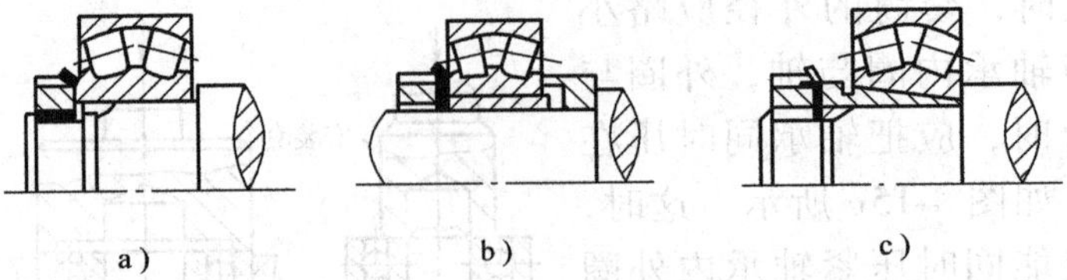

图 4-18　圆锥孔轴承的装配

a）直接装在锥轴轴颈上　b）装在紧定套上　c）装在退卸套上

圆锥孔轴承，常采用液压套合法装拆，如图 4-19 所示。

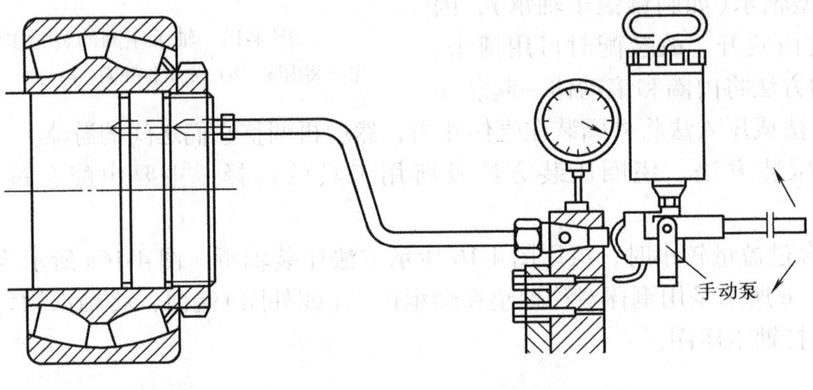

图 4-19　液压套合法装拆轴承

（3）推力球轴承的装配　推力球轴承有松圈和紧圈之分，装配时应使紧圈靠在转动零件的端面上，松圈靠在静止零件的端面上，否则会使滚动体丧失作用，同时会加速配合零件的磨损。

三、滚动轴承的拆卸

如果拆卸后还要重复使用的滚动轴承，拆卸时不能损坏轴承的配合表面，不能将拆卸的作用力加在滚动体上。

圆柱孔轴承的拆卸，可以用压力机，如图 4-20 所示；也可以用顶拔器，如图 4-21 所示。

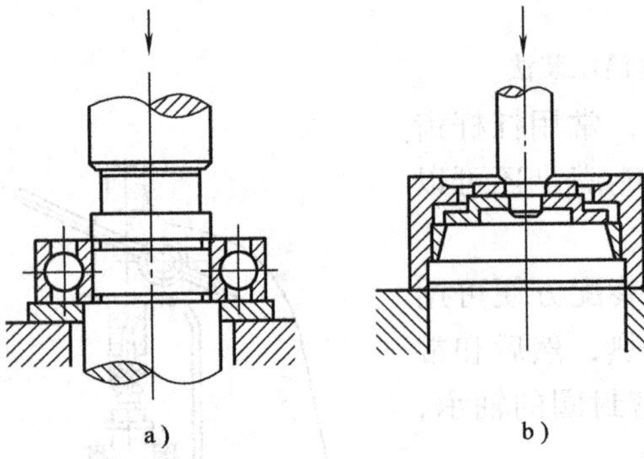

图 4-20　用压力机拆卸圆柱孔轴承

a）从轴上拆卸轴承　b）拆卸可分离轴承外圈

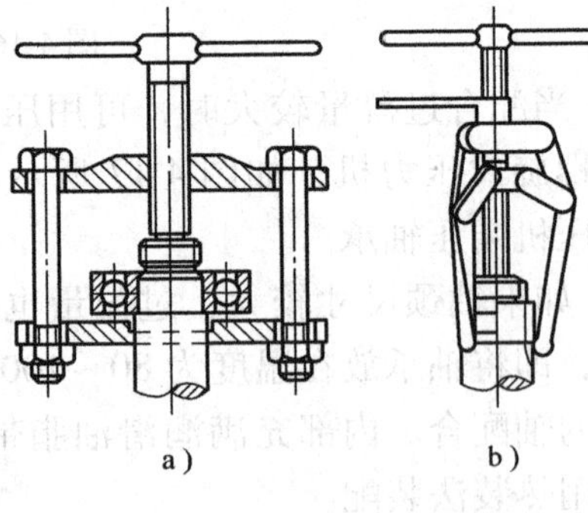

图 4-21　用顶拔器拆卸滚道轴承

a）两爪顶拔器　b）三爪顶拔器

圆锥孔轴承直接装在锥轴轴颈上，或装在紧定套上，可拧松锁紧螺母，然后利用软金属棒和锤子，向锁紧螺母方向将轴承敲出，如图 4-22 所示。装在退卸套上的轴承，先将锁紧螺母卸掉，然后用退卸螺母将退卸套从轴承座圈中拆出，如图 4-23 所示。

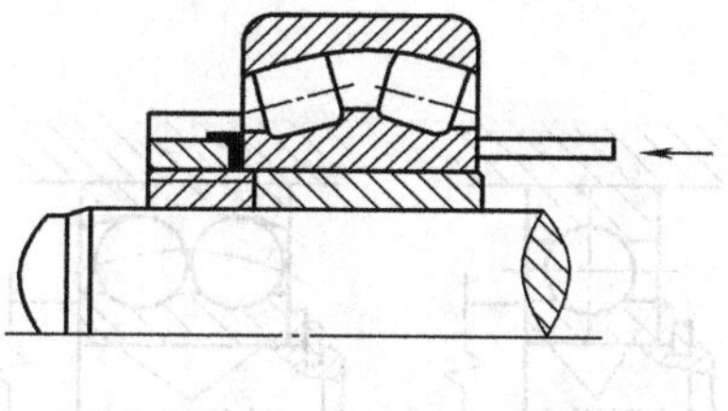

图 4-22　带紧定套轴承的拆卸

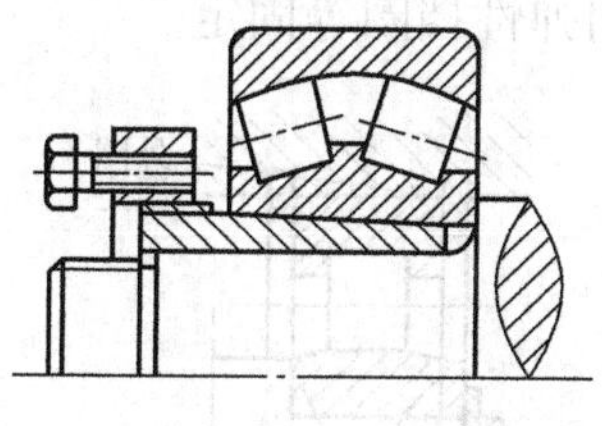

图 4-23　退卸螺母和螺钉

第三节　轴组的装配

轴组是指轴与轴上零件及两端轴承支座的组合。轴组的装配是指将装配好的轴组组件，正确地安装在机器中，包括两端轴承固定、轴承游隙调整、轴承预紧、轴承密封和润滑装置的装配等，以保证其达到正常工作的要求。

一、轴承的固定方式

轴正常工作时，不允许有径向圆跳动和较大的轴向移动，但又要保证不致因受热膨胀而卡死，所以要求轴承有合理的固定方式。轴承的径向固定是靠外圈与外壳孔的配合来解决的。轴承的轴向固定有两种基本方式：

1. 两端单向固定方式

如图 4-24 所示，在轴两端的支承点，用轴承盖单向固定，分别限制两个方向的轴向移动。为避免轴受热伸长而使轴承卡住，在右端轴承外圈与端盖间留有 0. 5 ~1mm 的间隙，以便游动。

2. 一端双向固定方式

如图 4-25 所示，将右端轴承双向轴向固定，左端轴承可沿轴向游动。这种固定方式工作时不会发生轴向窜动，受热膨胀时又能自由地向另一端伸长，不致卡死。若游动端采用内、外圈可分的圆柱滚子轴承，则轴承内、外圈均需双向轴向固定。当轴受热伸长时，轴带着内圈相对外圈游动，如图 4-26 所示。如果游动端采用内、外圈不可分离型深沟球轴承或调心球轴承，只需轴承内圈双向固定，外圈可在轴承孔内游动，轴承外圈与座孔之间应取间隙配合，如图 4-27 所示。

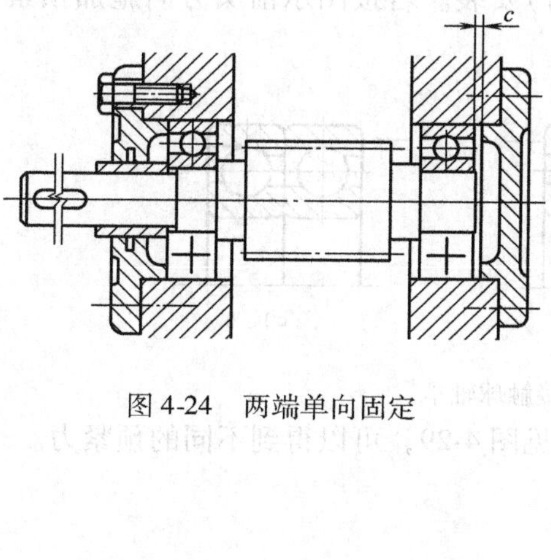

图 4-24　两端单向固定

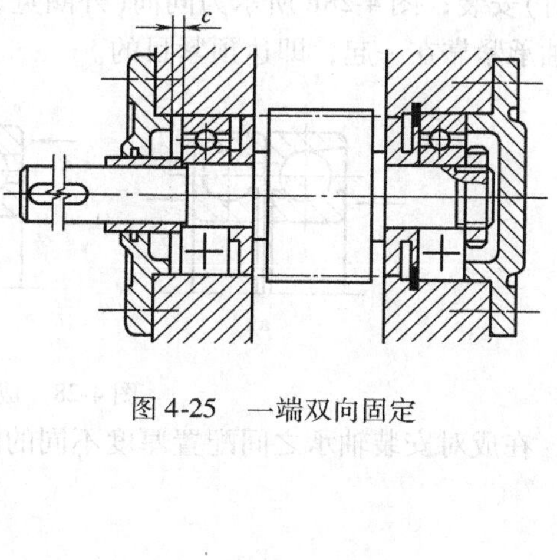

图 4-25　一端双向固定

在轴上安装轴承内圈时，一般都由轴肩在一面固定轴承位置；另一面用螺母、止动垫圈和开口轴用弹性挡圈等固定。

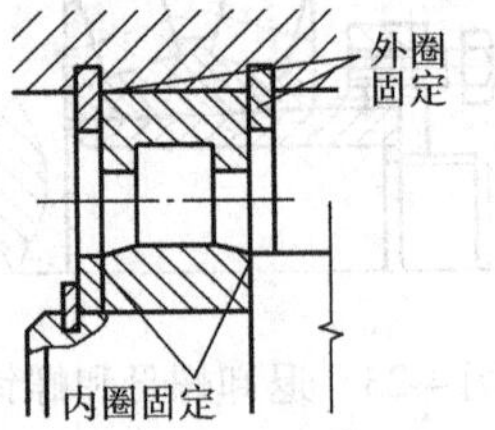

图 4-26　轴承内、外圈均双向轴向固定

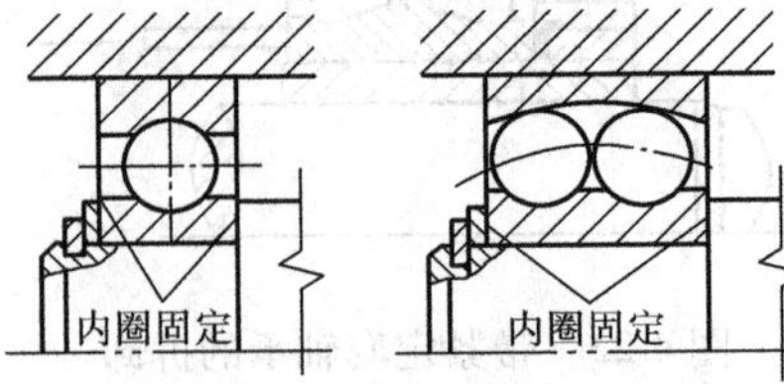

图 4-27　轴承仅内圈双向固定

在箱体孔内安装轴承外圈时，箱体孔一般有凸肩固定轴承位置，另一方向用端盖、螺纹环和孔用弹性挡圈等紧固。

二、滚动轴承游隙的调整

滚动轴承的游隙是指将轴承的一个套圈固定，另一个套圈沿径向或轴向的最大活动量。分径向游隙和轴向游隙两种。

滚动轴承的游隙要适当，不能太大，也不能太小。游隙太大，会造成同时承受载荷的滚动体的数量减少，使单个滚动体的载荷增大，从而降低轴承的寿命和旋转精度，引起振动和噪声。游隙过小，轴承发热量大，会降低硬度，加快磨损，减少轴承的使用寿命。故许多轴承在装配时都要严格控制和调整游隙。其方法是使轴承的内、外圈作适当的轴向相对位移来保证游隙。

三、滚动轴承的预紧

对于承受负荷较大，旋转精度要求较高的轴承，大多要求在无游隙或少量过盈的状态下工作，安装时要进行预紧。预紧就是在安装轴承时用某种方法产生并保持一个轴向力，以消除轴承中的游隙，并在滚动体和内、外圈接触处产生初变形。预紧后的轴承受到工作载荷时，其内、外圈的径向及轴向相对移动量要比未预紧的轴承小得多。这样也就提高了轴承在工作状态下的刚度和旋转精度。

滚动轴承预紧的方法有以下 4 种：

1）成对使用角接触球轴承的预紧。成对使用角接触球轴承有三种布置方式，如图 4-28 所示。其中图 4-28a 所示为背靠背（外圈宽边相对）安装；图 4-28b 所示为面对面（外圈窄边相对）安装；图 4-28c 所示为同向（外圈宽、窄边相对）安装。若按图示箭头方向施加预紧力，使轴承紧靠在一起，即达预紧目的。

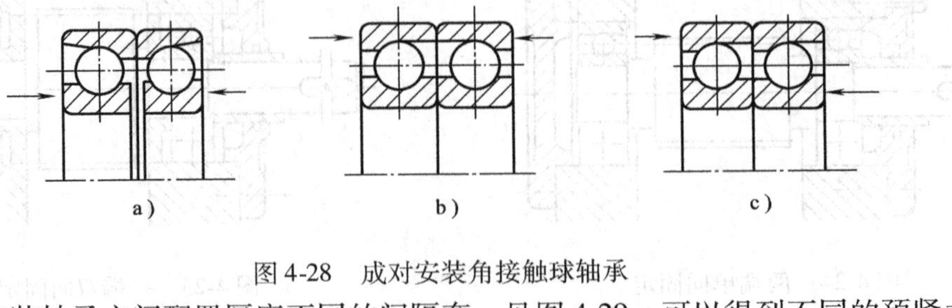

图 4-28　成对安装角接触球轴承

在成对安装轴承之间配置厚度不同的间隔套，见图 4-29，可以得到不同的预紧力。

2）单个使用轴承预紧。如图 4-30 所示为用在轴承外圈上的弹簧预紧。调整螺母可使弹簧产生不同的预紧力。

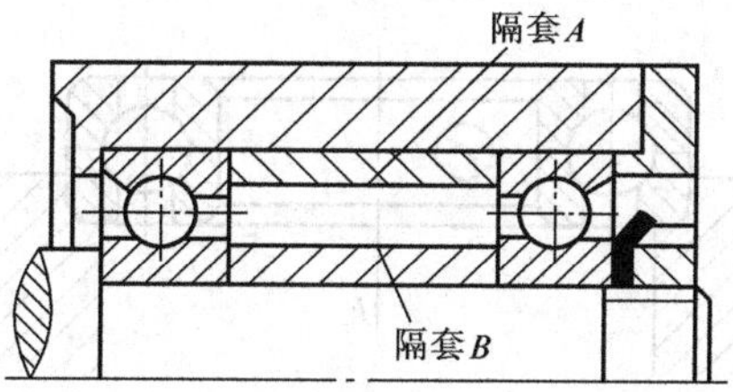

图 4-29　用间隔套长度差预紧

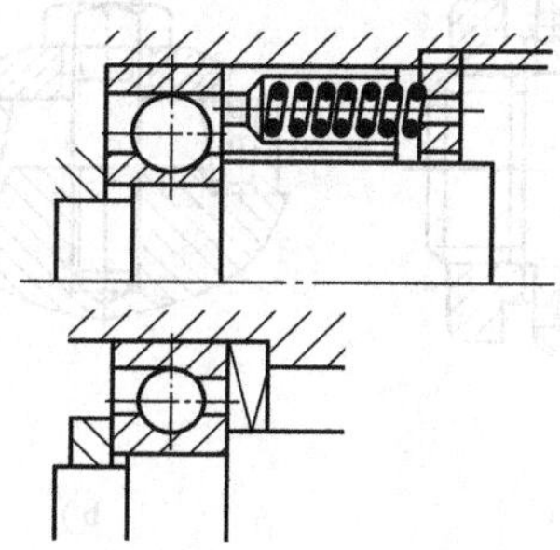

图 4-30　用弹簧预紧

3）带有锥孔内圈的轴承预紧。如图 4-31 所示，轴承内圈有锥孔，可调节其在轴向位置实现预紧。拧紧螺母使锥形孔内圈向轴颈大端移动，内圈直径增大，消除径向游隙，形成预负荷。

4）用轴承内、外垫圈厚度差实现预紧，如图 4-32 所示。

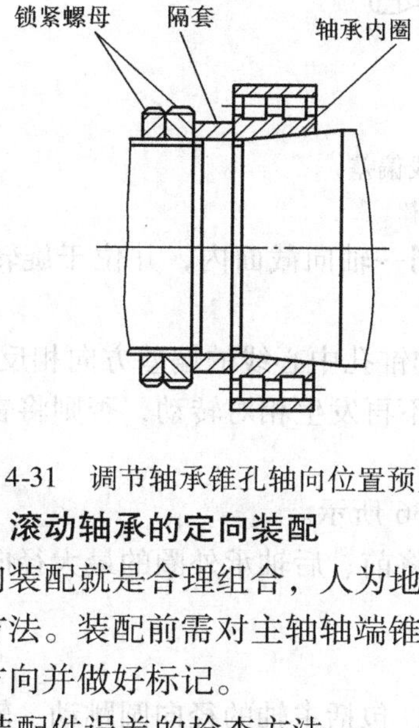

图 4-31　调节轴承锥孔轴向位置预紧

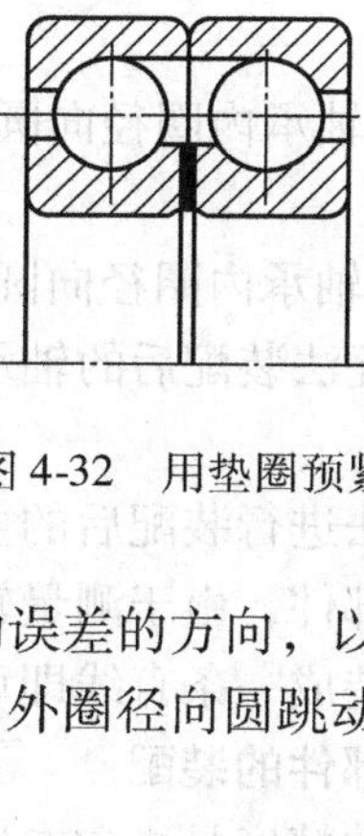

图 4-32　用垫圈预紧

四、滚动轴承的定向装配

定向装配就是合理组合，人为地控制各装配件径向圆跳动误差的方向，以提高装配精度的一种方法。装配前需对主轴轴端锥孔中心线偏差及轴承的内外圈径向圆跳动进行测量，确定误差方向并做好标记。

1. 装配件误差的检查方法

（1）轴承外圈径向圆跳动量检测　如图 4-33 所示，测量时，转动外圈并沿百分表方向压迫外圈，百分表的最大读数则为外圈最大径向圆跳动量。

（2）滚动轴承内圈径向圆跳动测量　如图 4-34 所示，测量时外圈固定不转，内圈端面上加以均匀的测量负荷 F（不同于滚动轴承实现预紧时的预加负荷），旋转内圈一周以上，便可测得内圈内孔表面的径向圆跳动量及其方向。

（3）主轴锥孔中心线偏差的测量　如图 4-35 所示，将主轴轴径置于 V 形架上，在主轴锥孔中插入测量用心棒，转动主轴一周以上，便可测得锥孔中心线的偏差数值及方向。

2. 滚动轴承定向装配要点

1）主轴前轴承的精度应比后轴承的精度高一级。

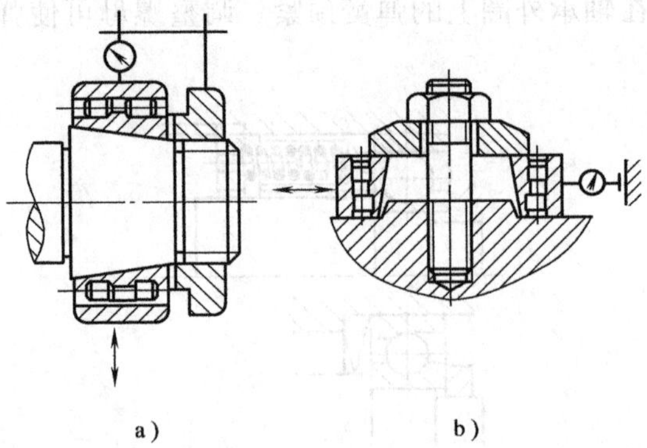

图 4-33　测量滚动轴承外圈径向圆跳动

a）在主轴上测量　b）在工具上测量

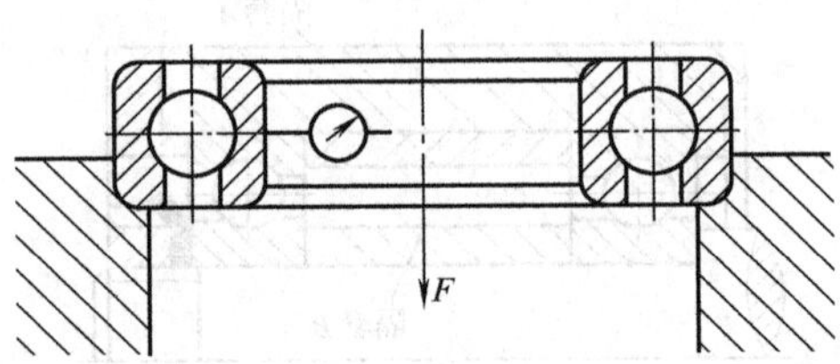

图 4-34　测量内圈径向圆跳动

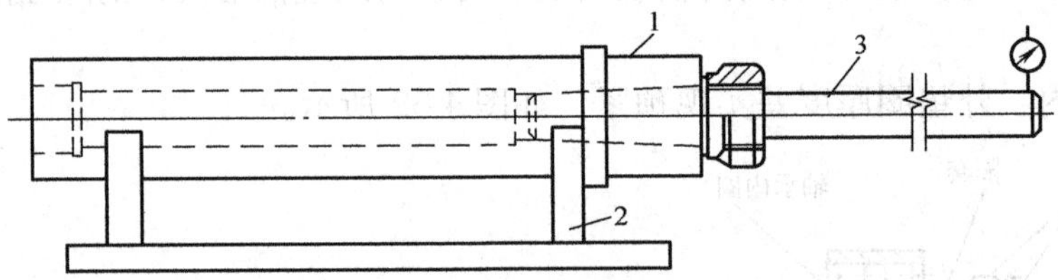

图 4-35　测量主轴锥孔中心线偏差

1—主轴　2—V 形架　3—心棒

2）前后两轴承内圈径向圆跳动量最大的方向置于同一轴向截面内，并位于旋转中心线的同一侧。

3）前后两轴承内圈径向圆跳动量最大的方向与主轴锥孔中心线的偏差方向相反。

按定向装配法装配后的轴承，应保证其内圈与轴颈不再发生相对转动，否则将丧失已获得的调整精度。

按不同方法进行装配后的主轴精度的比较，如图 4-36 所示。

对于箱体部件，由于测量轴承孔偏差较费时，可只将前、后轴承外圈的最大径向圆跳动点在箱体孔内装成一条直线即可。

五、主轴部件的装配

主轴部件的精度是指它在装配调整之后的回转精度，包括主轴的径向圆跳动、轴向窜动及主轴旋转的均匀性和平稳性。

1. 主轴部件精度要求

（1）主轴径向圆跳动的检验　如图 4-37a 所示，在锥孔中紧密地插入一根锥柄检验棒，将百分表固定在机床上，使百分表测头顶在检验棒表面上，旋转主轴，分别在靠近主轴端部的 a 点和距 a 点 300mm 远的 b 点检验。a、b 的误差分别计算，主轴转一转，百分表读数的最大差值，就是主轴的径向圆跳动误差。为了避免检验棒锥柄配合不良的影响，拔出检验棒，相对主轴旋转 90°，重新插入主轴锥孔内，依次重复检验 4 次，4 次测量结果的平均值为主轴的径向圆跳动误差。主轴径向圆跳动量也可按图 4-37b 所示，直接测量主轴定位轴颈。主轴旋转一周，百分表的最大读数差值为径向跳动误差。

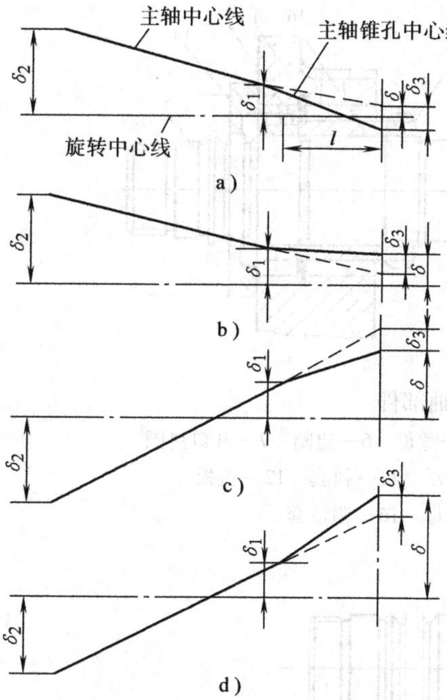

图 4-36　滚动轴承定向装配示意图

a) δ_1、δ_2 与 δ_3 方向相反　b) δ_1、δ_2 与 δ_3 方向相同

c) δ_1 与 δ_2 方向相反，δ_3 在主轴中心线内侧

d) δ_1 与 δ_2 方向相反，δ_3 在主轴中心线外侧

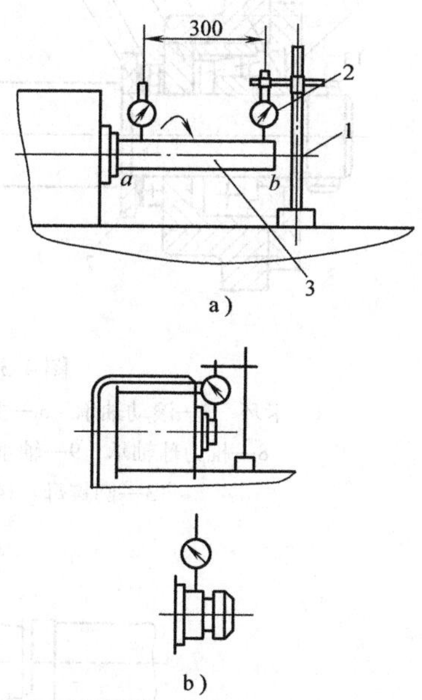

图 4-37　主轴径向圆跳动的测量

1—磁性表座　2—百分表　3—检验棒

（2）主轴轴向窜动的检验　如图 4-38 所示，在主轴锥孔中紧密地插入一根锥柄短检验棒，中心孔中装入钢球（钢球用黄油粘上），百分表固定在床身上，使百分表测头顶在钢球上。旋转主轴检查，百分表读数的最大差值，就是轴向窜动误差值。

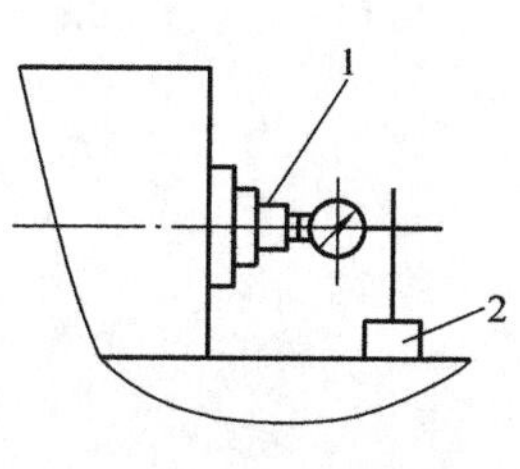

图 4-38　主轴轴向窜动的测量

1—锥柄短检验棒

2—磁性表座

2. 主轴部件的装配

如图 4-39 所示，C630 型车床主轴部件的装配顺序如下：

1）将卡环 1 和滚动轴承 2 的外圈装入主轴箱体前轴承孔中。

2）将滚动轴承 2 的内圈按定向装配法从主轴的后端套上，并依次装入调整套 16 和调整螺母 15，如图 4-39 所示。适当预紧调整螺母 15，防止轴承内圈改变方向。

3）将图 4-39 所示的主轴组件从箱体前轴承孔中穿入，在此过程中，依次将键、大齿轮 4、螺母 5、垫圈 6、开口垫圈 7 和推力球轴承 8 装在主轴上，然后把主轴穿至要求的位置。

4）从箱体后端，将图 4-39 所示的后轴承壳体分组件装入箱体，并拧紧螺钉。

5）将圆锥滚子轴承 10 的内圈按定向装配法装在主轴上，敲击时用力不要过大，以免主轴移动。

6）依次装入衬套 11、盖板 12、圆螺母 13 及法兰 14，并拧紧所有螺钉。

7）对装配情况进行全面检查，防止漏装和错装。

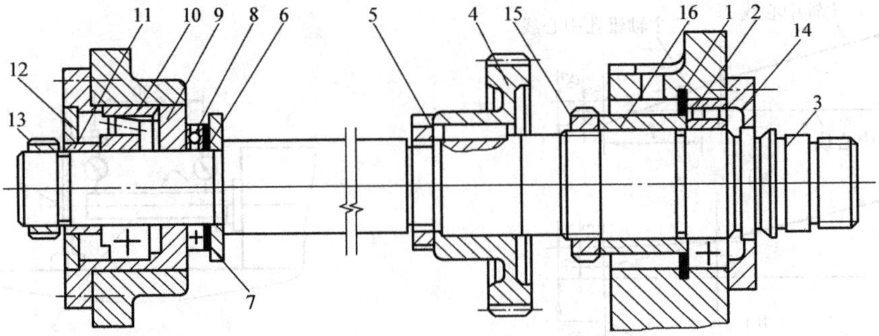

图 4-39　C630 型车床主轴部件

1—卡环　2—滚动轴承　3—主轴　4—大齿轮　5—螺母　6—垫圈　7—开口垫圈　8—推力球轴承　9—轴承座　10—圆锥滚子轴承　11—衬套　12—盖板　13—圆螺母　14—法兰　15—调整螺母　16—调整套

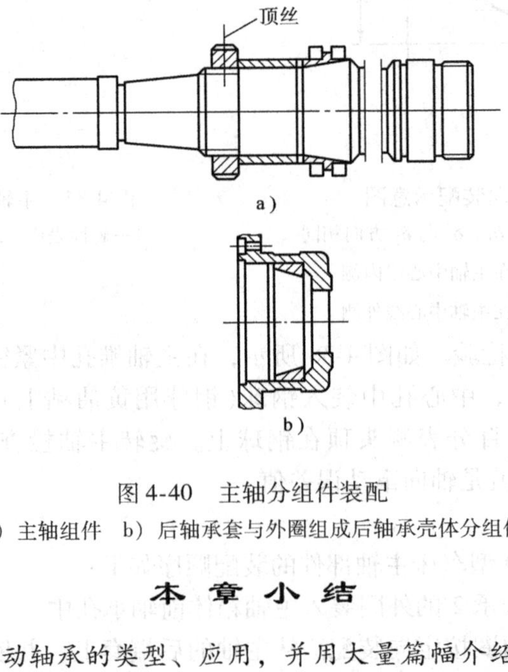

图 4-40　主轴分组件装配

a）主轴组件　b）后轴承套与外圈组成后轴承壳体分组件

本章小结

本章第一节介绍了滑动轴承的类型、应用，并用大量篇幅介绍了整体式向心滑动轴承、剖分式滑动轴承、内柱外锥式滑动轴承、静压轴承的装配方法。第二节详细介绍了滚动轴承的配合、选用，以及滚动轴承的装配、拆卸要求及方法。在第三节重点介绍了轴承的固定方式，滚动轴承预紧及游隙的调整方法，并介绍了滚动轴承的定向装配及主轴部件装配精度内容和检验方法。

复习思考题

1. 滑动轴承的类型有哪些？有何特点？对滑动轴承的装配要点是什么？
2. 滑动轴承的损坏形式有哪些？如何修复？
3. 简述整体式滑动轴承的装配要点。
4. 简述剖分式滑动轴承的装配要点。

5. 简述内柱外锥式滑动轴承的装配和调整过程。
6. 简述向心球轴承、圆锥滚子轴承和推力球轴承的装配要点。
7. 调整滚动轴承游隙的目的和原则是什么？
8. 滚动轴承预紧的目的是什么？常用的预紧方法有哪些？
9. 滚动轴承的固定有哪两种方式？
10. 轴组装配主要包括哪些工作？

第五章　卧式车床及其总装配

教学目标 1. 了解金属切削机床型号的编制方法，能读懂常用机床型号。

2. 了解 CA6140 型卧式车床的用途、各主要部件的作用及主要技术规格。

3. 掌握分析机床传动系统图的方法，熟悉卧式车床的运动。

4. 掌握常用装配量具、量仪的结构原理及使用方法。

5. 掌握卧式车床的总装配工艺，熟悉试运行和验收方法。

教学重点 1. 机床传动系统图的分析方法及卧式车床的运动。

2. 常用装配量具水平仪使用方法。

3. 卧式车床的主要检验方法。

教学难点 1. 机床传动系统图的分析。

2. 水平仪使用方法。

3. 卧式车床的主要检验方法。

第一节　金属切削机床型号

一、金属切削机床的基本概念

金属切削机床是用切削的方法，将金属毛坯加工成零件的机器，也就是生产机器的机器，是机械制造业中的主要加工设备。金属切削机床的种类繁多，为了便于区别，赋予每种机床一个型号，以表示机床的名称、特性、主要规格和结构、特点等主要技术参数，是机床产品的代号。

二、机床型号各代号的名称及含义

目前金属切削机床主要是按加工方法和所用刀具进行分类，按《金属切削机床型号编制方法》(GB/T 15375—2008)进行编制。

在机床型号中，把机床分为 11 大类：车床、钻床、镗床、磨床、齿轮加工机床、螺纹加工机床、铣床、刨插床、拉床、锯床和其他机床等。在每一类机床中，又按工艺范围，布局形式和结构类型分为若干组，每一组又分为若干个系(系列)，用汉语拼音字母和阿拉伯数字按一定规律组合而成，其型号构成表示如下页。

1. 机床的类别代号

机床的类别代号包括类代号和分类代号。

类代号用大写的汉语拼音字母表示，如车床用“C”表示，钻床用“Z”表示，它们分别读作“车”、“钻”；必要时，每类又可分为若干分类，分类代号放在类代号之前，作为型号的首位，用阿拉伯数字表示，如磨床类分成三个分类，表示为 M、2M 和 3M 等。机床的类别和分类代号见表 5-1。

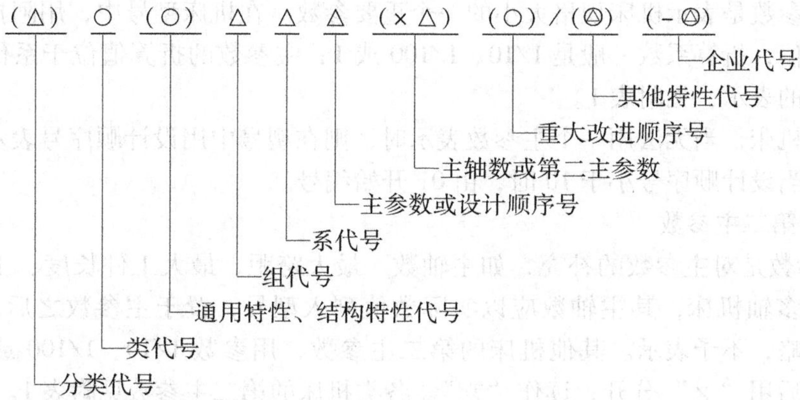

注：1. “○”为大写的汉语拼音字母。

2. “△”为阿拉伯数字。

3. “◎”可为汉语拼音字母，也可为阿拉伯数字，或两者兼备之。

4. 有“( )”的，表示该项内容可有可无，当有内容时，不要“( )”，无内容时则不表示。

表 5-1　机床的类别和分类代号(GB/T 15375—2008)

类别	车床	钻床	镗床	磨床			齿轮加工机床	螺纹加工机床	铣床	刨插床	拉床	切断机床	其他机床
代号	C	Z	T	M	2M	3M	Y	S	X	B	L	G	Q
读音	车	钻	镗	磨	2磨	3磨	牙	丝	铣	刨	拉	割	其

2. 机床的特性代号

机床的特性代号包含有通用特性代号和结构特性代号。

(1) 通用特性代号　当机床具有表5-2中所列的某种通用特性时，在类代号之后加上相应的通用特性代号，如CM6132型精密卧式车床型号中的“M”表示通用特性为“精密”。

表 5-2　机床通用特性代号(GB/T 15375—2008)

通用特性	高精度	精密	自动	半自动	数控	加工中心(自动换刀)	仿形	轻型	加重型	简式或经济型	柔性加工单元	数显	高速
代号	G	M	Z	B	K	H	F	Q	C	J	R	X	S
读音	高	密	自	半	控	换	仿	轻	重	简	柔	显	速

(2) 结构特性代号　对主参数值相同，而结构不同的机床，在型号中加上结构特性代号予以区分。它与通用特性代号不同，在型号中没有统一的含义，只在同类机床中起区分机床结构不同的作用。结构特性代号排在通用特性代号之后，用汉语拼音字母表示。表示通用特性时用过的字母以及I、O两字母不能用作结构特性代号。

3. 机床的组、系代号

机床的组、系代号包括组代号和系代号。把每一类机床分为10组，用0～9表示，把每一组又分为10个系(列)，用0～9表示，组、系代号位于类代号或通用特性代号、结构特性代号之后。机床的组、系划分见附表1。

4. 机床的主参数

机床的主参数是表示机床规格大小的一个重要参数。在机床型号中，用阿拉伯数字给出主参数的折算值，折算系数一般是1/10、1/100或1，主参数的折算值位于系代号之后。各类机床主参数的表示，见附表1。

某些通用机床，当无法用一个主参数表示时，则在型号中用设计顺序号表示。设计顺序号由1起始，当设计顺序号小于10时，由01开始编号。

5. 机床的第二主参数

第二主参数是对主参数的补充，如主轴数、最大跨距、最大工件长度、工作台工作面长度等。对于多轴机床，其主轴数应以实际数值列入型号，置于主参数之后，用“.”分开，单轴可省略，不予表示。其他机床的第二主参数，用参数1/10、1/100或实际数值表示，在型号最后用“×”分开，读作“乘”。各类机床的第二主参数见附表1。

6. 机床的重大改进顺序号

当机床的结构、性能有更高的要求，并需按新产品重新设计、试制和鉴定时，才按改进的先后顺序选用A、B、C等汉语拼音字母(但“I、O”两个字母不得选用)，加在型号基本部分的尾部，以区别原机床型号，例如，型号CG6125B中的“B”，表示CG6125型高精度卧式车床的第二次重大改进。

重大改进设计不同于完全的新设计，它是在原有机床的基础上进行改进设计，因此，重大改进后的产品与原型号的产品，是一种取代关系。

凡属局部的小改进或增减某些附件、测量装置及改变装夹工件的方法等，因对原机床的结构、性能没有作重大的改变，故不属于重大改进，其型号不变。

三、型号示例

1. C A 61 40——床身上最大工件回转直径为ϕ400mm
   - 61——落地及卧式车床组、卧式车床型
   - A——结构特性
   - C——车床类

2. C K 61 40——床身上最大工件回转直径为ϕ400mm
   - 61——落地及卧式车床组、卧式车床型
   - K——通用特性：数字程序控制
   - C——车床类

3. Z 40 12——最大钻孔直径为ϕ12mm
   - 40——台式钻床组、台式钻床型
   - Z——钻床类

4. Z 30 40 × 16——最大钻孔跨距为1600mm
   - 40——最大钻孔直径为ϕ40mm
   - 30——摇臂钻床组、摇臂钻床型
   - Z——钻床类

5. C 6 20 —1——第一次重大改进
   - 20——中心高200mm
   - 6——落地及卧式车床组
   - C——车床类

第二节　CA6140 型卧式车床

一、车床的用途及组成

在机器制造厂中，车床约占金属切削机床总台数的 20%~35%，卧式车床约占车床类机床的 60% 左右。CA6140 型车床是我国自行设计制造、质量较好的一种卧式车床。

1. 卧式车床的用途

卧式车床的通用范围广，它适用于加工轴类、套类、盘类等成形回转体表面的零件，如车削内外圆柱面、圆锥面、环槽、端面及成形回转体表面；还能完成钻、扩、铰孔、钻中心孔、滚花、切断和车螺纹等工作，如图 5-1 所示。

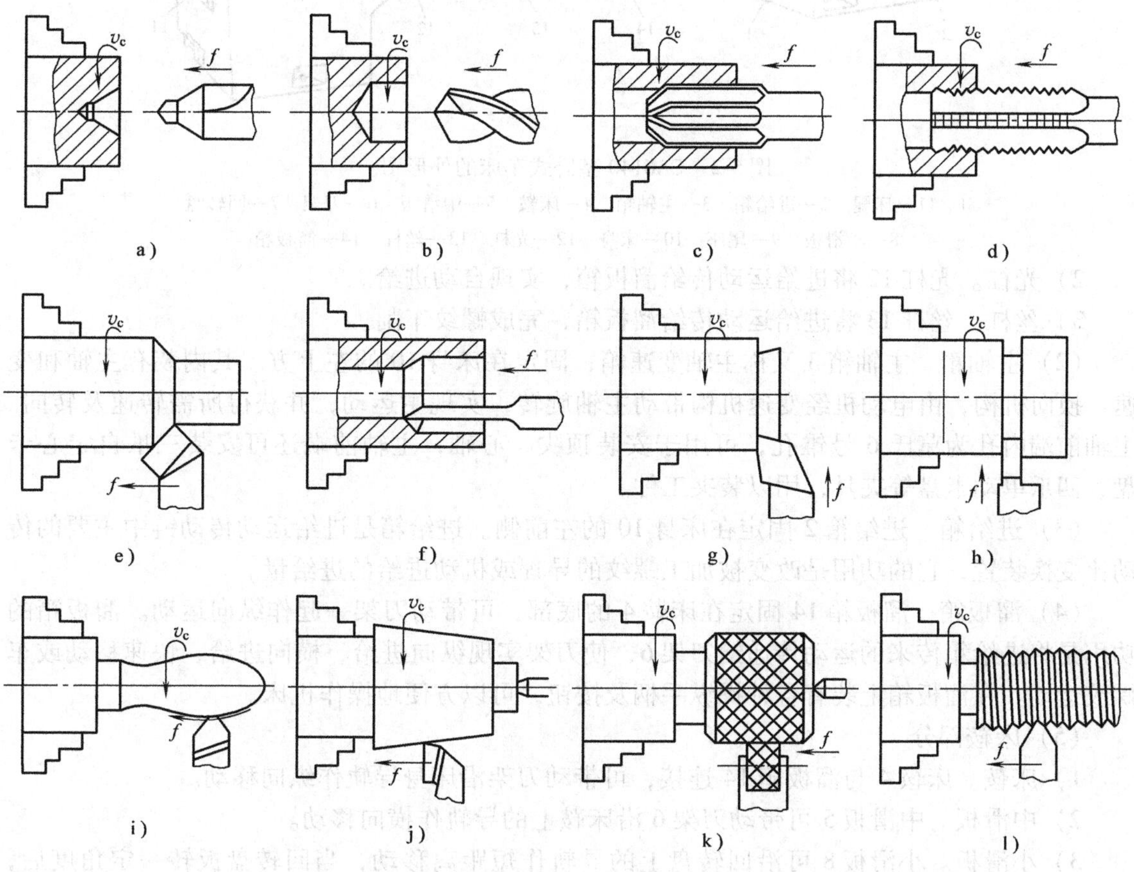

图 5-1　卧式车床典型加工表面

a）钻中心孔　b）钻孔　c）铰孔　d）攻螺纹　e）车外圆　f）车孔　g）车端面　h）车槽　i）车成形面　j）车锥面　k）滚花　l）车螺纹

2. 卧式车床的组成

图 5-2 所示是 CA6140 型卧式车床的外形图，它的主要组成为部件如下：

（1）床身部分

1）床身。床身 10 固定在左、右床腿 1 和 11 上，床身是车床的重要支承件。车床的各个主要部件均安装在床身上，并保持各部件间具有准确的相对位置。

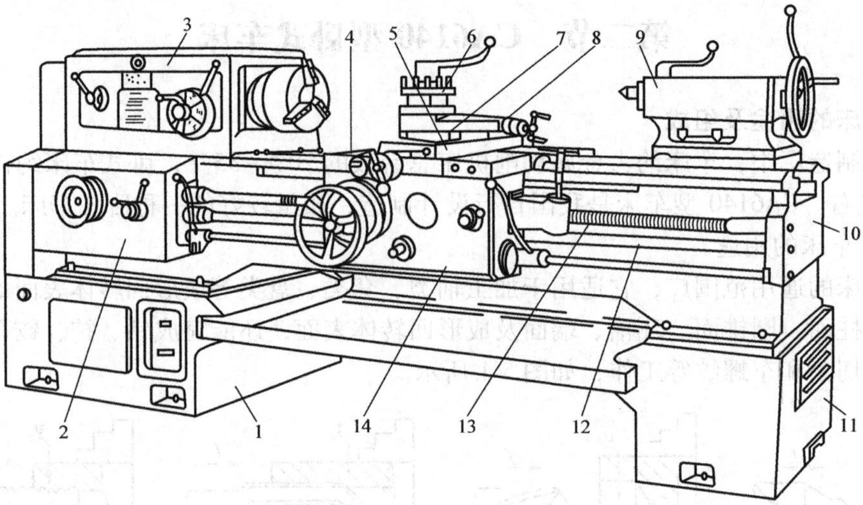

图 5-2 CA6140 型卧式车床的外形图

1、11—床腿 2—进给箱 3—主轴箱 4—床鞍 5—中滑板 6—刀架 7—回转盘 8—小滑板 9—尾座 10—床身 12—光杠 13—丝杠 14—溜板箱

2）光杠。光杠 12 将进给运动传给溜板箱，实现自动进给。

3）丝杠。丝杠 13 将进给运动传给溜板箱，完成螺纹车削。

（2）主轴箱 主轴箱 3 又称主轴变速箱，固定在床身 10 的左上方。其内装有主轴和变速、换向机构，由电动机经变速机构带动主轴旋转，实现主运动，并获得所需转速及转向。主轴前端内孔为莫氏 6 号锥孔，可用于安装顶尖、心轴，主轴前端还可安装三爪自定心卡盘、四爪单动卡盘等夹具，用以装夹工件。

（3）进给箱 进给箱 2 固定在床身 10 的左前侧。进给箱是进给运动传动链中主要的传动比变换装置，它的功用是改变被加工螺纹的导程或机动进给的进给量。

（4）溜板箱 溜板箱 14 固定在床鞍 4 的底部，可带动刀架一起作纵向运动。溜板箱的功用是将进给箱传来的运动传递给刀架 6，使刀架实现纵向进给、横向进给、快速移动或车螺纹运动。在溜板箱上装有各种操纵手柄及按钮，可以方便地操作机床。

（5）床鞍部分

1）床鞍。床鞍 4 与溜板箱 14 连接，可带动刀架沿床身导轨作纵向移动。

2）中滑板。中滑板 5 可带动刀架 6 沿床鞍上的导轨作横向移动。

3）小滑板。小滑板 8 可沿回转盘上的导轨作短距离移动，当回转盘扳转一定角度后，小滑板还可带动刀架作相应的斜向运动。

4）回转盘。回转盘 7 与中滑板 5 连接，用螺栓紧固，松开螺母，回转盘可在水平面内转动任意角度。

5）刀架。刀架 6 用来装夹车刀，最多可同时装夹 4 把车刀。松开锁紧手柄即可转位，选用所需车刀。

（6）尾座 尾座 9 安装在床身导轨上，可沿导轨移至所需的位置。尾座套筒内有莫氏 4 号锥孔，用于安装顶尖，支承轴类工件；还可安装钻头、扩孔钻或铰刀，对工件进行钻孔、扩孔或铰孔。

（7）交换齿轮架　将主轴的运动传给进给箱，当要实现自动进给或车螺纹运动时，确定主轴与刀架的运动关系。

二、卧式车床的运动

卧式车床的运动由动力源——电动机，执行件——主轴和刀架，传动链——主轴箱、进给箱、溜板箱丝杠和光杠等组成，执行件的运动按其功用，可分为表面成形运动和辅助运动。

1. 表面成形运动

表面成形运动是直接参与切削过程，与形成所需表面有关的刀具与工件间的相对运动；根据切削过程中所起的作用不同，表面成形运动又分为主运动和进给运动。

（1）主运动　卧式车床上的主运动即为主轴带动工件作的旋转运动，用转速 n(r/min)表示。

（2）进给运动　卧式车床上的进给运动分为车刀的纵向和横向运动。车刀的纵向运动是指刀具沿平行于工件水平中心线做的直线移动，如车外圆柱表面和车螺纹时刀具的移动；车刀的横向运动是指刀具沿垂直于工件水平中心线做的直线移动，如车端面、车断时刀具的移动。

2. 辅助运动

不直接参与切削，为完成工件的加工而必须的运动称为辅助运动。辅助运动包括刀具的移近、退回及工件的夹紧等。在卧式车床上这些运动通常由操作者用手工操作来完成。

为了减轻操作者的劳动强度和节省移动刀架所耗费的时间，有些车床还具有由单独电动机驱动的刀架，以便实现纵向及横向的快速移动。

三、CA6140 型车床的主要技术规格

床身上最大工件回转直径		ϕ400mm
刀架上最大工件回转直径		ϕ210mm
最大工件长度(4 种)		750mm、1000mm、1500mm、2000mm
中心高		205mm
主轴孔直径		ϕ48mm
主轴转速	正转(24 级)	10 ~ 1400r/min
	反转(12 级)	14 ~ 1580r/min
车螺纹范围	米制(44 种)	1 ~ 192mm
	英制(20 种)	2 ~ 24 牙/in　(25.4mm)
车蜗杆范围	模数(39 种)	0.25 ~ 48mm
	径节(37 种)	1 ~ 96 牙/in
进给量	纵向(64 级)	0.028 ~ 6.33mm/r
	横向(64 级)	0.014 ~ 3.16mm/r
纵向快移速度		4m/min
横向快移速度		2m/min
刀架行程	最大纵向行程(4 种)	650mm、900mm、1400mm、1900mm
	最大横向行程(2 种)	260mm、295mm
	小滑板最大行程	139mm、165mm

主电动机功率		7.5kW
机床工作精度	圆度误差	0.01mm
	圆柱度误差	0.01mm/100mm
	螺距精度(2 种)	0.04mm/100mm、0.06mm/300mm
	精车平面平行度误差	0.02mm/400mm(凸)
	表面粗糙度	R_a2.5 ~ 1.25μm

第三节　CA6140 型卧式车床的传动系统

一、传动链和传动系统图

1. 传动链

图 5-3 所示为卧式车床的传动方框图。

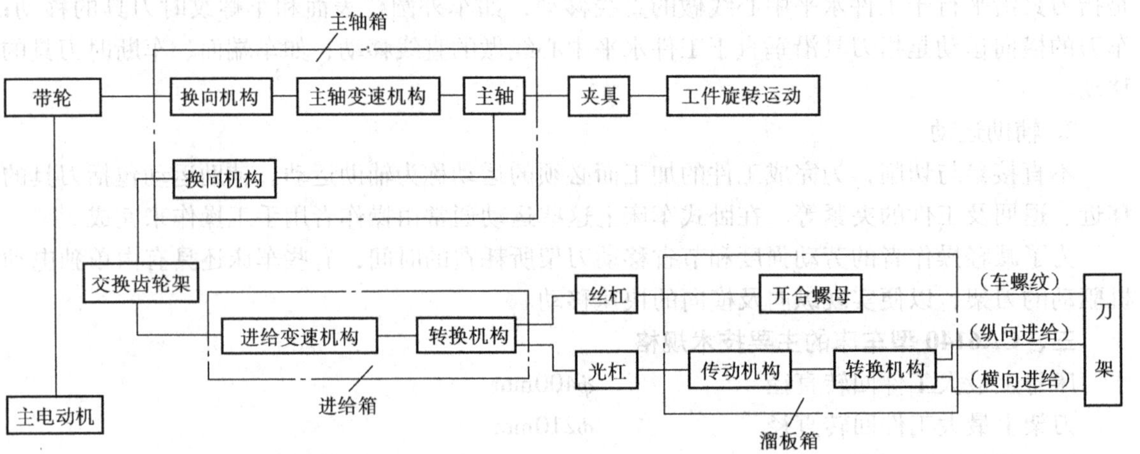

图 5-3　卧式车床传动方框图

用顺序排列的传动元件将动力源与执行件或两个有关的执行件联系起来，并使之保持一定运动关系的传动联系，称为传动链。如图 5-3 所示，主电动机到主轴的传动联系，是实现主运动的传动链，称为主传动链；主轴到刀架的传动链，是实现进给运动的传动链，称为进给传动链。传动链也分为内传动链和外传动链，当两端件要保持有严密的传动联系的传动链，称为内传动链，如车螺纹运动传动链；当两端件的传动联系要求不很严格的传动链，称为外传动链，如电动机和主轴的传动链；机床所有传动链的综合，便组成了整台机床的传动系统，并用传动系统图表示。

2. 传动系统图

用来表示机床各个传动链的综合简图，称为机床的传动系统图，如图 5-4 所示。

二、CA6140 型卧式车床传动系统分析

1. 主运动系统

（1）运动分析　主运动的两端件是电动机和主轴，电动机的运动经变速机构和换向机构，使主轴获得 24 级正转转速和 12 级反转转速。主轴起、停、换向是由双向多片式摩擦离合器实现的，主轴的变速是由滑移齿轮机构实现的。

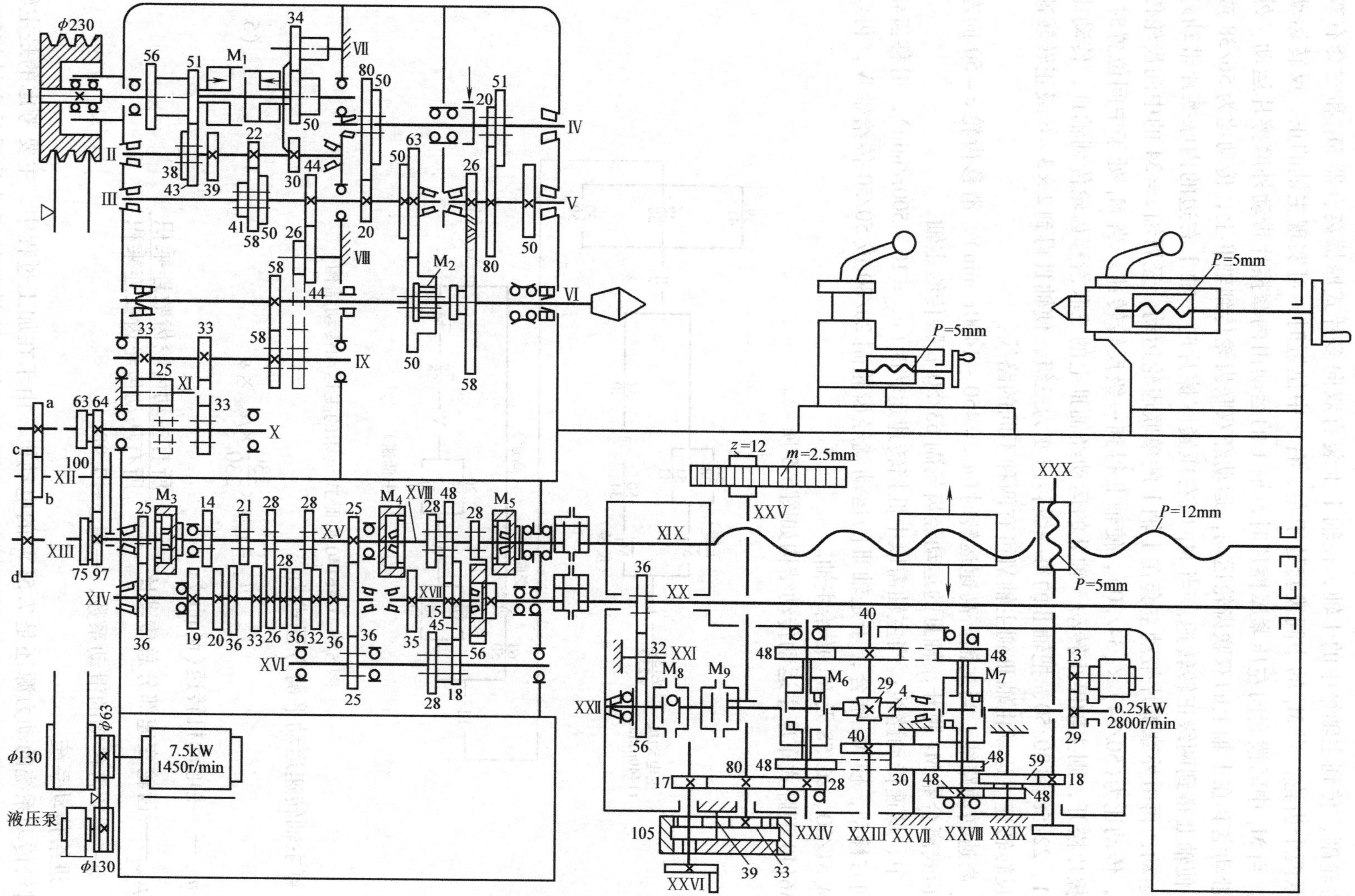

图 5-4　CA6140 型卧式车床的传动系统

（2）传动路线　由图 5-4 可知，运动由主电动机（1450r/min）经 V 带和传动比为 130/230 的带轮副，传到主轴箱中的Ⅰ轴，在轴Ⅰ上装有双向多片式摩擦离合器 M_1 和空套有双联和单联两个齿轮，当 M_1 的中间拨套处于左、右、中位置时，可实现主轴的正、反转运动和停机。当 M_1 中间拨套向左压紧摩擦片时，轴Ⅰ的运动由内摩擦片带动外摩擦片运动，外摩擦片带动空套在Ⅰ轴上的双联齿轮运动，运动经双联齿轮传到轴Ⅱ上，传动比为 56/38 或 51/43，使轴Ⅱ得到两级正转转速。当 M_1 向右压紧摩擦片时，轴Ⅰ右边的内摩擦片带动外摩擦片运动，再由外摩擦片带动空套在Ⅰ轴上的单联齿轮运动，经Ⅶ轴 $z=34$ 的中间齿轮传到轴Ⅱ，传动比为(50/34)×(34/30)，使轴Ⅱ得到一级反转转速。当 M_1 处于中间位置时，两边摩擦片松开，则主轴停止转动。轴Ⅱ的运动经轴Ⅲ上的三联滑移齿轮传到轴Ⅲ，传动比为 39/41、22/58 和 30/50，把轴Ⅱ的每一级转速变为三级，使轴Ⅲ得到 2×3=6 级正转转速或三级反转转速。运动由轴Ⅲ到主轴Ⅵ可有两种不同的路线：

1）高速转动路线：当主轴需高速运转时（$n_{主}=450\sim1400$r/min），滑移齿轮 $z=50$ 向左移动，齿式离合器 M_2 脱开，轴Ⅲ的运动经齿轮副 63/50 直接传给主轴。

2）中、低速传动路线：当主轴需以中低挡转速运转时（$n_{主}=10\sim500$r/min），滑移齿轮 $z=50$ 向右移动，使 M_2 啮合，于是轴Ⅲ的运动就经齿轮副 20/80 或 50/50 传给轴Ⅳ，再经 20/80 或 51/50、26/58 及 M_2 传给主轴。

CA6140 型卧式车床主运动传动结构如图 5-5 所示。

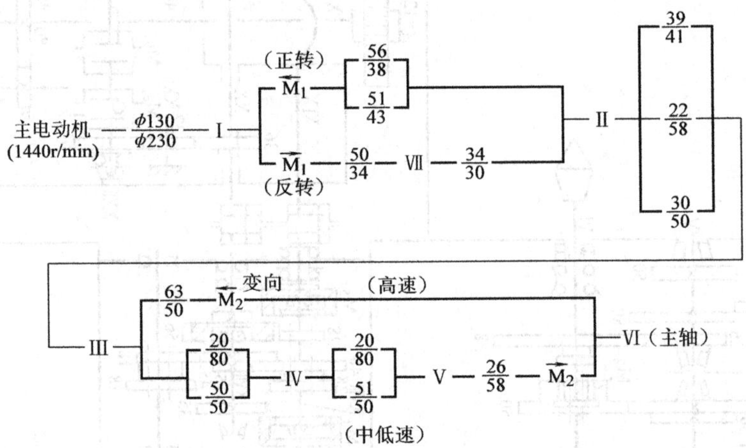

图 5-5　CA6140 型卧式车床的主运动传动结构

计算主轴转速运动平衡方程式为

$$n_{主}=n_{电}\times\frac{130}{230}\times\mu_{变}\times\varepsilon \tag{5-1}$$

式中　$n_{主}$——主电动机转速（r/min）；

$\mu_{变}$——齿轮变速部分总传动比，$\mu_{变}=\dfrac{所有主动齿轮齿数连乘积}{所有从动齿轮齿数连乘积}$；

ε——V 带传动的滑动系数，一般 $\varepsilon=0.98$。

2. 进给传动系统

进给传动系统的动力源还是 7.5kW 的电动机，由于在加工过程中，主要考虑的是主轴和刀架的关系，因此，进给运动的两端件是主轴和刀架，两端件的运动关系是主轴旋转一圈，刀架要准确移动一进给量或者是一螺纹的导程，运动由主轴传出，经螺纹的换向机构、交换齿轮机构、进给箱的基本组和增倍组、丝杠或光杠、溜板箱，把运动传给刀架，实现刀架的纵向、横向或车螺纹运动。

CA6140 型卧式车床进给运动系统传动结构式如图 5-6 所示。

（1）车削螺纹　该车床能车削米制、英制、模数和径节制 4 种标准螺纹。此外还可以车削扩大螺距、非标准螺距及精密的螺纹。无论车削哪种螺纹，主轴与刀具之间必须保持严格的运动关系，即主轴每转一转，刀具应均匀地移动一个被加工螺纹导程 P_h 的距离。4 种标准螺纹的加工，是通过两组交换齿轮和两条传动路线来完成的，加工米制螺纹和英制螺纹时，用同一组交换齿轮(63/100)×(100/75)；加工模数螺纹和径节螺纹时，用同一组交换齿轮(64/100)×(100/97)；加工米制螺纹和模数螺纹正走基本组(XIII-XIV-XV)；加工英制螺纹和径节螺纹倒走基本组(XIII-XV-XIV)。

车螺纹时的运动平衡方程式

$$P_{工} = 1r(主轴)\mu P_{丝} \tag{5-2}$$

式中　μ——从主轴到丝杠之间全部传动副的总传动比；

$P_{丝}$——机床丝杠的导程($P_{丝}=12$mm)；

$P_{工}$——被加工螺纹的导程(mm)。

由式(5-2)可知，为了能加工出各种不同类型和螺距的螺纹，进给传动链中的 μ 值应能相应的改变。

车削米制螺纹时，进给箱中的内齿轮离合器 M_3 和 M_4 脱开，M_5 接合。这时的传动路线(见图 5-4)为：运动由主轴VI经齿轮副 58/58、换向机构 33/33(车削左螺纹时经(33/25)×(25/33))、交换齿轮副(63/100)×(100/75)传到进给箱中，然后由移换机构的齿轮 25/36 传至XIV轴，经两轴滑移变速机构的齿轮副(基本组)19/14、20/14、36/21、33/21、26/28、28/28、36/28 或 32/28 传至XV轴。再由移换机构的齿轮副(25/36)×(36/25)传至轴XVI，再经过轴XVI与XVIII之间的齿轮副(增倍组)传至轴XVIII，最后经由 M_5 传至丝杠XIX。合上溜板箱上的开合螺母，由丝杠带动刀架完成车削米制螺纹运动。

（2）机动进给　CA6140 型卧式车床能实现纵向机动进给和横向机动进给，如图 5-6 所示。

机动进给运动传动路线：由光杠XX的运动经齿轮副(36/32)×(32/56)、单向超越离合器 M_8、安全离合器 M_9、轴XXII、蜗杆副 4/29 传至轴XXIII。此后有两条传动路线：一条是由轴XXIII经齿轮副 40/48 或(40/30)×(30/48)、双向端面齿离合器 M_6、轴XXIV、齿轮副 28/80、轴XXV传至小齿轮 $z=12$，由于小齿轮与固定在床身导轨下方的齿条相啮合，实现刀架的机动纵向进给。另一条是由轴XXIII经齿轮副 40/48 或(40/30)×(30/48)、双向端面齿离合器 M_7、轴XXVIII及齿轮副(48/48)×(59/18)传至横进给丝杠XXX，使刀架作机动横向进给。

纵向、横向机动进给及车螺纹三种传动路线，由操纵机构及互锁机构来保证的。进给方向的变换由溜板箱中的双向端面齿离合器 M_6 及 M_7 来完成的。转动轴XXX上的手柄实现横向手动进给，转动轴XXVI上的手轮实现纵向手动进给。

（3）刀架的快速运动　为了减轻工人劳动强度，缩短辅助时间，在溜板箱右端装有快速电动机，可实现刀架快速移动。

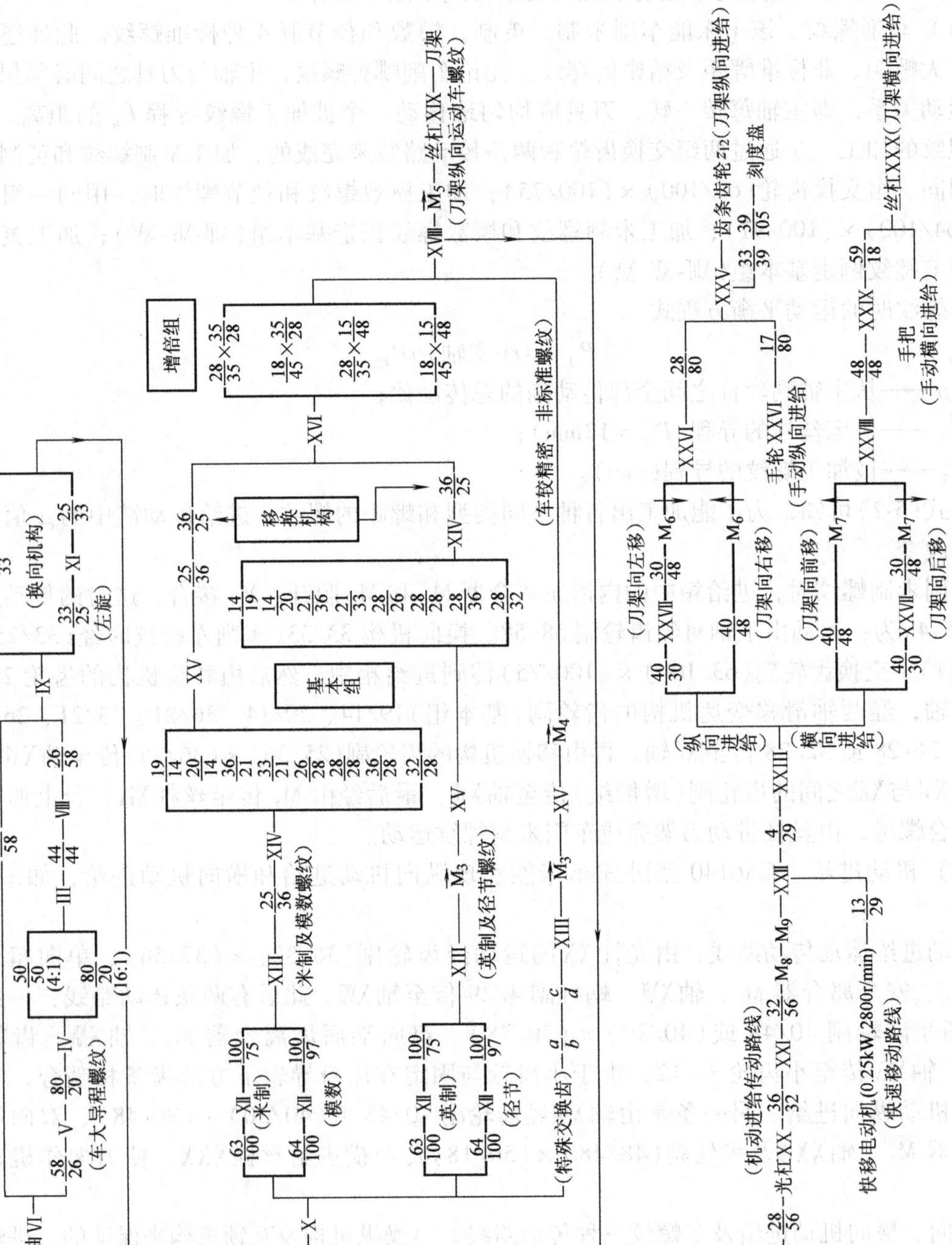

图 5-6 CA6140 型卧式车床进给运动系统传动结构式

当按下快速移动按钮，快速电动机接通，运动经齿轮副 13/29 使轴ⅩⅫ高速转动，再经蜗杆蜗轮传动传给溜板箱内的传动机构，使刀架实现快速的纵向或横向进给。

第四节　车床主要部件的结构及调整

一、主轴箱

主轴箱是用于安装主轴和实现主轴旋转与变速的部件。图 5-7 是 CA6140 型卧式车床主轴箱的各传动空间相互位置的示意图。从图中可看出各轴在空间的位置。按传动轴的传动顺序，将其展开而形成的，如图 5-8 所示。在展开图中，通常主要表示各传动件(轴、齿轮、蜗杆等)的传动关系、各传动轴及主轴结构、装配关系和尺寸、轴与箱体的连接、轴承支座结构等。下面介绍主轴箱中主要结构及调整方法。

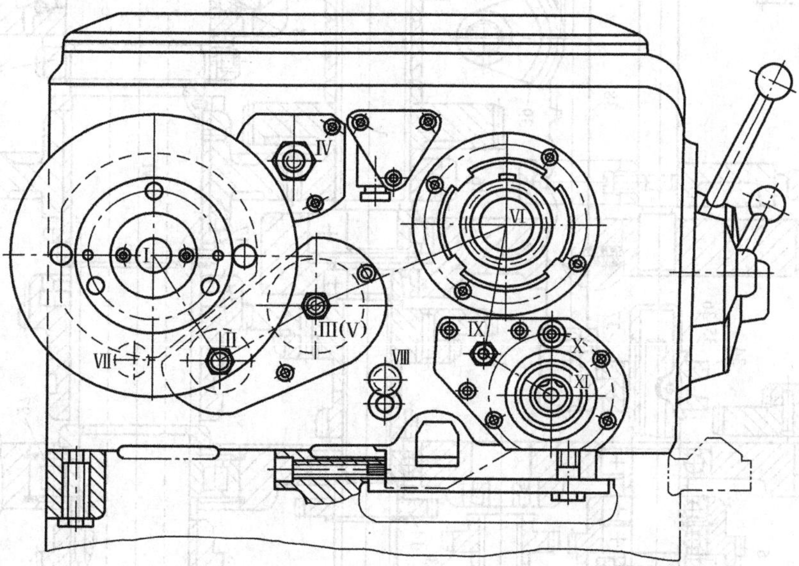

图 5-7　CA6140 型车床主轴箱的各传动空间相互位置的示意图

1. 卸荷传动带轮装置

如图 5-9 所示，轴Ⅰ将电动机的运动传入主轴箱。轴Ⅰ的左端配有花键套筒 2，用螺钉和销钉与V形带轮 1 固定在一起。法兰盘 3 固定在主轴箱箱体上。在法兰盘 3 和花键套筒 2 之间有两个滚动轴承。这样，带轮的转矩通过花键套筒 2 传给轴Ⅰ。传动带轮传动中产生的拉力，通过轴承、法兰盘 3 传给主轴箱体，故这种结构称为卸荷带轮装置。虽然结构复杂些，但能显著减少轴Ⅰ悬臂端的径向力，使轴Ⅰ的尺寸相应缩小。法兰盘 3 的作用，可使轴Ⅰ在箱体外装配好，再将它装入箱体内；装卸方便，便于装配和修理。

2. 双向多片式摩擦离合器和制动器的结构及其调整

如图 5-9 所示，是车床主轴箱内轴Ⅰ的双向多片式摩擦离合器，它的作用是实现主轴起动、停止、换向及过载保护。该离合器具有左、右两组摩擦片，每组由若干个内、外摩擦片相间排叠组成。利用摩擦片在相互压紧时接触面之间所产生的摩擦力传递运动和转矩。

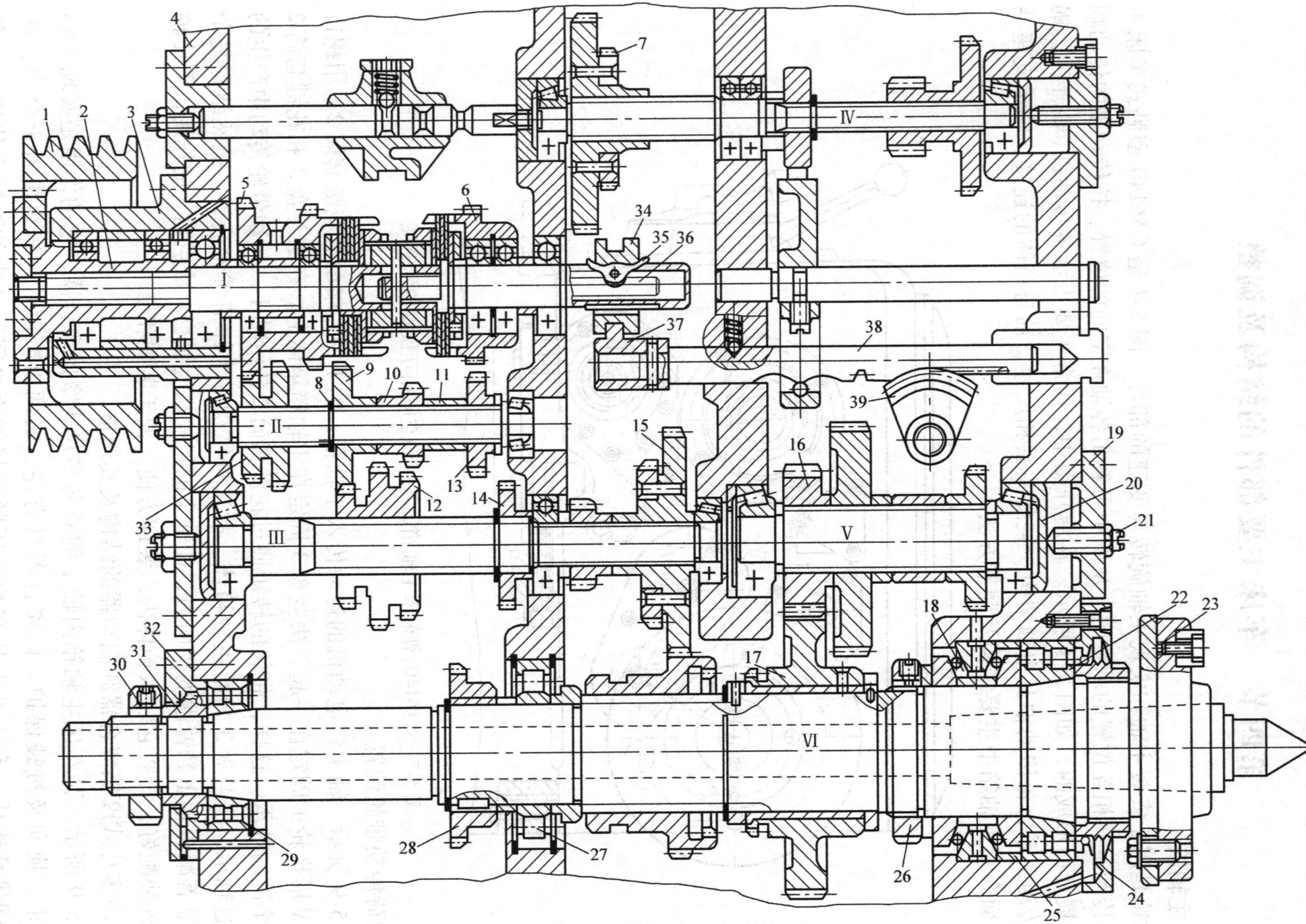

图 5-8　CA6140 型车床主轴箱的展开图

1—V 带轮　2—花键套筒　3—法兰盘　4—主轴箱体　5—双联空套齿轮　6—单联空套齿轮　7、33—双联滑移齿轮　8—半圆环　9、10、13、14、28—固定齿轮　11、25、31—隔套　12—三联滑移齿轮　15—双联固定齿轮　16、17—斜齿轮　18—60°双列角接触球轴承　19—盖板　20—轴承压盖　21—调整螺钉　22—双列圆柱滚子轴承(前轴承)　23、26、30—螺母　24、32—轴承端盖　27—圆柱滚子轴承(中间轴承)　29—双列圆柱滚子轴承(后轴承)　34—滑环　35—元宝形摆块　36—拉杆　37—拨叉　38—齿条轴　39—扇形齿

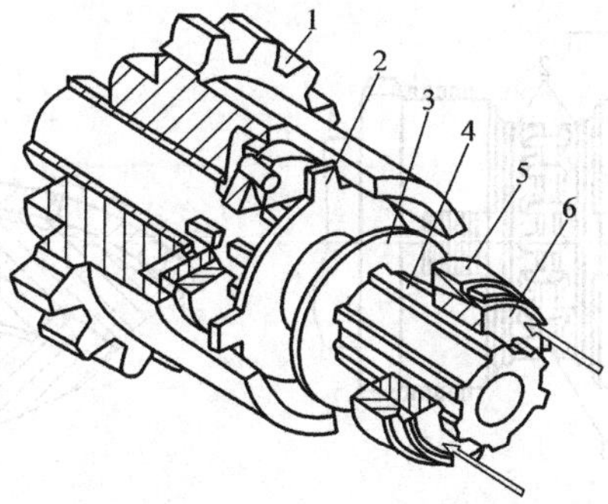

a)

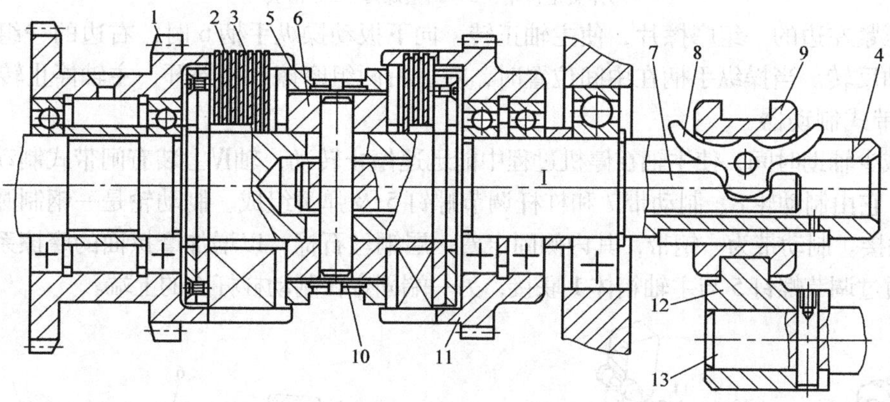

b)

图 5-9　轴 I 的双向多片式摩擦离合器结构

1—双联空套齿轮　2—外摩擦片　3—内摩擦片　4—花键轴　5—调整螺母　6—滑套　7—拉杆　8—元宝形摆块　9—滑环　10—固定销　11—单联空套齿轮　12—拨叉　13—齿条轴

带花键孔的内摩擦片 3(图 5-9a)与轴 4 上的花键相联接；外摩擦片 2 的内孔是光滑圆孔，空套在轴 4 的花键外圆上，外摩擦片外圆上有 4 个凸齿，卡在空套齿轮 1 套筒部分的缺口内。内、外摩擦片在未被压紧时，它们互不联系。当操纵装置将滑环 9(图 5-9b)向右移动时，拉杆 7(在轴 4 孔内)上的元宝形摆块 8 绕支点摆动，其下端就拔动拉杆 7 向左移动。拉杆 7 左端有一固定销，推动滑套 6 及调整螺母 5 向左压紧左边的一组摩擦片(3 和 2)，通过摩擦片间的摩擦力，将转矩由轴 4 传给双联空套齿轮 1。同理，当用操纵装置将滑环 9 向左移动时，压紧右边的一组摩擦片，将转矩由轴 4 传给右边的单联空套齿轮 11，这样可使主轴反转。当滑环在中间位置时，左右两组摩擦片都处于松开状态，轴 4 的运动不能传给齿轮，主轴即停止转动。

离合器内、外摩擦片松开状态时的间隙要适当。如间隙过大，在压紧时会互相打滑，不能传递足够的转矩，易产生闷车现象，并易使摩擦片磨损；如间隙过小，易损坏操纵装置中的零件，停机时松不开，加剧摩擦片磨损、发热。如图 5-10 所示，其调整方法是：先用螺钉旋具按下弹簧销 1，然后再用另一把螺钉旋具拨转调整螺母，每次转过一个槽，反复操作即获得所需间隙。调整好后必须使弹簧销从调整螺母的缺口中弹出，以防调整螺母在旋转中松脱。

摩擦离合器的压紧和松开由如图 5-11 所示的操纵装置控制。向上提起操纵手柄 6 时，通过曲柄 5、连杆 4、曲柄 3 使轴 2 和扇形齿 1 顺时针转动，传动齿条轴 13(图 5-9b 中的轴 13)右

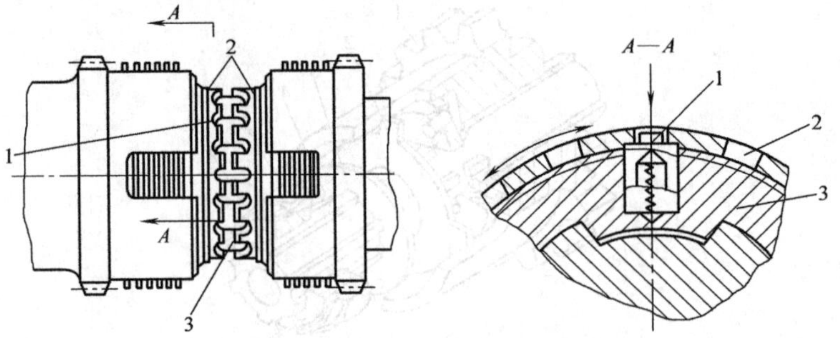

图 5-10　双向多片式摩擦离合器的调整

1—弹簧定位销　2—调整螺母　3—滑套

移，便可压紧左边的一组摩擦片，使主轴正转。向下扳动操纵手柄 6 时，右边的一组摩擦片被压紧，主轴反转。当操纵手柄在中间位置时，左、右两组摩擦片均松开，主轴停止转动。

3. 闸带式制动器

为了减少辅助时间，使主轴在停机过程中能迅速停止转动，轴Ⅳ上装有闸带式制动器，如图 5-12 所示。它由制动轮 8、制动带 7 和杠杆调节螺钉 5 及弹簧组成。制动轮是一钢制圆盘，与轴Ⅳ用花键联接。制动带为一钢带，其内侧固定着一层铜丝石棉，以增加摩擦面的摩擦系数。制动带的一端通过调节螺钉 5 与主轴箱体 1 联接，另一端固定在制动杠杆 4 的上端。

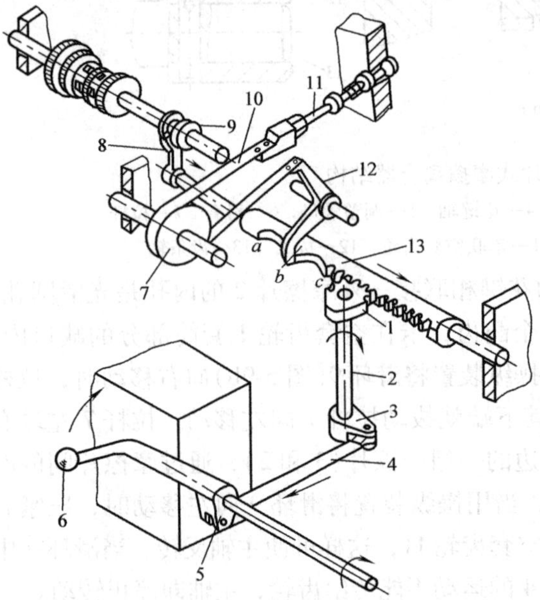

图 5-11　摩擦离合器、制动器的操纵装置

1—扇形齿　2—轴　3、5—曲柄　4—连杆　6—操纵手柄

7—制动轮　8—拨叉　9—滑环　10—制动带

11—杠杆调节螺钉　12—制动杠杆　13—齿条轴

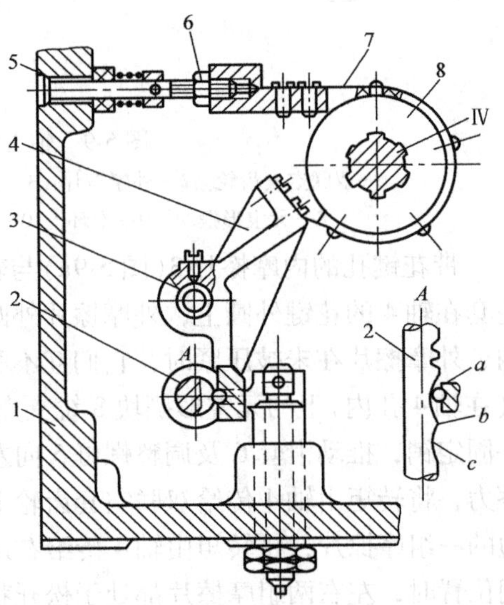

图 5-12　闸带式制动器结构原理

1—主轴箱体　2—齿条轴　3—轴　4—制动杠杆

5—杠杆调节螺钉　6—螺母

7—制动带　8—制动轮

制动器和双向多片式摩擦离合器都由操纵装置(图 5-11)操纵。当制动杠杆 4(图 5-12)的下端与齿条轴 2(即图 5-11 中的齿条轴 13)上的圆弧凹部 a 或 c 接触时，主轴处于正转或反转状态，制动带被放松；移动齿条轴，当其上的凸起部分 b 对正制动杠杆 4 时，使制动杠杆 4 绕轴

3 摆动而拉紧制动带 7，此时，离合器处于松开状态，轴Ⅳ和主轴便迅速停止转动。

如要调整制动带的松紧程度，可将螺母 6 松开后旋转调节螺钉 5。在调整合适的情况下，当主轴旋转时，制动带能完全松开，而在离合器松开时，主轴能迅速停转。

4. 主轴部件

主轴部件是车床的关键部分，在工作时承受很大的切削抗力。主轴的旋转精度、刚度和抗振性等对工件的加工精度和表面粗糙度值都有直接影响。图 5-13 为 CA6140 型车床主轴部件结构图。主轴采用三支承结构，主轴的前后支承处各装有一个双列圆柱滚子轴承(前轴承 NN3021K/P5 和后轴承 NN3015K/P6)，中间支承处为圆柱滚子轴承(NV216/P6,图 5-8)，用于承受切削力。双列圆柱滚子轴承的刚度和承载能力大，旋转精度高，且内圈较薄。内孔是锥度为 1∶12 的锥孔，可通过相对主轴轴颈的轴向移动来调整轴承的间隙，因而可保证主轴有较高的回转精度和刚度。在前支承处，装有一个 60°双列角接触球轴承 6，用于承受左右两个方向的轴向力。主轴是一个空心的台阶轴，内有 ϕ47mm 的通孔，可以用来通过棒料或安装气动、电动、液压夹具。主轴前端的莫氏 6 号锥孔用于安装前顶尖和心轴，后端的1∶20 锥孔是加工主轴工艺基准面，主轴前端采用短圆锥连接盘式结构，用于安装卡盘或拨盘。

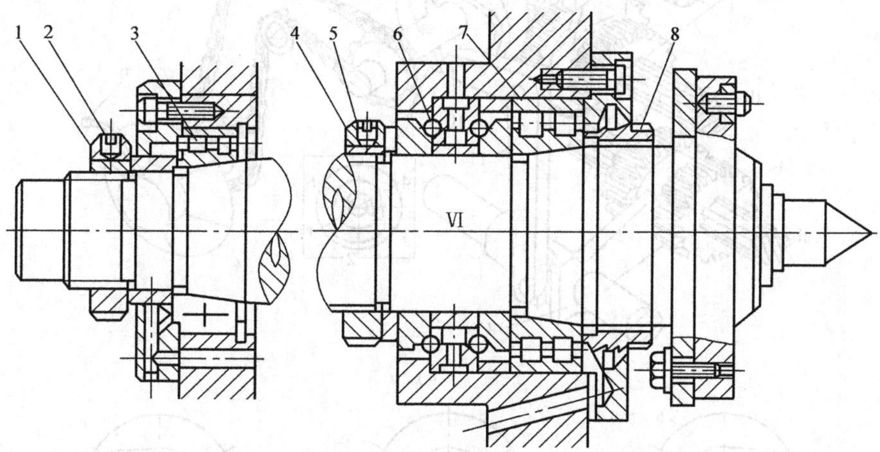

图 5-13　CA6140 型车床主轴部件结构图

1、4、8—螺母　2、5—螺钉　3—双列圆柱滚子轴承(后轴承)　6—60°双列角接触球轴承　7—双列圆柱滚子轴承(前轴承)

主轴轴承应在无间隙(或少量过盈)条件下运转，因此，主轴轴承的间隙应定期进行调整。调整时，先拧松螺母 8，松开螺钉 5，再拧紧螺母 4，使轴承 7 的内圈相对主轴锥形轴颈向右移动，由于锥面的作用，轴承内圈产生径向弹性膨胀，将滚子与内、外圈之间的间隙减小，调整合适后，应将锁紧螺钉 5 和螺母 8 拧紧。后轴承 3 的间隙可用螺母 1 调整。一般情况下，只需调整前轴承即可，只有当调整前轴承后仍不能达到要求的回转精度时，才需调整后轴承，中间轴承不调整。

5. 主轴变速操纵机构

主轴箱中共有 7 个滑移齿轮，其中有 5 个用于改变主轴的转速，这些滑移齿轮的移动是由操纵机构来完成的。下面重点介绍Ⅱ轴和Ⅲ轴上两个滑移齿轮的操纵机构，图 5-14 变速操纵机构示意图，是主轴箱中Ⅱ和Ⅲ轴上的滑移齿轮的操作机构和工作位置，轴Ⅱ的双联滑移齿轮有左、右两个啮合位置，轴Ⅲ上的三联滑移齿轮有左、中、右 3 个位置。两组滑移齿轮的不同组合，可使Ⅲ轴获得6种不同的转速。

图5-14a转动手柄9，由1:1的链传动带动轴7及其上的盘形凸轮6和曲柄5一同旋转，带动拨叉12和3移动，从而驱动双联滑移齿轮1和三联滑移齿轮2做轴向移动。盘形凸轮6端面上有一条封闭的曲线槽，它由两段不同半径的圆弧和两条过渡直线组成。如果手柄9逆时针每次转过60°，曲柄5上的圆柱销4依次地处于a、b、c、d、e、f 6个位置，（图5-14中b～g），使三联滑移齿轮2分别处于左、中、右、3个工作位置；同时曲线槽使杠杆11上的圆柱销10相应的处于a'、b'、c'、d'、e'、f' 6个位置，而圆柱销10分别经过a'、b'、c'和d'、e'、f'两段圆弧时，双联滑移齿轮不动，只有从c'到d'和f'到a'时，才能驱动双联齿轮移动，双联滑移齿轮的工作位置也只有左、右两个，从而使滑移齿轮1、2的轴向位置实现6种不同的组合，见表5-3。

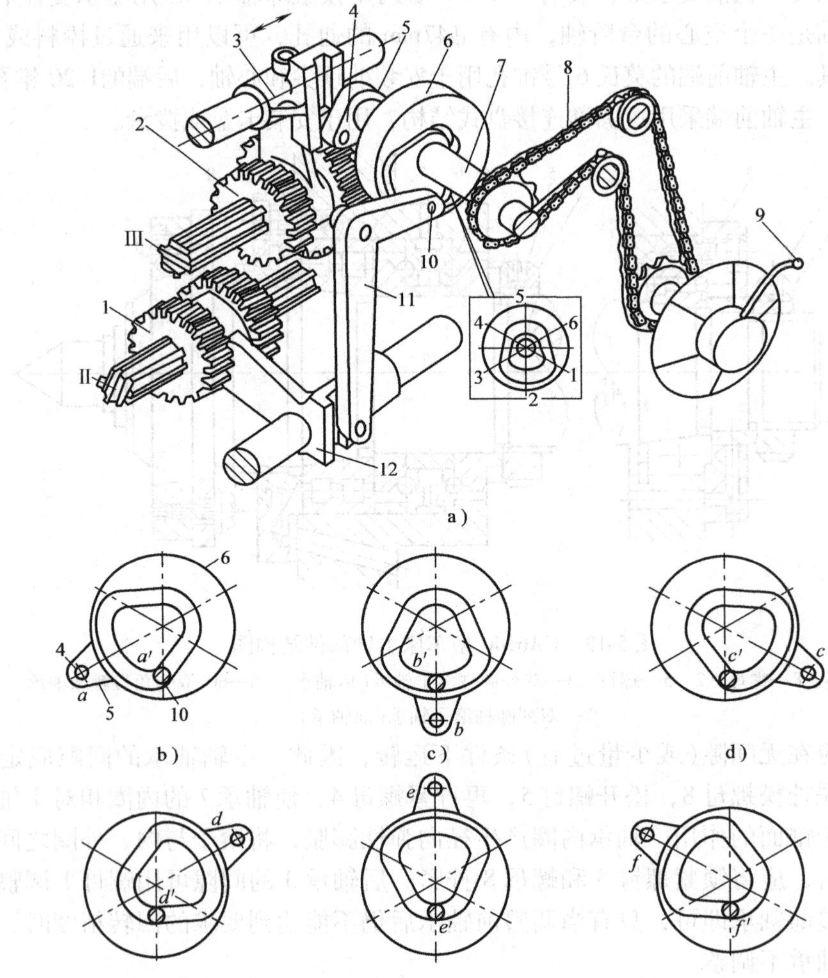

图5-14　Ⅱ、Ⅲ轴上滑移齿轮变速操纵机构示意图

1—双联滑移齿轮　2—三联滑移齿轮　3、12—拨叉　4、10—圆柱销
5—曲柄　6—盘形凸轮　7—轴　8—链条　9—手柄　11—杠杆

表 5-3　轴Ⅱ、Ⅲ之间 6 种变速传动比组合

手 柄 位 置	0°	60°	120°	180°	240°	360°
曲柄 5 上的销圆柱销 4 位置	a	b	c	d	e	f
三联滑移齿轮 2 位置	左	中	右	右	中	左
杠杆 11 下端的圆柱销 10 位置	a'	b'	c'	d'	e'	f'
双联滑移齿轮 1 位置	左	左	左	右	右	右
齿轮组合的传动比（见图 5-4）	$\frac{39}{41}\times\frac{56}{38}$	$\frac{22}{58}\times\frac{56}{38}$	$\frac{30}{50}\times\frac{56}{38}$	$\frac{30}{50}\times\frac{51}{43}$	$\frac{22}{58}\times\frac{51}{43}$	$\frac{39}{41}\times\frac{51}{43}$

注：此表为图 5-14 手柄按逆时针转动时所得传动比。

二、进给箱

如图 5-15 所示为 CA6140 型卧式车床进给箱展开图。进给箱的功用是将主轴箱经交换齿轮架传来的运动进行各种传动比的变换，使丝杠或光杠得到不同的转速，以取得不同的进给量或加工不同螺距的螺纹。它主要由基本组、增倍组及各种操纵机构组成。

下面重点介绍基本组的操纵机构。进给箱中的基本组由轴ⅩⅤ上的 4 个滑移齿轮和轴ⅩⅣ上的 8 个固定齿轮组成。每个滑移齿轮依次与轴ⅩⅣ相邻的两个固定齿轮中的一个啮合，而且要保证在同一时刻内，基本组中只能有一对齿轮啮合。4 个滑移齿轮是由一个手柄集中操纵，图 5-16 为该操纵机构的结构和工作原理图。

基本组的 4 个滑移齿轮分别由 4 个拨叉 1 拨动，每个拨叉的位置由杠杆 2 和各自的长销 5 所在的位置来控制。4 个长销穿过进给箱前盖的腰形槽均匀地分布在操纵手轮 6 背面的环形槽中，在环形圆周槽的圆周上有两个相隔 45°直径为 ϕ30mm 的孔，孔内各装有一个带斜面的圆销 10 和 11，其中内斜面圆销 10 的圆弧面为凹圆弧面，外斜面圆销 11 的圆弧面为凸圆弧面，如图 5-16a 所示。安装时内斜面圆销 10 的凹圆弧面向内，外斜面圆销 11 凸圆弧的面向外，由环形圆周槽和内、外斜销面构成一曲线凸轮槽，当长销 5 在圆周槽内时，杠杆不动，齿轮均处在空挡位置；当长销进入内槽 C 或外槽 D 时，长销 5 就会被向内压或向外抬而使杠杆摆动，实现齿轮的左、右移动。每一个长销 5 在经过从 C 到 D 段的曲线槽时，滑移齿轮就会有左、中、右三种位置。如图 5-16b 所示，操作时，向外拔出手轮并顺时针转动，长销 5 从圆周槽进入内槽 C，此时杠杆绕回转支点 3 逆时针摆动，通过拨叉拨动ⅩⅤ轴上的第三个滑移齿轮 $z=28$ 左移，与ⅩⅣ上 $z=26$ 齿轮啮合；若继续转动手柄，长销 5 进入圆周槽，滑移齿轮回到空挡位置；再继续转动手柄，长销进入外槽 D，杠杆绕回转支点 3 顺时针摆动，拨叉拨动滑移齿轮右移与ⅩⅣ上 $z=28$ 齿轮啮合；当手轮转到所需位置后，推回手轮，就可实现变速。在操作时，只有一个长销能进入 C 槽或 D 槽，也就是只有一个滑移齿轮啮合，其余三个长销都在圆周槽中，也就是三个滑移齿轮均处于空挡位置。

轴 8 固定在前盖 4 上，轴 8 上沿圆周均匀分布有八条轴向 V 形槽和两条环形 V 形槽 A 和 B，钢球 7 在环形槽 B 中为手轮的轴向定位，定位螺钉 9 为手轮的周向定位，变速时，手轮拨出，定位螺钉 9 进入 A 槽，才能转动手轮，手轮每次可转 45°，手轮 6 在圆周方向有 8 个均布位置，手轮 6 旋转一周时，则会使基本组 8 个速比依次实现。传动结构式如图 5-16d 所示。

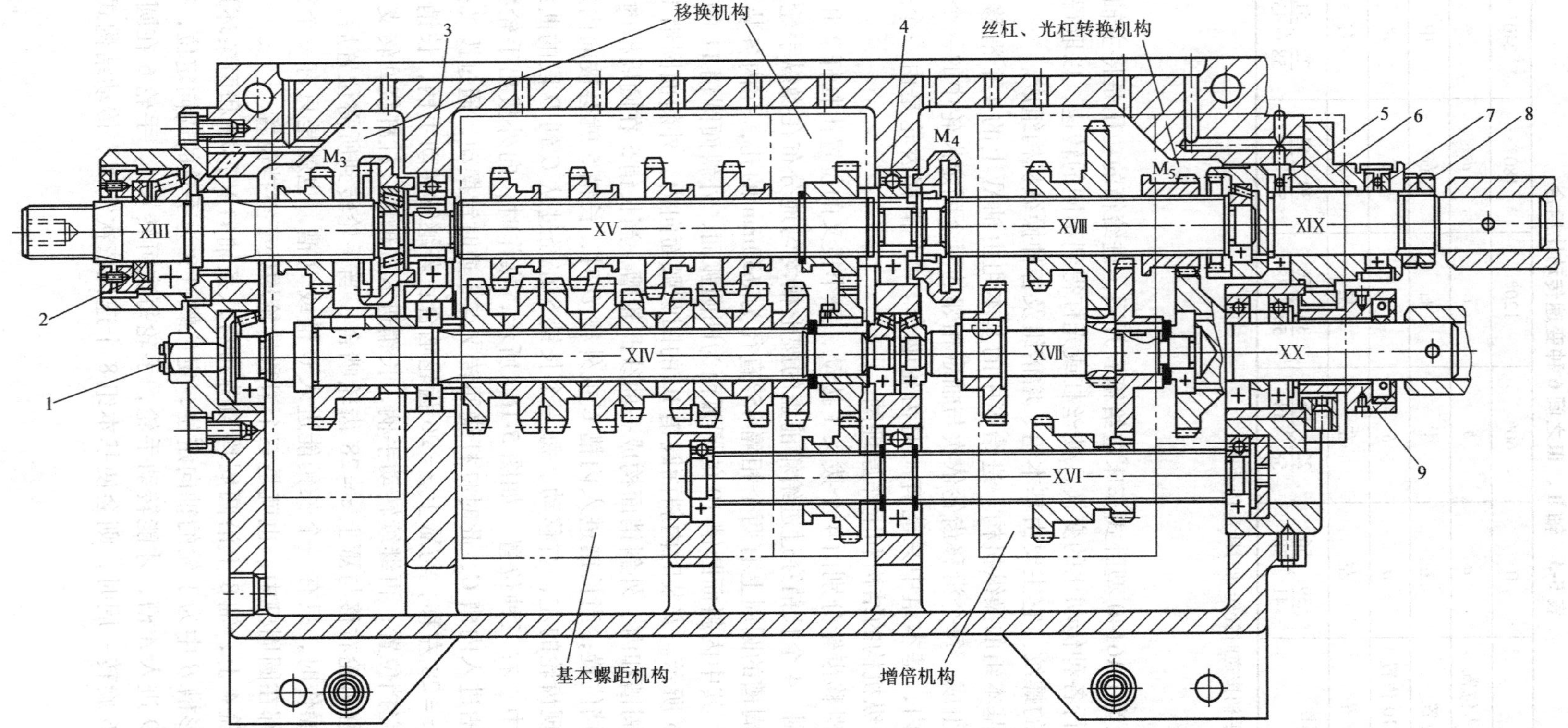

图 5-15　CA6140 型车床进给箱展开图

1—调整螺钉　2、9—调整螺母　3、4—深沟球轴承　5、7—推力球轴承　6—支承套　8—双螺母

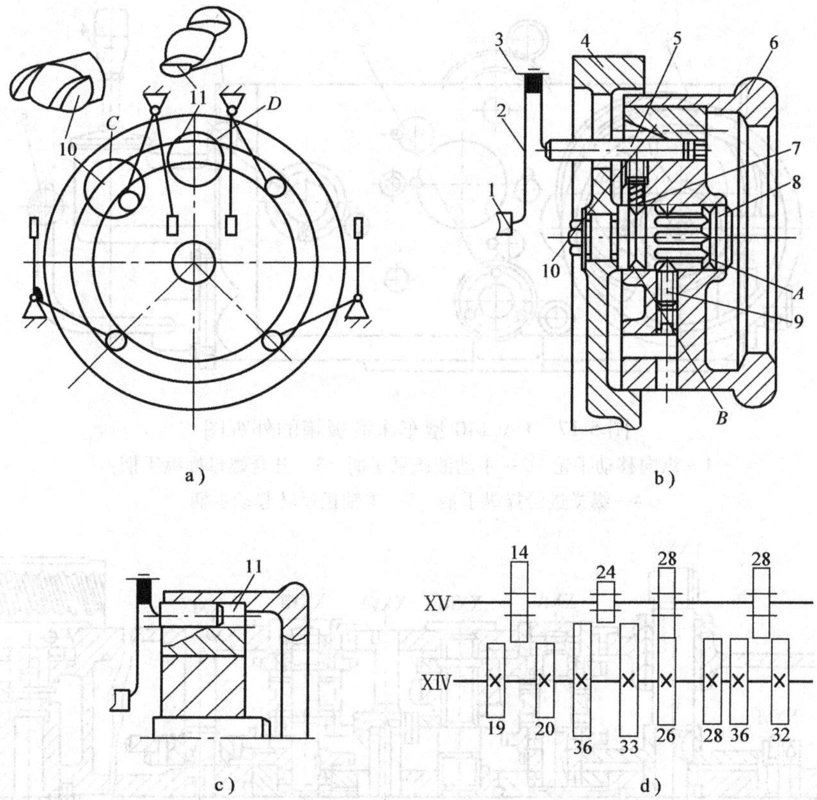

图 5-16　基本组操纵机构的结构和工作原理图

1—拨叉　2—杠杆　3—杠杆支点　4—前盖　5—长销　6—手轮　7—钢球
8—轴　9—定位螺钉　10—内斜面圆销　11—外斜面圆销

三、溜板箱

溜板箱固定安装在沿床身导轨移动的溜板的下面。溜板箱的作用，是将进给箱运动传给刀架，并做纵向、横向机动进给及切削螺纹运动的选择，同时有过载保护作用。

图 5-17 所示为 CA6140 型卧式车床溜板箱的外观图。图 5-18 是 CA6140 型卧式车床溜板箱展开图，表示了溜板箱中各轴装配关系。

1. 开合螺母的操纵机构

开合螺母如图 5-19 所示，用来接通和断开车削螺纹运动。开合螺母由上、下两半组成。顺时针转动开合螺母手柄 12，通过转轴 9 带动凸轮 5 上的曲线槽盘 13 转动，利用曲线槽盘上的两对称曲线槽控制圆柱销 1 位移，从而带动上半螺母 2′和下半螺母 2 沿溜板箱体 10 后面的燕尾导轨，作上、下移动相互靠拢，使开合螺母闭合在丝杠上。若逆时针方向转动手柄 5（图 5-17），则两半螺母相互分离，开合螺母在丝杠螺纹上张开。图中 11 为开合螺母张开和闭合的定位钢球。3 为镶条，可用螺钉 4 调节两个半螺母 2 与溜板箱 10 燕尾导轨的间隙。

2. 纵向、横向机动进给及快速移动操纵机构

图 5-20 所示为 CA6140 型机床溜板箱的纵、横向机动进给操纵机构。纵向、横向机动进给及快速移动的接通、断开和换向由一个手柄 1 集中操纵。手柄 1 通过销轴 2 与轴向固定的轴 23 的相联接。需要纵向移动刀架时，将手柄 1 向相应的方向（向左或向右）扳动，手柄下

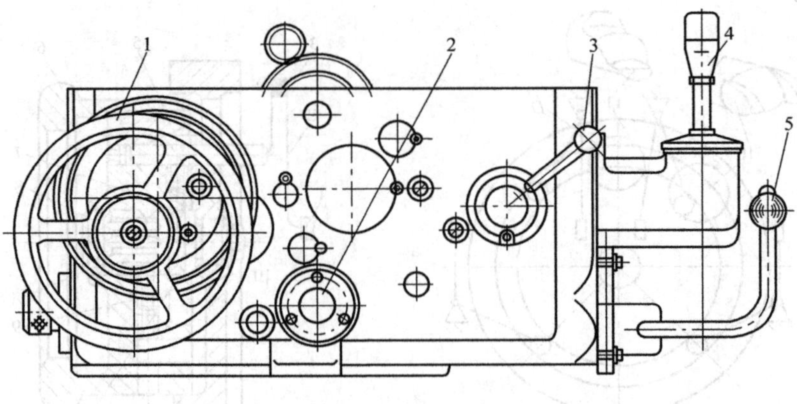

图 5-17　CA6140 型车床溜板箱的外观图
1—纵向移动手轮　2—手动液压泵手柄　3—开合螺母操纵手柄
4—纵横进给操纵手柄　5—主轴正反转起动手柄

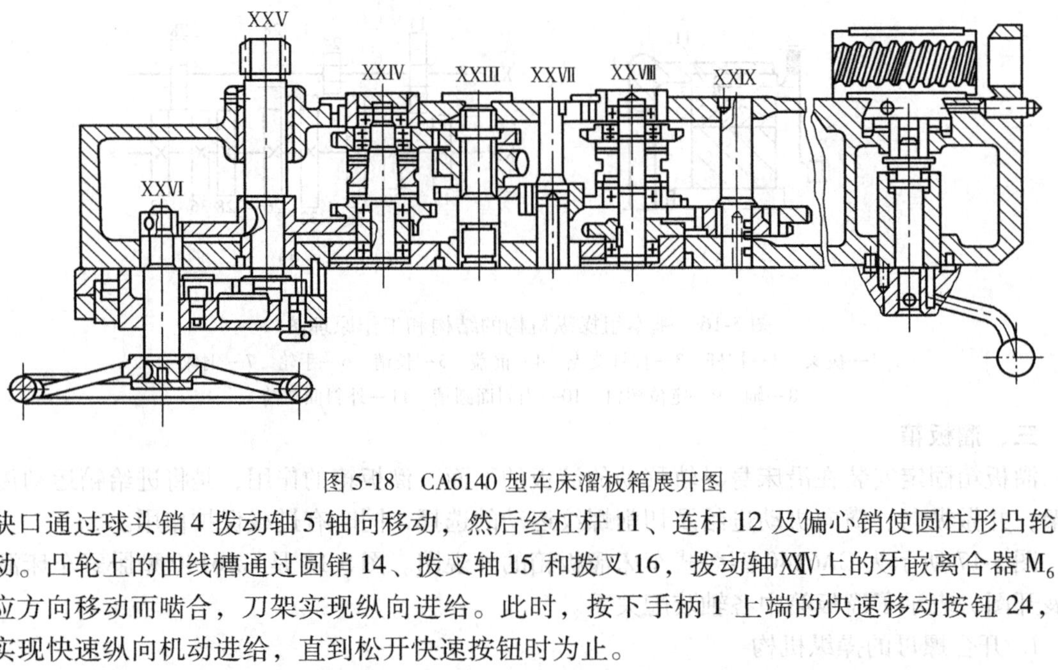

图 5-18　CA6140 型车床溜板箱展开图

端缺口通过球头销 4 拨动轴 5 轴向移动，然后经杠杆 11、连杆 12 及偏心销使圆柱形凸轮 13 转动。凸轮上的曲线槽通过圆销 14、拨叉轴 15 和拨叉 16，拨动轴XXIV上的牙嵌离合器 M_6 向相应方向移动而啮合，刀架实现纵向进给。此时，按下手柄 1 上端的快速移动按钮 24，刀架实现快速纵向机动进给，直到松开快速按钮时为止。

若向前或向后扳动手柄 1，通过手柄方形下端部带动轴 23 转动，经凸轮 22 上的曲线槽推动圆销 19，使杠杆 20 绕销轴 21 摆动，杠杆另一端圆销 18 及固定在拨叉轴 10 上的拨叉 17 向前或向后轴向移动，使轴XXVIII上的牙嵌离合器 M_7 向相应的方向移动而啮合，刀架实现横向机动进给。此时，按下快速移动按钮 24，刀架实现快速横向进给，直到松开快速按钮时为止。

3. 互锁机构

互锁机构的作用是当接通机动进给或快速移动时，开合螺母不能合上；合上开合螺母时，则不允许接通机动进给或快速移动。即开合螺母手柄应该不能扳动，否则在运动上发生干涉而损坏机构。

如图 5-21 为互锁机构的工作原理图。图 5-21a 所示是中间位置，此时为停机状态。即开

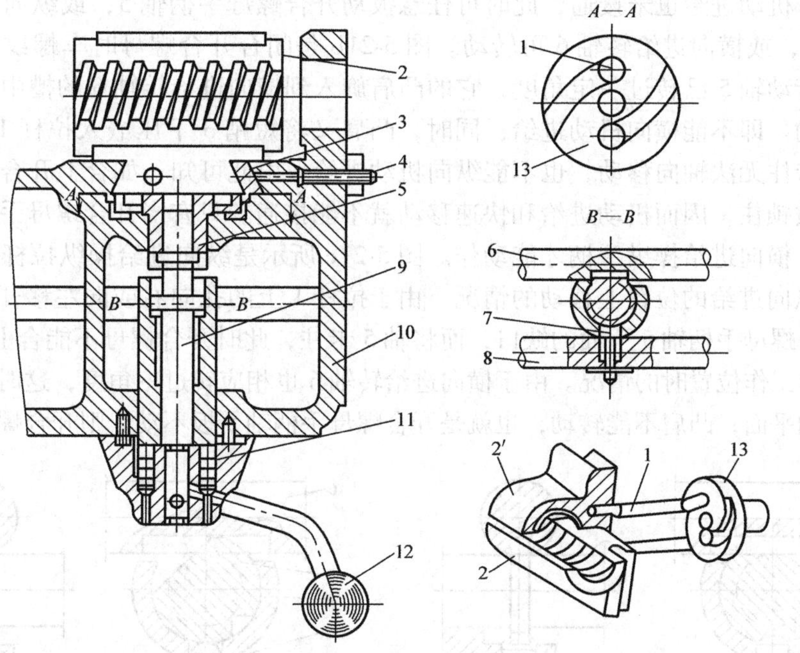

图 5-19　开合螺母机构

1—圆柱销　2、2′—半螺母　3—镶条　4—螺钉　5—凸轮　6—轴　7—固定套　8—拉杆　9—转轴　10—溜板箱体　11—定位钢球　12—开合螺母手柄　13—曲线槽盘

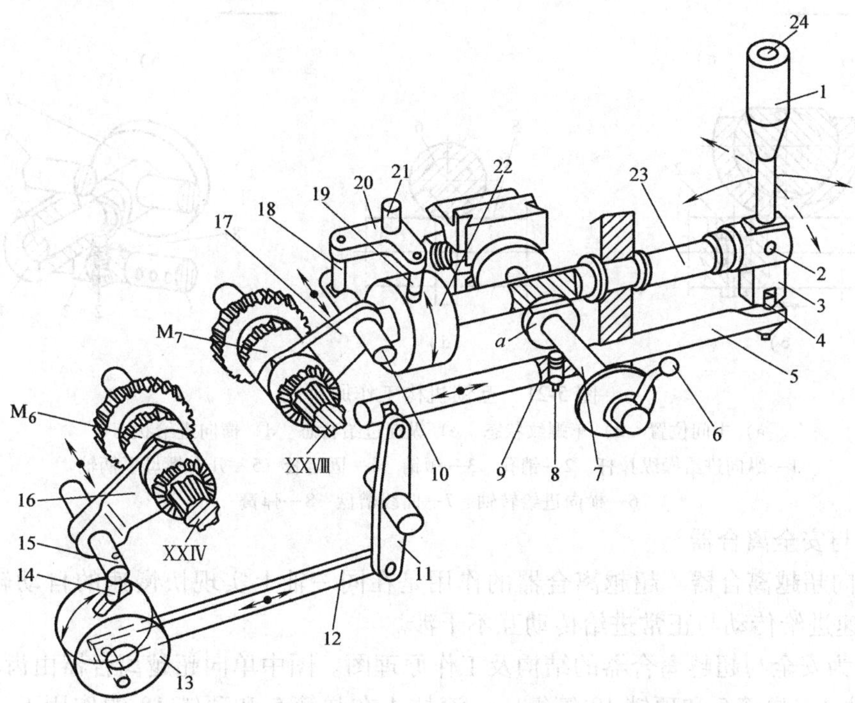

图 5-20　溜板箱纵、横向机动进给操纵机构

1—纵、横向进给手柄　2、21—销轴　3—手柄座　4、9—球头销　5、7、23—轴　6—开合螺母操纵手柄　8—弹簧销　10、15—拨叉轴　11、20—杠杆　12—连杆　13、22—凸轮　14、18、19—圆销　16、17—拨叉　24—按钮

合螺母张开，机动进给也未接通，此时可任意扳动开合螺母手柄轴 5，或纵向进给操纵拉杆 1 可轴向移动，或横向进给转轴 6 可转动。图 5-21b 是闭合开合螺母时车螺纹状态。由于开合螺母手柄带动轴 5 已转过一定角度，它的凸肩旋入到横向进给转轴 6 的槽中，将转轴 6 卡住而不能转动。即不能横向机动进给；同时，凸肩又将短销 3 下压嵌入拉杆 1 的销孔 2 中，使拉杆 1 被卡住无法轴向移动，也不能纵向机动进给。由此可知，如合上开合螺母，纵向进给操纵拉杆被锁住，因而机动进给和快速移动就不能接通。只有当开合螺母手柄回到张开的位置上，纵、横向进给操纵手柄才能动作。图 5-21c 所示是纵向进给操纵拉杆 1 向左或向右扳动时轴在纵向进给的位置上移动的情况。由于拉杆 1 上的孔向右或向左移开，将短销 3 的尖头压向开合螺母手柄轴 5 下面的缺口，而将轴 5 卡住，此时开合螺母不能合上。图 5-21d 所示是横向进给工作位置时的情况。由于横向进给转轴 6 也相应转过一角度，这时转轴 6 上的长槽错开凸肩的平面，凸肩不能转动，也就是开合螺母手柄轴 5 扳不动，则开合螺母不能合上。

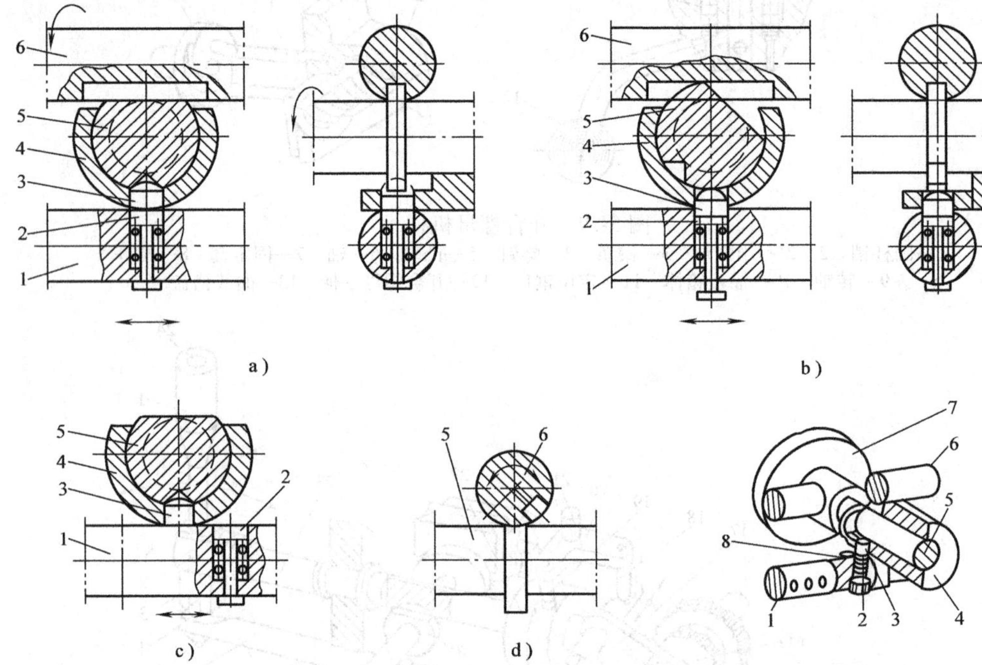

图 5-21　互锁机构工作原理图

a）中间位置　b）车螺纹状态　c）纵向进给状态　d）横向进给状态

1—纵向进给操纵拉杆　2—销孔　3—短销　4—固定套　5—开合螺母手柄轴

6—横向进给转轴　7—曲线槽盘　8—弹簧

4. 超越与安全离合器

（1）单向超越离合器　超越离合器的作用是在同一轴上实现快慢速的自动转换，它可使机床的快速进给传动与正常进给传动互不干涉。

图 5-22 为安全与超越离合器的结构及工作原理图。图中单向超越离合器由齿轮套 3、星形轮 6、滚柱 4、弹簧 5 和顶销 18 等组成。滚柱 4 在弹簧 5 和顶销 18 的作用下，楔紧在齿轮套 3 和星形轮 6 的楔缝里。机动进给时，齿轮套 3 逆时针转动，使滚柱 4 在齿轮套 3 及星形轮 6 在楔缝中越挤越紧，从而带动星形轮旋转，使蜗杆轴慢速转动。假若同时接通快速电

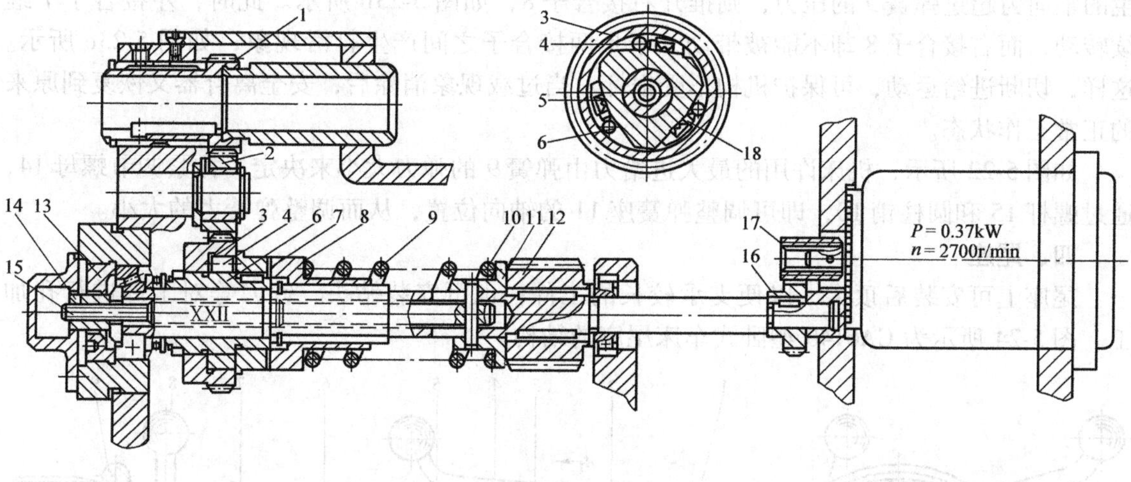

图 5-22 单向超越离合器与安全离合器

1—套筒齿轮 $z=36$ 2—齿轮 $z=32$ 3—齿轮套 $z=56$ 4—滚柱 5、9—弹簧 6—星形轮
7、8—安全离合器(螺旋面牙嵌离合器) 10—圆柱销 11—弹簧座 12—蜗杆
13、14—调节螺母 15—螺杆 16—齿轮 $z=29$ 17—齿轮 $z=13$ 18—顶销

动机，星形轮6是直接随蜗杆轴一起做逆时针快速转动。此时由于星形轮6比齿轮套3转得快，迫使滚柱4压缩弹簧5到楔缝宽端，则齿轮套3的慢速转动不能传给星形轮，即切断了机动进给，当快速电动机停止时，蜗杆轴又恢复慢速转动，刀架重新获得机动进给。在CA6140型卧式车床的进给传动链中，当两种不同转速的运动同时传到XXII轴时，通过单向超越离合器，就可实现刀架快慢速的自动转换，避免轴的损坏。

（2）安全离合器 也称为过载保护机构，它的作用是在机动进给过程中，当进给力过大或进给运动受到阻碍时，可以自动切断进给运动，保护传动零件在过载时不发生损坏。

安全离合器安装在超越离合器之后，见图5-23，由两个端面为螺旋面的接合子7和8组成，左接合子7和单向超越离合器的星形轮6连在一起，且空套在蜗杆轴XXII上；右接合子8和蜗杆轴用花键联接，可在该轴上滑移，靠弹簧9的弹力作用，与左接合子7紧紧地啮合。

图5-23为安全离合器的原理图。正常进给情况下，运动由单向超越离合器及左接合子7带动右接合子8，使蜗杆轴转动，如图5-23a所示。当出现过载或阻碍时，蜗杆轴转矩增大并超过了许用值，两接合端面处产

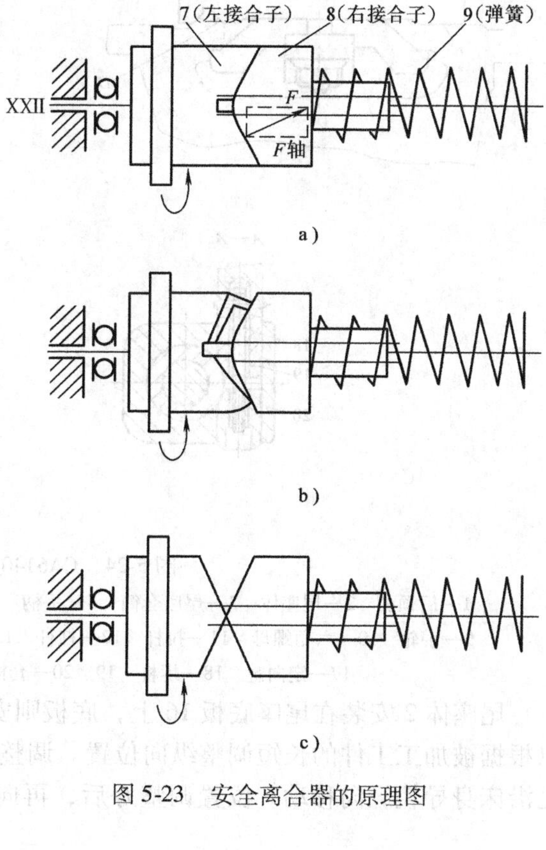

图 5-23 安全离合器的原理图

生的轴向力超过弹簧9的压力，则推开右接合子8，如图5-23b所示。此时，左接合子7继续转动，而右接合子8却不能被带动，于是两接合子之间产生打滑现象，如图5-23c所示。这样，切断进给运动，可保护机构不受损坏。当过载现象消除后，安全离合器又恢复到原来的正常工作状态。

如图5-22所示，机床许用的最大进给力由弹簧9的弹力大小来决定，拧紧调节螺母14，通过螺杆15和圆柱销10，即可调整弹簧座11的轴向位置，从而调整弹簧力的大小。

四、尾座

尾座上可安装后顶尖，以便支承较长的工件；也可安装钻头、铰刀等对工件进行孔加工。图5-24所示为CA6140型卧式车床尾座的结构。

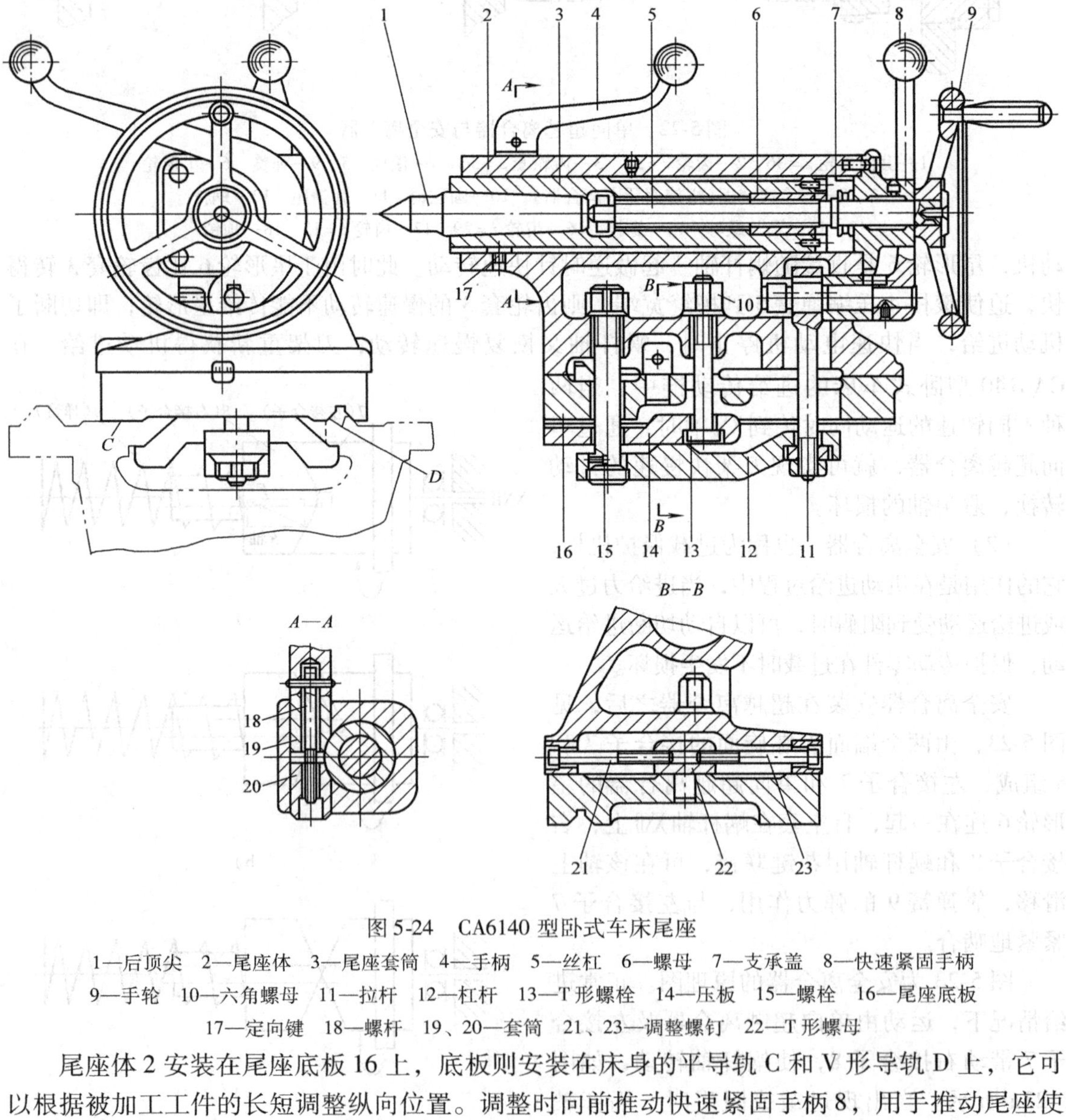

图5-24　CA6140型卧式车床尾座

1—后顶尖　2—尾座体　3—尾座套筒　4—手柄　5—丝杠　6—螺母　7—支承盖　8—快速紧固手柄　9—手轮　10—六角螺母　11—拉杆　12—杠杆　13—T形螺栓　14—压板　15—螺栓　16—尾座底板　17—定向键　18—螺杆　19、20—套筒　21、23—调整螺钉　22—T形螺母

尾座体2安装在尾座底板16上，底板则安装在床身的平导轨C和V形导轨D上，它可以根据被加工工件的长短调整纵向位置。调整时向前推动快速紧固手柄8，用手推动尾座使之沿床身导轨纵向移动。位置调整好后，再向后扳动快速紧固手柄，通过偏心轴、拉杆11

及杠杆 12，就可将尾座夹紧在床身导轨上。有时为了将尾座紧固得更牢靠些，可再拧紧六角螺母 10，通过 T 形螺栓 13 用压板 14 夹紧。后顶尖 1 安装在尾座套筒 3 的锥孔中。尾座套筒 3 安装在尾座体 2 的孔中，并由定向键 17 导向，所以它只能轴向移动，不能转动。丝杠 5 以螺母 6 和支承盖 7 支撑，摇动手轮 9 可使丝杠转动，螺母 6 便带动套筒 3 纵向移动，以顶紧工件或进行钻、铰孔操作。当尾座套筒移至所需位置后，可用手柄 4 转动螺杆 18 以拉紧套筒 19 和 20，从而将尾座套筒 3 夹紧。如需要卸下顶尖，可转动手轮 9，使套筒 3 后退，直到丝杠 5 的左端顶住后顶尖，将后顶尖从锥孔中取出。

尾座体可沿底板 16 的横向导轨上作横向移动，以便车削小锥度的长轴类工件。它是利用两个调整螺钉 21、23 和固定在底板上的 T 形螺母 22 来进行调整和定位的。其最大横向行程为 ±15mm。

第五节　常用装配量具和量仪

一、常用的装配量具及量仪

（1）平尺　平尺主要用来作导轨刮研和测量的基准。平尺有桥形平尺、平行平尺和角形平尺 3 种，如图 5-25 所示。

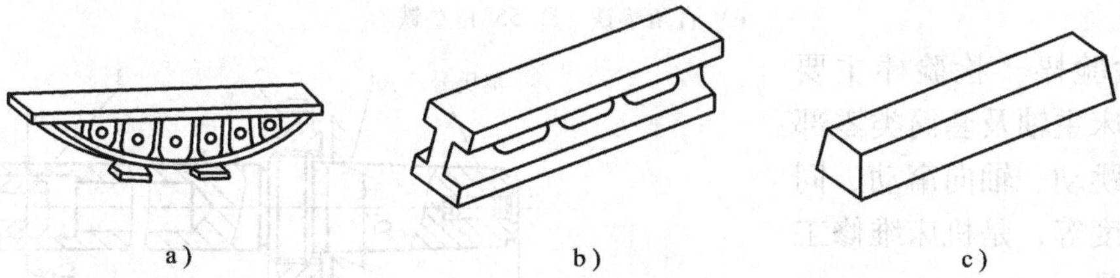

图 5-25　平尺的种类

a）桥形平尺　b）平行平尺　c）角形平尺

桥形平尺上表面为工作面，用来刮研或测量机床导轨；平行平尺有两个互相平行的工作面；角形平尺是用来检验燕尾槽导轨的。

平尺用灰铸铁铸成，并经时效处理以消除内应力。工作面应刮削至 25 点/(25mm × 25mm)(1 级平尺)或 20 点/(25mm × 25mm)(2 级平尺)。

（2）直角尺　直角尺用来检验机床部件之间的垂直度，常用的有矩形直角尺、平面形直角尺、宽座直角尺和带座平面形直角尺 4 种，如图 5-26 所示。

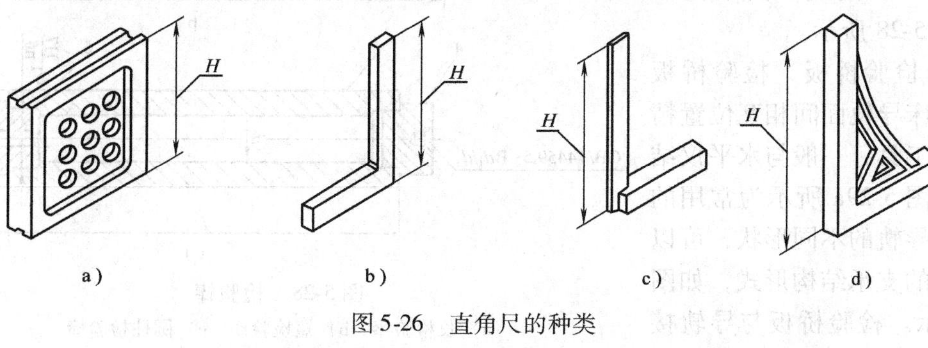

图 5-26　直角尺的种类

a）矩形直角尺　b）平面形直角尺　c）宽座直角尺　d）带座平面形直角尺

（3）垫铁　垫铁是一种检验导轨精度的通用工具，主要用作水平仪及百分表架等测量工具的垫铁。材料多为铸铁，根据使用目的和导轨形状不同，可做成多种形状。常用的种类有：平面垫铁、凹V形等边垫铁、凸V形等边垫铁、凹V形不等边垫铁、直角垫铁、55°角垫铁，如图5-27所示。

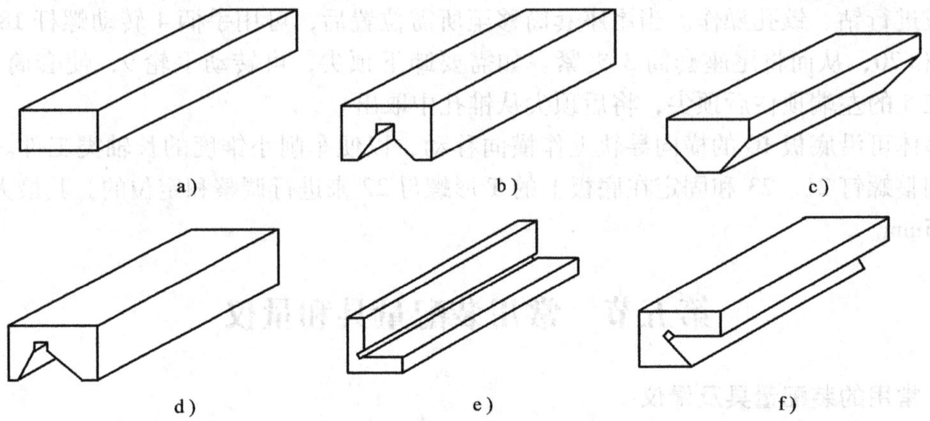

图5-27　垫铁的种类

a）平面垫铁　b）凹V形等边垫铁　c）凸V形等边垫铁　d）凹V形不等边垫铁　e）直角垫铁　f）55°角垫铁

（4）检验棒　检验棒主要用来检查机床主轴及套筒类零部件的径向圆跳动、轴向窜动、同轴度、平行度等，是机床维修工作中常备工具。

检验棒一般用工具钢制成，经热处理及精密加工，精度较高。为减轻重量可以做成空心的；为便于装拆、保管，可做出拆卸螺纹及吊挂用的小孔。用完要清洗、涂油，并吊挂保存。

检验棒按主轴结构及检验项目不同，可以做成不同结构形式，如图5-28所示。

（5）检验桥板　检验桥板是检验机床导轨面间相互位置精度的一种工具，一般与水平仪结合使用，图5-29a所示为常用的一种。按导轨的不同形状，可以做成不同的支承结构形式，如图5-29b所示。检验桥板与导轨接触部分及本身的跨度可以调整和

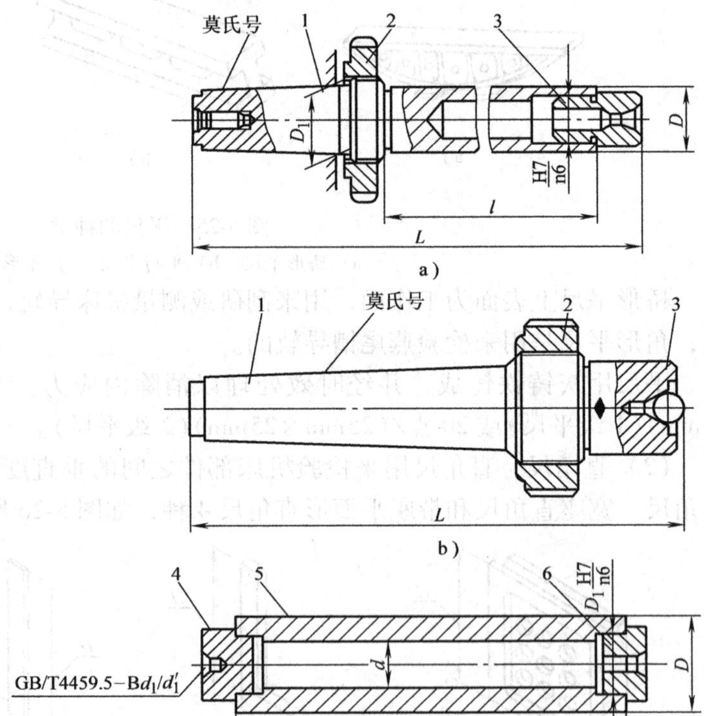

图5-28　检验棒

a）长检验棒　b）短检验棒　c）圆柱检验棒

1—莫氏锥柄　2—退卸螺母　3、5—测量圆柱面　4、6—工艺塞

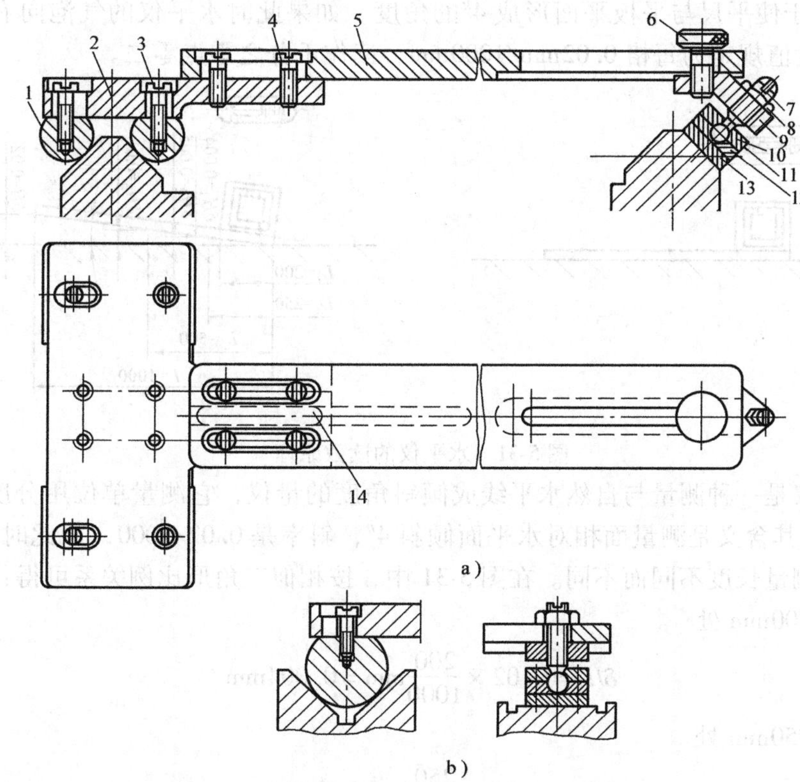

图 5-29　检验桥板

1—半圆棒　2—T 形板　3、4—圆柱头螺钉　5—桥板　6—滚花螺钉　7—调整杆　8—六角螺母　9—滑动支承板　10—圆柱头铆钉　11—盖板　12—垫板　13—接触板　14—平键

更换，以适应多种床身导轨组合的测量。

二、水平仪的读数原理和方法

1. 水平仪

水平仪主要用来测量导轨在铅垂平面内的直线度、工作台的平面度及零件的垂直度和平行度等。常用的水平仪有条式水平仪、框式水平仪和合像水平仪等，如图 5-30 所示。

图 5-30　水平仪

a）条式水平仪　b）框式水平仪　c）合像水平仪

（1）水平仪的读数原理　如图 5-31 所示，假定平板处于自然水平，在平板上放一根 1m 长的平行平尺，平尺上的水平仪的读数为零，即处于水平状态。如将平尺右端抬起

0.02mm，相当于使平尺与平板平面形成4″的角度。如果此时水平仪的气泡向右移动一格，则该水平仪分度值规定为每格0.02mm/1000mm，读作千分之零点零二。

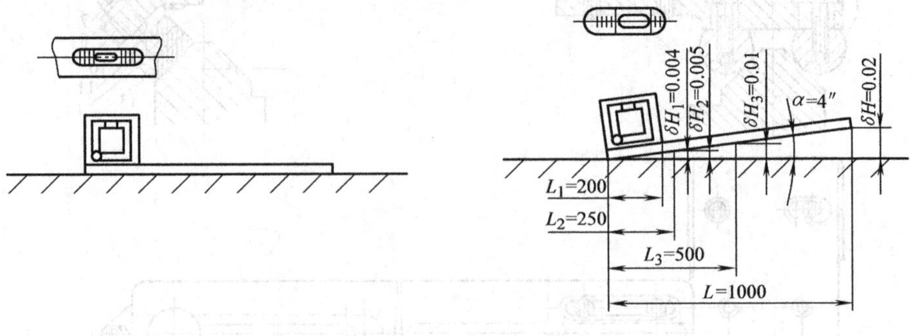

图5-31　水平仪的读数原理

可见水平仪是一种测量与自然水平线成倾斜角度的量仪，它测量单位用分度值作刻度，如0.02/1000，其含义是测量面相对水平面倾斜4″，斜率是0.02/1000，而此时平尺两端的高度差，则因测量长度不同而不同。在图5-31中，按相似三角形比例关系可得：

在离左端200mm处

$$\delta H_1 = 0.02 \times \frac{200}{1000}\text{mm} = 0.004\text{mm}$$

在离左端250mm处

$$\delta H_2 = 0.02 \times \frac{250}{1000}\text{mm} = 0.005\text{mm}$$

在离左端500mm处

$$\delta H_3 = 0.02 \times \frac{500}{1000}\text{mm} = 0.01\text{mm}$$

（2）水平仪的读数方法

1）绝对读数法。即按气泡的位置读数，气泡在中间位置时，读作0。以零线为基准，气泡向任意一端偏离零线的格数，即为实际偏差的格数。偏离起端为“+”，偏向起端为“-”，或用箭头表示气泡的偏移方向。一般习惯由左向右测量，也可以把气泡向右移作为“+”，向左移作为“-”。图5-32a所示为+2格。图5-32b也是按水准器气泡的绝对位置读数的。

2）相对读数法。采用相对读数法时，将水平仪在起端测量位置总是读作零位，不管气泡位置是否在中间位置。然后，依次移动水平仪垫铁，记下每一位置的气泡与前一位置的移动变化方向和刻度的格数，如图5-32c所示。根据气泡移动方向来评定被检导轨的倾斜方向，如气泡移动方向与水平仪移动方向一致，一般读为正值，表示导轨向上倾斜，如用“+1”或“$\vec{1}$”表示；如方向相反，则读作负值，如用“-1”或“$\overleftarrow{1}$”表示。

两种读数方法在实践中都常采用。安装水平较差时，可用相对读数法，避免因安装水平的误差而使运动曲线离开自然水平线（即曲线图上的x轴）太多而无法作图。安装水平已初步调整的床身，可采用绝对读数法，并可为进一步调整安装水平作出形象化的运动曲线图。

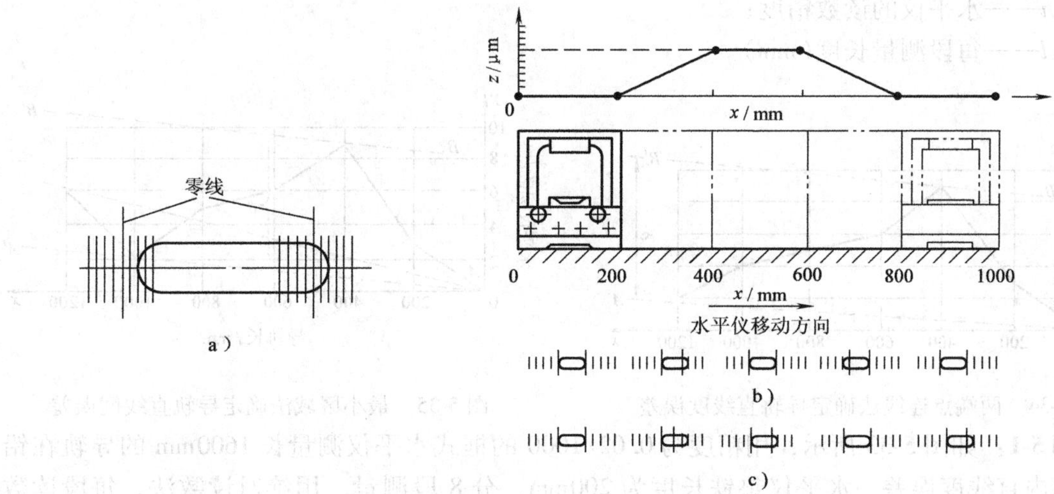

图 5-32　水平仪的读数方法

a）、b）绝对读数法　c）相对读数法

三、用水平仪检验机床导轨铅垂平面内直线度误差的方法及相关计算

1）用一定长度的垫铁安放水平仪，不能直接将水平仪置于被测表面上。

2）将水平仪置于导轨中间，调平导轨。

3）将导轨按垫铁长度分若干段，依次首尾相接分段测量导轨，取得各段高度差读数。根据气泡移动方向来评定导轨倾斜方向，如假定气泡移动方向与水平仪移动方向一致时为“+”，反之为“-”，如图 5-33 所示。

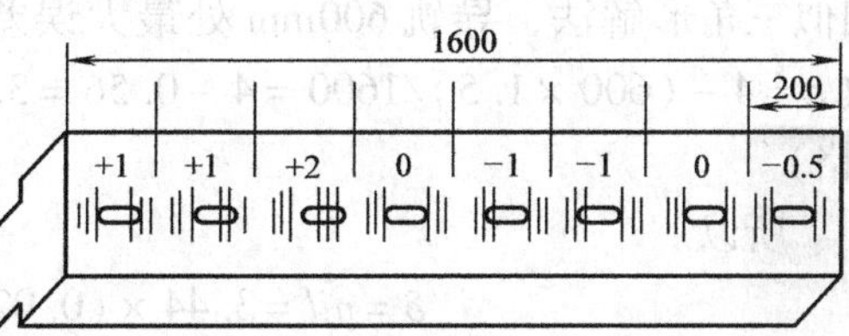

图 5-33　导轨分段测量

4）把各段测量读数逐点积累，画出导轨直线度误差曲线图。作图时导轨的长度为横坐标，水平仪读数为纵坐标。根据水平仪读数依次画出各折线段，每一段的起点与前一段的终点重合。

5）用两端点连线法或最小区域法确定最大误差格数及误差曲线形状。

① 两端点连线法。若导轨直线度误差曲线成单凸(或单凹)时，如图 5-34 所示。作首尾两端点连线 AA'，并过曲线最高点(或最低点)，作 BB' 直线与 AA' 平行，两平行线间的最大纵坐标值即为最大误差值。

② 最小区域法。若直线度误差曲线有凸有凹呈波折状时，如图 5-35 所示。过曲线上两个最低点(或两个最高点)，作一条包容线 AA'；过曲线上的最高点(或最低点)作平行于 AA' 线的另一条包容线 BB'，将误差曲线全部包容在两平行线之间，两平行线之间沿的最大纵坐标值即为最大误差。

6）将误差格数换算为导轨直线度误差值一般按下式换算

$$\delta = nil \tag{5-3}$$

式中　δ——导轨直线度误差数值(mm)；

n——曲线图中最大误差格数；

i——水平仪的读数精度；

l——每段测量长度(mm)。

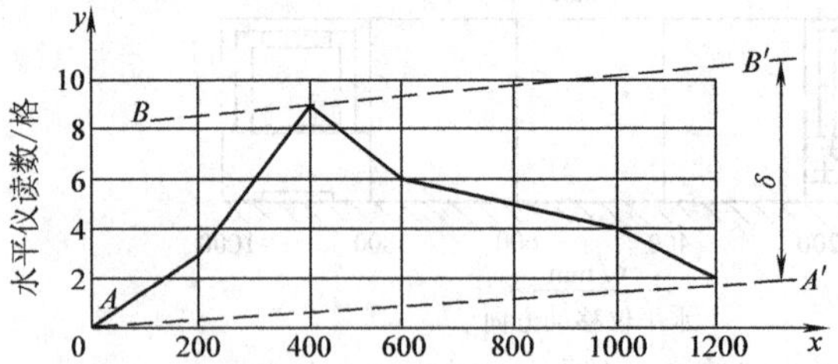

图 5-34　两端点连线法确定导轨直线度误差

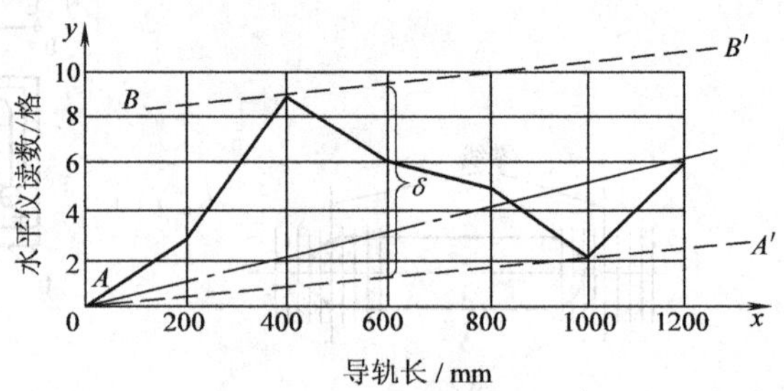

图 5-35　最小区域法确定导轨直线度误差

例 5-1：如图 5-33 所示，用精度为 0.02/1000 的框式水平仪测量长 1600mm 的导轨在铅垂平面内直线度误差。水平仪垫铁长度为 200mm，分 8 段测量。用绝对读数法，每段读数依次为：+1，+1，+2，0，-1，-1，0，-0.5，试计算导轨在铅垂平面内直线度误差值。

解：1）画出导轨直线度误差曲线图，如图 5-36 所示。

2）由图可见，最大误差在导轨长为 600mm 处。曲线右端点坐标值为 1.5 格，按相似三角形解法，导轨 600mm 处最大误差格数 $n=4-(600\times1.5)/1600=4-0.56=3.44$（格）。

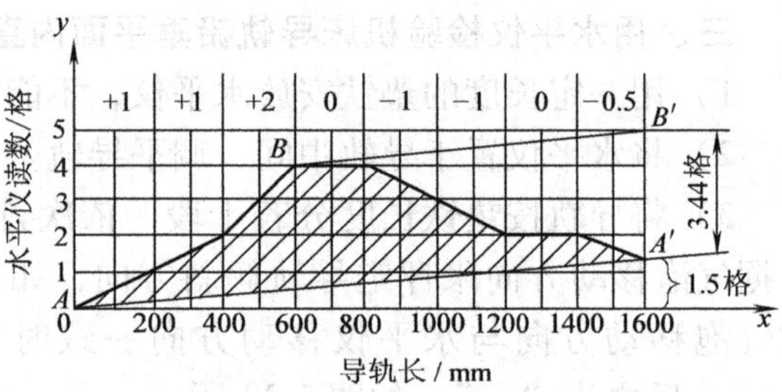

图 5-36　导轨直线度误差曲线图

所以

$$\delta=nil=3.44\times(0.02/1000)\times200\text{mm}=0.014\text{mm}$$

四、光学平直仪的读数原理和测量方法

1. 光学平直仪

光学平直仪由仪器主体和反射镜两部分组成，如图 5-37 所示。主体由平行光管和读数望远镜组成，反射镜安装在桥板上。

(1) 用途　光学平直仪是根据自准直光管原理制成的。它可以精确地测量机床或仪器导轨的直线度误差，利用光学直角器和带磁反射镜等附件，还可以测量垂直导轨的直线度误差，与多面体联用可测量圆的分度误差。

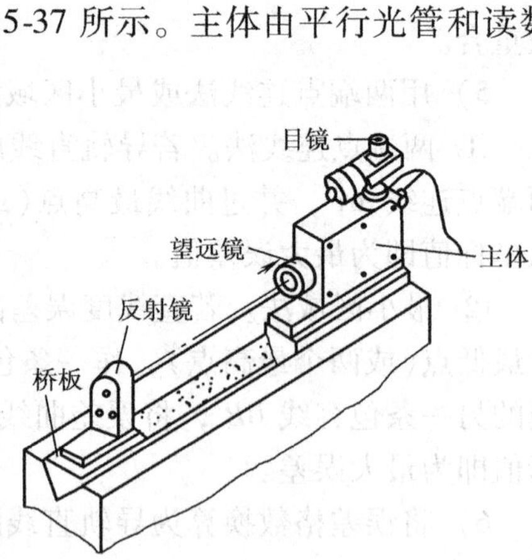

图 5-37　用光学平直仪检查导轨直线度误差

(2) 读数原理　图 5-38a 所示为光学平直仪的光学系统。光线由光源 1 发出，经绿色滤光片 2 照亮指示分划板 3 上的十字目标物像。该十字目标物像经立方棱镜 4、反射镜 5、物镜 6 后形成十字平行光射出，照射在平面反射镜 12 上，然后经平面反射镜 12 反射。反射回的亮十字物像再经物镜 6、反射镜 5、立方棱镜 4 原路返回并向上聚焦在固定分划板 7 上成像。固定分划板 7 上有粗读刻度标尺，并刻有 5、10、15 等读数。若导轨平直，反射镜面与平行光垂直，反射回去的十字物像在固定分划板中间，并与可动分划板黑长刻线重合，如图 5-38b 所示。

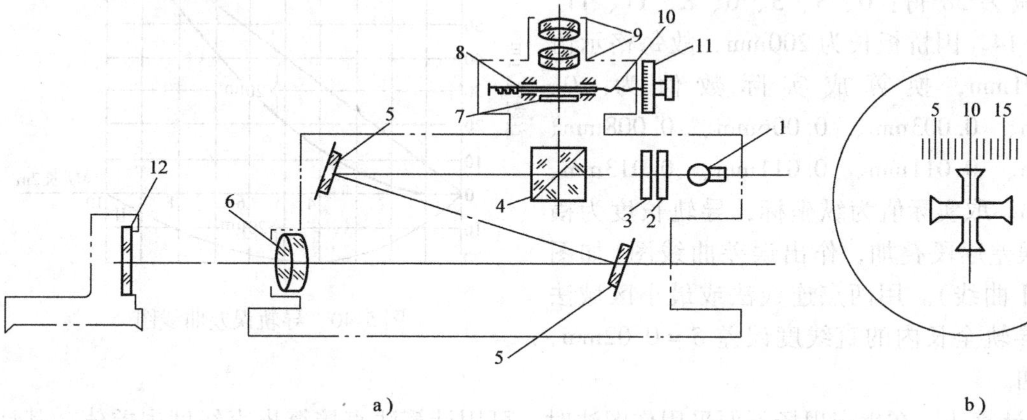

图 5-38 光学平直仪光学系统

1—光源 2—绿色滤光片 3—十字指示分划板 4—立方棱镜 5—反射镜 6—物镜 7—固定分划板 8—可动分划板 9—目镜 10—测微螺杆 11—测微鼓轮 12—平面反射镜

测量时平面反射镜 12 随被测导轨直线度误差而偏转，偏转量可由亮十字物像相对固定分划板上的分度值粗略读得。图 5-39a 所示为测量时作为起始测量位置的视场。因导轨直线度误差而引起十字物像偏移如图 5-39b 所示。此时，转动测微鼓轮 11，并通过测微螺杆 10，使刻有长单刻线的可动分划板 8 移动，使长单刻线对准亮十字中间，见图 5-39c，再由测微鼓轮上的刻度盘直接读出读数。

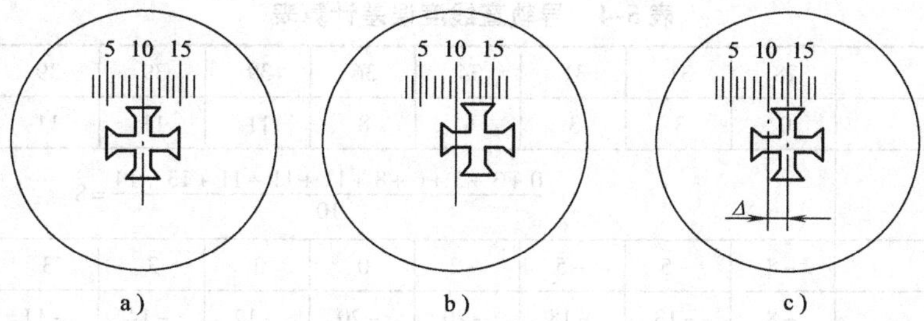

图 5-39 目镜观察视场图

（3）操作方法 如图 5-37 所示，先将光学平直仪的主体和反射镜分别置于被测导轨两端，借助桥板移动反射镜，使其接近主体。左右摆动反射镜，同时观察目镜，直至反射回来的亮十字像位于视场中心为止。然后将反射镜移至原位，再观察亮十字像是否仍在视场中心，否则应重新调整，调整好后主体不再移动。开始检查时，将反射镜桥板置于起始测量位置，转动测微鼓轮，使可动分划板上的黑长单刻线在亮十字像中间，见图 5-39a，记下读数值，然后按反射镜桥板上支承点间距离逐段、首尾相连的进行测量。记下每次测量的读数值，用作图法或计算法求出导轨直线度误差。

例 5-2：测量长度为 2000mm 的导轨，用分度值为 0.005mm/m 的光学平直仪和长为 200mm 的桥板进行测量。测量时测微鼓轮上读数（格）依次为：28、31、31、34、36、39、

39、39、41、42。

1）直接作图法。为便于作图，降低起始点的高度，可令第一个数值为0，其他原始读数分别减去28得：0、3、3、6、8、11、11、11、13、14。因桥板长为200mm，故每格示值为0.001mm，换算成实际数值为：0、0.003mm、0.003mm、0.006mm、0.008mm、0.011mm、0.011mm、0.011mm、0.013mm、0.014mm。取实际值为纵坐标，导轨长度为横坐标，误差逐段叠加，作出误差曲线图（如图5-40中Ⅰ曲线）。用两点连线法或最小区域法可求得导轨全长内的直线度误差 $\delta=0.02\text{mm}$，并呈中凹。

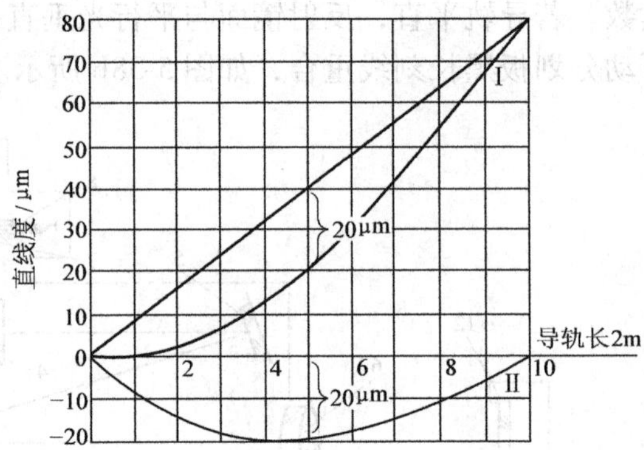

图5-40　导轨误差曲线图

2）计算法。在生产现场不便采用作图法时，可用计算法直接算出直线度误差值，其计算步骤如下：

① 简化各原始读数。

② 求各简化数的平均值。

③ 将各简化数分别减去平均值。

④ 各数值逐项累积。

⑤ 求出最大与最小值的代数差，再乘以光学平直仪的分度值和桥板长度，即可求出直线度误差。

上述各值及计算过程见表5-4。

表5-4　导轨直线度误差计算表

原始读数	28	31	31	34	36	39	39	39	41	42
简化读数	0	3	3	6	8	11	11	11	13	14
平均值	$\frac{0+3+3+6+8+11+11+11+13+14}{10}=8$									
减平均值	−8	−5	−5	−2	0	3	3	3	5	6
逐项累积	−8	−13	−18	−20	−20	−17	−14	−11	−6	0
导轴直线度误差	$\delta=(0-20)\times\frac{0.005}{1000}\times200\text{mm}=0.02\text{mm}$									

3）计算作图法。直接用表5-4逐项累积值作图，如图5-40的曲线Ⅱ，直接在纵坐标上取点，不要叠加。首尾连线与横坐标轴平行或垂直，误差曲线更加直观，在纵坐标上的差值就是其直线度误差，从图上可知 $\delta=0.02\text{mm}$。

第六节　卧式车床的总装配

卧式车床的总装配工艺，包括零件与部件的连接，部件与部件的连接，以及在连接过程中部件与总装配基准之间相对位置的调整或校正，各部件之间相互位置的调整等。各部件的相对位置确定后，还要钻孔，攻螺纹及铰削定位销孔等。总装结束后，必须进行试运行和验收。

一、卧式车床的总装配顺序的确定

总装配顺序，一般可按下列原则进行：

1）首先选出正确的装配基准。这种基准大部分是床身的导轨面，因为床身是车床的基本支承件，其上安装着车床的各主要部件，而且床身导轨面是检验机床各项精度的检验基准。因此，机床的装配，应从所选基准面的直线度、平行度及垂直度等项着手。

2）在解决没有相互影响的装配精度时，其装配先后以简单方便来定。一般可按先下后上，先内后外的原则进行。

3）在解决有相互影响的装配精度时，应该先装配好一个公共的装配基准，然后再按次序达到各有关精度。

以 CA6140 车床总装顺序为例，装配单元系统如图 5-41 所示。

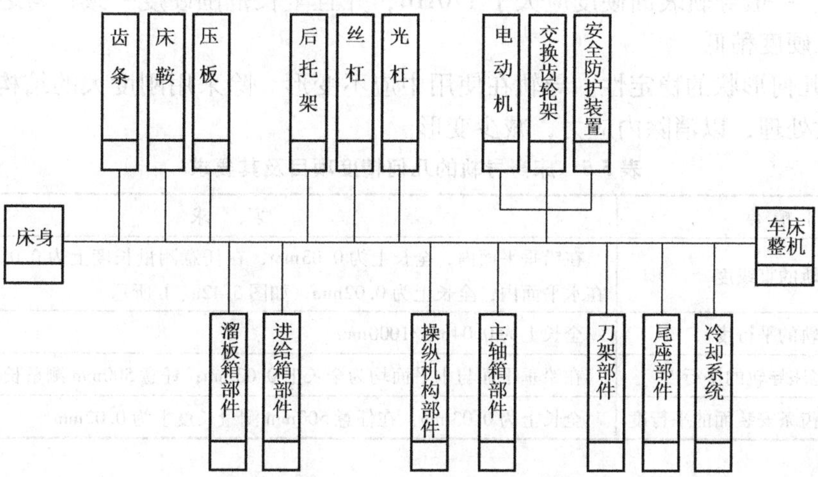

图 5-41　CA6140 车床装配单元系统图

二、卧式车床总装配工艺要点

1. 床身导轨的技术要求以及床身与床腿结合的装配和精加工

床身是机床总装的基础部件，它支撑安装在其上的各个部件，保持各个部件间的相对正确位置和运动部件的运动精度，工作时床身还要承受切削力的作用。因此，要求床身要有足够的刚度，有较高的精度和较好的抗振性等。

（1）床身导轨及技术要求　车床床身导轨是供床鞍和尾座移动用的，是保证刀具移动直线性的关键。床身导轨的精度直接影响着加工精度，因此，要求导轨的导向精度高、耐磨性、刚度和运动平稳性好等。图 5-42 为卧式车床床身导轨的断面图。导轨应能达到以下要求：

1）床身导轨的几何精度。导轨几何精度项目及要求见表 5-5。

2）接触精度。刮削导轨，每 25mm × 25mm 范围内接触点不少于 10 点，磨削导轨则以接触面积大小来评定接触精度的高低。

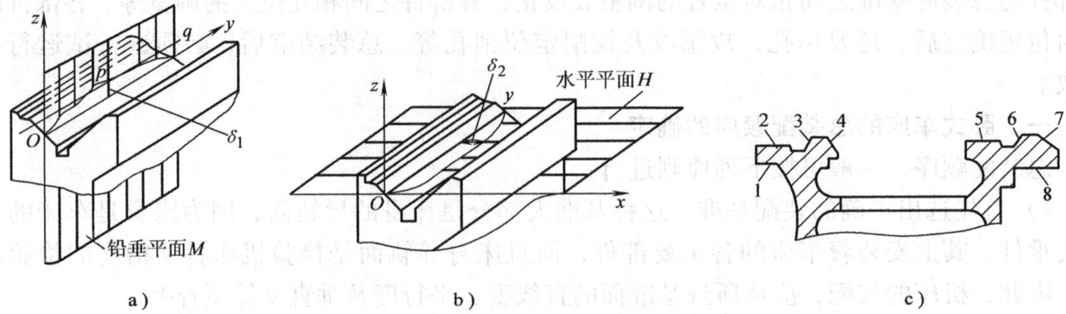

图 5-42　卧式车床床身导轨的断面图

1、8—压板导轨　2、6、7—床鞍导轨　3、4、5—尾座导轨

3）表面粗糙度。刮削导轨表面粗糙度一般应小于 $R_a1.6\mu m$；磨削导轨表面粗糙度一般应小于 $R_a0.8\mu m$。

4）硬度。一般导轨表面硬度应大于 170HB，并且全长范围硬度一致；与之相配合件的硬度应比导轨硬度稍低。

5）导轨几何形状的稳定性。导轨在使用中应不变形。除采用刚度大的结构外，还应进行良好的时效处理，以消除内应力，减少变形。

表 5-5　床身导轨的几何精度项目及其要求

几 何 精 度	要　　求
床鞍导轨的直线度	在铅垂平面内，全长上为 0.03mm，在任意测量长度上为 0.015mm，只许凸；在水平面内，全长上为 0.02mm，如图 5-42a、b 所示
床鞍导轨的平行度	全长上为 0.04mm/1000mm
床鞍导轨与尾座导轨的平行度	在铅垂平面与水平面均为全长上 0.03mm；任意 500mm 测量长度上为 0.02mm
床鞍导轨对床身齿条安装面的平行度	全长上为 0.03mm；在任意 500mm 测量长度上为 0.02mm

（2）床身与床腿结合的装配　床腿是床身的支承件，床身是其他所有部件的支承件，床身的精度直接影响着整机精度，通常情况下，床身导轨的精加工是在床身和床腿结合后进行的（维修除外）。床身与床腿结合前，先清除床身和床腿结合面处的毛刺并倒角。在床身与床腿联接螺钉上垫上等高垫圈，以保证结合面平整贴合，防止床身紧固时产生变形。

（3）床身导轨精加工方法　对导轨的精加工有精磨法、精刨法和刮研法三种。精磨法是目前应用最广的方法。它是将床身导轨在导轨磨床（或龙门刨床加磨具）上一次装夹磨削完成，从而保证床鞍导轨和尾座导轨的直线度和平行度，采用适当的预压紧方法还能使导轨磨削后达到中凸的要求。同时具有较好的表面质量和较高的生产效率。

刮研法是单件、小批生产或机修中常用的方法。刮削前将可调垫铁置于床腿地脚螺钉附近，用水平仪调整床身处于自然水平位置，使各垫铁受力均匀，床身放置稳定后即可进行刮削。刮削时按下列步骤进行：

1）选择刮削量最大、导轨中最重要和精度要求最高的床鞍用导轨 6 和 7 作为刮削基准，如图 5-42c 所示。用角度平尺研点刮削基准导轨面 6、7，用水平仪测量导轨直线度并绘制导轨直线度误差曲线图。待刮削至导轨直线度、接触研点数和表面粗糙度值均符合要求为止。

2）以导轨6和7面为基准，用平尺研点刮平导轨2，要保证其直线度及与基准导轨面6和7的平行度要求。

3）测量导轨在铅垂平面内的直线度及床鞍导轨平行度的方法如图5-43所示。在检验桥板上放着相互垂直的两个水平仪，沿导轨均匀地移动检验桥板，一般测5个点，得5个水平仪读数。横向水平仪读数差为导轨平行度误差；纵向水平仪用于测量直线度，可根据读数画出导轨曲线图并计算误差值。

4）测量床鞍导轨在水平面内的直线度。如图5-44所示，移动桥板，百分表在导轨全长范围内最大读数与最小读数之差，即为导轨在水平面内直线度误差值。

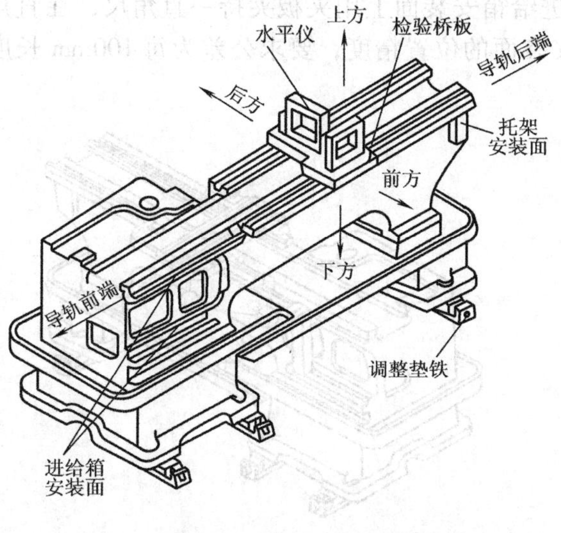

图5-43　床身与床腿安装后的测量

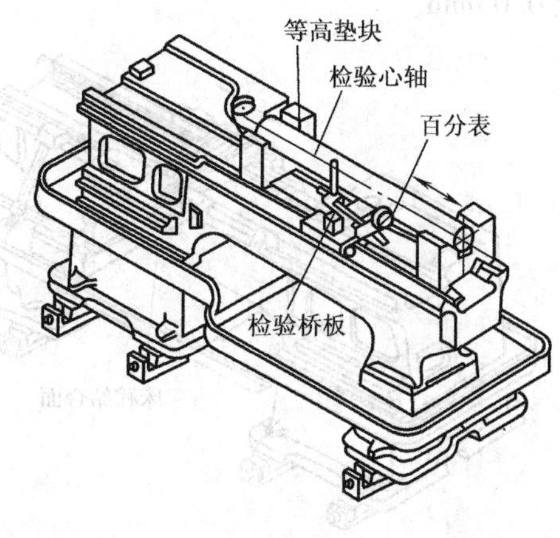

图5-44　测量导轨在水平面内的直线度

5）以床鞍导轨为基准刮削尾座导轨面3、4和5，见图5-42c，使其达到自身形状精度要求和对床鞍导轨的平行度要求。检查方法如图5-45所示，将桥板横跨在床鞍导轨上，将百分表座吸在桥板上。测头触及尾座导轨面3、4或5。沿导轨在全长上移动桥板，百分表读数差即为平行度误差值。

6）刮削压板导轨1和8，见图5-42c，要达到与床鞍导轨的平行度及自身形状精度要求。测量方法如图5-46所示。

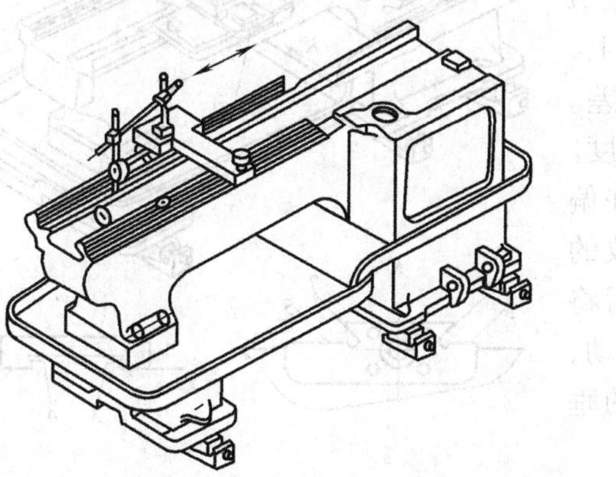

图5-45　尾座导轨对床鞍导轨平行度的测量度

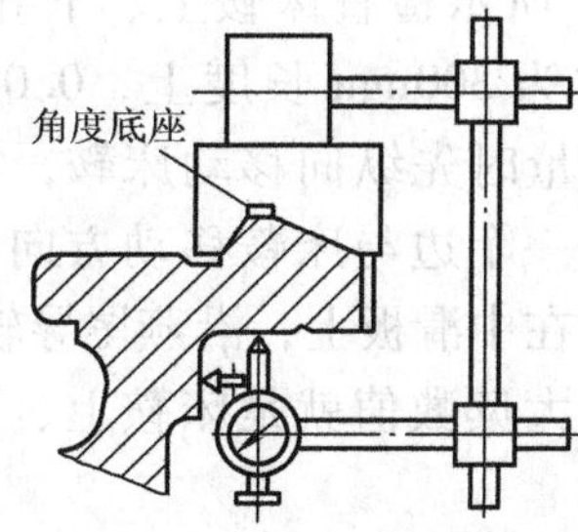

图5-46　测量压板导轨与床鞍导轨的平行度

2. 床鞍配刮与床身装配工艺

床鞍部件是保证刀架运动的关键。床鞍的上导轨供刀架中滑板作横向移动，床鞍的下导轨要沿床身导轨作纵向移动。为了保证运动的平稳性和准确性，床鞍上、下导轨面分别与刀架中滑板和床身导轨配刮完成。

（1）配刮床鞍下导轨面　以床身导轨为基准，刮研床鞍与床身配合的表面至接触点为10～12点/(25mm×25mm)。要保证溜板箱的安装面要与床身导轨平行，检验方法如图5-47所示，将百分表吸附在床身齿条安装面上，纵向移动床鞍，在溜板箱安装面全长上百分表最大读数差不得超过0.06mm。同时还要保证溜板箱安装面与进给箱安装面以及后托架安装面的垂直度，测量方法如图5-48所示，在床身进给箱安装面上用夹板夹持一直角尺，在直角尺处于水平的表面上移动百分表检查溜板箱安装面的位置精度，要求公差为每100mm长度上0.03mm。

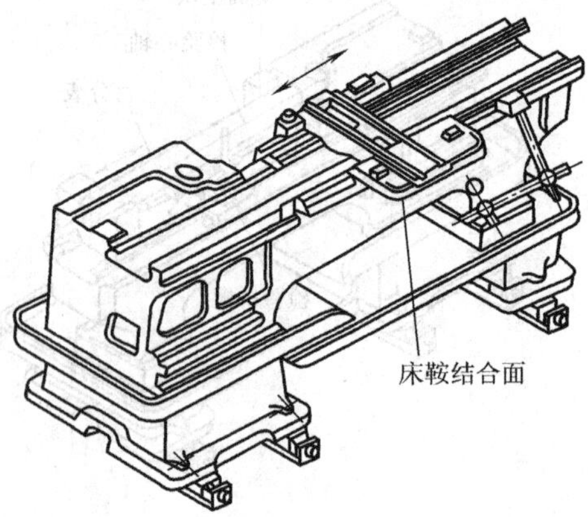

图5-47　测量溜板箱安装面与床身导轨平行度

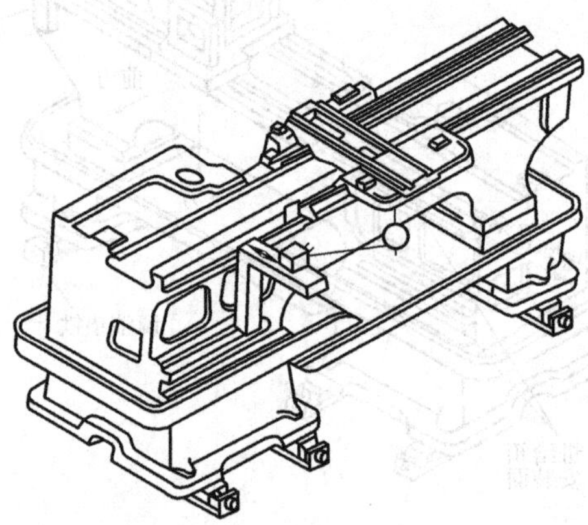

图5-48　测量溜板箱安装面与进给箱安装面垂直度

（2）配刮横向燕尾导轨

1）将床鞍放在床身导轨上，以刀架中滑板的表面2和3为基准，刮研床鞍横向燕尾导轨表面5和6，如图5-49所示。表面5和6刮后应满足对横丝杠A孔轴线的平行度要求，其误差在全长上不大于0.02mm。测量方法如图5-50所示，在A孔中插入检验心轴，将百分表吸附在角度平尺上，分别在心轴上素线及侧素线上测量其平行度误差。并按图5-51所示检查床鞍上、下导轨的垂直度。其精度要求为300mm长度上，0.02mm，只许偏向床头。测量时先纵向移动床鞍，校正床头放的直角平尺的一个边与床鞍移动方向平行。然后将百分表移放在中滑板上，沿燕尾导轨全长上移动，百分表的最大读数值就是床鞍上、下导轨面的垂直度误差。

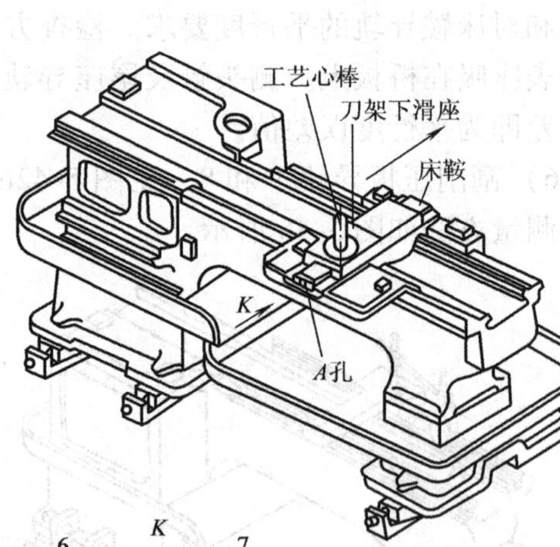

图5-49　刮研床鞍上导轨面

2）修刮燕尾导轨面7保证其与平面6的平行

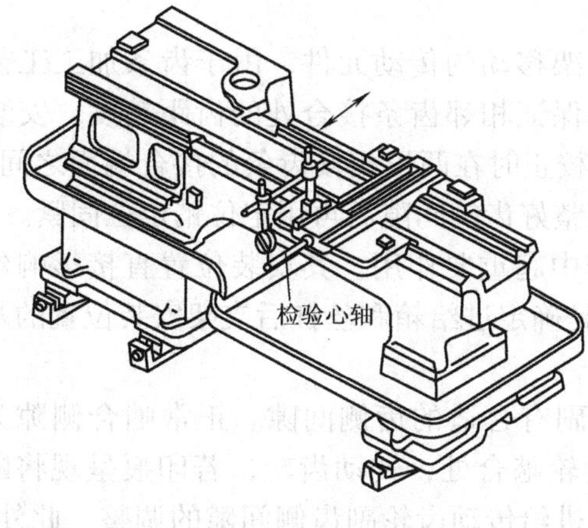

图 5-50　测量床鞍上导轨面对横丝杠孔的平行度

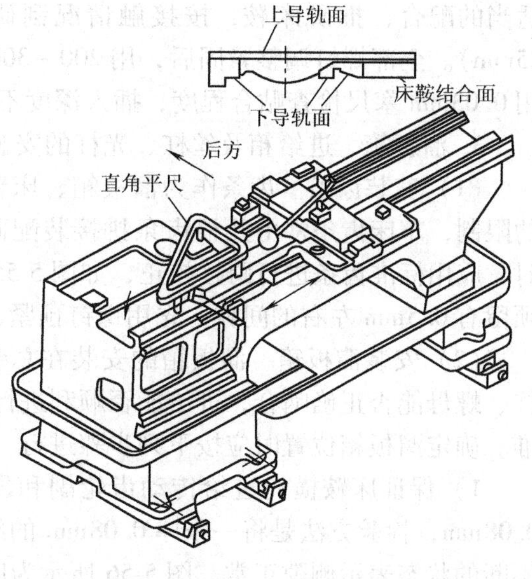

图 5-51　测量床鞍上、下导轨的垂直度

度，以保证刀架横向移动顺利。可用角度平尺或中滑板为研具刮研。用图 5-52 所示方法检查：将测量圆柱放在燕尾导轨两端，用千分尺分别在测量圆柱两端测量，两次测得的读数差就是平行度误差，要求在全长上不大于 0.02mm。

（3）配镶条　镶条的作用是调整床鞍与中滑板燕尾导轨之间的间隙，配镶条的目的是使刀架横向进给时有合适的间隙，并能在随后的使用过程中进行间隙调整，保证加工精度。将磨好的镶条装入燕尾导轨并与中滑板配合，用手拍打上滑板以判断接触情况，若有空洞声音，则修刮大端接触处，使中滑板在床鞍燕尾导轨全长上移动时，无轻重或松紧不均匀的现象，并保证大端有 10～15mm 的调整余量。燕尾导轨与中滑板配合表面之间用 0.03mm 塞尺检查，插入深度不大于 20mm。图 5-53 所示为燕尾导轨的镶条。

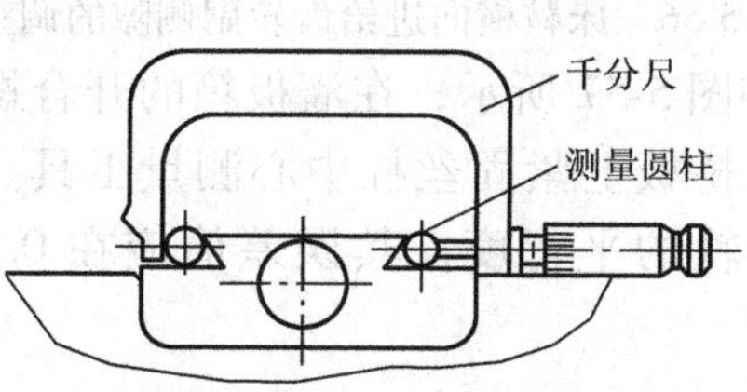

图 5-52　测量燕尾导轨的平行度

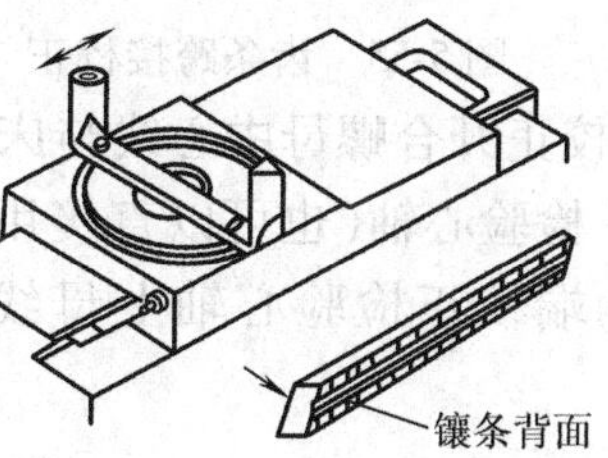

图 5-53　燕尾导轨的镶条

（4）床鞍与床身的装配　床鞍与床身的装配，必须保证床鞍在床身导轨面上移动时平稳均匀，在切削力作用下不影响加工精度。因此，装配的关键是刮研床身的下导轨面及配刮床鞍两侧压板，保证床身上下导轨面的平行度，以达到床鞍与床身导轨在全长上能均匀结合，平稳地移动。如图 5-54 所示，装上两侧压板（外侧压板、内侧压板）并调整到

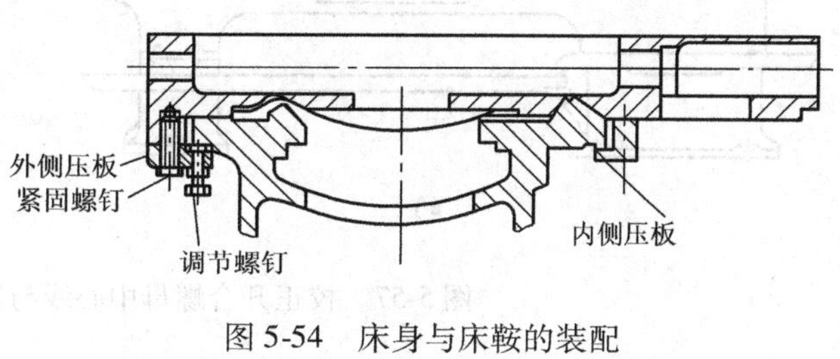

图 5-54　床身与床鞍的装配

适当的配合，推研床鞍，按接触情况刮研两侧压板，要求接触点为 6 ~ 8 点/(25mm × 25mm)。全部螺钉调整紧固后，用200 ~300N 力推动床鞍在导轨全长上移动应无阻滞现象；用0.03mm 塞尺检查贴合程度，插入深度不大于 20mm。

3. 溜板箱、进给箱及丝杠、光杠的安装

（1）安装齿条　齿条作为溜板箱、床鞍带动刀架移动的传动元件，由于齿条加工工艺的限制，车床齿条常由几根齿条拼接装配而成。为保证相邻齿条接合处的齿距精度，安装时，应用标准齿条进行跨接校正，如图 5-55 所示。校正时在两根相接齿条的接合端面之间，须留有 0.5mm 左右的间隙。先用螺钉预紧，等到调整好齿轮间隙后再用定位销定位固紧。

（2）安装溜板箱　溜板箱的安装在总装配过程中起重要作用。其安装位置直接影响丝杠、螺母能否正确啮合，进给能否顺利进行，它还是确定进给箱和丝杠后支架安装位置的基准。确定溜板箱位置时应按下列步骤进行。

1）保证床鞍横向进给传动齿轮副和齿轮齿条副有合适的齿侧间隙。正常啮合侧隙为 0.08mm，检验方法是将一张厚 0.08mm 的纸放在齿轮啮合处，转动齿轮，若印痕呈现将断不断的状态表示侧隙正常。图 5-56 所示为床鞍横向进给传动齿轮副齿侧间隙的调整。此外，侧隙也可通过手轮空转量不超过 1/30 转来检查。齿轮齿条间隙调好后，固定齿条，配铰并安装定位销，每个齿条都配有两个定位销，以确定其安装位置。

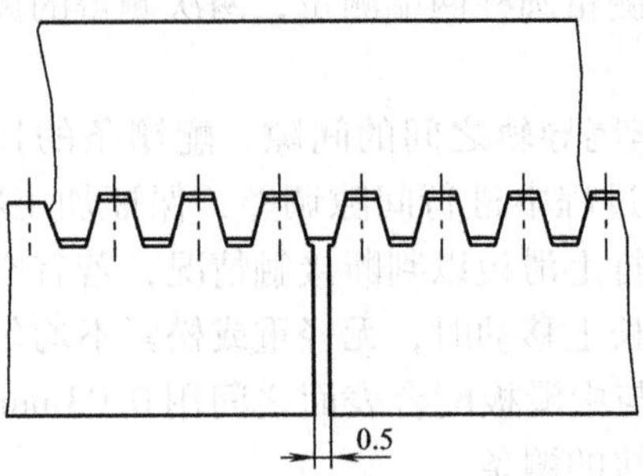

图 5-55　齿条跨接校正

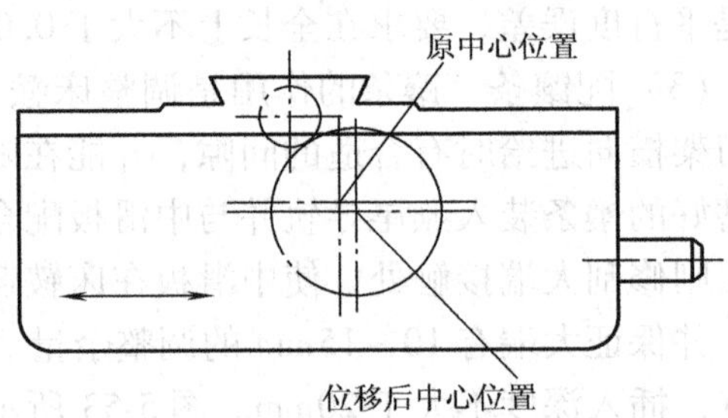

图 5-56　床鞍横向进给齿轮副侧隙的调整

2）校正开合螺母中心线与床身导轨的平行度　如图 5-57 所示，在溜板箱的开合螺母体内卡紧一检验心轴(也可以直接用丝杠)，在床身检验桥板上紧固丝杠中心测量工具。分别在左右两端校正检验心轴上母线和侧母线与床身导轨的平行度，其误差值应在 0.15mm 以下。

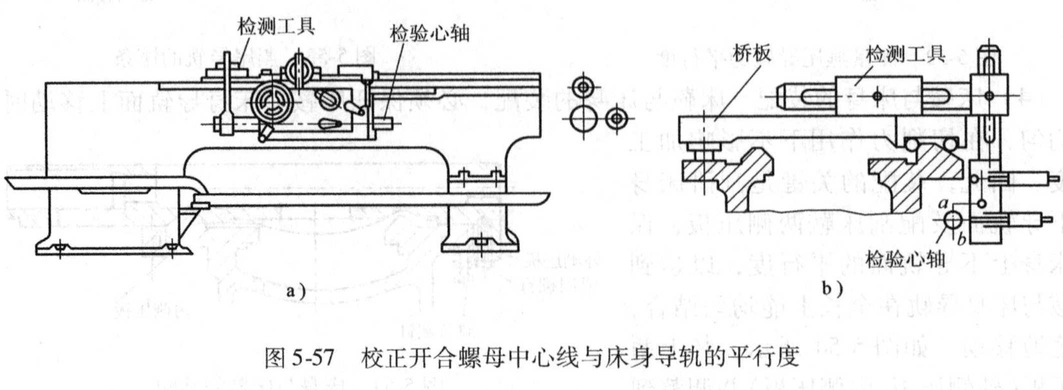

图 5-57　校正开合螺母中心线与床身导轨的平行度

3）溜板箱最后定位。溜板箱预装精度校正后，应等到进给箱和丝杠后支架的位置校正后才能钻、铰溜板箱定位销孔，配作锥销实现最后定位。

（3）安装进给箱和丝杠后托架　安装进给箱和后托架时主要应保证进给箱、溜板箱、后托架上安装丝杠的三个孔的同轴度，并保证丝杠与床身导轨的平行度。安装时，按图5-58所示进行测量调整，即在进给箱、溜板箱、后托架的丝杠支承孔中，各装入一根配合间隙不大于0.005mm的检验心轴，三根检验心轴外伸测量端的外径相等。溜板箱用心轴有两种：一种其外径尺寸与开合螺母外径相等，它在开合螺母未装入时使用；另一种具有与丝杠中径尺寸一样的螺纹，测量时，卡在开合螺母中。前者测量可靠，后者测量误差较大；亦可采用本丝杠进行安装和检测。

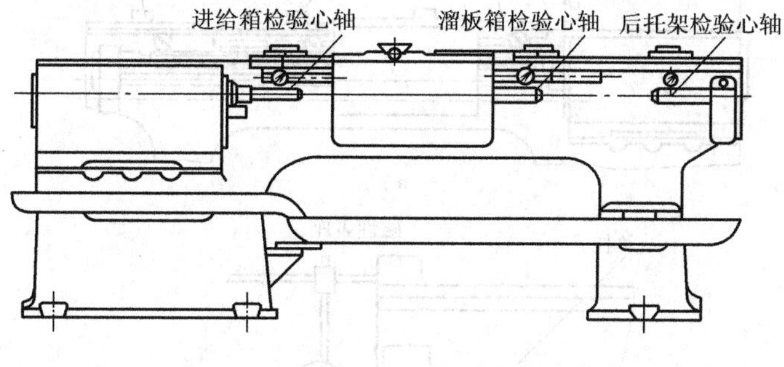

图5-58　安装进给箱和丝杠后托架时同轴度的测量

安装进给箱和丝杠后托架可按下列步骤：

1）调整进给箱和后托架丝杠安装孔中心线与床身导轨的平行度。用图5-57b中所用的专用检测工具，检查进给箱和后支架丝杠孔的中心线。其对床身导轨平行度公差：上素线为0.02mm/100mm，只许前端向上偏；侧素线为0.01mm/100mm，只许向床身方向偏。若超差，则通过刮削进给箱和后托架与床身的结合面来调整。

2）调整进给箱、溜板箱和后托架上丝杠安装孔的同轴度，以溜板箱上的开合螺母孔中心线为基准，通过抬高或降低进给箱和后托架丝杠支承孔的中心线，使丝杠三处支承孔同轴，其测量方法如图5-58所示，上素线测量误差不大于0.01mm/100mm。横向移出或推进溜板箱，使开合螺母中心线与进给箱、后托架中心线同轴，其侧素线测量误差不大于0.01mm/100mm。

调整合格后，进给箱、溜板箱和后托架即配作定位销钉，以确保位置不变。

（4）安装丝杠和光杠　溜板箱、进给箱、后支架的三支承孔同轴度校正后，就能装入丝杠、光杠。丝杠装入后应检验以下两项精度：

1）测量丝杠两轴承中心线和开合螺母中心线对床身导轨的等距度。测量方法如图5-59所示，用图5-57b所示的专用检测工具在丝杠两端和中间三处测量。三个位置中对导轨相对距离的最大差值，就是等距度误差。测量时开合螺母应是闭合状态，这样可以排除丝杠质量、弯曲等因素对测量数值的影响。溜板箱应在床身中间，防止丝杠挠度对测量的影响。此项精度要求为：在丝杠素线上测量公差为0.15mm；在丝杠侧素线上测量公差为0.15mm。

2）测量丝杠的轴向窜动。测量方法如图5-59所示，在丝杠的后端的中心孔内，用黄油粘住一个钢球，将平头百分表的测头顶在钢球上。合上开合螺母，使丝杠转动，百分表的读数差就是丝杠的轴向窜动误差值，最大不应超过0.015mm。

4. 安装主轴箱

主轴箱是以底平面和凸块侧面与床身接触来保证正确安装位置。底面是用来控制主轴轴线与床身导轨在铅垂平面内的平行度；凸块侧面是控制主轴轴线在水平面内与床身导轨的平行度。安装时按图5-60所示进行测量和调整。主轴孔插入检验心轴，将百分表座吸在上滑

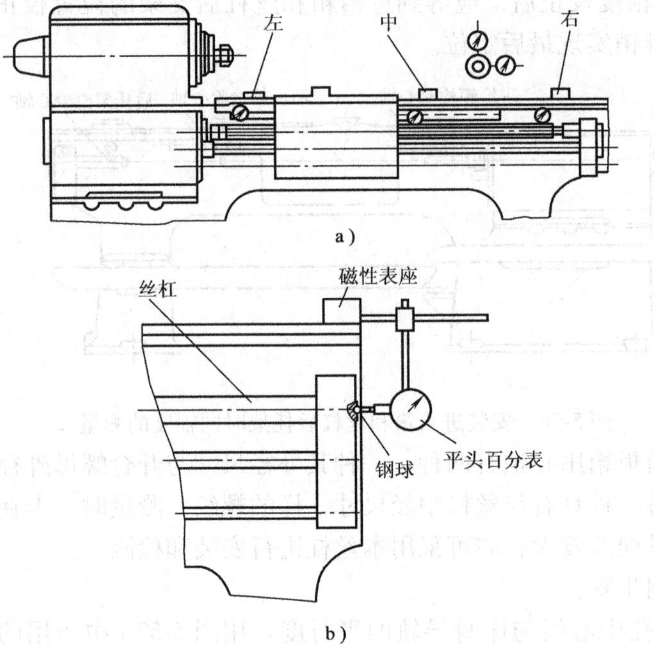

图 5-59　丝杠与导轨等距度及轴向窜动量的测量

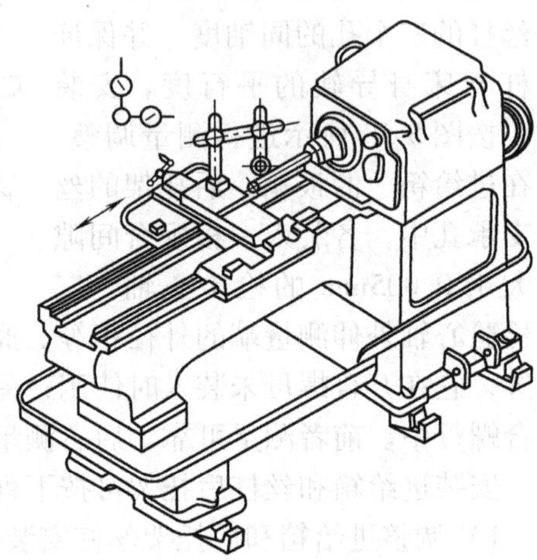

图 5-60　主轴轴线与床身导轨平行度的测量

板上，分别在上素线和侧素线上测量，百分表在全长 300mm 范围内的读数差就是平行度误差值。

安装要求：上素线平行度误差为 0.03mm/300mm，只许检验心轴外端向上抬起（俗称抬头），若超差刮削底平面；侧素线平行度误差为 0.015mm/300mm，只许检验心轴偏向操作者方向（俗称里勾），超差时，通过刮削凸块侧面来满足要求。

5. 安装尾座

（1）调整尾座的安放位置　以床身上尾座导轨为基准，配刮尾座底板，使其达到精度要求。将尾座部件装在床身上，按图 5-61 所示测量尾座的两项精度：

1）床鞍移动轨迹对尾座套筒伸出部分轴线的平行度。使尾座套筒伸出尾座体 100mm，并与尾座体锁紧。移动床鞍，使其上的百分表测头触于尾座套筒的上素线和侧素线上，百分表在 100mm 内的读数差即平行度误差，如图 5-61a 所示。该项精度要求是：上素线公差为 0.01mm/100mm，只允许抬头；侧素线公差为 0.03mm/100mm，只许里勾。

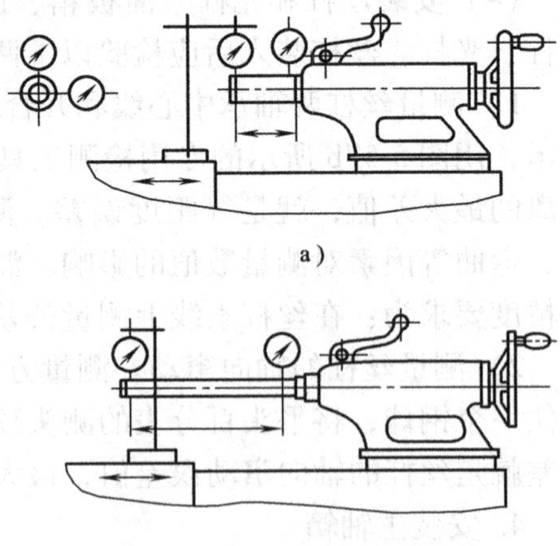

图 5-61　尾座套轴线对床身导轨平行度的测量

2）床鞍移动轨迹对尾座套筒锥孔中心线的平行度。在尾座套筒内插入一个检验心轴（300mm），将尾座套筒退回尾座体内并锁紧，然后移动床鞍，使其上百分表测头触于检验心轴的上素线和侧素线上。百分表在 300mm 长度范围内的读数差即为顶尖套内锥孔中心线平行度误差，如图 5-61b 所示。其要求为：上素线公差0.03mm/300mm；侧素线公差0.03mm/300mm。为了消除检验心轴本身误差对测量的影响，一次检验后，应将检验心轴退出，转180°再插入检验一次，两次测量结果的代数和之半，即为该项误差差值。

（2）调整主轴锥孔中心线与尾座套筒锥孔中心线对床身导轨的等距度　测量方法如图5-62a所示，在主轴箱主轴锥孔内插入一个顶尖，并校正其与主轴轴线的同轴度。在尾座套筒内，同样装一个顶尖，两顶尖之间装夹一标准检验心轴。将百分表置于床鞍上，先将百分表测头顶在心轴侧素线上，校正心轴在水平平面与床身导轨平行。再将测头处于检验心轴的上素线上，百分表在心轴两端的读数差，即为主轴锥孔中心线与尾座套筒锥孔中心线对床身导轨的等距度误差。为了消除顶尖套中顶尖本身误差对测量的影响，一次检验后，应将顶尖退出，转过180°重新检验一次，两次测量结果的代数和之半，即为其误差值。

图5-62b所示为另一种测量方法，即分别测量主轴和尾座锥孔中心线的上素线，再根据两检验心轴的直径尺寸和百分表读数，经计算求得。在测量之前，也要校正两检验心轴在水平平面内与床身导轨的平行度。

等距度公差为0.04mm(只许尾座高)，若超差则通过刮尾座板来调整。调整好后，在尾座体和尾座底板上打上标记。

6. 刀架的安装

小刀架部件装配在刀架中滑板上，按图5-63所示方法测量小刀架移动轨迹对主轴中心线的平行度。测量时，先横向移动刀架，使百分表测头触及主轴锥孔中检验心轴的上素线，再纵向移动小刀架测量，误差应不超过0.03mm/100mm。若超差，通过刮削小刀架滑板与刀架中滑板的接合面来调整。

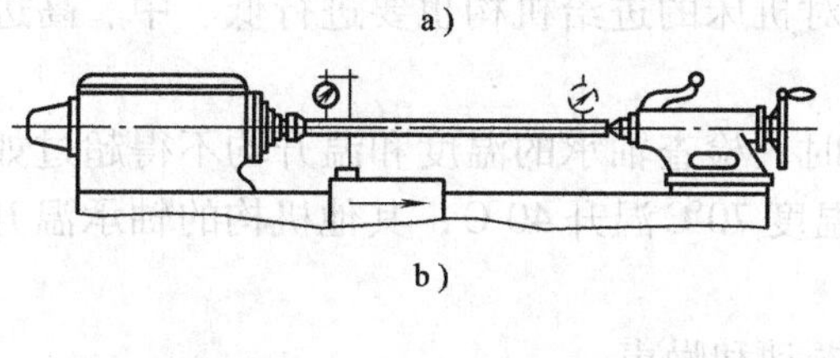

图5-62　调整主轴锥孔中心线与尾座顶尖锥孔中心线对床身导轨的等距度

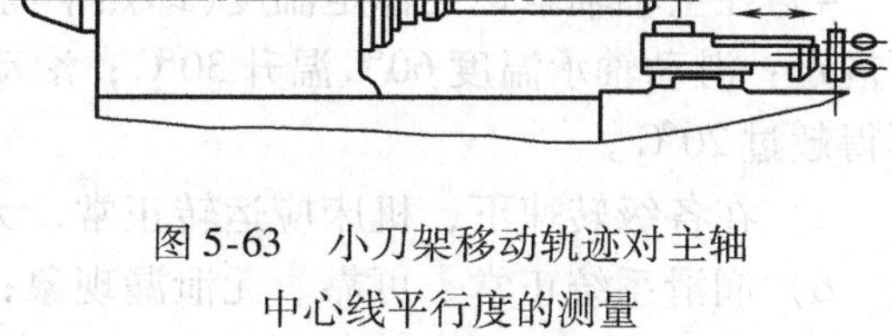

图5-63　小刀架移动轨迹对主轴中心线平行度的测量

7. 其他安装

其他安装包括交换齿轮架及交换齿轮的安装，电动机V带的安装与预紧及润滑防护系统、冷却系统、照明系统、机床标牌等的安装。

第七节　卧式车床的试运行和验收

车床总装配后，必须经过试运行和验收。卧式车床的试运行和验收一般包括静态检查、空运行试验、负荷试验和精度检验四个方面。

一、静态检查

静态检查是车床进行性能试验之前的检查，主要是检查车床各传动机构、操纵机构、夹紧机构、调整机构和其他附属装置是否运转灵活、定位准确、安全可靠，以保证试运行时不出事故。应从以下几方面检查：

1）用手转动各传动件，应运转灵活。

2）变速手柄和换向手柄应操纵灵活、定位准确、安全可靠。手轮或手柄转动时，其转动力用拉力器测量，不应超过80N。

3）移动机构的反向空行程量应尽量小。

4）床鞍、刀架等在行程范围内移动时，应轻重均匀和平稳。

5）顶尖套在尾座孔中作全长伸缩，应运动灵活而无阻滞，手轮转动轻快，锁紧机构灵敏无卡死现象。

6）开合螺母机构开合可靠，无阻滞或过松的感觉。

7）安全离合器应灵活可靠，在超负荷时，能及时切断运动。

8）交换齿轮架上齿轮间的侧隙适当，固定装置可靠。

9）各部分的润滑加油孔有明显的标记，清洁畅通。油尺清晰，插入深度与松紧合适。

10）电气设备的起动和停止应安全可靠。

二、空运行试验

空运行试验是在机床无负荷的状态下进行的运转试验，目的是为了发现机床在运动中可能出现的故障，并对机床进行必要的调整，为以后的负荷试验、工作精度检验做好准备。空运行试验和调整应包括以下内容：

1）试验前对机床进行调平，使机床尽量处于自然水平状态。检查主轴箱的油平面不得低于油标线，也不能把油加得过满。

2）检查变换速度和进给方向的变换手柄应灵活、可靠。

3）运转机床的主运动机构。从最低转速起依次运转，各级转速的运转时间不少于5min，最高转速的运转时间不少于30min。同时，对机床的进给机构也要进行低、中、高进给量的空运转，使主轴轴承达到稳定的温度。

4）在主轴轴承达到稳定温度(即热平衡状态)时，检查轴承的温度和温升均不得超过如下规定：滑动轴承温度60℃温升30℃；滚动轴承温度70℃温升40℃；其他机构的轴承温升不得超过20℃。

5）在各级转速下，机床应运转正常，无异常振动和噪声。

6）润滑系统正常、可靠、无泄漏现象；安全防护装置和保险装置安全可靠。

三、负荷试验

车床经空运转试验合格后，将其调至中速(最高转速的1/2)下继续运转，待其达到热平衡状态时，则可进行负荷试验。

1. 全负荷强度试验

试验的目的是检验车床主传动系统能否承受设计所允许的最大转矩和功率。实验方法是：将尺寸为ϕ120mm×250mm的中碳钢试件，一端用三爪自定心卡盘夹紧，一端用顶尖顶住，用45°标准硬质合金(YT5)右偏刀进行外圆车削，切削用量为：$n=50$r/min($v_c=18.8$m/min)，$a_p=12$mm，$f=0.6$mm/r。应达到的要求是：车床所有机构应工作正常，动作平稳，不得出现异常的振动和噪声。主轴转速不得比空转时的转速低5%以上。各手柄不得有颤抖和自动换位现象。试验时，允许将摩擦离合器适当调紧些，待切削完毕，再松至正常位置。

2. 精车外圆试验

（1）目的　检验车床主轴的旋转精度及主轴轴线对床鞍移动方向的平行度。

（2）试验方法　如图5-64所示。在车床卡盘上夹持尺寸为ϕ80mm×300mm的中碳钢试件，检验长度l_1=300mm，l_2=20mm，不用尾座顶尖，采用高速钢车刀。切削用量取：n=397r/min，a_p=0.15mm，f=0.1mm/r。精车外圆表面。

（3）精车后试件公差　试件圆度误差不大于0.01mm，圆柱度不大于0.04mm/300mm，表面粗糙度不大于R_a3.2μm。

3. 精车端面试验

（1）目的　检查车床在正常工作温度下，刀架横向移动轨迹对主轴轴线的垂直度和横向导轨的直线度。

（2）试验方法　如图5-65所示，试件为ϕ250mm×50mm的铸铁圆盘，用三爪自定心卡盘夹持。用40°硬质合金右偏刀精车端面，切削用量取n=230r/min，a_p=0.2mm，f=0.15mm/r。

（3）精车端面后试件公差　平面度误差不大于0.02mm（只许中间凹）。

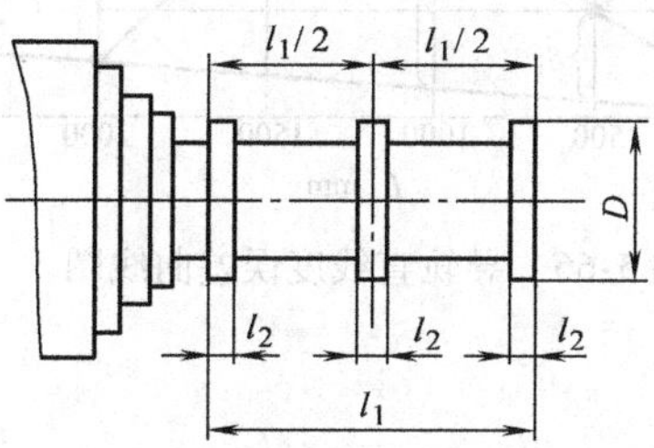

图5-64　外圆试切件

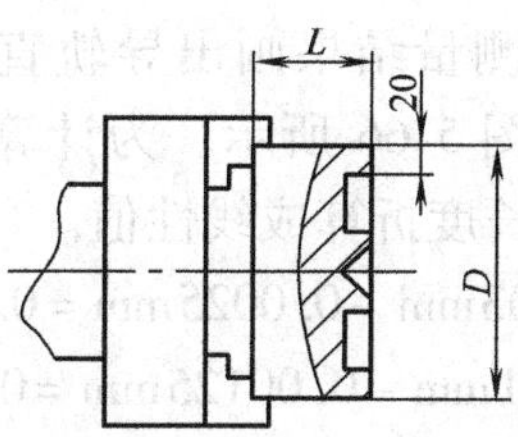

图5-65　端面试切件

4. 精车螺纹试验

（1）目的　检查车床螺纹加工传动系统的准确性。

（2）试验方法　用ϕ40mm×500mm的中碳钢工件，高速钢60°标准螺纹车刀，切削用量为n=19r/min，a_p=0.02mm，f=6mm/r，两端用顶尖装夹。

（3）精车螺纹试件精度　螺距累计误差应小于0.04mm/300mm，表面粗糙度不大于R_a3.2μm，无振动波纹。

四、精度检验

完成上述各项试验之后，在车床热平衡状态下，按GB/T 4020—1997规定逐项做好精度检验，并认真做好记录。

1. 工作精度检验

机床进行工作精度检验前应重新检查机床安装水平并将机床固紧。按精度检验标准要求的试件形状、尺寸、材料准备试切件；按试切要求准备刀具、卡盘等。按检验要求准备检验试切件精度、表面粗糙度的量具和量仪。

2. 几何精度检验

一般机床的几何精度检验分两次进行，一次在空运转试验后进行，另一次在工作精度检验之后进行。

在机床几何精度检验中应注意以下几点：

1）机床的几何精度检验，一般不允许紧固地脚螺钉。

2）凡与主轴轴承温度有关的项目，应在主轴运转达到稳定温度后进行。

3）凡规定的检验项目均应在允许范围内，若因超差需要调整或返修的，返修或调整后必须对所有几何精度重新检验。

卧式车床几何精度检验项目及公差（最大加工长度≤1000mm）见附表2。卧式车床工作精度检验项目及公差（最大加工长度≤1000mm）见附表3。

五、误差计算

例5-3：用分度值为0.02/1000的水平仪检验长2m的卧式车床导轨在铅垂平面内的直线度。每移动500mm测量一次，读数为+1格、-2格、-1格、-1.5格。问该项精度是否合格？车床精度标准见附表2中G1项，要求见表5-5，导轨的直线度公差：在铅垂平面内，全长上为0.03mm，在任意测量长度上0.015mm，只许凸；在水平面内，全长上为0.02mm。

解：按测量结果画出导轨直线度误差曲线图，如图5-66所示。为计算方便，纵坐标按测量长度折算成线性值。

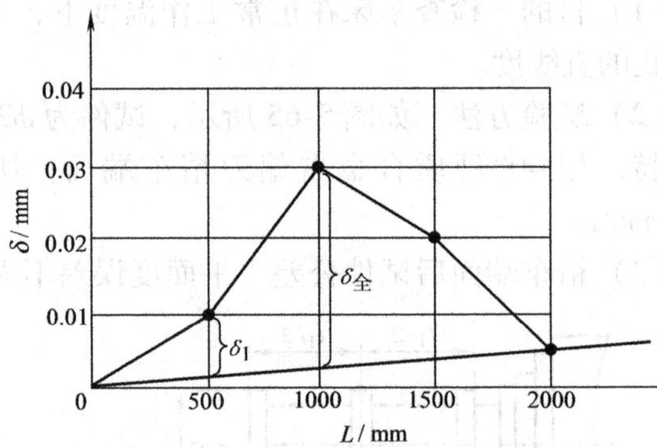

图5-66　导轨直线度误差曲线图

$\delta_{全} = 0.03\text{mm} - 0.0025\text{mm} = 0.0275\text{mm} \approx 0.028\text{mm}$

$\delta_1 = 0.01\text{mm} - 0.00125\text{mm} = 0.00875\text{mm} \approx 0.009\text{mm}$

全长上导轨直线度误差0.028mm<0.03mm，且中凸，故符合要求。

任意500mm上误差

$$\delta_{全} - \delta_1 = 0.028\text{mm} - 0.009\text{mm} = 0.019\text{mm} > 0.015\text{mm}$$

故此项不符合要求。

例5-4：用分度值为0.03/1000的水平仪来检验长2m的车床横向导轨平行度，依次测得四个读数为：+1格、+0.7格、+0.3格、-0.2格。问导轨该项精度是否合格？

解：导轨在全部测量长度上水平仪读数最大差值为1-（-0.2）=1.2格，即：1.2格×0.03=0.036mm。

横向导轨平行度误差为0.036/1000<0.04/1000，该项精度合格。

例5-5：用300mm长检验棒测量主轴轴线对溜板移动的平行度。为消除检验棒轴线与旋转轴线不重合对测量的影响，测量时放置主轴180°作两次测量，如图5-67所示。试计算其实际误差。

解：实际误差的计算

$$\delta = \frac{0.03/300 + 0.01/300}{2} = 0.02/300$$

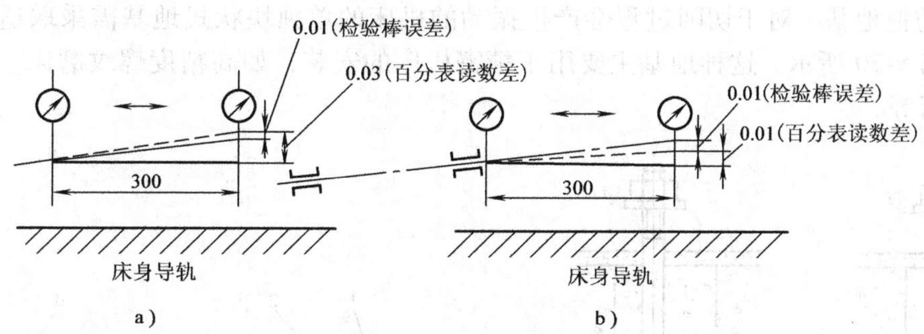

图 5-67　消除检验棒对测量误差影响

第八节　机床的安装

机床安装是按照设备工艺平面布置图及有关安装技术要求，将已到货并经开箱检查合格的外购设备或大修、改造、自制设备，安装在规定的基础上，进行校平、固定，达到安装规范的要求，并通过调试、运转、验收，使之满足生产工艺的要求。

一、机床安装基础

1. 机床的地基

机床的自重、工件的重量、切削力等，都将通过机床的支承部件而最后传给地基。所以，地基的质量直接关系到机床的加工精度、运动平稳性、机床的变形、磨损以及机床的使用寿命。因此，机床在安装之前，首要的工作是打好地基。

机床地基一般分为混凝土地坪式(即车间水泥地面)和单独块状式两大类。单独块状式地基又分为普通结构的地基和防振地基。

(1) 普通结构地基　图 5-68a 所示为专用地基，专门用于一种机床。用混凝土浇灌机床地基时，常留出地脚螺栓的安装孔，待将机床装到地基上并初步找好水平后，再浇灌地脚螺栓。常用的地脚螺栓如图 5-69 所示。图 5-68b 所示为通用地基，可用在机床试验、检验中作临时性安装。

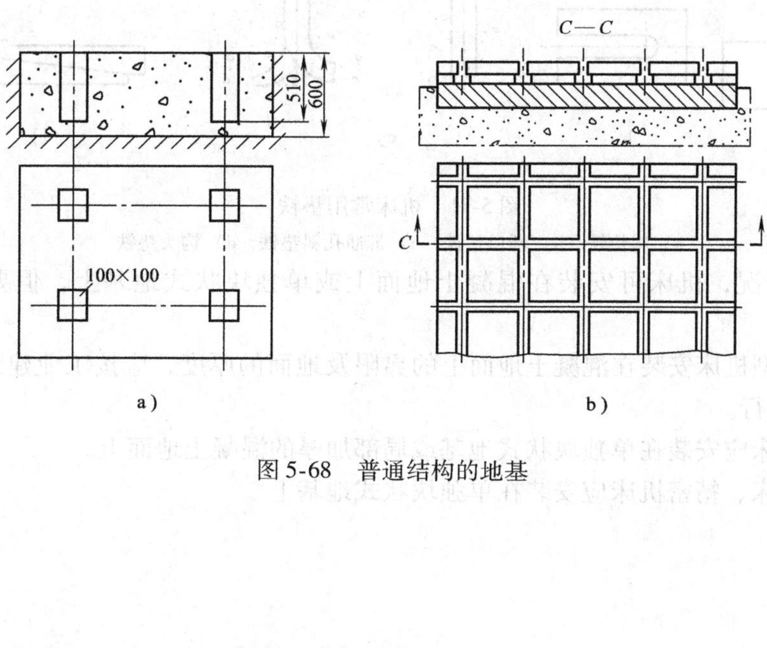

图 5-68　普通结构的地基

（2）防振地基　对于切削过程会产生振动的机床的单独块状式地基需采取适当的防振措施，如图 5-70 所示。这种地基主要用于精密机床的安装，如高精度螺纹磨床、齿轮磨床和坐标镗床等。

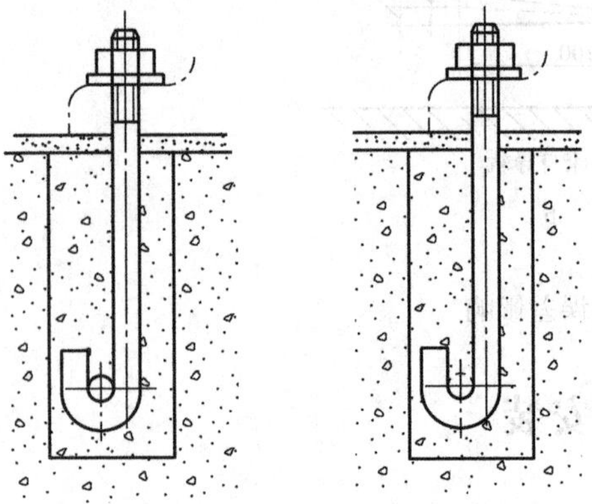

图 5-69　常用的地脚螺栓

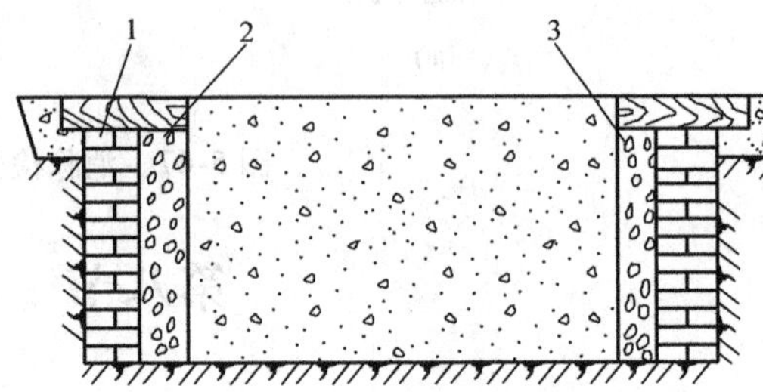

图 5-70　防振基础

1—隔墙　2—木板　3—炉渣等防振材料

2. 机床的安装

机床的安装通常有两种方法：一种是在混凝土地坪上直接安装机床，并用图 5-71 所示的调整垫铁调整水平后，在床脚周围浇灌混凝土，固定机床。这种方法适用于小型和振动轻微的机床。另一种是用地脚螺栓将机床固定在单独块状式地基上，这是一种常用的方法。安装机床时，先将机床吊放在已凝固的地基上，然后在地基的螺栓孔内装上地脚螺栓并用螺母将其联接在床脚上，待机床用调整垫铁调整水平后，用混凝土浇灌进地基方孔。混凝土凝固后，再对机床调整水平并均匀地拧紧地脚螺栓。

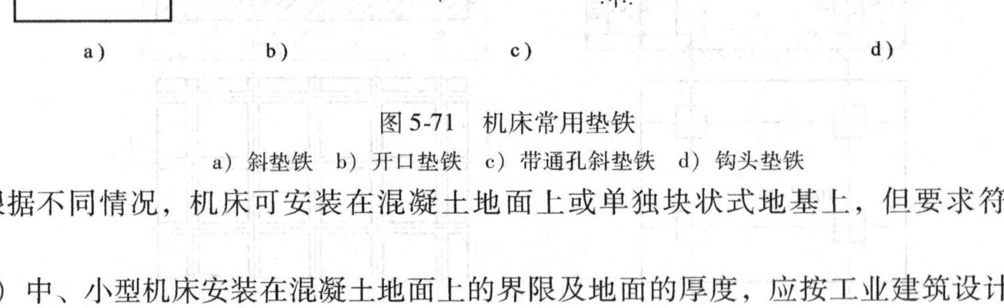

图 5-71　机床常用垫铁

a）斜垫铁　b）开口垫铁　c）带通孔斜垫铁　d）钩头垫铁

根据不同情况，机床可安装在混凝土地面上或单独块状式地基上，但要求符合下列规定：

1）中、小型机床安装在混凝土地面上的界限及地面的厚度，应按工业建筑设计规范的国家标准规定执行。

2）大型机床应安装在单独块状式地基或局部加厚的混凝土地面上。

3）重型机床、精密机床应安装在单独块状式地基上。

4）机床安装在单独块状式地基上时，单独块状式地基的平面尺寸应不小于机床支承面积的外轮廓尺寸，应考虑安装、调整和维修时所需要的尺寸。基础厚度按机床说明书要求或根据地基设计规范，按机床质量、土地允许承载力、基础自重等进行计算，但一般可参考表5-6 的参数确定。

表 5-6　金属切削机床基础的混凝土厚度　（单位：m）

机 床 名 称	基础厚度	机 床 名 称	基础厚度
卧式车床	0.3 + 0.07L	摇臂钻床	0.2 + 0.13h
立式车床	0.5 + 0.15h	深孔钻床	0.3 + 0.05L
铣床	0.2 + 0.15L	卧式镗床、落地镗床	0.3 + 0.12L
龙门铣床	0.3 + 0.07L	卧式拉床	0.3 + 0.05L
插床	0.3 + 0.15h	齿轮加工机床	0.3 + 0.15L
内圆磨床、外圆磨床、无心磨床、平面磨床	0.3 + 0.08L	立式钻床	0.3 + 0.6L
导轨磨床	0.4 + 0.08L	牛头刨床	0.6 + 1.0L
螺纹磨床、精密外圆磨床、齿轮磨床	0.4 + 0.10L		

注：1. 表中基础厚度指机床底座下（如有垫铁时，指垫铁下）承重部分的厚度，当坑、槽深于基础底面时，仅需局部加深。

2. 表中 L 为机床外形长度（m），h 为机床外形高度（m）。

二、机床安装的程序和工作内容

1. 设备的开箱检查

新购设备开箱检查由采购、管理部门组织，安装部门和使用部门参加。进口设备的开箱检查还须有海关代表参加。开箱检查的主要内容如下：

1）检查外观包装情况。

2）按照装箱单清点零件、部件、工具、附件、备品、说明书和其他技术文件是否齐全，有无缺损。

3）检查设备有无锈蚀，如有锈蚀应及时处理。

4）凡未经清洗过的滑动面严禁移动，以防研损；清除防锈油时要用非金属刮具，以防损伤设备。

5）不需要安装的备品、附件、工具等应妥善保管。

6）核对设备基础图和电气线路图与设备实际情况是否相符；检查地脚螺栓、垫铁是否符合要求；电源接线口位置及有关参数是否与说明书相符。

7）检查后作出详细检查记录，对严重锈蚀、破损等情况，最好照相和图示说明以备查询，并作为向有关单位进行交涉、索赔的依据。同时，也列为该设备的原始资料予以归档。

2. 划线定位

按地基图在基础上划出机床中心线，检查各地脚孔中心位置和各平面的标高是否符合图样要求，以便安装时能正确定位。

3. 吊装机床

吊装前将机床外表面擦净，并在地基上的适当位置安放临时垫铁。按说明书规定的吊装方式将机床吊起来，挂上地脚螺栓，其螺纹应露出螺母 5～6 牙，然后将机床安放到基础上。地脚螺栓与地基上预留孔壁的距离应大于 5mm，且能自由晃动，然后用临时垫铁粗调机床安装水平。

4. 灌注地脚孔混凝土

所用混凝土要比基础用混凝土高一个标号，石子尺寸要小于20mm，灌注时要仔细认真捣实，并检查地脚螺栓，如有歪斜要及时扶正。

5. 安装垫铁

在地脚孔混凝土达到要求强度后，把机床地脚螺母取下后吊离基础放在一旁。取出临时垫铁，按地基图规定安装垫铁。再把机床吊装到地基上，并初步拧紧地脚螺母。

6. 调整安装水平

目的是保持机床的稳固性，减少振动，防止变形和避免不合理的磨损，以确保加工精度。设备安装水平和选定找平基准面的位置，应按机床说明书和设备安装验收规范的规定进行。

新机床经调整安装水平后，应进行空运行试验、负荷试验和精度检验。对试验和检查结果应进行记录和总结，对于无法调整及消除的问题，分析原因后按性质归纳为：设备设计问题、设备制造问题、设备安装质量问题和调整中的技术问题等。总结中，还要对试运转和精度检验要作出评定结论，然后，办理移交生产部门的手续并注明参加试运行、精度检验的人员和日期。

三、机床的日常维护及保养

1. 机床的日常维护

机床的日常维护是提高工作效率，延长机床使用寿命的必要手段。机床的日常维护主要是对机床的及时清洁和定期润滑。

（1）机床的日常清洁　在机床起动之前，用抹布清除机床上的灰尘污物；工作完毕后，清除切屑，并把导轨上的切削液、切屑等污物清扫干净，在导轨上涂上润滑油。

（2）机床的润滑　机床的润滑分散润滑和集中润滑两种。分散润滑是在机床的各个润滑点分别用独立、分散的润滑装置进行。这种润滑方式一般都是由操作者在机床起动之前进行的定期手动润滑。具体要求可查阅机床使用说明书。集中润滑是由润滑系统来完成的，操作者只要按说明书的要求定期添油和换油即可。

2. 机床的保养及维修

（1）机床的保养　机床的保养分例行保养（日保养）、一级保养（月保养）和二级保养（年保养）。

1）例行保养。由机床操作者每天独立进行。保养的内容除上述的日常维护外，还要在开车前检查机床，周末对机床进行大清洗等工作。

2）一级保养。机床运转1～2个月（两班制），应以操作工人为主，维修工人配合，进行一次一级保养。保养的内容是对机床的外露部件和易磨损部分进行拆卸、清洗、检查、调整和紧固等，如对传动部分的离合器、制动器、丝杠螺母间隙的调整以及对润滑、冷却系统的检修等。

3）二级保养。机床每运转一年，以维修工人为主，操作工人参加进行一次包括修理内容的保养。除一级保养的内容以外，二级保养内容还包括修复、更换磨损零件，导轨等部位间隙调整，镶条等的刮研维修，润滑油、切削液的更换，电气系统的检修，机床精度的检验及调整等。

（2）机床的计划维修　机床的计划维修分小修、中修（又称项修）和大修三种。这三种计划维修是根据设备动力科编制的年维修计划进行的。

1）小修。一般情况下，小修可以以二级保养代替。小修时，以维修工人为主，对机床进行检修、调整，并更换个别磨损严重的零件，对导轨的划痕进行修磨等。

2）中修。中修前应进行预检，以确定中修项目，制定中修预检单，并预先准备好外购件和磨损件。除进行二级保养工作外，中修应根据预检情况对机床的局部进行有针对性的维修，以维修工人为主进行。修理时，拆卸、分解需要修理的部件，清洗已分解的各部分并进一步检定所有零部件，修复或更换不能维持到下一次维修期的零部件，修研导轨面和工作台台面；对机床外观进行修复、涂漆；对修复后的机床按出厂标准进行验收试验，个别难以达到标准的部分，留待大修时修复。

3）大修。大修前，须对机床进行全面预检，必要时，还要对磨损件进行测绘，制定大修预检单，作好各种配件的预购或制造工作。

大修工作以维修工人为主进行。维修时，拆卸整台机床，对所有零件进行检查；更换或修复不合格的零件，修复大型的关健件；修刮全部刮研表面，恢复机床原有精度并达到出厂标准；对机床的非重要部分都应按出厂标准修复。然后，按机床验收标准检验，如有不合格项目，须进一步修复，直至全部符合国家标准。

本章小结

本章主要以CA6140型卧式车床为例，介绍了车床的工艺范围、主要组成部件、功用及主要技术参数等；从车床的传动系统入手，对主运动传动链、车螺纹运动传动链和进给运动传动链进行了运动分析；按部件对车床进行结构分析(如卸荷传动带轮结构、摩擦片离合器、主轴结构及各轴支承结构、各操纵机构等)；并对各部件装配要求、调整方法、常用的装配量具、水平仪和光学平直仪的读数方法，以及机床的验收方法进行了具体介绍。

通过本章的学习，要求合理使用各种量具量仪，熟悉车床各部件的装配工艺和总装配工艺，掌握静态检查、空运行试验、负荷试验、精车螺纹试验及导轨误差的计算方法，掌握车床的安装和验收方法，了解机床的安装和维护保养方法。

复习思考题

1. 通用机床的型号由哪些内容构成？

2. 说明下列机床型号的含义：

CM6132；Z3040；Z4012；Z525。

3. 简述CA6140型卧式车床的主要组成及其功用。

4. 机床装配时常用的工具和量具有哪些？各有何功用？

5. 有一机床导轨长1600mm，全长直线度公差≤0.02mm，用精度为0.02mm/1000mm的水平仪，分8段测量在垂直平面内的直线度误差，测得结果如下：+1、+2、+1、+0.5、0、-1、-1、-0.5。

1）画出导轨在铅垂平面内直线度曲线图。

2）计算导轨直线度线性误差值，并判断导轨是否合格。

6. 用光学平直仪测量6m长的刨床导轨。反光镜垫铁长为50mm，测得原始数据为：17、19、21、23、5、26、27、27、29、31、5、33、35、35。

1）画出导轨直线度误差曲线图。

2）计算导轨直线度误差值。

7. 卧式车床总装配工作的主要内容是什么？

8. 床身与床腿的接合应满足哪些要求？目的是什么？应如何检验？

9. 床鞍的上导轨面为什么要垂直于下导轨面？为什么只许上导轨偏向主轴一方？

10. 确定溜板箱安装位置的主要依据是什么？

11. 安装齿条时，应注意哪些问题？

12. 如何保证进给箱、溜板箱和丝杠后支架丝杠安装孔的同轴度？

13. 主轴箱安装时应满足哪些要求？超差时应如何修刮？

14. 安装车床尾座时应满足哪些技术要求？为什么要求尾座顶尖要比主轴中心高一些？其等高度应如何测量？

15. 车床空运行试验前的静态检查有哪些内容？

16. 车床空运行试验应如何进行？具体有什么要求？

17. 车床负荷试验的目的是什么？包括哪些内容？

18. 车床精度检验包括哪些内容？为什么精度检查要在热平衡状态下进行？

19. 金属切削机床的安装基础有哪两种？

20. 在车间中，如何建造机床地基和进行机床的水平安装调整？

21. 简述机床安装的程序和工作内容。

第六章　机械装置的润滑、密封与治漏

教学目标　1. 了解润滑剂的作用及种类。

2. 掌握润滑方法与润滑装置。

3. 了解密封及其类型，熟悉机械密封的方法。

4. 了解漏油的检查与原因分析。

5. 理解治漏的一般标准与方法。

教学重点　1. 润滑剂的作用及种类。

2. 润滑方法与润滑装置。

教学难点　1. 润滑方法与润滑装置。

2. 漏油的检查与原因分析。

第一节　机械装置的润滑

机器零件作相对运动时都存在摩擦，摩擦会使零件磨损，消耗动力和产生摩擦热。合理选择润滑剂及润滑装置，对机械装置实行润滑，可以减少摩擦、降低磨损，提高机械设备的使用效率和延长寿命，同时还可起到冷却、防锈、防尘和吸振等作用。

一、润滑剂的作用及种类

1. 润滑剂的作用

在零件的摩擦表面之间加入润滑剂的作用有：

（1）润滑作用　润滑剂在零件摩擦表面之间形成一层油膜，可减小相互间的摩擦阻力。

（2）冷却作用　流动的润滑剂可将摩擦产生的热量带走，降低零件的工作温度。

（3）防锈作用　润滑剂可防止周围环境中的水气、二氧化硫等有害介质对零件的腐蚀。

（4）清洗作用　流动的润滑剂可将零件磨损脱落的微粒或其他杂物带走。

（5）缓冲和减振作用　润滑剂存在于摩擦表面，具有缓冲和减小振动的作用。

（6）密封作用　润滑剂对防止漏气和液体渗漏也起一定作用。

2. 润滑剂的种类

生产中常用的润滑剂包括润滑油、润滑脂和固体润滑剂三大类。其特点及应用见表6-1。

表6-1　润滑剂的种类、特点及应用

种　类		特点及应用
润滑油	机械油（L-AN全损耗系统用油）	其牌号有L-AN10、L-AN15、L-AN32和L-AN46等。数值表示油的粘度等级、粘度等级小的油适用于高速轻载的机械；粘度等级大的油适用于低速重载的机械
	精密机床主轴油	其牌号有N2、N5、N7和N15共4种。既适用于精密机床主轴的滑动轴承，也适用于中等转速的精密滚动轴承
	重型机械用油	其牌号有N68，适用于大型轧钢机和剪断机

（续）

种　　类		特点及应用
润滑脂（黄油）	钙基润滑脂	应用最广，呈黄色，防水性好，但熔点低，耐热性差。适用于工作温度不高和潮湿的场合
	钠基润滑脂	呈暗褐色或黑色，耐热性较好，但不耐水。适用于高温重载的场合
	锂基润滑脂	一种高效能润滑脂，呈白色，表面光滑，具有良好的防腐和抗水性能。适用于高速和精密机床的滚动轴承
	铝基润滑脂	呈奶油状，表面光滑，缺乏塑性。具有很好的耐水、耐热、润滑和粘附性。常用于精密仪器和高速齿轮等润滑
固体润滑剂	石墨、二硫化钼、聚四氟乙烯等	耐高温、高压，适用于速度很低、载荷特重或温度很高、很低的特殊条件及不允许有油、脂污染的场合

二、润滑方法与润滑装置

1. 润滑方式

常用的润滑方式分为集中润滑、分散润滑、连续润滑、间歇润滑、压力润滑、无压润滑和循环润滑等多种。生产中根据实际情况灵活选用。

2. 润滑装置

在选定润滑剂后，要采用适当的方法和装置将润滑剂输送到润滑部位。润滑脂常用油枪压入或直接涂敷来实现润滑；固体润滑剂常用直接涂敷实现润滑；润滑油的输送方法和润滑装置如下：

（1）手工定时润滑　手工定时润滑用于运动速度低的零件润滑部位。图 6-1 所示为一般

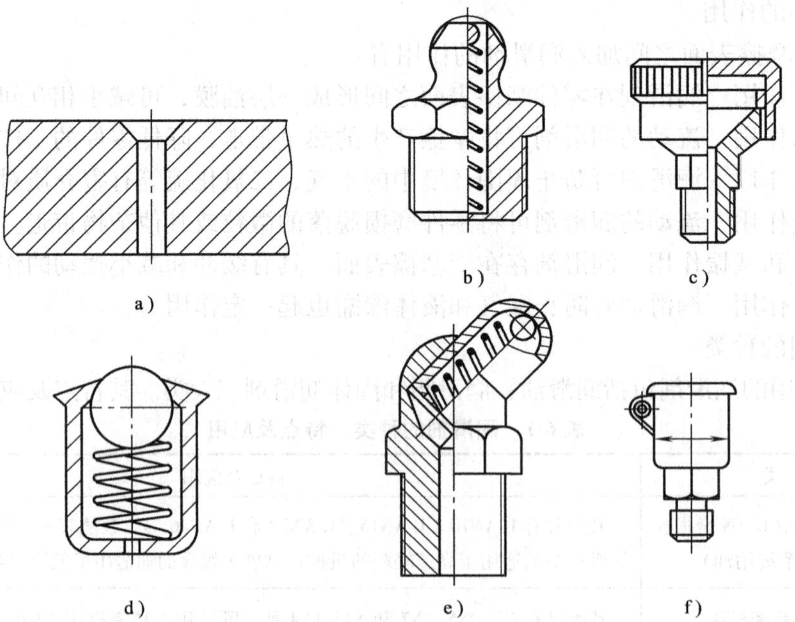

a)　b)　c)　d)　e)　f)

图 6-1　手工定时润滑装置

a）油孔　b）直通式压油杯　c）旋盖式油杯

d）压配式压气油杯　e）接头式压气油杯　f）弹簧盖油杯

手工定时润滑装置。

(2) 滴油润滑　滴油润滑是利用润滑油的自重，滴到润滑部位。主要用于滑动轴承、齿轮、链条等处。图 6-2 所示为滴油润滑装置。图 6-3 所示为针阀式注油杯装置，其滴落速度可通过调整针阀式注油杯出油口的大小来实现。

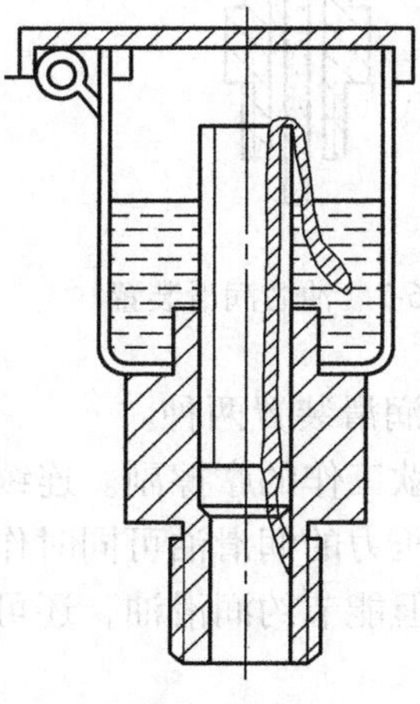

图 6-2　滴油润滑

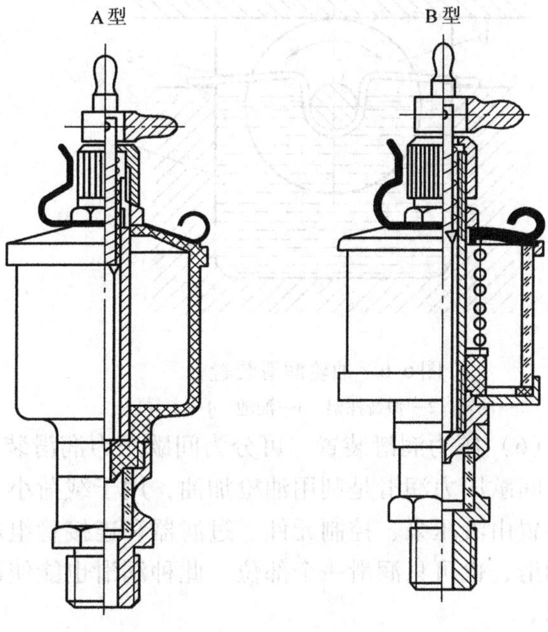

图 6-3　针阀式注油杯

(3) 油池润滑　油池润滑用于封闭的箱体内的润滑。润滑油由浸入油池内的旋转零件旋转甩到各润滑部位，要求油位保持一定高度才能实现油池润滑，此种润滑能使油液循环，起到节约用油的作用。图 6-4 所示为油池润滑装置。

(4) 油环、油链及油轮润滑装置　油环、油链及油轮润滑装置是利用浸入油中并转动的油环、油链或油轮将油从油池中带至摩擦副的接触面而进行润滑的。图 6-5 所示为油链润滑装置，图 6-6 所示为油轮润滑装置。

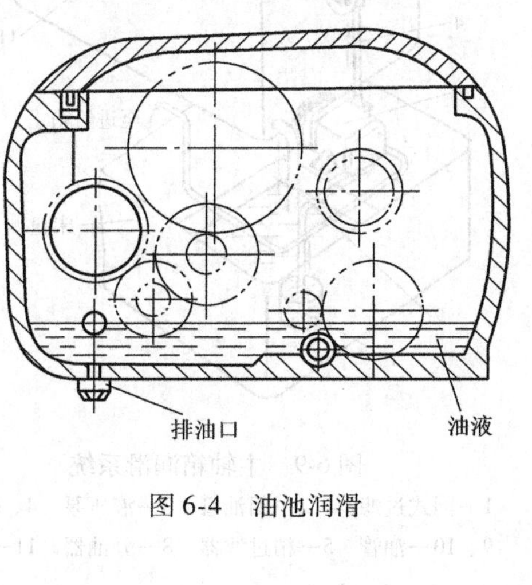

图 6-4　油池润滑

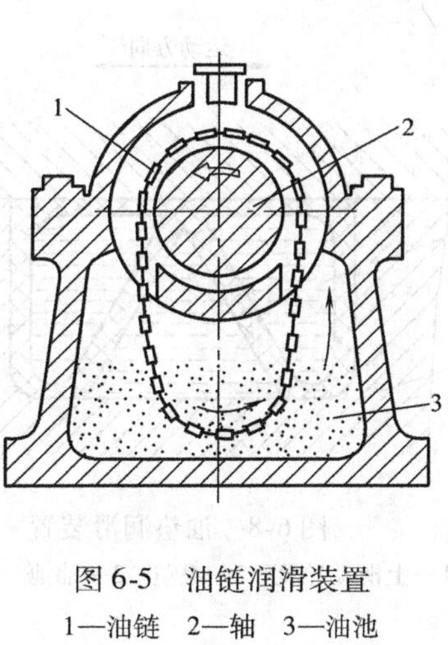

图 6-5　油链润滑装置

1—油链　2—轴　3—油池

（5）油芯、油垫润滑装置　油芯、油垫润滑装置是利用油芯、油垫的毛细管和虹吸作用向摩擦副提供润滑油的。图 6-7 所示为油芯润滑装置，图 6-8 所示为油垫润滑装置。

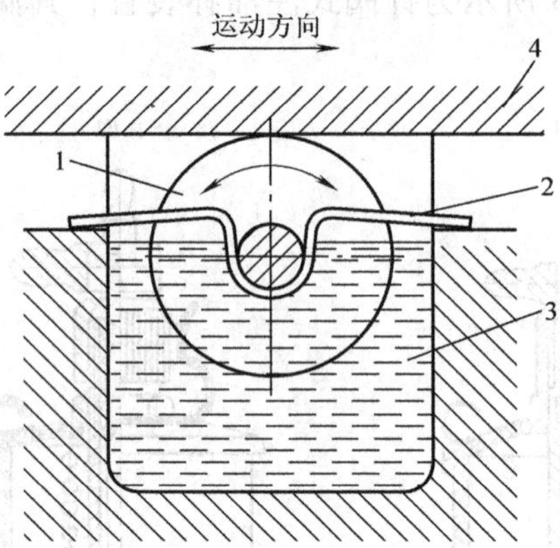

图 6-6　油轮润滑装置
1—油轮　2—弹簧托架　3—油池　4—上导轨

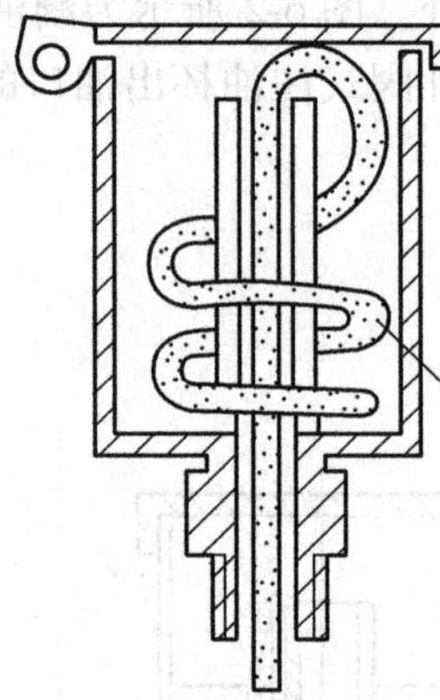

图 6-7　油芯润滑装置

（6）压力润滑装置　可分为间歇压力润滑装置和连续压力润滑装置两种。

间歇压力润滑是利用油枪加油，用于载荷小、速度低、间歇工作的摩擦副。连续压力润滑装置由液压泵、控制元件、过滤器和连接管组成。具有一定压力的润滑油可同时作多部位的润滑，也可只润滑一个部位。此种润滑也能使油液循环，不但能节约润滑油，还可起冷却作用。

图 6-9 所示为 CA6140 型车床主轴箱采用的连续压力润滑装置系统。主轴箱主电动机通过带轮带动液压泵 3，将左床腿油池内的润滑油经网式过滤器 1、精过滤器 5 和油管 6 输入

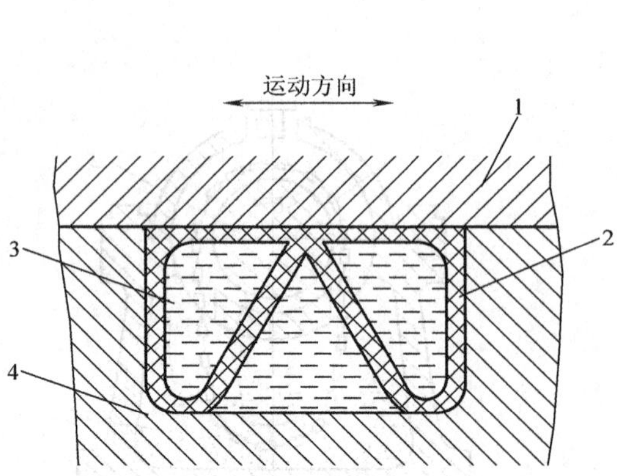

图 6-8　油垫润滑装置
1—上滑动导轨　2—毛毡　3—油池　4—床身

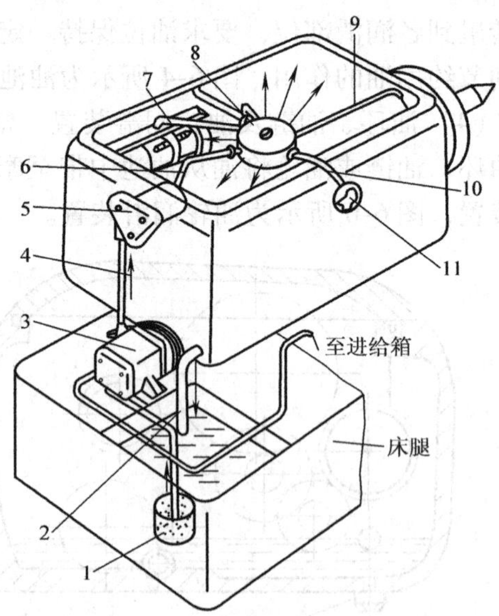

图 6-9　主轴箱润滑系统
1—网式过滤器　2—回油管　3—液压泵　4、6、7、9、10—油管　5—精过滤器　8—分油器　11—油标

分油器8，由分油器上伸出的油管7、9分别对轴Ⅰ上摩擦离合器和主轴前轴承进行直接供油。其他传动件由分油器径向孔喷出的油，经高速齿轮溅散而得到润滑。分油器上另有一油管10通向油标11，以便观察润滑系统工作是否正常。各处流回到主轴箱底部的润滑油经回油管流回油池。采用这种箱外循环润滑的方式，可使升温后的油得以冷却，从而降低主轴箱温度，减少主轴箱的热变形。另外，润滑油在回流时，还可将主轴箱内脏物及时排出。减少传动件的磨损。

三、机械装置常见的润滑

机床中需要润滑的机械装置主要包括滑动轴承、滚动轴承、导轨、变速箱和链传动机构等。

1. 滑动轴承的润滑

由于轴颈与轴瓦为面接触，摩擦和磨损严重，因此，润滑对滑动轴承非常重要。

（1）润滑剂的选用　滑动轴承的润滑剂一般用润滑油和润滑脂。可根据轴颈转速和轴承的工作条件、工作要求和工作环境等进行选择。其中以润滑油应用最广，润滑脂适用于轴颈转速小于1～2m/s的滑动轴承，在温度变化大或高速场合下不宜使用。

（2）润滑方式的选择　重要或精密机床的主轴滑动轴承，一般均采用连续润滑(滴油、油浴或压力润滑)方式，如图6-2所示的滴油润滑和图6-3所示的针阀式注油杯，以保证其在充分润滑条件下工作；小型、低速或间歇运转的轴承，可用油壶或油杯人工定期供油。

（3）选择润滑油粘度的一般原则　润滑油粘度的大小由轴颈转速、轴承间隙及轴承所承受的负荷来决定。一般应具有在轴承工作温度下，形成油膜的最低粘度。

1）重载低速、温度高等条件下，选用高粘度主轴油。

2）高速时，选用低黏度的主轴油。如当主轴转速为1000～3000r/min、主轴与轴承间的间隙为0.01～0.02mm时，选用的主轴油牌号为N15。

3）重载时，润滑油的粘度也应选高些。

4）加工粗糙、轴承与轴的间隙较大的情况，应选粘度较高的润滑油。

2. 滚动轴承的润滑

（1）润滑剂的选用　滚动轴承可采用油润滑或脂润滑。选用润滑油或润滑脂主要应考虑到摩擦副的运动性质及速度、工作条件、环境温度、摩擦表面的状态、润滑方法及机床的特殊要求。在高温条件下工作的润滑剂，热稳定性和化学稳定性要好。而液压系统用润滑油则应具有较好的抗氧化、抗磨损、抗泡沫和防锈蚀等性能，粘度指数还要高。常用的有L-HL15，L-HL22，L-HL46的液压油及L-AN32，L-AN46全损耗系统用油或N15主轴油，高速全损耗系统用油等。

（2）润滑方式的选择　滚动轴承的润滑方式要根据轴承具体的工作情况来确定。如间歇运动机构的轴承可采用间歇润滑方式；低速轴承可采用油池润滑等，如图6-10油池润滑所示。

（3）选择润滑油或润滑脂粘度的一般原则

1）在冲击、振动或间歇性工作条件下工作的摩擦副，应用粘度高的润滑油(脂)。

2）高速、轻载时，应选用低粘度油(脂)。

3）低速、重载时，则应选用高粘度的油(脂)，润滑油的具体选择如图6-11所示，根

据 d_n（轴承内径和转速的乘积）值及工作温度，选定所需的粘度，然后再从有关手册中选定相应的牌号。

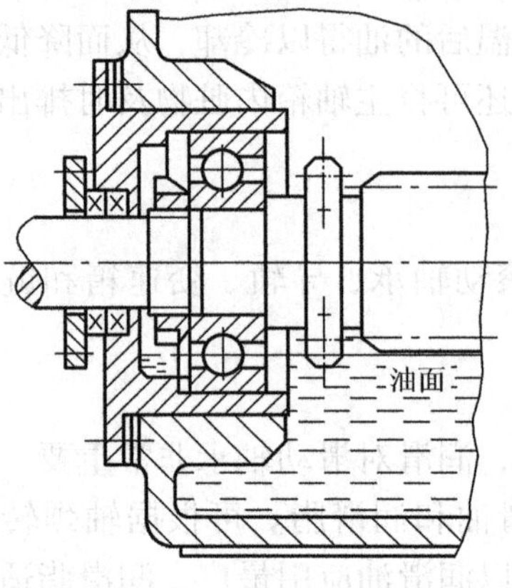

图 6-10　油池润滑

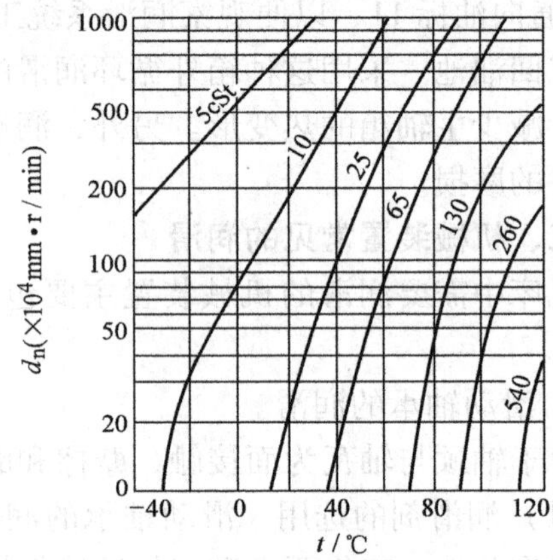

图 6-11　润滑油的选择

（4）润滑脂的充填量　润滑脂一般在装配时加入，轴承润滑脂的充填量不宜过多，一般充填量约占轴承内部空间的 1/4 ~ 1/3，高速时应不超过 1/3。其润滑装置及轴承座结构如图 6-12 所示。

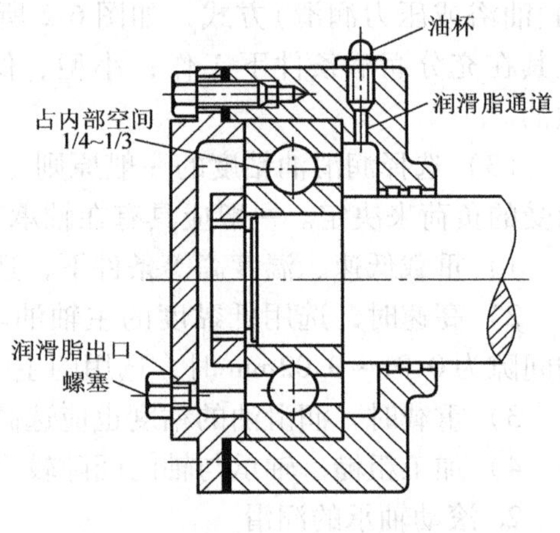

图 6-12　脂润滑的轴承座的结构

3. 导轨的润滑

导轨因结构形式的不同，分为滑动导轨、静压导轨及滚动导轨。

滑动导轨：

（1）润滑方式　当导轨面负荷较小、摩擦频次较小时，采用间歇无压润滑。当导轨面负荷较大，且连续摩擦时，采用连续压力循环润滑方式。

（2）润滑油粘度　精密机床导轨滑行速度很慢，当润滑剂供给不足、质量不好或选择不当时，易产生爬行现象，因此，不能使用一般的全损耗系统用油，必须选用具有良好抗爬行性能并具有合适粘度的导轨油。

当机床导轨面负荷较大时，应选用粘度较高的导轨油，如滚齿机、坐标镗床应选用 N68、N100 或 N150 导轨油；而负荷较小时，如磨床选用 N32 或 N68 导轨油即可。

导轨和液压系统共用一种油，且负荷低、移动速度慢，大部分磨床属于这种情况。由于液压系统和导轨润滑是同一个油路系统，即要保证加工精度，避免导轨的慢速爬行，又要使润滑油顺利运行，一般选用运粘度为 20 ~ 40（50℃）的导轨油。采用叶片泵、齿轮泵的机床用 N32 ~ N68 液压导轨油；采用螺杆泵的机床用 N68 导轨油。

（3）润滑性能的改善　机床的导轨在修理过程中，可改变修理工艺，由宽刮代替点刮。宽刮利于油楔的建立，增加油膜厚度，减少摩擦系数，从而改善导轨的润滑状态。

4. 变速箱的润滑

变速箱是机械设备中最复杂的部件，由箱体、传动轴、轴承、齿轮副、离合器、凸轮、螺旋副及操纵元件等组成。由于各种不同的摩擦副同时集中在同一箱体中，一般均采用集中润滑方式。

对常见的齿轮副，变速箱齿轮的润滑方式主要根据齿轮工作的线速度确定，一般当齿轮旋转的最大线速度小于 0.8m/s 时，采用手工涂润滑脂的方法；当线速度在 0.8～4.0m/s 时，采用浸油润滑；当线速度为 4.0～12m/s 时，齿轮采用浸油润滑，如图 6-4 所示的油池润滑；当齿轮的线速度大于 12m/s 时，润滑采用压力喷油润滑。

润滑油粘度一般根据变速箱的变速级数、齿轮中心距和环境温度等进行选择。

5. 链传动机构的润滑

根据链节距 p 和链速 v 的不同可采用不同的链传动润滑方式，如图 6-13 所示。常选用的润滑剂有 N32 等全损耗系统用油。注意高温环境下工作应选用粘度较大的润滑油。

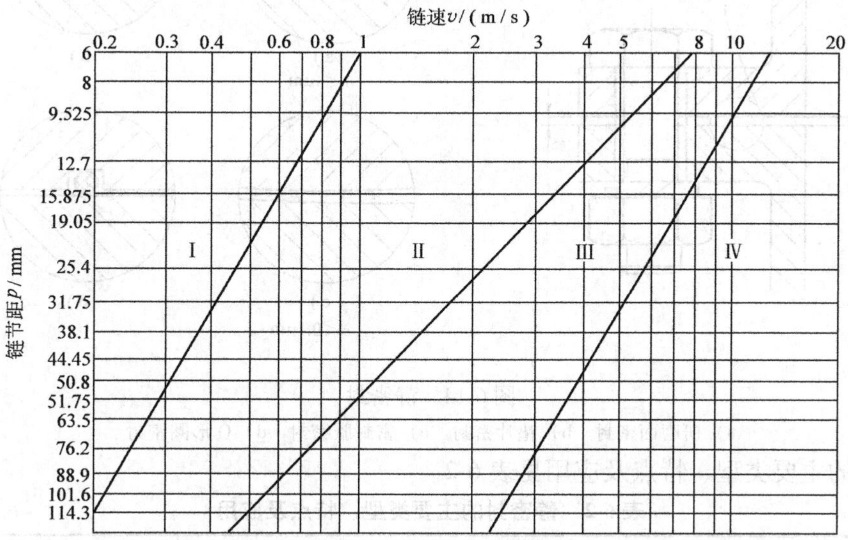

图 6-13　推荐的链传动润滑方式

Ⅰ—人工定期润滑　Ⅱ—滴油润滑　Ⅲ—油池飞溅润滑　Ⅳ—压力喷油润滑

第二节　机械装置的密封

一、密封及其类型

1. 机械的密封

机械装置中实行的密封，是指采用适当措施以阻挡零件间接触处出现液体或气体的泄漏。机器设备密封性能对设备的质量有直接的影响。采用适当的密封装置使机器内部与外部隔离，可以防止灰尘、水分、杂质或化学气体浸入机器内部，腐蚀、损坏零件和轴承，减少润滑油、润滑脂的流失，保持封闭腔的密封。从而避免资源、能源的浪费和对环境的污染，保持设备稳定运行。在易燃、剧毒及放射性物质的场合，密封的作用就更为重要了。

2. 密封的类型

密封的类型主要有静密封和动密封两类。所有的静密封和大部分的动密封都是靠密封面互相靠近或嵌入以减少或消除间隙，达到密封的目的，这类密封方式称为接触式密封。密封面间有间隙，依靠各种方法减少密封间隙两侧的压力差而阻漏的密封称为非接触式密封。

二、静密封

在工作状态下，两零件间无相对运动，其结合面之间的密封称为静密封，如图 6-14 所示。

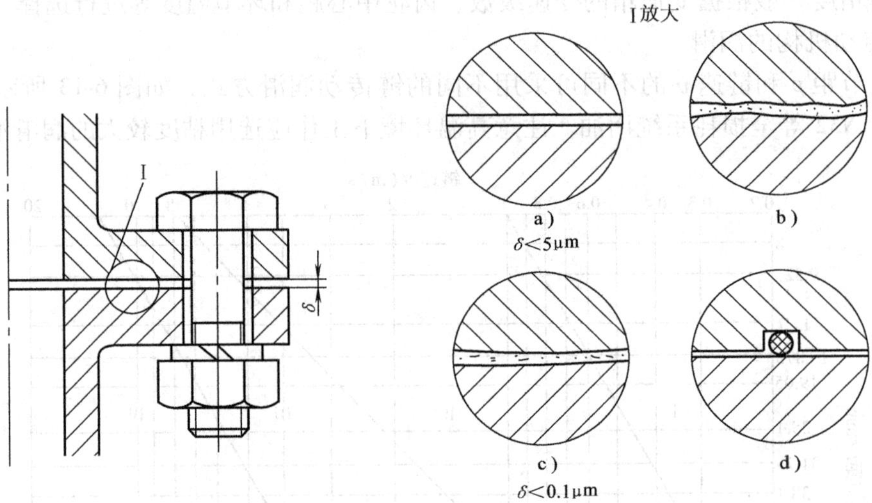

图 6-14　静密封

a）研磨面密封　b）垫片密封　c）密封胶密封　d）O 形圈密封

静密封的主要类型、特点及应用见表 6-2。

表 6-2　静密封的主要类型、特点及应用

类　型	特　点	应　用
金属垫片密封	采用纯铜、铝、铅、低碳钢、不锈钢及合金钢等制成的各种类型的垫片，垫于结合面中间进行密封	常用于高温、高压的场合
非金属垫片密封	采用天然橡胶、纸板、牛皮、聚四氟乙烯及其合成品制成的各种垫片，垫于结合面中间进行密封	适用于常温、中、低压场合
密封胶密封	这类密封直接采用成品密封胶进行密封。使用时，把它们涂敷在设备的各种静结合面上	用于形状复杂或材料不同的结合面上
管螺纹密封	管螺纹的密封采用聚四氟乙烯薄膜缠绕在螺纹表面（缠绕方向与螺纹旋向相反），拧入后，使聚四氟乙烯填充在管螺纹之间进行密封；厌氧胶也是用于管螺纹密封的材料，使用时，先将接合面上的油污、水、灰尘等擦干净，有锈的要除掉锈，然后将厌氧胶涂敷在螺纹表面，涂层厚为 0.06 ~ 0.1mm，干固后，即对管螺纹起着很好的密封作用	适用于管螺纹联接处

三、动密封

在工作状态下，两零件间有相对运动的结合面之间的密封，称为动密封。在回转轴的动密封中，有接触式、非接触式和组合式三种类型。密封装置一般设置在轴承上(称为密封轴承)或轴承的支承部位。

1. 接触式密封

（1）毡圈密封，如图6-15所示，毡圈作为密封件，密封装置结构简单，但因摩擦和磨损较大，适用于运动速度不高，主要应用于工作环境比较清洁的场合下润滑脂的密封。密封处的圆周速度不应超过5m/s，工作温度不得超过90℃。

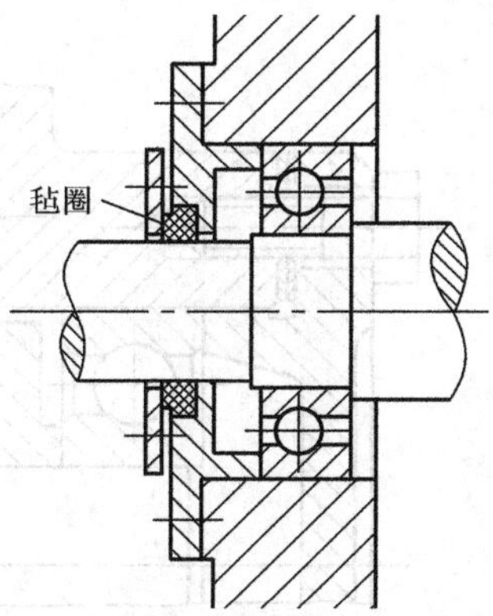

a)

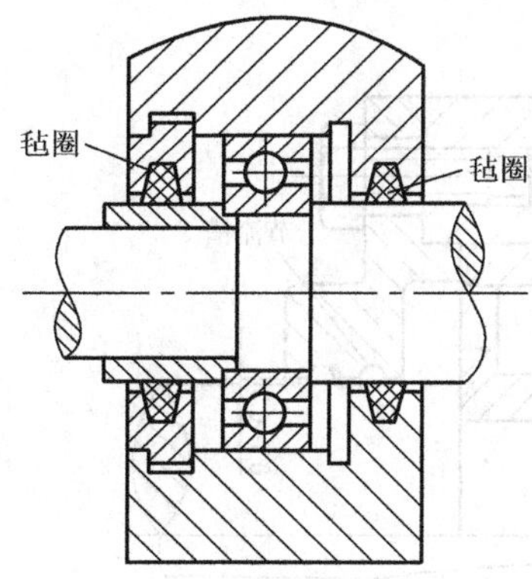

b)

图6-15 毡圈密封

（2）密封圈密封 如图6-16所示，密封圈用耐油橡胶制成，借助本身的弹性和用弹簧使之压紧在轴上，可用于密封润滑脂或润滑油。这种密封圈结构较简单，但摩擦力较大，适用于运动速度不高的场合。密封处的圆周速度不应超过7m/s，工作温度为-40~100℃。安装时应注意密封唇的方向，用于防止漏油时，密封唇应向着轴承；用于防止外界污物侵入时，密封唇应背着轴承；也可以同时用两只不同朝向的密封圈以提高密封效果。

（3）机械密封 机械密封又称端面密封。图6-17所示是一种简单的机械密封方式，动

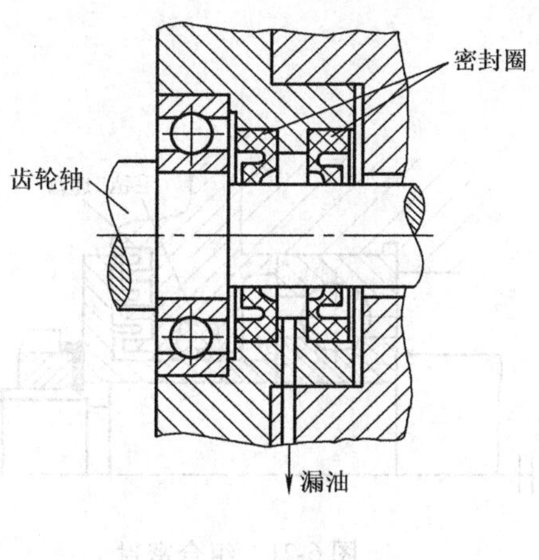

图6-16 密封圈密封

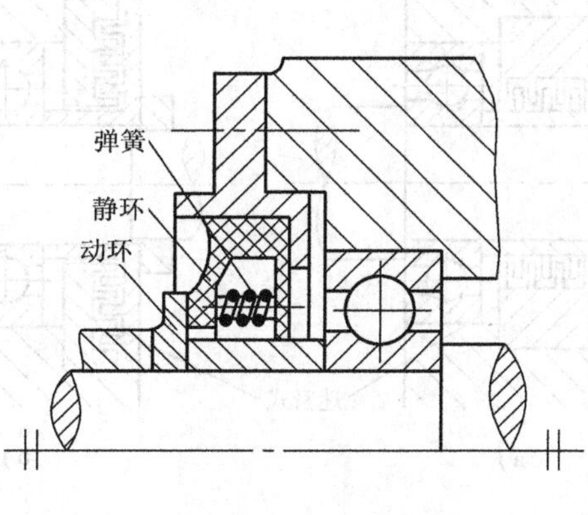

图6-17 机械密封

环与轴一起转动，静环固定在机座端盖上，动环与静环端面在弹簧的弹力作用下互相贴紧，起到很好的密封作用。这种密封多用于工作环境恶劣的场合。

2. 非接触式密封

（1）间隙密封　如图6-18所示，这种密封靠轴与轴承盖的孔之间充满润滑脂的微小间隙(0.1～0.3mm)实现密封。在轴承盖的孔中开槽后，密封效果更好。这种装置常用于环境比较清洁和不很潮湿的场合。

（2）挡油环密封　如图6-19所示，工作时挡油环随轴一起转动，利用离心力甩去落在挡油环上的油和杂质，起到密封作用。挡油环常用于减速器内齿轮用油润滑、轴承用脂润滑时轴承的密封。

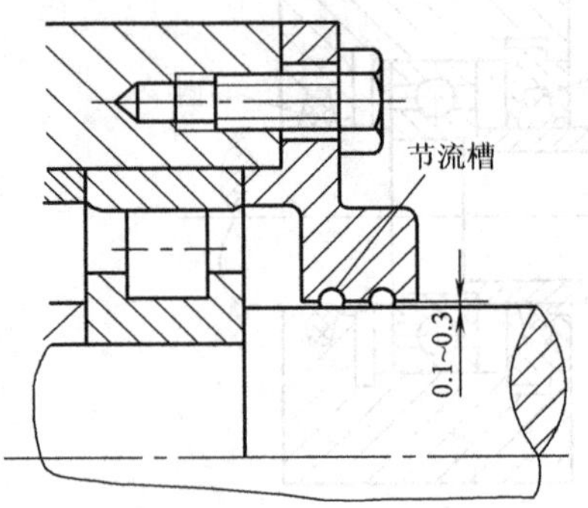

图6-18　间隙密封

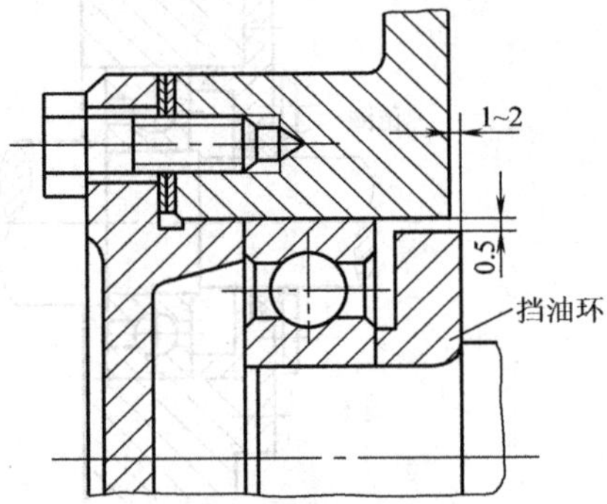

图6-19　挡油环密封

（3）迷宫式密封　如图6-20所示，这种密封由转动件与固定件间曲折的窄缝形成，窄缝中的径向间隙为0.2～0.5mm，轴向间隙为1～2.5mm，并注满润滑脂。工作时轴的圆周速度越高，其密封效果越好。这种密封方式多用于多尘、潮湿和轴表面圆周速度小于30mm/s的场合。

3. 组合密封

在一些重要的密封部位通常采用几种密封组合使用的形式。图6-21所示是毡圈密封与迷宫式密封的组合方式，可提高密封效果。

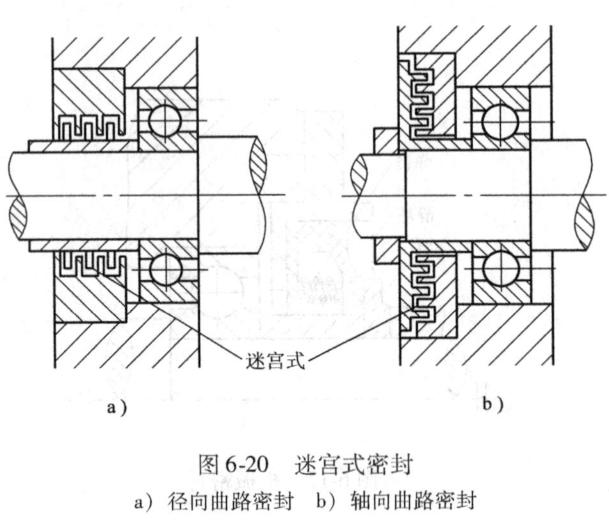

图6-20　迷宫式密封

a）径向曲路密封　b）轴向曲路密封

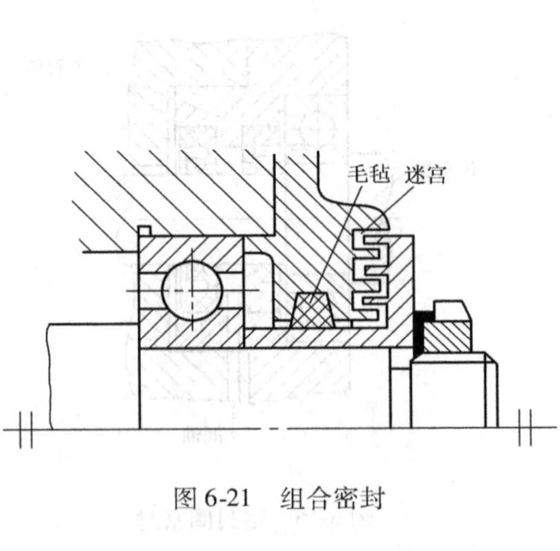

图6-21　组合密封

第三节　机械装置的治漏

在机械设备中，机床润滑油的泄漏是维护工作中较普遍、较难治理的问题之一，对机床中各种泄漏通常采取不同的方法和措施进行有效的防治。

一、漏油的检查与原因分析

1. 漏油的形态

通常将漏油划分为渗油、滴油和流油三种形态。

（1）渗油　静接合面部位，每 30min 滴 1 滴油为渗油；动接合面部位，每 6min 滴 1 滴油为渗油。

（2）滴油　无论是动接合面还是静接合面，每 2 ~ 3min 滴 1 滴油时为滴油。

（3）流油　每 1min 滴 5 滴油时，就认为是在流油。

2. 漏油检查的一般方法

漏油的检查主要指对机械系统和液压润滑系统漏油的检查，其检查内容及方法见表 6-3。

表 6-3　漏油检查的内容及方法

检查内容	检查方法
机械系统漏油	按部件进行普查。先将被检部件外表擦干净，再观察漏油部位并测定渗油程度。对静密封处主要检查箱体盖缝、油标、油管、管接头处；对动密封注意轴孔配合处、旋转工作台等处
	对重点部件要进行细查，如箱体等
	重视设备在使用过程中的日常观察工作。在日常对设备的清洁工作中观察渗漏情况，弄清渗漏部位
液压润滑系统漏油	按顺序进行普查。从液压泵开始，依次检查过滤器、控制阀、油管、管接头、润滑油缸等部分。检查应在擦干净后的正常供油状态下进行。对于重点怀疑的部位可缠上白吸油纸，观察是否因有油渗出而变黄，以便判断
	通过增压试验进行细查。为了检查出可能漏油的薄弱环节，可以进行增压试验，使压力比正常工作压力高出 25%~30%，然后检查油路各部分的渗漏情况
	由日常液压动作进行观察。对于液压系统来说，不仅要防治其外泄漏问题，还要注意从部件的一个腔流到另一腔的内泄漏问题。内泄漏可以表现在动作失调、开关失灵、效率下降等方面

3. 设备漏油的常见原因

设备的漏油可归纳为两方面的原因，见表 6-4。

表 6-4　设备漏油的常见原因

类　　型	原因分析
先天性的原因	设计不合理，对密封结构考虑不周造成润滑油回流不畅或飞溅溢出
	不按制造工艺加工，如接合面加工精度不高，尺寸超差；运动副材料早期磨损，造成间隙过大；接合面粗糙不平；紧固件旋紧顺序不对，紧固力大小不均；铸件未经时效处理，接合面变形等而泄漏
	密封件的选用、制造、安装不当

（续）

类　型	原因分析
生产过程中的原因	加工材料侵入。当机床加工铸铁等易产生硬质颗粒或粉末的工件时，硬颗粒及粉末容易侵入运动副中，加剧其磨损，使间隙增大，密封失效而发生泄漏
	机床开停频繁。当起动机床时，各运动副刚要运转的一瞬间，一般都处在半干摩擦状态，各运动副容易磨损。如机床开机停机频繁，运动副的磨损速度必然加快，使其间隙迅速增大而发生泄漏。同时运动副的间隙增加，也必然导致振动加大，反过来又促使磨损加速，造成更大的泄漏
	振动。机床振动能歪曲接合面形状，降低接合精度，引起紧固件松动，使静密封失效
	未注意维护保养。未定期更换密封件，不定期、定量加润滑油(脂)，不及时调整间隙，检修质量不符合标准，必然导致泄漏发生

二、治漏的一般标准与方法

1. 治漏的一般标准

治漏应达到使设备外部静接合面处不得有渗油现象，动接合面处允许有轻微渗油，但不得流到地面上。在设备的内部允许有些渗油，但不得渗入电气箱和传动带上，不得滴落到地面，并能引回到油箱内。

2. 治漏方法

常用的治漏方法及应用见表6-5。

表6-5　常用的治漏方法及应用

方　法	应　用
紧固法	通过紧固渗漏部位的螺钉、螺母、管接头等来消除连接部位因松动而引起的漏油现象
疏通法	保证回流油路畅通，不被污物堵住；或将过小的回油孔改成大直径回油孔或增加新的回油孔使油路畅通
封涂法	在渗漏处涂抹封口胶进行密封紧固，以消除渗漏现象。此方法简单方便、成本低廉、效果明显、适应性广
调整法	调整相关件的位置，如调整滑动轴承孔与轴颈之间的间隙；减少液压润滑系统的压力；调整刮油装置如毛毡的松紧高(低)等。调整法应是治漏的首选方法
堵漏法	对漏油的铸件砂眼、螺纹通孔进行堵塞的办法进行治漏，如在箱体的砂眼堵塞环氧树脂，在通孔堵塞铅块等
修理法	箱盖结合面不严密时，应对其进行表面刮研修理；油管喇叭口不严密时，应对喇叭口进行修理；液压润滑件因毛刺、拉伤、变形而漏油时，应对液压件进行修理，通过修理而达到治漏
换件法	更换密封件或相关件，达到治漏的目的
改造法	对因设计不合理而造成的漏油，可通过改造原有结构，改换密封材料，改变润滑介质，减小配合间隙，增加挡油板及接油盘的方法进行改造治漏。改造治漏要注意不要破坏设备原有的强度和刚度

本 章 小 结

本章主要介绍了机械装置润滑中的润滑剂的作用及种类、润滑方法与润滑装置；熟悉机械装置的密封及静密封、动密封两种类型；通过机械装置中漏油的检查与原因分析，掌握治漏的一般标准与方法。

复习思考题

1. 润滑有哪些作用？
2. 润滑剂有哪三大类？各适用于什么场合？
3. 常用的润滑方法有哪些？
4. 密封在机械设备中起什么作用？
5. 滚动轴承的润滑方式是如何确定的？
6. 滚动轴承的密封常采用哪些方法？
7. 静密封有哪些类型？
8. 在回转轴的动密封中常用的结构形式有哪几种？各有何特点？
9. 治漏一般应达到什么标准？
10. 简述常用的治漏方法。

第七章　机 床 夹 具

教学目标　1. 通过本章学习，要求明确工件定位及定位基本原理，熟悉常用的定位方法及定位元件。

2. 了解机床夹具的组成和作用，了解夹紧装置及正确使用，在了解钻床夹具特点及钻套的基础上，进一步了解车床夹具、铣床夹具、镗床夹具、组合夹具。

3. 掌握夹具的装配步骤，了解夹具的装配工艺过程。

教学重点　工件在机床夹具中定位原理及常用的定位元件，常用的夹紧机构，常用的钻床夹具的类型、钻套的类型及应用、夹具的装配步骤。

教学难点　其他常用机床夹具(如车床夹具、铣床夹具、镗床夹具等)及组合夹具。

第一节　机床夹具概述

工件安装得好与坏会直接影响工件的加工质量和装夹找正所需的时间，它是加工过程中的一个重要环节。工件在加工时通常有两种安装方法：一种是用划线盘或百分表等量具按工件的已加工表面，或按工件表面上所划的线进行找正，使工件在机床上处于所需要的正确位置后夹紧进行加工；另一种是把工件直接安装在夹具体上来确定工件与刀具的相对位置进行加工，这种将工件夹紧的装置称为机床夹具，简称夹具。

机床夹具按机床种类划分钻床夹具、车床夹具、铣床夹具、镗床夹具等。按适用性可划分为通用夹具、专用夹具、通用组合夹具、可调夹具、自动线夹具。通用夹具已经规格化，在加工各种不同工件时，不需要特殊调整的夹具。

一、机床夹具的作用

1. 保证加工精度

采用夹具加工可以使工件相对刀具、机床之间相对位置的精度由夹具来保证，使一批工件的加工精度保持相对稳定。

2. 提高生产率降低加工成本

使用夹具可以准确、快捷、稳固装夹工件，可省略划线工序，减少辅助时间，特别是对多件加工、多工位加工、快速联动夹紧，将进一步提高生产率，降低加工成本。

3. 扩大机床的加工范围

例如，在车床或摇臂钻床上使用镗模，就可以代替镗床进行镗孔加工，解决缺乏某种设备的困难，实现一机多用。

4. 减轻工人的劳动强度

根据生产较高需要，设计一些机械化、自动化程度较高的专用夹具对减轻工人劳动强度和降低工人技术要求有很大作用。

二、机床夹具的分类

1. 通用夹具

指结构、尺寸已标准化，有一定通用性的夹具，如三爪自定心卡盘和四爪单动卡盘、台虎钳、机用虎钳、分度头和回转工件台等。通用夹具适用于小批量和单件生产。

2. 专用夹具

指对某工件的某道工序的加工而专门设计的夹具。它具有结构简单、操作方便等优点，适用于产品相对稳定、批量较大的生产。

3. 组合夹具

指一种已标准化的夹具。这种夹具使用过后可以拆卸或重新组装成新夹具使用。具有组装快速、周期短、能反复使用等特点。适用于小批量及临时突击性单件生产。

4. 可调夹具

指根据不同尺寸或种类的工件，调整或更换个别定位元件或夹紧元件而成的专用夹具。可调夹具品种多，通用范围较大，适用于中、小批量的生产。

5. 自动线夹具

一般分为两种：一种为固定式夹具，与专用夹具相似；另一种为随行夹具，使用中夹具随工件一起运动，并将工件沿自动生产线从一个工位移至下一个工位加工。

三、机床夹具的组成

1. 定位元件

保证工件在夹具中具有正确位置的元件称为定位元件。由图 7-1 所示工件及其钻模图 7-2可看出工件的定位主要依靠定位销 7 和定位心轴 3。孔 ϕ12H9mm 中心线与孔 ϕ40mm 中心线的垂直度是依靠心轴 3 对钻床主轴的垂直度来保证的；ϕ12mm 孔的对称度是依靠定位销 7 来保证的。

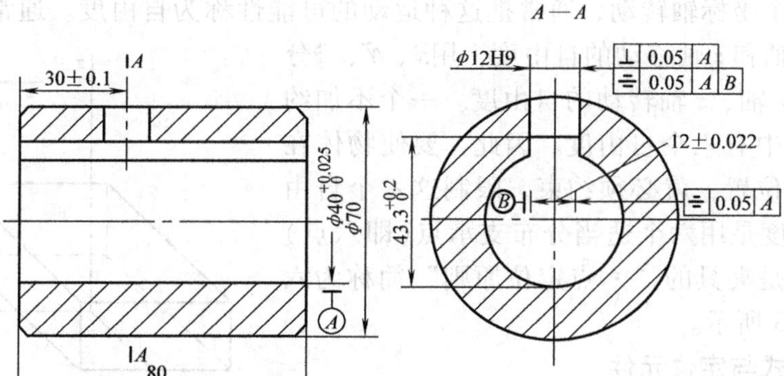

图 7-1　轴套零件图

2. 夹紧装置

用来保证工件在加工中不改变已确定位置的装置称为夹紧装置。在如图 7-2 所示的钻孔用模中用来夹紧工件的开口垫圈 5 和螺母 4 保证工件在加工中不发生位移和振动。

3. 引导元件

用来引导刀具并与工件具有相对正确位置的元件称为引导元件。图7-2中的钻套 1 用来引导钻头在正确位置上钻孔，同时增加钻削的稳定性，提高钻孔精度。

4. 夹具体

图 7-2 所示夹具的基础件为夹具体 6，它的作用是将上述各元件、装置连成一个整体。

一般机床夹用至少由夹具体、定位元件和夹紧装置三部分组成。引导元件和某些辅助装置则根据夹具的作用和要求而定。

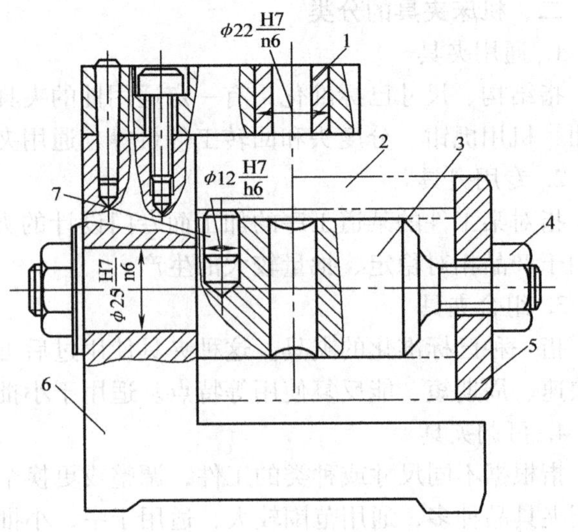

图 7-2 轴套钻孔用模

1—套钻 2—工件 3—定位心轴 4—螺母 5—开口垫圈 6—夹具体 7—定位销

第二节 工件定位原理

一、六点定位原则

按照加工工艺要求把工件放置在夹具中，使工件在夹紧之前相对于机床和刀具占有正确位置的过程叫作定位。如图 7-3 所示，任何物体在空间三个坐标轴系中，都可以沿这三个坐标移动和绕这三个坐标轴转动，通常把这种运动的可能性称为自由度。通常用 $\vec{x}$、$\vec{y}$、$\vec{z}$ 分别表示沿 x 轴 y 轴和 z 轴移动的自由度，用 $\overset{\frown}{x}$、$\overset{\frown}{y}$、$\overset{\frown}{z}$ 分别表示绕 x 轴、y 轴、z 轴转动的自由度。一个不加约束的物体在空间中有六个自由度。因此，要使物体在空间占有确定的位置，就必须约束、限制这六个自由度，这六个自由度是用六个适当分布支承点(即六点)来限制时。这就是夹具的“六点定位原则”简称为六点原则，如图 7-3 所示。

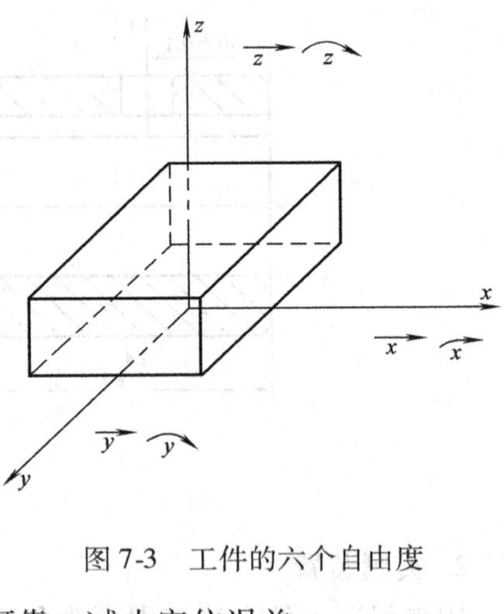

图 7-3 工件的六个自由度

二、定位方式与定位元件

工件的定位实际上是确定工件上定位基准的位置。工件形状各有不同，但作为工件定位基准的表面大多如平面、圆柱面和圆锥面等。定位方法和定位元件的选用，主要取决定位基准的形状、尺寸和精度。正确地布置和选择定位元件的结构形状，可使工件定位稳定可靠，减小定位误差。

对于定位元件的要求：

1）高精度。元件的精度直接影响工件定位误差。

2）高耐磨性。一般用 20 钢渗碳淬硬至 55 ~ 66HRC，或 T7、T8 钢淬硬至 50 ~ 55HRC，或 45 钢淬硬至 40 ~ 45HRC，可按具体情况选用。

3）足够的刚度和硬度。

4）良好的工艺性。便于制造、装配和更换修理。

1. 工件以平面定位

如加工箱体、机体、支架、圆盘等工件时都以平面作为定位基准。工件在第一道工序中，往往只能使用粗基准定位，常用的定位元件有支承钉（图 7-4）和调节支承钉（图 7-5）等；当进入后续工序时则可使用精基准定位，常用的定位元件有支承板（图 7-6）和平头支承钉（图 7-7）等。在加工较大的工件时，为提高平面支承刚度常采辅助支承，如图 7-8 所示。平面定位可限制的自由度见表 7-1。

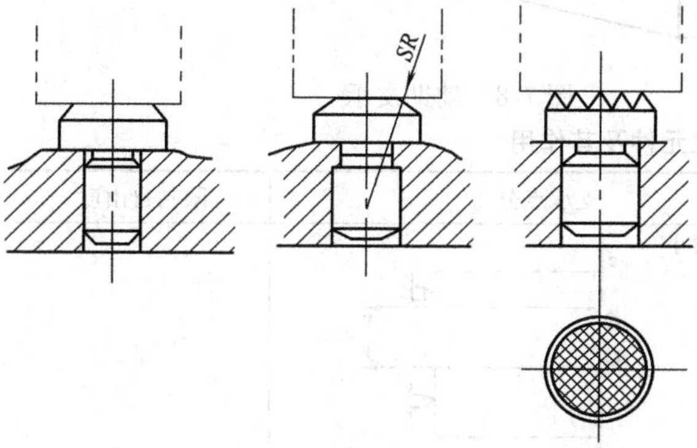

A型　　B型　　C型

图 7-4　支承钉

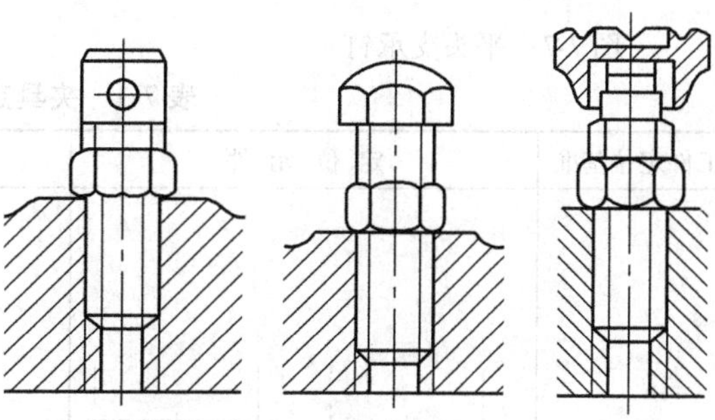

a）　　b）　　c）

图 7-5　调节支承钉

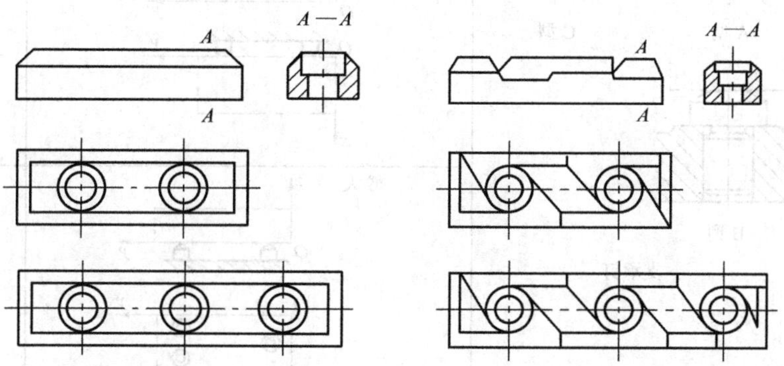

A型　　B型

图 7-6　支承板

2. 工件以外圆柱面定位

工件以外圆柱面作为定位基准时，必须保证外圆柱面的轴线在夹具中占有预定的位置。常用 V 形块、定位套、半圆套等作为定位元件。

（1）用 V 形块定位　V 形块的标准夹角有 60°、90°、120°三种。使用短 V 形块可以限制工件的两个自由度；使用长 V 形块可以制限工件的四个自由度，如表 7-1 所示。

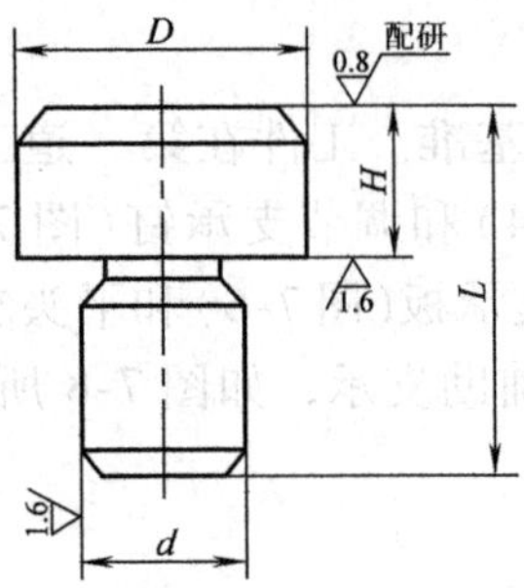

图 7-7　平头支承钉

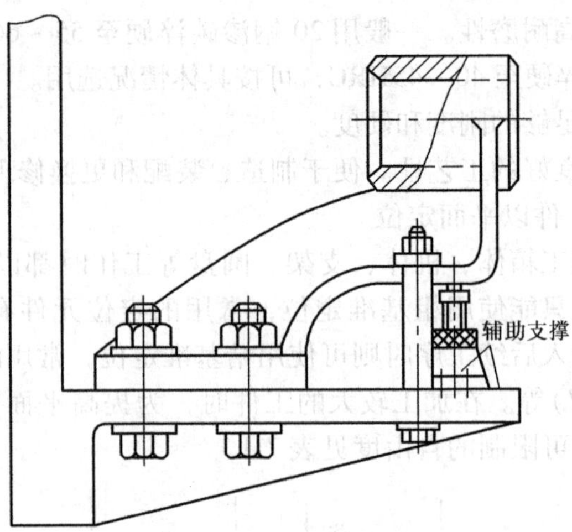

图 7-8　辅助支承

表 7-1　夹具定位元件及其作用

工件定位基准	定 位 元 件	支承点分布	限制自由度
平面	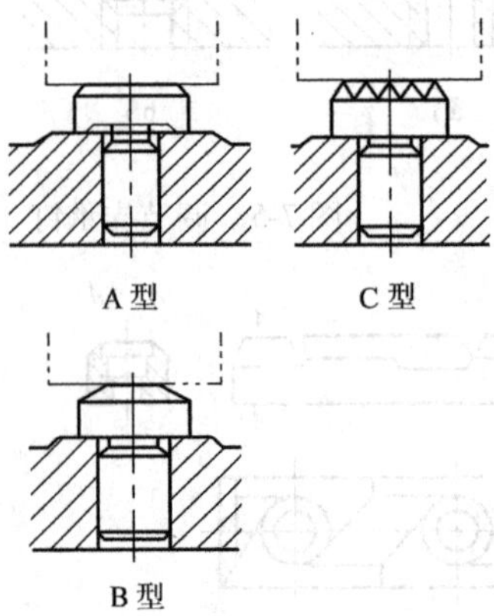 A 型　C 型　B 型　支承钉	很小 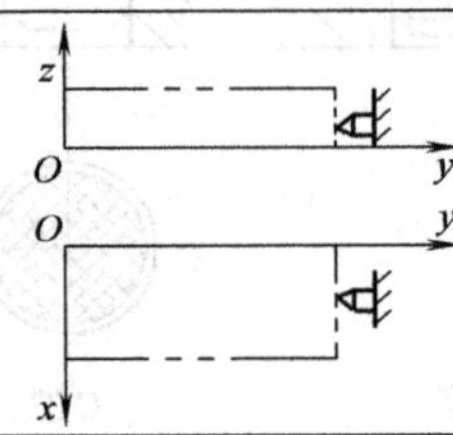	$\vec{y}$
		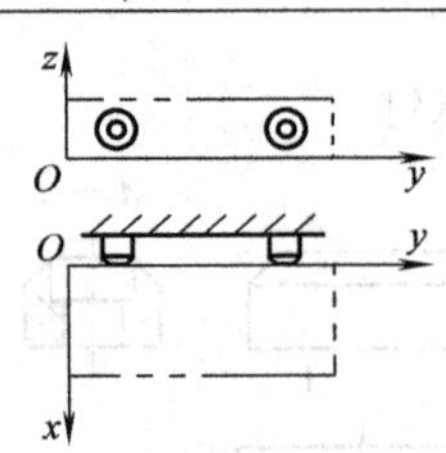	$\vec{z}$ $\overset{\curvearrowright}{z}$
		较大 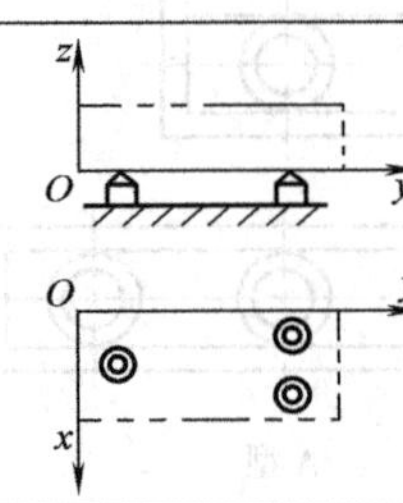	$\vec{z}$ $\overset{\curvearrowright}{x}$ $\overset{\curvearrowright}{y}$
	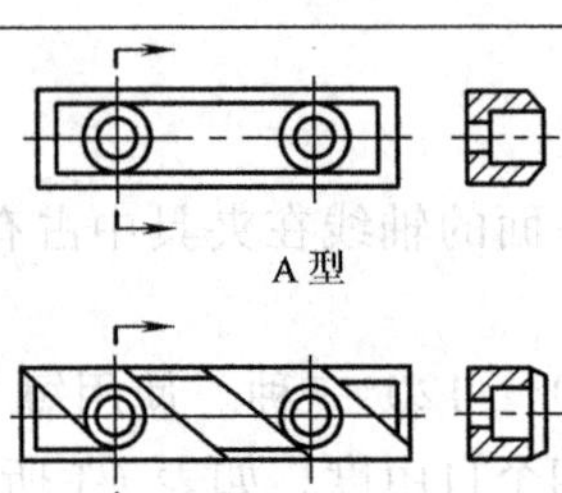 A 型　B 型　支承板	狭长 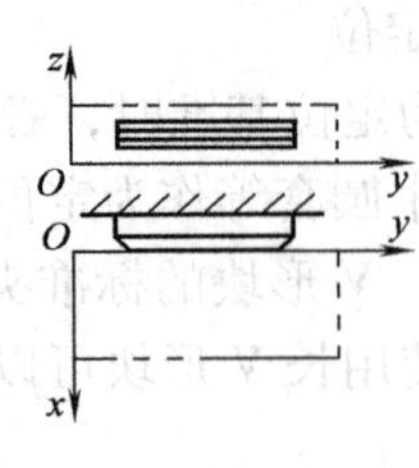	$\vec{x}$ $\overset{\curvearrowright}{z}$

（续）

工件定位基准	定位元件	支承点分布	限制自由度
外圆柱面	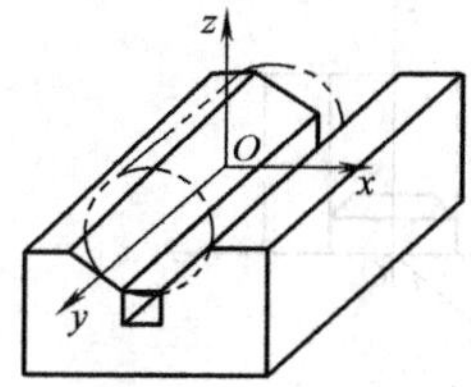 长V形块	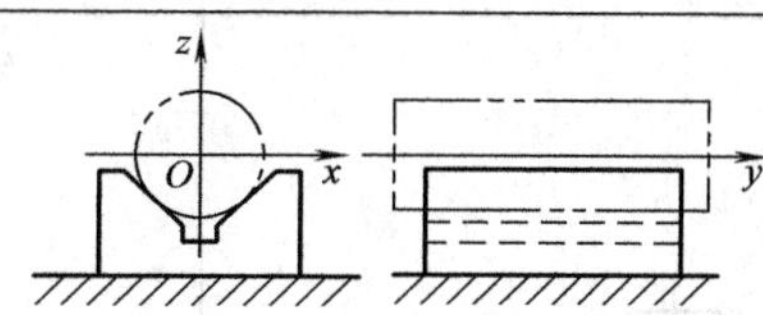 较长 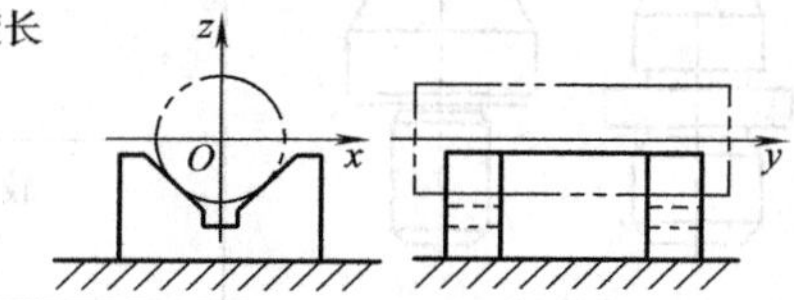	$\vec{x}$ $\overset{\frown}{x}$ $\vec{z}$ $\overset{\frown}{z}$
	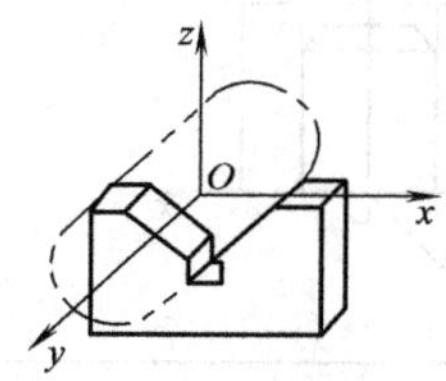 短V形块	较短 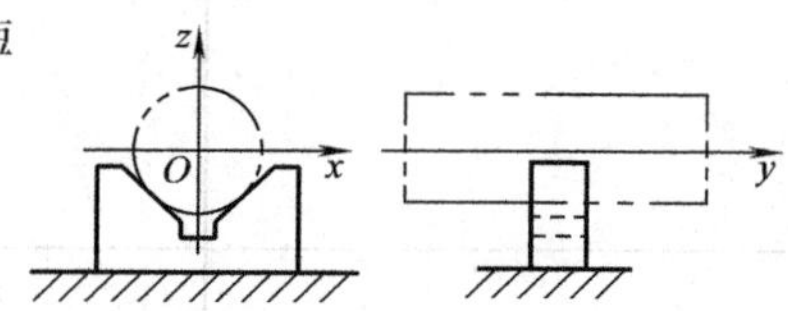	$\vec{x}$ $\vec{z}$
	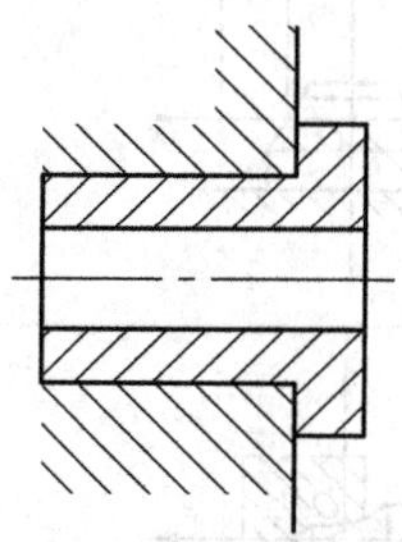 定位套筒	较短 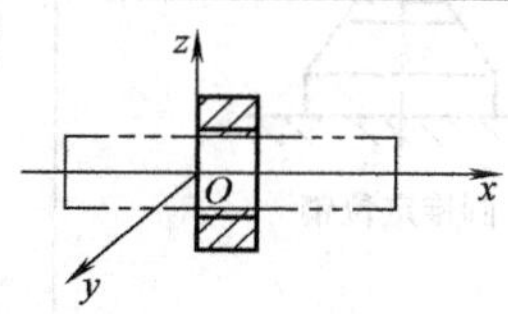	$\vec{y}$ $\vec{z}$
		较长 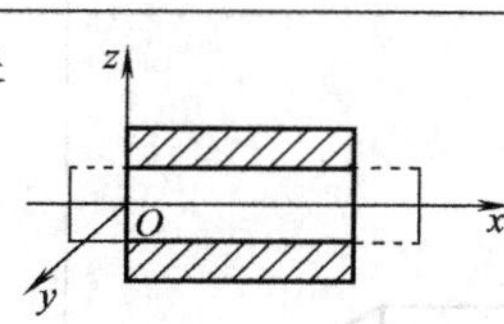	$\vec{y}$ $\vec{z}$ $\overset{\frown}{y}$ $\overset{\frown}{z}$
	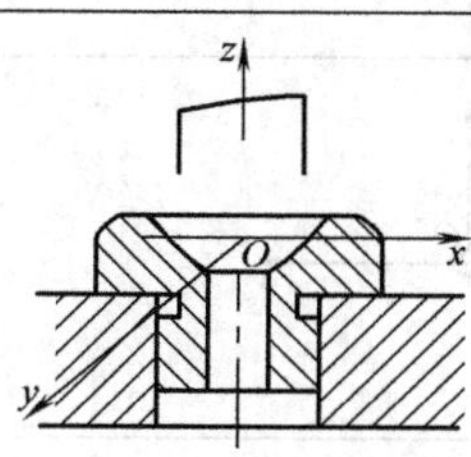 锥套	很短 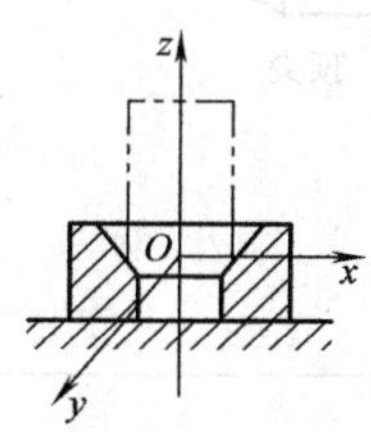	$\vec{x}$ $\vec{y}$ $\vec{z}$
圆柱孔	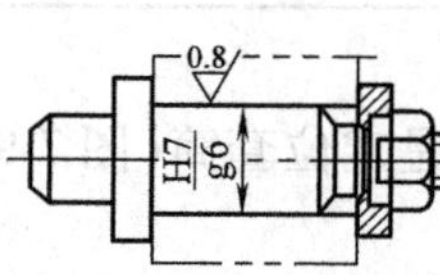 定位心轴	较短 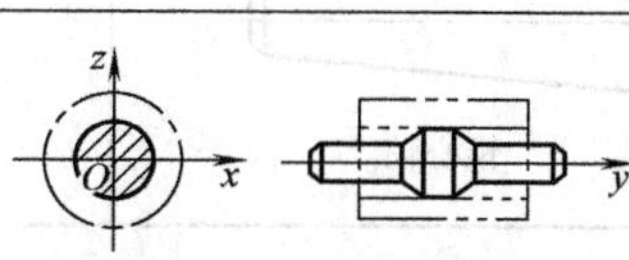 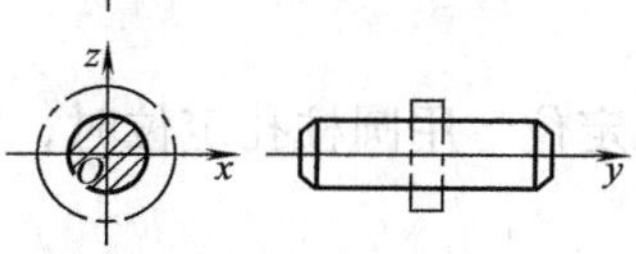	$\vec{x}$ $\vec{z}$
		较长 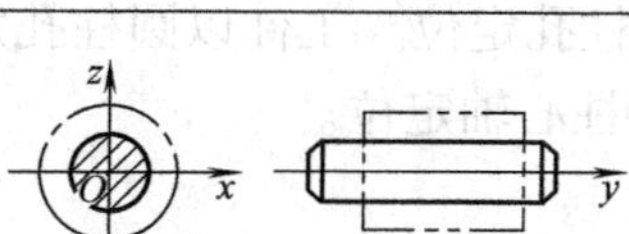	$\vec{x}$ $\vec{z}$ $\overset{\frown}{x}$ $\overset{\frown}{z}$

（续）

工件定位基准	定 位 元 件	支承点分布	限制自由度
圆柱孔	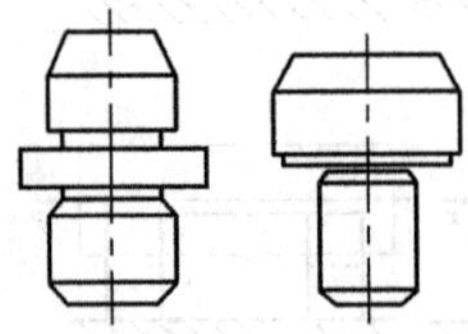 定位销	较短 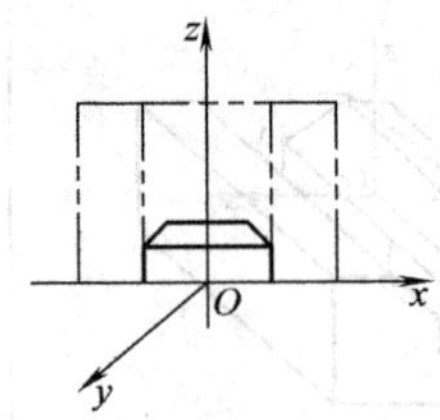	$\vec{x}$ $\vec{y}$
		较长 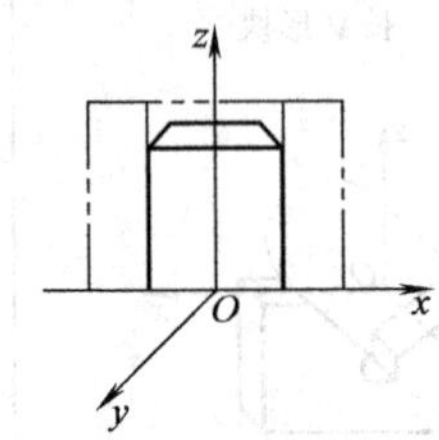	$\vec{x}$ $\vec{y}$ $\overset{\frown}{x}$ $\overset{\frown}{y}$
	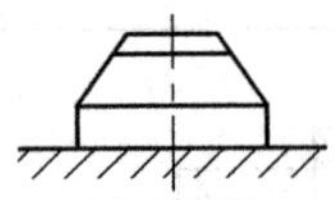 圆锥定位销	很短 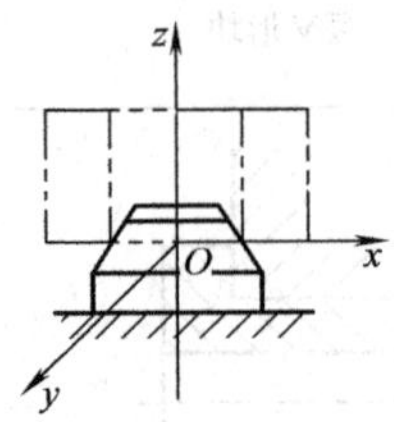	$\vec{x}$ $\vec{y}$ $\vec{z}$
圆锥孔	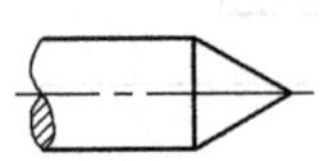 顶尖	较短 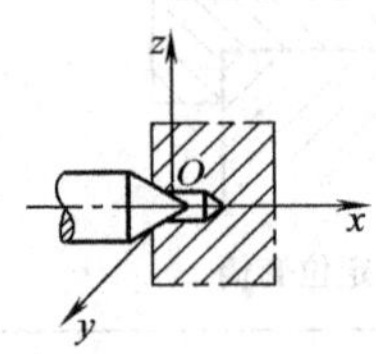	$\vec{x}$ $\vec{y}$ $\vec{z}$
		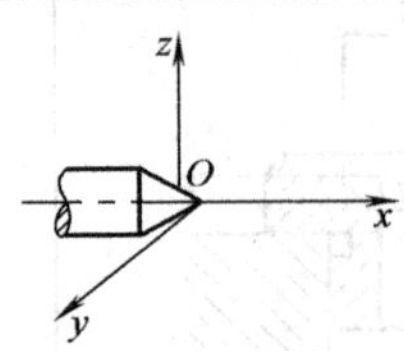	$\vec{x}$ $\vec{y}$ $\vec{z}$ $\overset{\frown}{y}$ $\overset{\frown}{z}$
	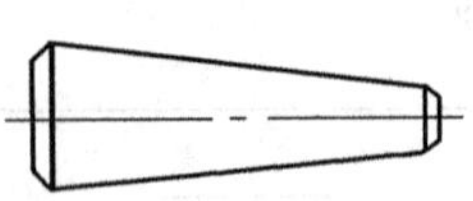 锥心轴	较长 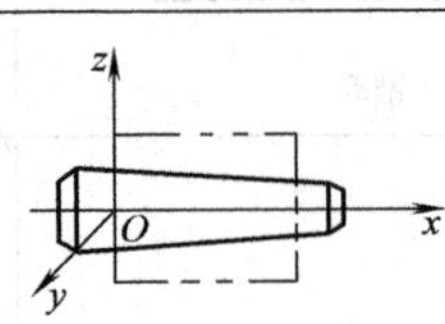	$\vec{x}$ $\vec{y}$ $\vec{z}$ $\overset{\frown}{y}$ $\overset{\frown}{z}$

（2）用圆柱孔定位　用圆柱孔定位时，常用定位元件是定位套筒（图 7-9）、定位半圆衬套（图 7-10）等。

（3）工件以圆柱孔定位　工件以圆柱孔定位时，常用的定位元件有定位心轴和定位销，如图 7-11 所示为圆柱心轴定位。

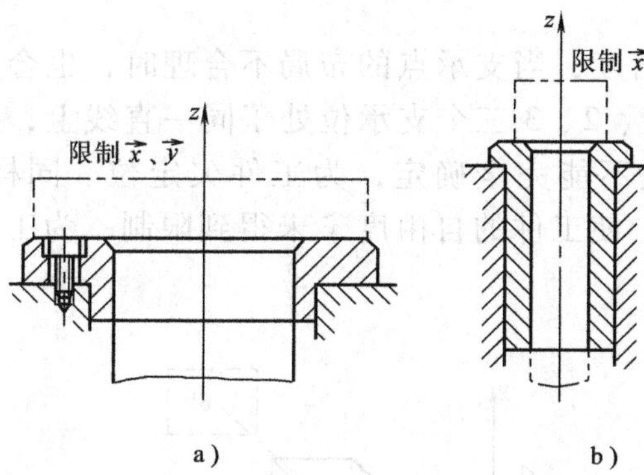

图 7-9　定位套筒

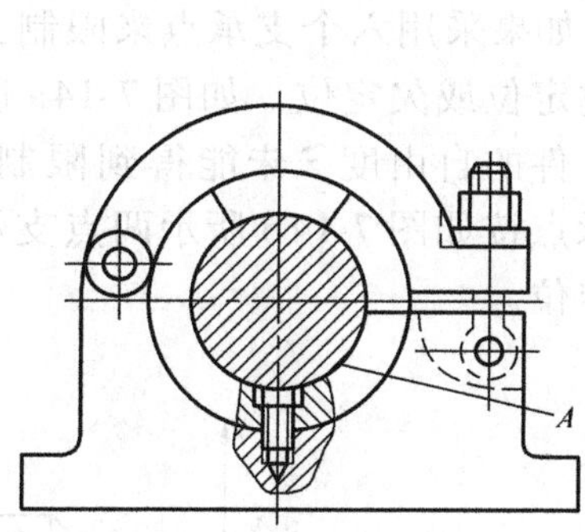

图 7-10　定位半圆衬套

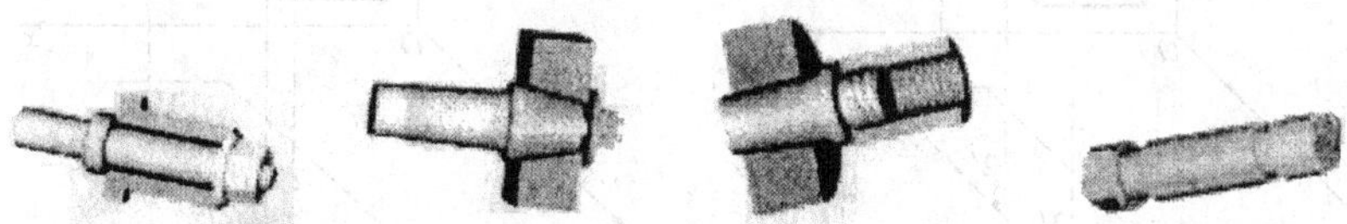

圆柱心轴　　圆锥心轴　　螺纹心轴　　花键心轴

图 7-11　圆柱心轴定位

三、欠定位和过定位

工件在夹具中六个自由度全部被限制，使工件有确定的唯一位置，称为完全定位。但在实际的加工中，并不一定需要全部限制工件的六个自由度，一般只需要将影响本工序加工尺寸的自由度限制住即可。如图 7-12 所示的工件，装入钻模加工 *A* 孔时，只要保证其位置在以 *O* 为圆心、以 *R* 为半径的圆周上即可，而不需确定在圆周上的哪一位置，就不必限制工件自由度 $\overset{\frown}{z}$。这种限制工件自由度少于 6 个自由度的定位，称为欠定位。与此相反，由于某些原因造成定位元件重复限制了工件的一个或几个自由度的情况称为过定位。如图 7-13 中四个定位支承点定位一个平面。由于工件很不平整，实际上也只能三点接触。如果用四个点支承，则仍只有三个支承点在起作用，第四个支承点在起重复定位作用，这势必造成工件加工进其中一个支承点与工件接触不良而引起工件定位不稳定。夹紧后易造成工件或夹具的变

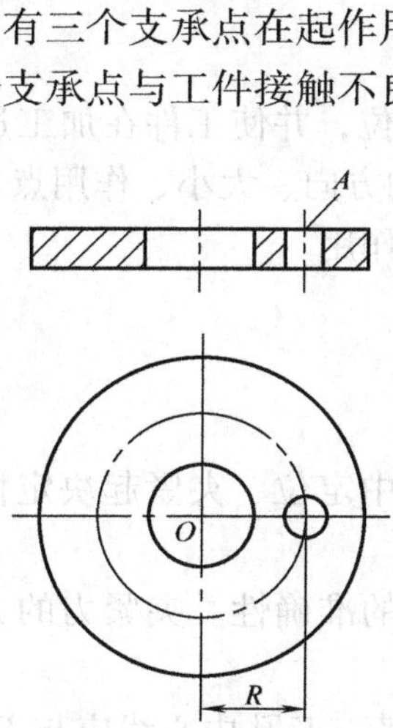

图 7-12　欠定位

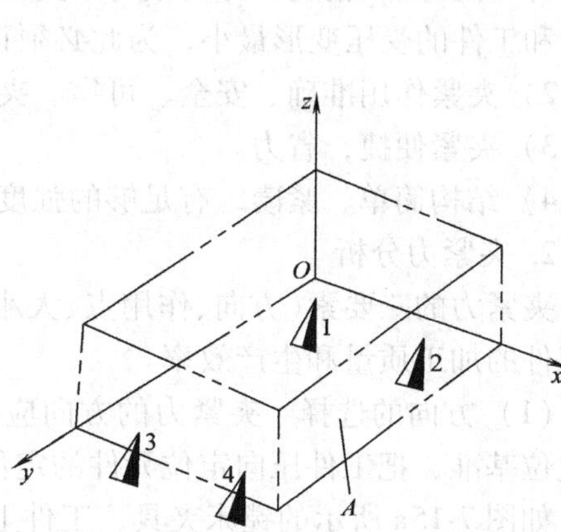

图 7-13　过定位

形，破坏工件的定位精度。

如果采用六个支承点来限制工件的六个自由度，当支承点的布局不合理时，也会产生过定位或欠定位。如图 7-14a 所示底平面的 1、2、3 三个支承位处于同一直线上，而使工件的自由度 $\widehat{z}$ 未能得到限制，工件的位置不能完全确定，为工件欠定位。同样，支承点按如图 7-14b 所示两点支承点垂直排列，使工件的自由度 $\widehat{y}$ 未得到限制，为工件欠定位。

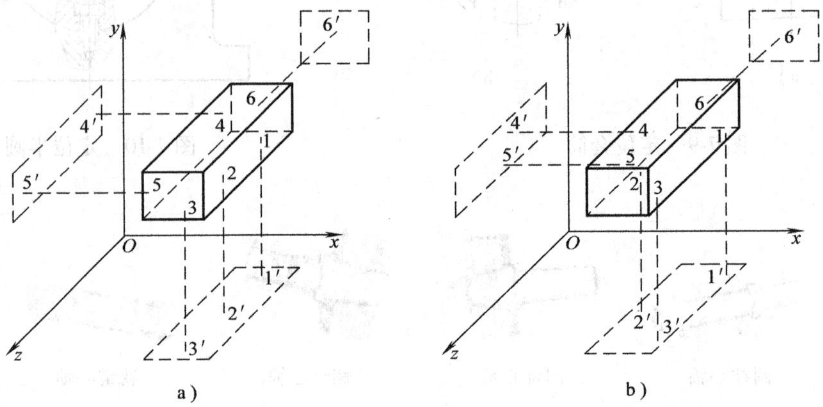

图 7-14　欠定位

第三节　工件的装夹

一、工件在夹具中的夹紧

工件在定位之后，由于在加工过程中要受到切削力、惯性力、离心力和工件自重的作用，将使工件产生位移或振动，从而破坏工件已由定位元件所确定的加工位置。因此，在夹具上必须设有夹紧装置，以产生合适的夹紧力把工件夹紧，使工件在加工过程中始终固定在定位元件上。

1. 对夹紧装置的基本要求

1）保证加工精度，即夹紧时不要破坏工件的准确定位，并使工件在加工过程中产生的振动和工件的受压变形最小，为此必须正确选择夹紧力的方向、大小、作用点。

2）夹紧作用准确、安全、可靠。夹紧机构要有自锁作用。

3）夹紧便捷，省力。

4）结构简单、紧凑，有足够的强度和刚度。

2. 夹紧力分析

夹紧力的三要素（方向、作用点、大小）对工件在夹具中定位、夹紧起决定性作用，关系到工件的加工质量和生产效率。

（1）方向的选择　夹紧力的方向应不破坏工件定位的准确性。夹紧力的方向应正对主要定位基准，把工件压向定位元件的定位面上。

如图 7-15a 所示的镗床夹具，工件上 A、B 两面应垂直，K 孔中心线应与 B 面垂直，板

B 为主要基准。因为一批工件的 A、B 面垂直度总会有一定误差（$\alpha<90°$ 或 $\alpha>90°$），所以图 7-15a 所示的夹紧力 F 能满足 K 孔中心线垂直 B 面的要求，而图 7-15b所示则不能满足要求。

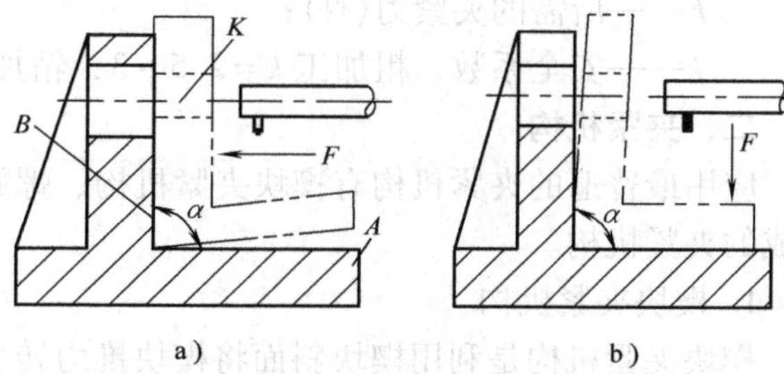

图 7-15　夹紧力的方向

（2）作用点的选择　夹紧力作用点的选择要确保定位可靠，防止发生夹紧变形，保证加工精度，如图 7-16、图 7-17 和图 7-18 所示。

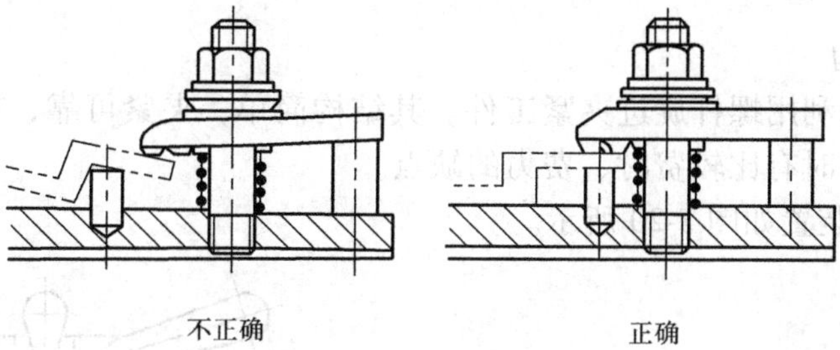

图 7-16　夹紧力作用点

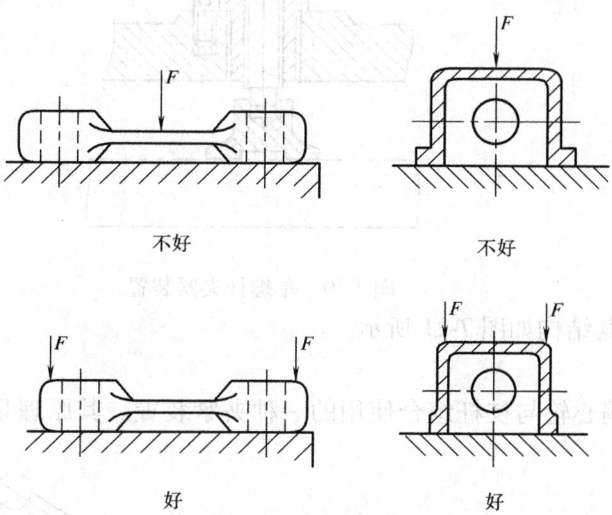

图 7-17　夹紧力作用点

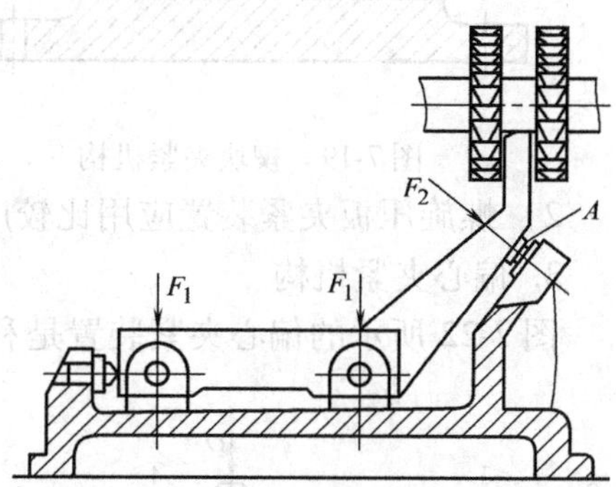

图 7-18　夹紧力作用点

3. 夹紧力大小确定

夹紧力的大小必须保证工件在加工过程中位置不变。如夹紧力太小，工件在加工过程中容易产生位移而破坏定位。如夹紧力过大，会使工件变形，增大夹紧装置结构尺寸。所以，夹紧力的大小必须恰当。

确定夹紧力，必须先知道切削力的大小。粗略计算可用下式估计夹紧力大小

$$F=kF' \qquad (7\text{-}1)$$

式中　F'——在最不利加工条件下与切削力相平衡的计算夹紧力(N)；

F——所需的夹紧力(N);

k——安全系数，粗加工 $k=2.5\sim3$，精加工 $k=1.5\sim2$。

二、夹紧机构

应用最普遍的夹紧机构有楔块夹紧机构、螺旋夹紧机构、偏心夹紧机构以及由它们组合而成的夹紧机构。

1. 楔块夹紧机构

楔块夹紧机构是利用楔块斜面将楔块推力转变为夹紧力，使工件夹紧的一种装置。如图7-19所示，它利用中间元件来夹紧工件，适用于工件表面粗糙度较大以致楔块移动困难的场合。同时，也可防止楔块移动损伤工件表面，为使楔块有自锁作用，楔块的斜面升角应小于摩擦角。

2. 螺旋夹紧机构

螺旋夹紧装置是利用螺杆旋进夹紧工件。其结构简单，夹紧可靠，在夹具中应用广泛。但有夹紧或松开工件时有比较费时、费力的缺点。

1）单螺杆夹紧装置如图7-20所示。

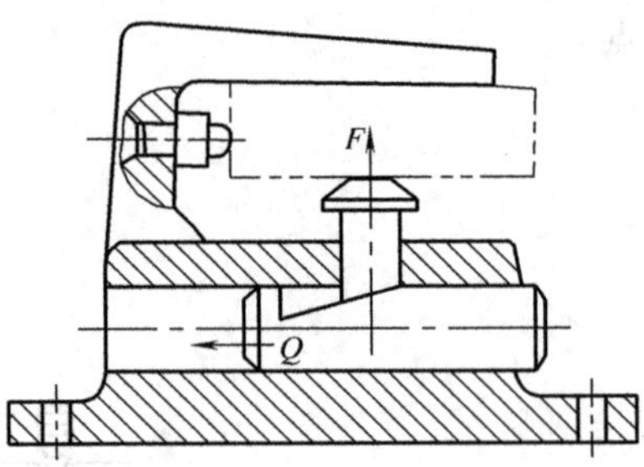

图7-19　楔块夹紧机构

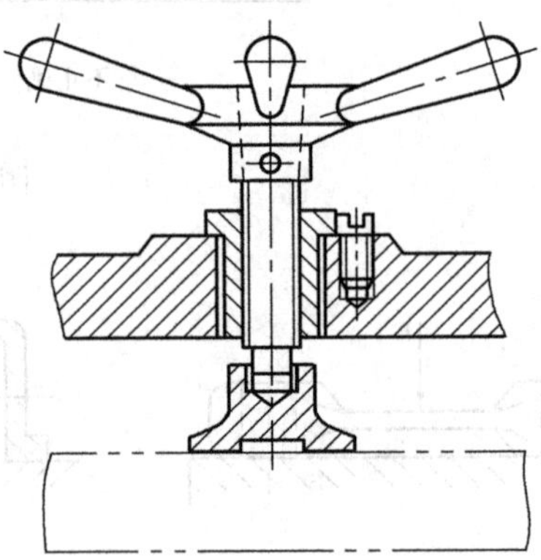

图7-20　单螺杆夹紧装置

2）螺旋压板夹紧装置应用比较广，其结构如图7-21所示。

3. 偏心夹紧机构

图7-22所示的偏心夹紧装置是利用偏心轮与杠杆组合使用的一种夹紧装置。其原理是

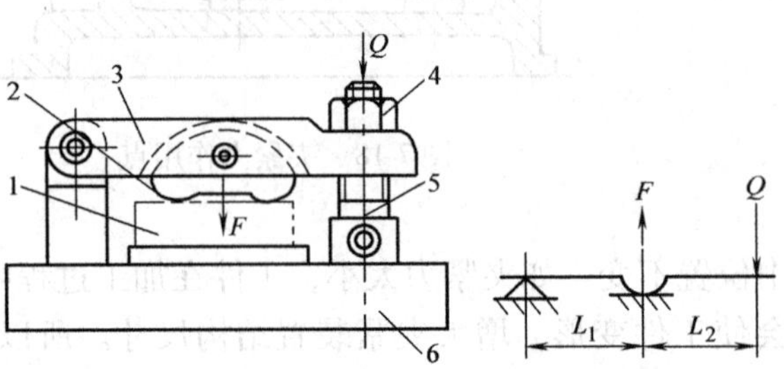

a)　　b)

图7-21　螺旋压板夹紧装置

1—工件　2—浮动压块　3—压块　4—螺母　5—螺杆　6—支座

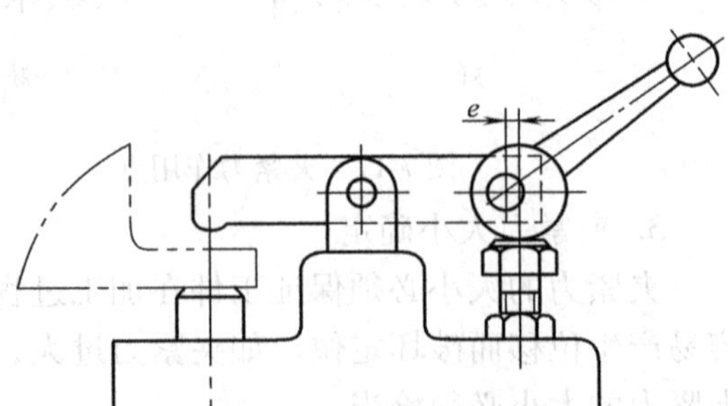

图7-22　偏心夹紧机构

当转动偏心轮时，它的转动中心与几何中心不重合(有偏心量 e)，随着旋转中心至被压支承点的距离愈来愈大，而通过压板(杠杆)将工件夹紧。

4. 铰链夹紧机构

它是一种增力机构，具结构简单，增力倍数大等特点，在气动、液压夹具中应用广泛。

第四节　常用钻床夹具

一、钻床夹具的特点

在各类钻床和组合机床等设备上进行扩孔、钻孔、铰孔、锪孔、攻螺纹加工的夹具，统称为钻床夹具。钻床夹具的特点是利用钻套引导刀具，保证被加工孔的坐标位置，防止钻头在切入时引偏，从而保证和提高孔的位置精度、尺寸精度，降低表面粗糙度值。并大大的缩短工序时间，提高生产效率。

二、常用钻床类具的类型

常用钻床夹具有固定式、回转式、移动式和翻转式等多种形式。

1. 固定式钻床夹具

这种钻床夹具使用时被固定在机床工作台上。在加工前先用装在主轴上的钻头或标准心棒插入钻套中，以校正钻床对夹具的位置，然后再将其固定。这样可减少刀具与钻套的摩擦，又可保证孔有较高的加工位置精度。

图 7-23 所示为钻斜孔固定式钻模。箭头所指是夹具体 1 上供固定的部位。工件底面及两孔为定位基准，夹具以平面支承板 2、圆柱定位销 4 和削边定位销 3 为定位元件。为方便工件快速装卸，采用了快换压紧螺母 5，并采用特殊快换钻套 6(加长且成斜面)，保证正确引导钻头并能良好起钻。

固定式钻模用于立式钻床时，一般只能加工单孔，用于摇臂钻床时常加工与钻削方向平行的孔系。

2. 移动式钻床夹具

移动式钻床夹具多用于在单轴立式钻床上钻削在工件同一表面上的多个孔。如图 7-24

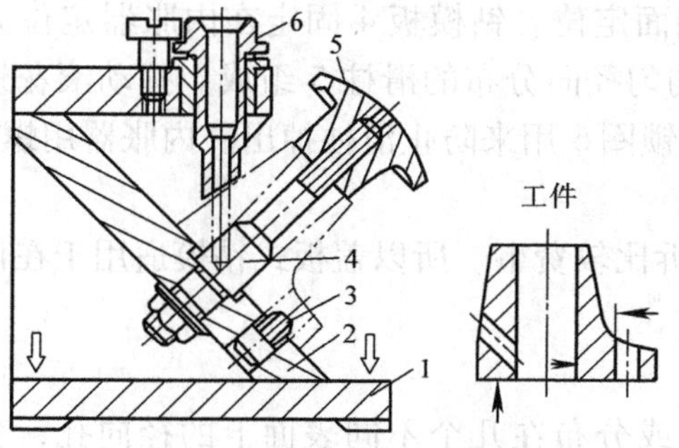

图 7-23　固定式钻模

1—夹具体　2—平面支承板　3—削边定位销

4—圆柱定位销　5—快换压紧螺母　6—特殊快换钻套

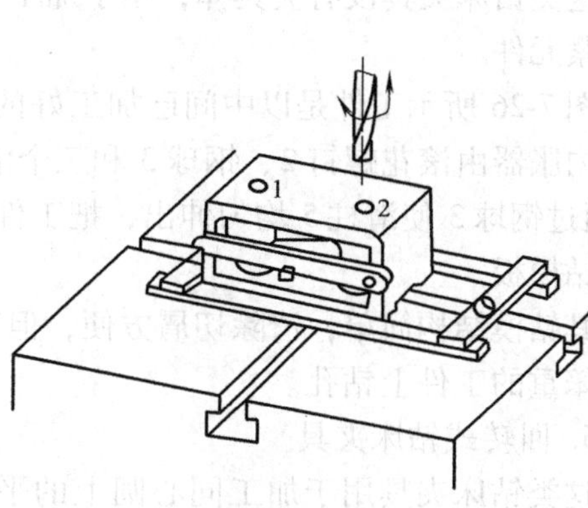

图 7-24　移动钻床夹具

所示，夹具在导板中移到右端靠紧定位板时钻削孔 1，反之钻削孔 2。其特点是既可以缩短钻头对准钻套的时间，同时还能让导轨承受钻削时的扭转力矩。

3. 翻转式钻床类夹具

当工件的几个方向都有加工孔时，为了减少装夹次数，提高各孔之间位置精度，应采用翻转式钻床夹具。

图 7-25 所示为在工件两个互相垂直的表面上钻孔时采用的翻转式夹具。由于需要翻转，所以工件与夹具的总重不能太重，一般限于 8 ~ 10kg 以内。

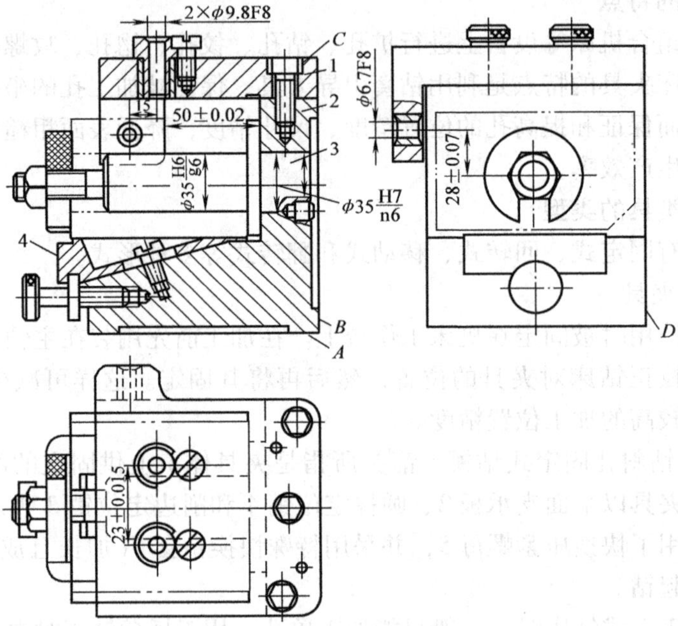

图 7-25　翻转式钻床类夹具

1—钻模板　2—夹具体　3—心轴　4—楔块

4. 盖板式钻床夹具

这类钻床夹具没有夹具体，用于加工主体工件上的小孔，除钻套外，还要安装定位元件及夹紧元件。

图 7-26 所示工件是以中间已加工好的孔和端面定位。钻模板 4 固定在内胀器定位元件上。内胀器由滚花螺钉 2、钢球 3 和三个沿圆周均匀径向分布的滑柱 5 组成。拧动滚花螺钉 2，通过钢球 3 使滑柱 5 均匀伸出，把工件夹紧。锁圈 6 用来防止滑柱掉出。内胀器用螺钉 1 联接钻模板。

其钻模结构简单，清除切屑方便，但工件装拆比较费事。所以盖板式钻模适用于在体积大而笨重的工件上钻孔。

5. 回转式钻床夹具

这类钻床夹具用于加工同心圆上的平行孔系或分布在几个不同表面上的径向孔，分立轴、斜轴、卧轴三个类型。图 7-27 所示是在凸缘盘上加工同心圆周小孔所用的夹具，图中下部为标准回转工作台，上部为工件夹具，工件通过中心销在回转工作台上定位，然后用螺钉定位，采用铰链式模板加工。

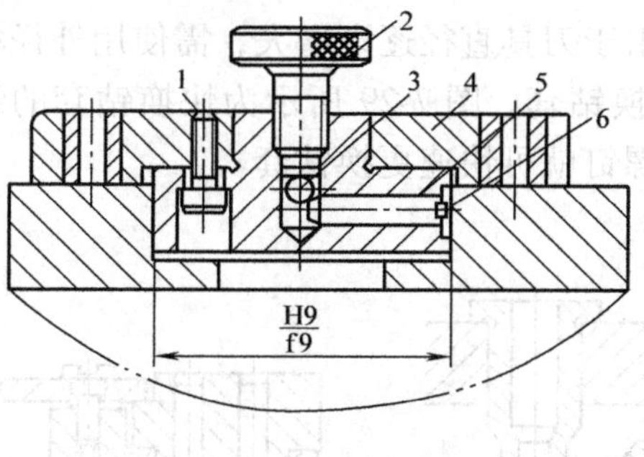

图 7-26　盖板式钻床夹具

1—螺钉　2—滚花螺钉　3—钢球

4—钻模板　5—滑柱　6—锁圈

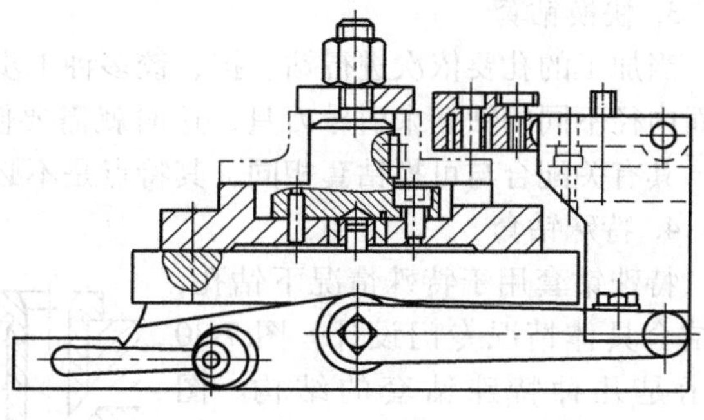

图 7-27　回转式钻床夹具

三、钻套的类型及应用

钻套是钻床夹具的重要基础元件，装在钻模板或夹具体上，其作用是确定被加工工件孔的位置，引导钻头、扩孔钻或铰刀在正确位置工作，并防止其在加工过程中发生偏斜。按结构和使用情况分为固定钻套、可换钻套、快换钻套和特殊钻套四种类型，前三种已标准化。

1. 固定钻套

固定钻套以$\frac{H7}{n6}$配合装在钻模板孔中，因此固定钻套在磨损后不能更换。固定钻套有无肩式和带肩式两种结构，如图 7-28 所示。带肩式适用于较薄的钻模板，便以保持钻套必需的导引长度。有了肩部，还可以防止切屑和切削液落入套中。固定钻套主要用于小批量、单工步钻孔加工。

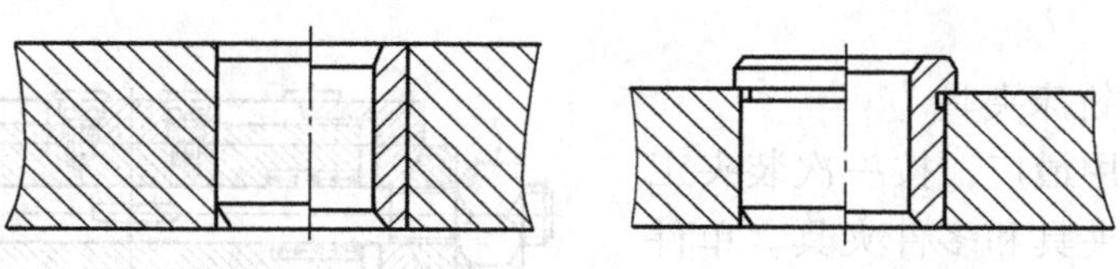

图 7-28　固定钻套

2. 可换钻套

为了克服固定钻套磨损后无法更换的缺点，可以使用如图 7-29 所示的可换钻套。它的凸缘上铣有台肩，钻套螺钉 2 的圆头压在台肩上可以防止钻孔时钻套 1 转动。当钻头磨损时，只要卸下螺钉便可取出钻套更换。为保护钻模板，可在钻套外加上一个与钻模板以$\frac{H7}{n6}$配合的钻套衬套 3。而可换钻套与衬套采用$\frac{F7}{m6}$或$\frac{H7}{k6}$配合。

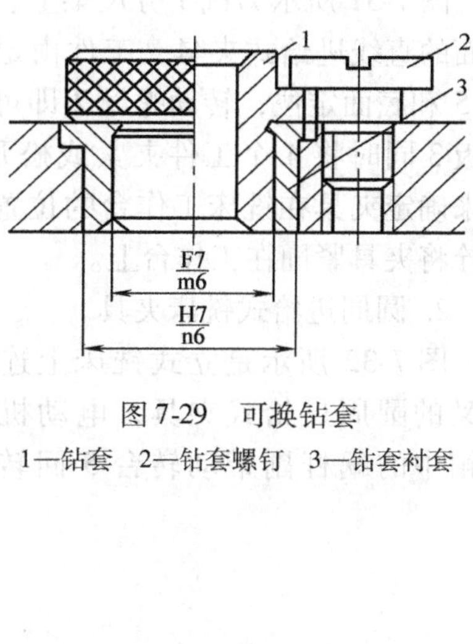

图 7-29　可换钻套

1—钻套　2—钻套螺钉　3—钻套衬套

可换钻套的功用仍和固定钻套一样，供单一钻孔的工序用，但可在钻套磨损后迅速更换。

3. 快换钻套

当加工的孔要依次进行钻、扩、铰多种工步时，由于刀具直径逐渐增大，需使用外径相同而内径不同的钻套来引导刀具，这时就需要使用快换钻套。图 7-29 所示为快换钻套的结构，其有关配合与可换钻套相同，其特点是不必拧出螺钉就可快速更换钻套。

4. 特殊钻套

特殊钻套用于特殊情况下钻孔，常结合具体情况专门设计，图 7-30 所示是几种特殊钻套的结构。图 7-30a所示钻套用于在斜面上钻孔，可防止钻头切入时引偏甚至折断；图 7-30b 所示为加长钻套，用在钻模板下端不能靠近加工表面时(如深坑内钻孔)，使其下端与工件加工表面有较短距离；图 7-30c 所示为近距离两小孔钻套因两孔孔距太小，采用在一个钻套体上加工出两个导向孔的方法制造。

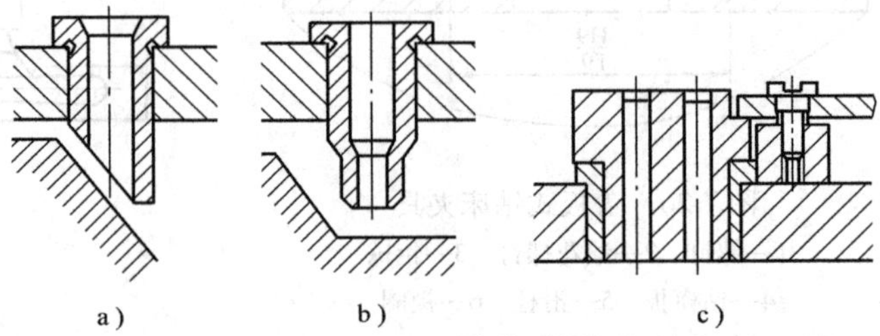

a)　　b)　　c)

图 7-30　特殊钻套

a）斜面钻孔用钻套　b）深坑钻孔用钻套　c）近距离两小孔钻套

第五节　其他机床夹具

一、铣床夹具

铣床夹具是指在铣床上加工工件的平面、键槽、缺口、齿轮和直线成形面、立体成形面的夹具。由于铣削时切削力较大，同时会产生振动，需要较大的夹紧力，所以要求夹具刚性要好。铣床夹具按进给方式可分为直线进给式、圆周进给式和曲线进给式(机械仿形靠模夹具)三种类型。

1. 直线进给式铣床夹具

这类一夹具应用最广，按一次装夹工件的数目分为单件夹具和多件夹具。单件夹具多用于大型工件和定位夹紧方法较特殊的中、小型工件的加工。多件夹具常用于批量较大的中、小型工件的加工。

图 7-31 所示为铣千分尺架上、下两平行面的直线进给式夹具，工件由定位元件 1、5 和底面定位，转动螺母 2 即可使两个压板 3 同时将 4 个工件夹紧或松开。键 4 用来确定夹具在铣床工作台的位置，并由螺栓将夹具紧固在工作台上。

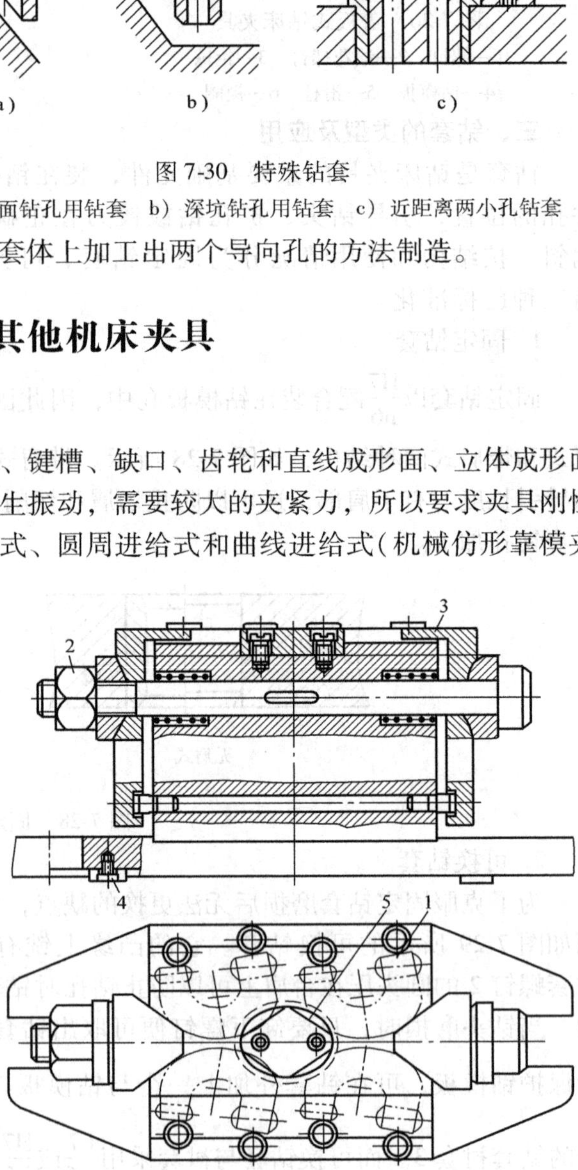

图 7-31　铣直线进给式夹具

1、5—定位元件　2—螺母　3—压板　4—键

2. 圆周进给式铣床夹具

图 7-32 所示是立式铣床上连续铣削拨叉的圆周进给式夹具，电动机通过变速箱中的蜗杆副带动转台 5 回转。工件

以圆孔、端面和外侧面通过夹具体平面、定位圈 2 和挡销 4 定位。液压缸 6 中活塞驱动拉杆 1 通过开口垫圈 3 将工件夹紧或松开。夹具能同时装夹 12 个工件。切削区域 *AB* 和装卸区域 *CD* 如图 7-32 所示，夹具可不停机装卸工件，生产效率高，适用于大批量生产。

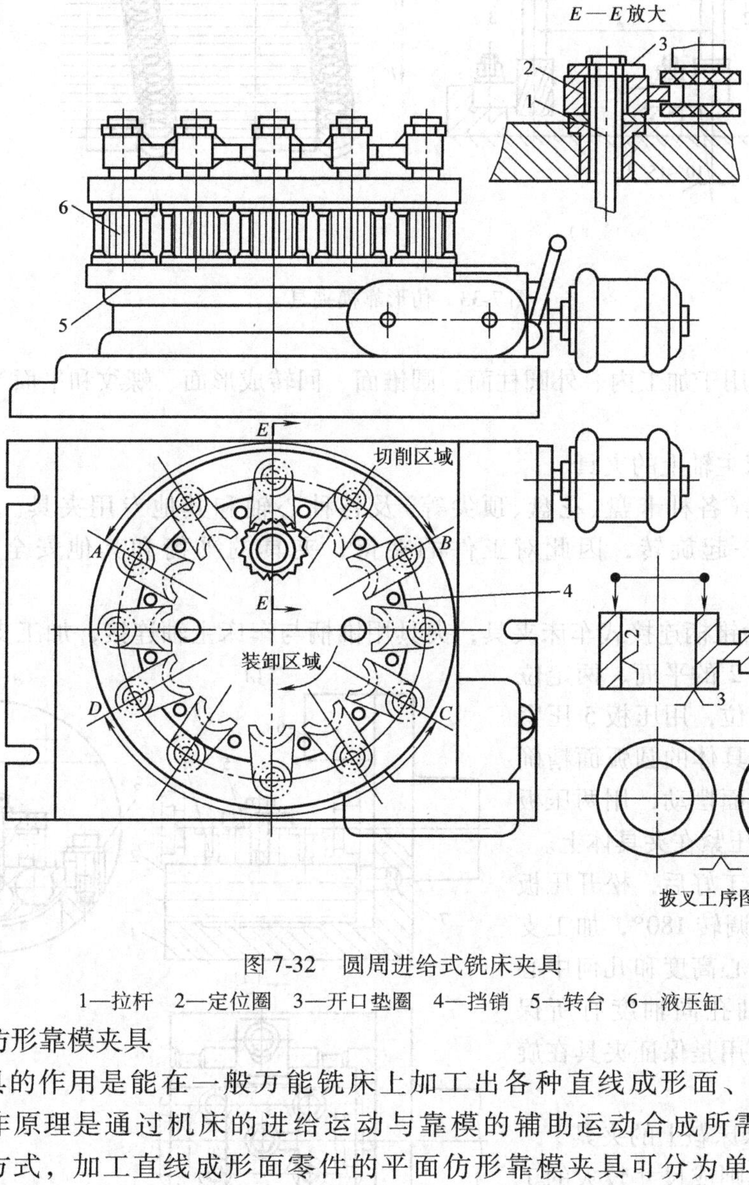

图 7-32　圆周进给式铣床夹具

1—拉杆　2—定位圈　3—开口垫圈　4—挡销　5—转台　6—液压缸

3. 机械仿形靠模夹具

这类夹具的作用是能在一般万能铣床上加工出各种直线成形面、立体成形面的零件。它的工作原理是通过机床的进给运动与靠模的辅助运动合成所需要的曲线运动。按进给运动方式，加工直线成形面零件的平面仿形靠模夹具可分为单向仿形靠模和圆周仿形靠模夹具。

图 7-33 所示为单向仿形夹具。靠模 1 和工件分别固定在工作台上，滚柱滑座 2 和铣刀滑座 3 连成一组合体。它们的轴距 k 保持不变。滑座组合体在强力弹簧或重力的作用下，使滚柱保持压紧在靠模板上。当工作台作纵向直线进给时，滑座组合体即获得横向辅助运动，使铣刀按靠模曲线在工件上铣出所需曲面轮廓。

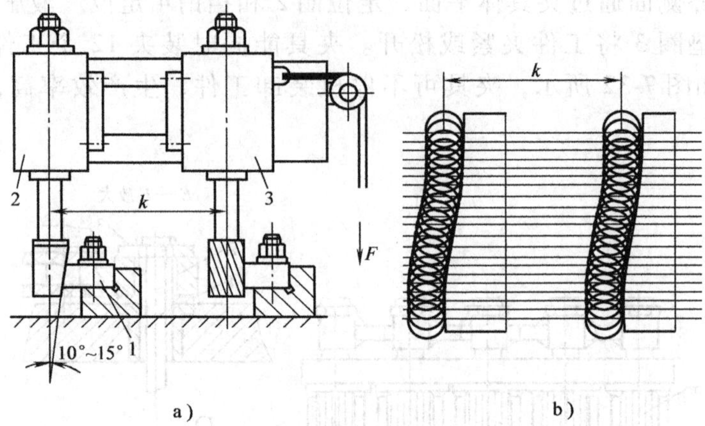

图 7-33 仿形靠模夹具

二、车床夹具

车床夹具主要用于加工内、外圆柱面，圆锥面、回转成形面、螺纹和平面等，一般分为以下两种类型。

1. 安装在车床主轴上的夹具

包括通用夹具(各种卡盘、花盘、顶尖等)及各种心轴和其他专用夹具。这类夹具工作时和车床主轴一起旋转，因此对工件的夹持、夹具的平衡和其他安全措施应十分重视。

图 7-34 所示为锥柄连接式车床夹具，夹具用锥柄与车床主轴连接，加工支架工件。工件通过圆弧定位体 2 的平面、两定位销 4 及支承钉 7 定位，用压板 5 压紧工件。定位体与夹具体的圆弧面精确配合，可以沿圆弧面摆动，用两压板 3 将圆弧定位体 2 压紧在夹具体上。

当工件一端加工好后，松开压板 3 将圆弧定位体 2 调转 180°，加工支架另一端，由于中心高度和几何中心不变，支架两端轴孔同轴度有所保证。平衡块 6 的作用是保证夹具在旋转时保持平衡。

2. 安装在车床床鞍上的夹具

对于形状不规则或尺寸较大的工件，可以把夹具安装在车床床鞍上，刀具安装在主轴上作旋转运动，使夹具和工件一起作进给运动。

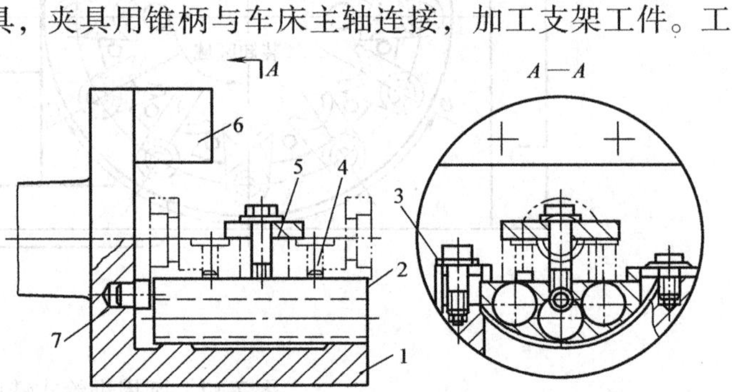

图 7-34 锥柄连接式车床夹具

1—夹具体 2—圆弧定位体 3—压板 4—定位销 5—压板 6—平衡块 7—支承钉

三、镗床夹具

此类夹具主要用于加工箱体或支

座等零件上的孔或孔系。它与钻床夹具非常相似，除了有夹具的一般元件外，也采用了引导刀具或镗刀杆进行镗孔的导套(镗套)，所以镗床夹具也称镗模。镗模不仅用于镗床，也可用于一般机床(如车床、铣床、摇臂钻床)。采用镗模加工可以不受机床精度的限制而加工出具有较高精度要求的孔和孔系。

按镗套对镗刀杆的引导方式，镗模可分为单支承引导镗模和双支承引导镗模两种。

1）采用单支承引导镗模时，镗刀杆与镗床主轴采用刚性连接，其一端直接插入主轴锥孔。工作时，镗刀杆在镗模中只用一个位于工件前面或后面的镗套引导，如图 7-35a 所示。

2）采用双支承引导镗模时，镗刀杆与镗床主轴采用浮动连接，如图 7-35b 所示。孔的位置精度主要取决于镗模板上两个镗套的位置精度，不受机床工作精度的影响。两镗套在镗模上布置有前后单支承引导和双支承引导两种方式。

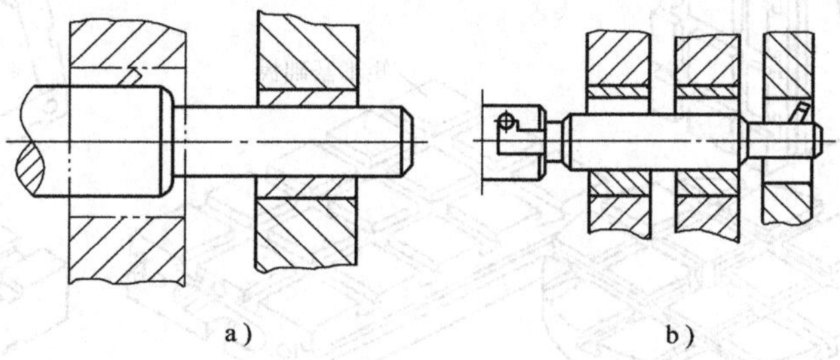

图 7-35　镗模基本类型

第六节　组 合 夹 具

组合夹具是夹具的零部件已标准化的一种机床夹具。它由一套预先制好，有各种不同形状、不同规格尺寸的标准元件和组合件所组成。这些元件相互配合，尺寸精度高、硬度高、耐磨性好，还具有完全互换性。使用这些元件可根据被加工工件的要求，很快地组装出机械加工及检验、装配等各工种的夹具。夹具使用完毕后，又可以方便地拆卸元件，存放入库，留待下次组装使用。

一、组合夹具的特点

1）可以缩短设计和制造专用夹具的工作量。通常加工一套较复杂的专用夹具，从设计到加工完成需 1 ~2 个月，而利用组合元件组装一套中等复杂程度的夹具，只需几个小时，大大缩短了夹具生产周期。

2）可以节约人力和物力，因为组合元件可以长期反复使用，从而大大地节约了夹具材料、资金和设备。对中、小型生产有很大帮助。

3）可以减少夹具的存放面积。

4）组合夹具必须具有大量的标准元件和部件储备，而这些部件、元件的精度要求高，制造较难，因此夹具组装费用较高，而且比较笨重，刚度不如专用夹具，效率较低。随着组合元件不断改进和组装技术的不断提高，这些缺点也会逐渐克服。

二、组合夹具的构成

1. 基础件

包括各种规格尺寸的正方形、矩形、圆形基础板和基础角铁等，它是其他元件的基础。如图 7-36 所示，基础件可以通过定位键、T 形槽、螺钉孔等来定位和安装其他元件。

2. 支承件

它是组合夹具的骨架，主要用于不同高度的支承和各种定位支承面，包括各种规格尺寸的垫片和垫板、正方形和矩形支承、角度支承、V 形支承等，如图 7-37 所示。

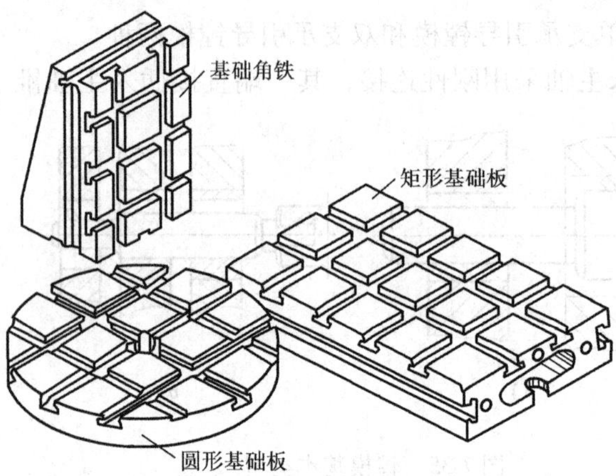

图 7-36　基础件

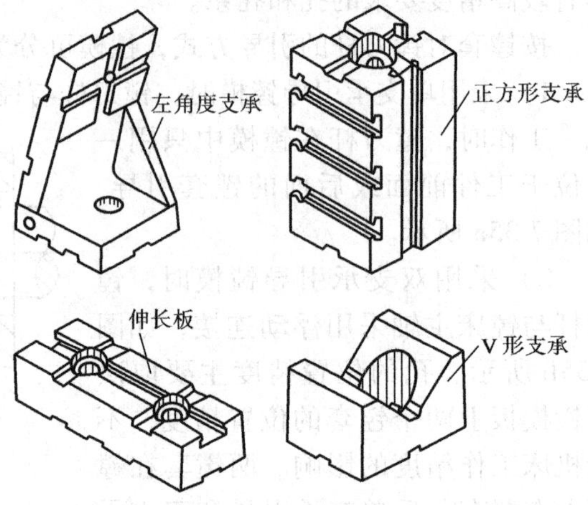

图 7-37　支承件

一般情况下，支承件和基础件共同组合成夹具的夹具体，但在组合小型夹具时，支承件也可作为基础件。

3. 定位件

主要用于确定元件与元件、元件与工件之间的相互位置，以保证夹具精度和工件的加工精度，还能增强元件之间的连接强度和整个夹具的刚度。主要包括各种定位销、定位盘、定位支承等，如图 7-38 所示。

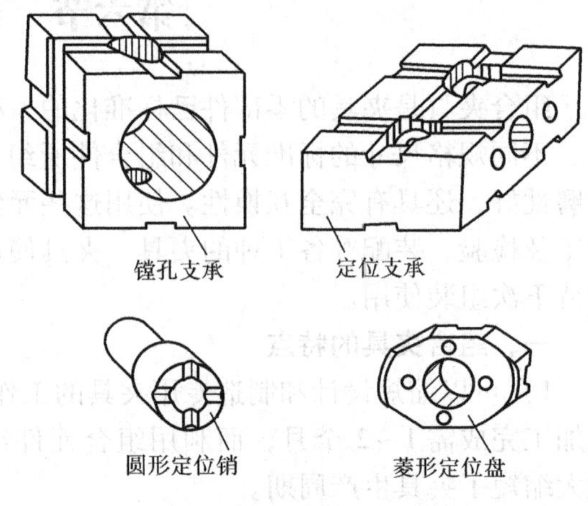

图 7-38　定位件

4. 导向件

用来确定刀具与工件的相互位置，加工时引导刀具到达加工部位，还可增加工作时的稳定性。常用的有导向板、钻套、钻模板及导向支承等，如图 7-39 所示。

5. 夹紧件

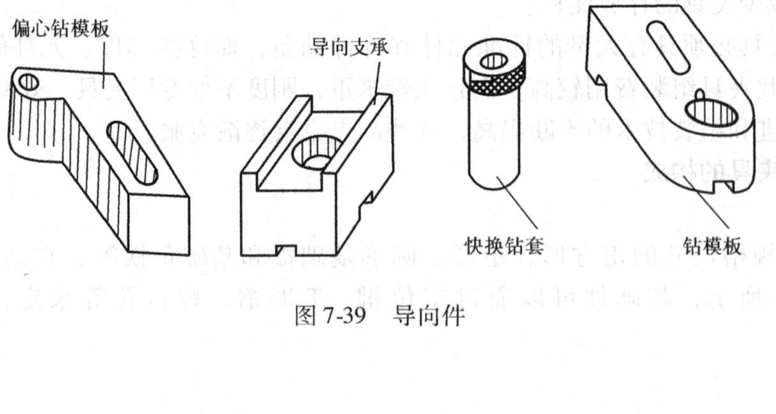

图 7-39　导向件

其作用是将工件夹紧在夹具上，包括各种形状、尺寸的压板。由于压板主要表面已磨光，因此也可作为定位板、连接板使用，如图 7-40 所示。

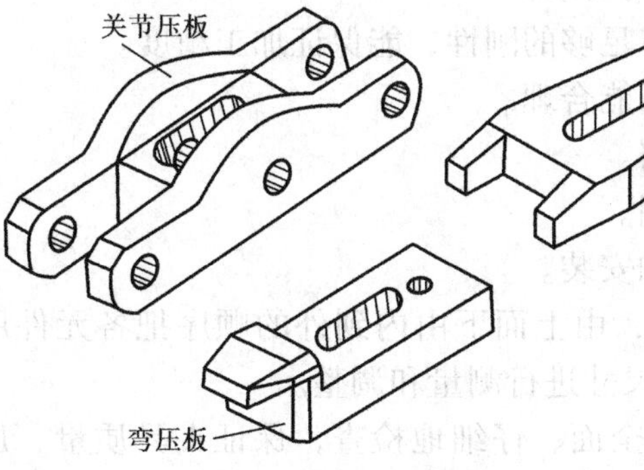

图 7-40　夹紧件

6. 紧固件

包括各种螺栓、螺钉、螺母和垫圈等。由于夹具使用的是标准件，要求其具有强度高、寿命长、体积小的特点，比一般标准坚固件好，加工精度也较高。

7. 辅助件

这类元件用途单一，难以归入上述元件中去，统并入辅助件。它包括连接板、浮动块、回转压板、平衡块以及支承钉和支承环等，如图 7-41 所示。

8. 组合件

组合件指由几个元件组成，在夹具组装过程中不拆散使用的独立部件。按用途分为定位组合件、分度组合件、导向组合件等，如图 7-42 所示。

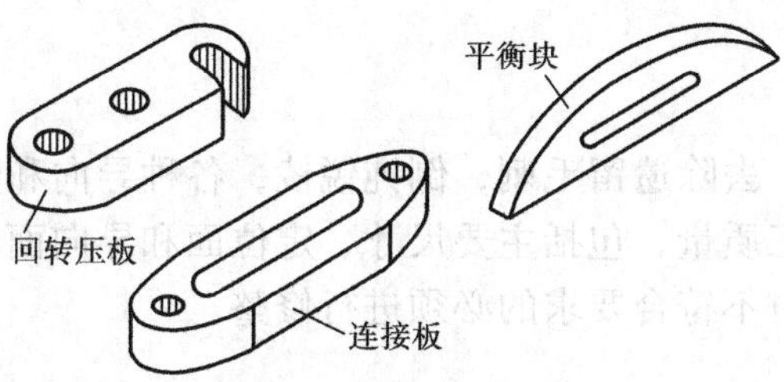

图 7-41　辅助件

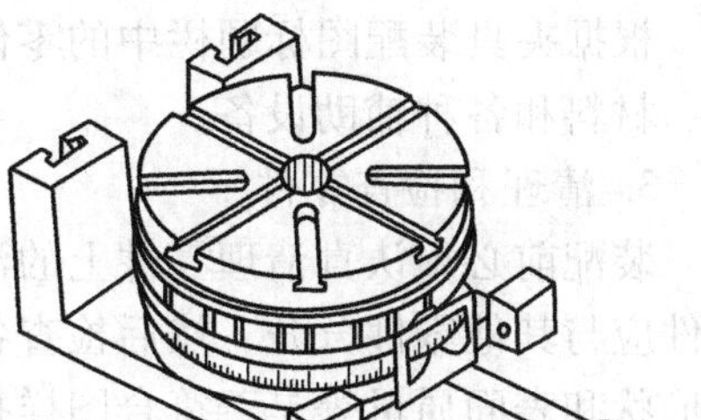

图 7-42　分度组合件

三、组合夹具的组装

把组合夹具的元件按一定的步骤和要求组装成加工工件的夹具，这就是组合夹具的组装。其组装特点是：元件之间的配合全部采用无过盈配合；元件之间用螺纹和键联接；件与件之间的相互位置可以调整。

组合夹具的组装步骤一般为：

（1）熟悉基本资料　组装前应仔细分析加工图样和工艺，了解工件的形状、尺寸、公差及技术要求和所用的机床、刀具等情况。

（2）拟定组装方案　根据工件定位和夹紧的要求确定位面及夹紧部位，选择定位、夹紧工件及相应的基础件等，初步拟定夹具结构方案。

（3）试装　根据组装方案对主要元件的精度以及形位尺寸进行测量、挑选和组装，各元件暂不紧固。通过试装应达下列要求：

1）定位正确，夹紧方便，有足够的刚性，能保证加工精度。

2）结构紧凑，元件使用尽可能合理。

3）装卸方便，便于清除切屑。

4）能与刀具和量具配合使用。

5）夹具在机床上便于找正和安装。

（4）组装　按既定结构方按，由上而下由内到外的顺序把各元件用定位键、螺栓和螺母等联接起来，并同时要对有关尺寸进行测量和调整。

（5）检查　全部组装完后要全面、仔细地检查，保证夹具质量、加工精度、技术要求和可靠性。

第七节　夹具的装配

一、夹具装配工艺过程

夹具的装配是夹具制造过程的最后一道工序，装配质量的好坏决定整个夹具的质量是否符合要求。夹具的装配步骤如下：

1. 分析夹具装配图

夹具装配前应仔细研究，熟悉夹具装配图及其技术要求，了解夹具的结构和各零件的作用以及相互的连接关系，然后确定装配的基准、次序和方法。

2. 组织工作场地

根据夹具装配图标题栏中的零件明细表，仔细清点装配的各种零件，并准备必需的工夹具、材料和各种辅助设备。

3. 清理和检查零件

装配前必须认真清理零件上的油污和积灰，去除遗留毛刺，倒钝锐棱，各种导向和定位零件应与其他零件分开。然后检查各零件的加工质量，包括主要尺寸、定位面和导向面的几何形状和表面质量等是否符合图样技术要求，对不符合要求的必须进行修整。

4. 预装配

根据图样初步安装各零件。夹具经预装配后，仅仅是把各零件初步连接起来，并不完全符合夹具的精度和技术要求，大部分主要零件的位置和夹具的基准尺寸都还没有最后确定。

5. 最后装配

夹具的最后装配主要包括：

1）调整并可靠地固定各部分零件，以保证夹具的装配技术要求。

2）修研和检验夹具的基准尺寸和精度。

3）平衡各种旋转式的夹具，如车床、内外圆磨床夹具等。

4）检验夹具装配后是否达到设计要求和使用要求。

5）作标记、喷涂油漆、装箱。

二、夹具装配实例

1. 钻床夹具装配实例

(1) 钻床夹具工作分析　按图7-43所示加工 ϕ10mm 孔，工件在夹具上以 ϕ68H7 孔和键槽定位，转动夹紧螺母11使螺杆4向右移并使钩形开口垫圈2将工件夹紧，即可进行钻孔加工。

当松开夹紧螺母11，螺杆4在弹簧10的作用下左移，钩形开口垫圈松开，并将垫圈转位90°即可卸下工件。钻套7用以确定钻孔的位置，引导钻头进给。

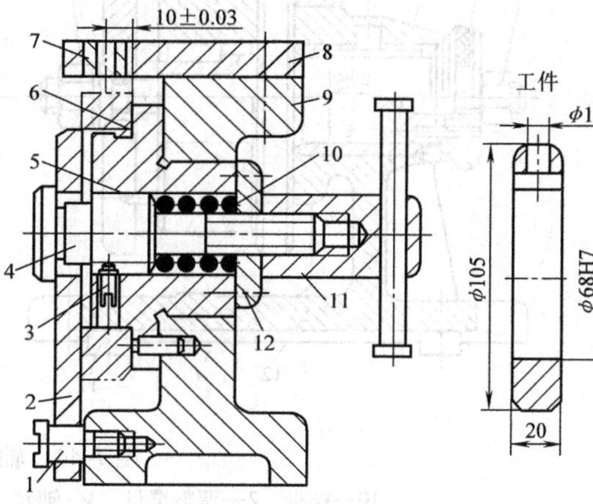

图7-43　固定式钻套

1—螺钉　2—钩形开口垫圈　3—定位钉　4—螺杆　5—定位套　6—定位键　7—钻套　8—钻模板　9—夹具体　10—弹簧　11—夹紧螺母　12—盖板

(2) 固定式钻模的装配工艺过程

1) 清点和清洗待装配的各零件，去毛刺，倒锐边。

2) 检验各主要零件的质量。

3) 将定位键6、盖板12装于定位套5上。

4) 将定位套组件装入夹具体9的孔内，并保证配合性质(定位键6的轴线与夹具体孔的轴线在同一平面上,并垂直于夹具体的底面)，然后用螺钉与圆柱销将其紧固在夹具体上。

5) 将钻套7压入钻模板8。将钻模板用螺钉紧固在夹具体的顶端。钻套轴线与定位套轴线应在同一平面上，并保证(10±0.03)mm的定位尺寸。

6) 装弹簧10、螺杆4、定位钉3、钩形开口垫圈2、螺钉1、夹紧螺母11。

7) 夹具总检验或工件试钻削。

8) 作标记。

2. 铣床夹具的装配实例

(1) 铣床夹具工作分析　图7-44所示为带分度装置的轴瓦铣开夹具。工件8在带轴分度盘6的端面和定位套7上定位，旋紧螺母10，通过开口压板垫圈9将工件压紧。当铣开轴瓦的第一个口后，松开螺母1，拔出定位销14，将带轴分度盘6连同夹紧的工件一起转过180°，并将定位销14插入带轴分度盘6的另一个定位孔中，再拧紧螺母1，将带轴分度盘6锁紧。铣开工件的第二个开口后，松开螺母10，卸下开口压板垫圈9，取下工件，即完成轴瓦的铣削加工。

(2) 轴瓦铣开夹具的装配工艺过程

1) 清点和清洗装配的各种零件，去毛刺，倒锐边。

2) 检验各主要零件的质量。

3) 刮削夹具体12底面 *A* 及轴套3。轴套3刮削后压入夹具体孔内，油槽位置向上。

4) 钻、扩、铰油杯孔并装入油杯4。钻、攻螺纹，并装入轴套骑缝螺钉。

5) 在带轴分度盘6上压入支承定位套7的定位销套及平键，然后装入轴套3孔内，并保证配合为H7/g6。

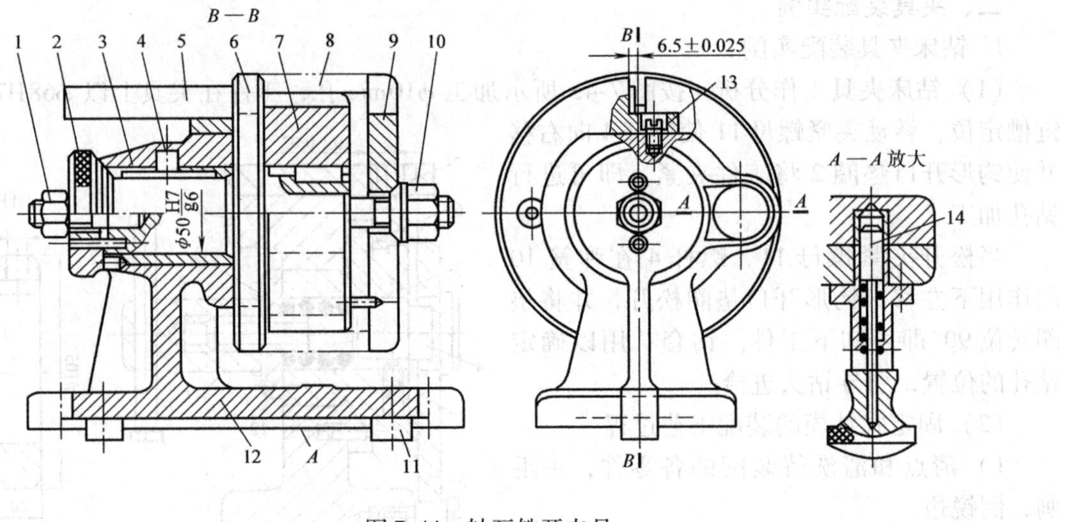

图 7-44 轴瓦铣开夹具

1、10—螺母 2—调整螺母 3—轴套 4—油杯 5—导向件 6—带轴分度盘 7—定位套 8—工件 9—开口压板垫圈 11—定位键 12—夹具体 13—对刀块 14—定位销

6）调整螺母 2 与定位销及螺母 1。

7）装定位套 7、开口压板垫圈 9 和螺母 10。

8）装对刀块 13 和导向件 5。

9）装对定装置，保证对定时灵活。

10）装定位键 11。

11）夹具总检验或工件试切削。

12）作标记。

本 章 小 结

1）本章重点阐述了工件在机床夹具中定位原理及常用的定位元件。

① 定位：按照加工工艺要求把工件放置在夹具中，使工件在夹紧之前相对于机床和刀具占有正确位置的过程叫做定位。

② 六点定位原则：要使物体在空间占有确定的位置，就必须约束、限制 x、y、z 轴的移动和转动这六个自由度，这六个自由度是用六个适当分布支承点(即六点)来限制，这就是夹具的“六点定位原则”简称为六点原则。

③ 定位元件：支承钉、V 形块、定位套筒、定位半圆衬套、定位心轴和定位销等。

④ 完全定位：工件在夹具中六个自由度全部被限制，使工件有唯一确定的位置，称为完全定位。

⑤ 欠定位：限制工件自由度少于 6 个自由度的定位，称为欠定位。

⑥ 过定位：重复限制工件自由度的情况称为过定位。

2）常用的夹紧机构，常用钻床夹具的类型，钻套的类型及应用。

① 常用夹紧机构：楔块夹紧机构、螺旋夹紧机构、偏心夹紧机构。

② 常用的钻床夹具的类型：固定式钻床夹具、移动式钻床夹具、翻转式钻床类具、盖

板式钻床夹具、回转式钻床夹具。

③ 钻套的类型：固定钻套、可换钻套、快换钻套、特殊钻套。

3）夹具的装配

① 分析夹具装配图。

② 组织工作场地。

③ 清理和检查零件。

④ 预装配。

⑤ 最后装配。

复习思考题

1. 什么的机床夹具？试述机床夹具的组成部分的作用。
2. 夹具体的结构形式有哪几种？
3. 什么是工件在夹具中的定位？定位和夹紧有何区别？
4. 试述六点定位原则的主要内容。
5. 运用工件定位的六点原则，说明图 7-45 所示的工件在定位时应限制哪几个自由度？

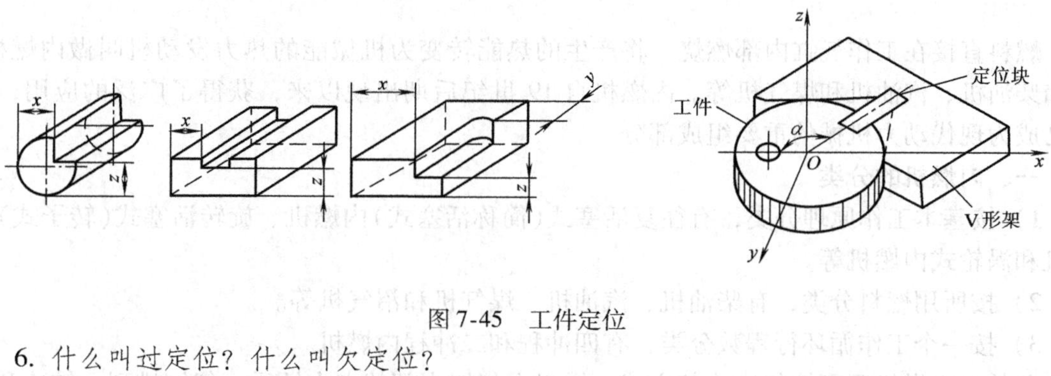

图 7-45 工件定位

6. 什么叫过定位？什么叫欠定位？
7. 选择夹紧力的作用点应注意哪些原则？
8. 试分析图 7-46 所示的夹紧力方案是否合理？应怎样改正？

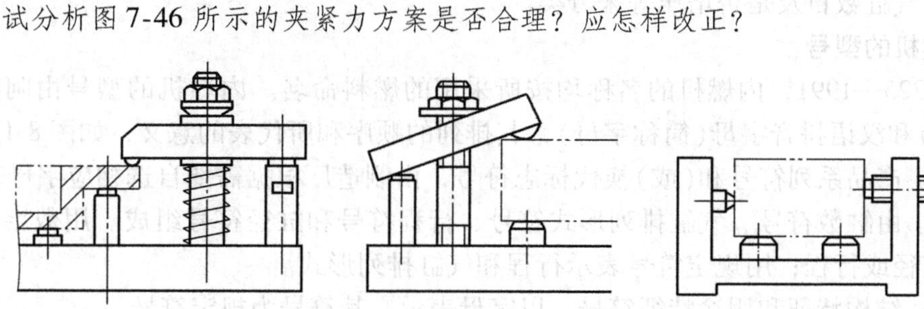

图 7-46 夹紧力方向

9. 钻床夹具有何特点？有哪几类？各应用于什么场合？
10. 什么叫组合夹具？其应用范围是什么？
11. 夹具装配一般步骤是什么？

第八章 内燃机的工作原理和构造

教学目标 1. 掌握内燃机基本工作原理，掌握四冲程柴油机、汽油机及汽车的工作过程，理解内燃机工作时的四个工作行程。

2. 了解柴油机及汽油机工作原理上的异同，在此基础上掌握内燃机结构特点及了解各组成部分的功用。

教学重点 1. 内燃机基本工作原理，汽油机与柴油机的异同。

2. 内燃机结构特点。

教学难点 1. 内燃机基本工作原理。

2. 汽油机工作原理。

第一节 内燃机概述

燃料直接在工作气缸内部燃烧，将产生的热能转变为机械能的热力发动机叫做内燃机，例如柴油机、汽油机和煤气机等。内燃机自19世纪后期出现以来，获得了广泛的应用，至今已成为现代动力机械的重要组成部分。

一、内燃机的分类

1）按基本工作原理分类，有往复活塞式(简称活塞式)内燃机、旋转活塞式(转子式)内燃机和涡轮式内燃机等。

2）按所用燃料分类，有柴油机、汽油机、煤气机和沼气机等。

3）按一个工作循环行程数分类，有四冲程和二冲程内燃机。

此外，内燃机还可按气缸冷却方式、燃料在气缸内部的点火性质、气缸排列、转速和活塞平均速度、气缸数目及是否增压等来分类。

二、内燃机的型号

根据GB 725—1991，内燃机的名称均按所采用的燃料命名。内燃机的型号由阿拉伯数字(简称数字)和汉语拼音字母(简称字母)，其排列的顺序和所代表的意义，如图8-1所示。

1）首部。产品系列符号和(或)换代标志符号，由制造厂根据需要自选相应字母表示。

2）中部。由缸数符号、气缸排列形式符号、行程符号和缸径符号组成。用数字表示气缸数、气缸直径或行程；用规定符号表示行程和气缸排列形式。

3）后部。结构特征和用途特征符号，以字母表示。其符号为规定符号。

4）尾部。区分符号，当同系列产品因改进等原因需要区分时，由制造厂选用适当符号表示。

三、内燃机常用名词和术语

内燃机是将液体或气体燃料引入气缸内燃烧，再通过燃气膨胀推动活塞及曲轴连杆机构，从而输出机械功的。如图8-2所示，燃烧气体的压力直接作用在活塞上，推动活塞沿气缸做不等速的高速直线往复运动，经活塞销、连杆和曲轴将活塞的直线运动变为曲轴的旋转运动。

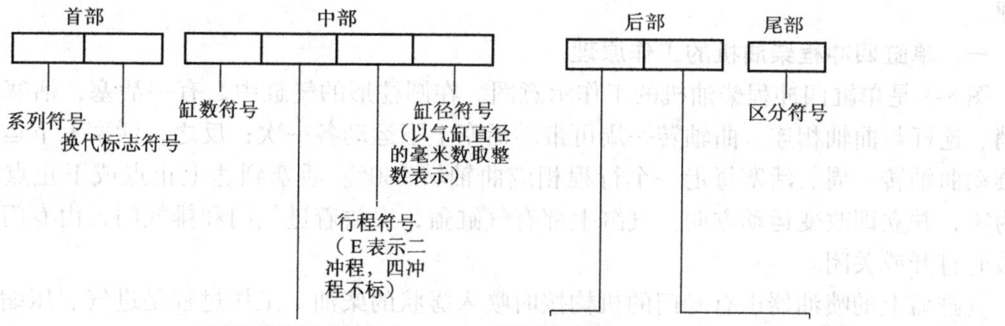

气缸排列形式符号

符号	含义
无符号	直列及单缸卧式
V	V形
P	平卧

结构特征符号

符号	结构特征
无符号	水冷
F	风冷
N	凝气冷却
S	十字头式
D_Z	可倒转(直接换向)
Z	增压

用途特征符号

符号	用途
无符号	通用型
T	拖拉机
M	摩托车
G	工程机械
Q	车用
J	铁路机车
D	发电机组
C	船用主机 右机基本型
C_1	船用主机 左机基本型

图 8-1　内燃机排列的顺序和符号

1）上止点。活塞距曲轴中心线最大距离时的位置。

2）下止点。活塞距曲轴中心线最小距离时的位置。

3）活塞行程。活塞运行在上、下两个止点间的距离称为活塞行程。

4）气缸最小容积。活塞在上止点时，活塞顶上气缸的容积(包括燃烧室容积)称为气缸最小容积。

5）气缸最大容积。活塞在下止点时，活塞顶上气缸的容积称为气缸最大容积。

6）气缸工作容积。在一个工作循环中，一个气缸的最大容积与最小容积(包括燃烧室容积)的差值，即一活塞在上、下止点之间所扫过的容积称为气缸工作容积。

7）压缩比。气缸最大容积与最小容积(均包括燃烧室容积)的比值称为压缩比。压缩比表示气体在气缸内被压缩的程度。压缩比越大，气体的压力和温度越高。不同形式的内燃机有不同的压缩比。一般柴油机的压缩比为12 ~20，汽油机的压缩比为5 ~9。

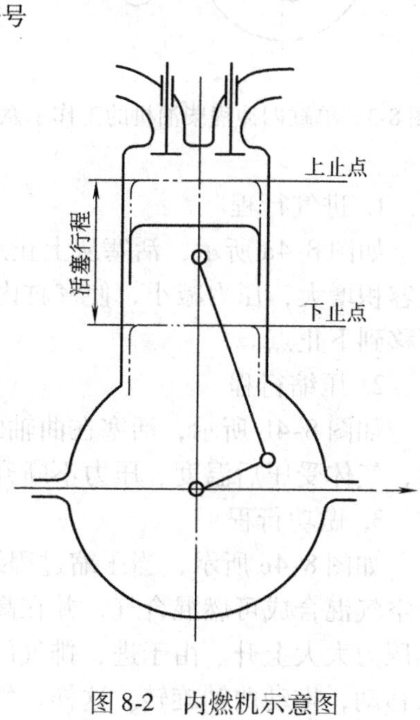

图 8-2　内燃机示意图

8）排量。一台内燃机全部气缸的工作容积之和称为排量。

第二节　内燃机的工作原理

内燃机的种类很多，下面以应用最为广泛的四冲程柴油机和汽油机为例说明其工作原理。

一、单缸四冲程柴油机的工作原理

图 8-3 是单缸四冲程柴油机的工作示意图。在圆柱形的气缸中，有一活塞，活塞通过活塞销、连杆与曲轴相连。曲轴转一周可带动活塞上下运动各一次；反之，活塞上下运动一次可推动曲轴转一周。活塞每走一个行程相应曲轴转 180°。活塞到达上止点或下止点时其速度为零，并立即改变运动方向。气缸上部有气缸盖，安放着进气门和排气门，由专门机构保证按时打开或关闭。

气缸盖上的喷油器也有专门的机构按时喷入雾状的柴油。工作过程是进气、压缩、做功和排气四个阶段，如图 8-4 所示。

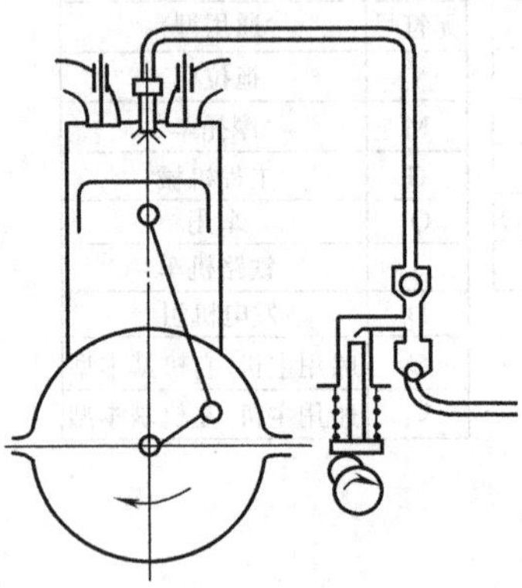

图 8-3　单缸四冲程柴油机的工作示意图

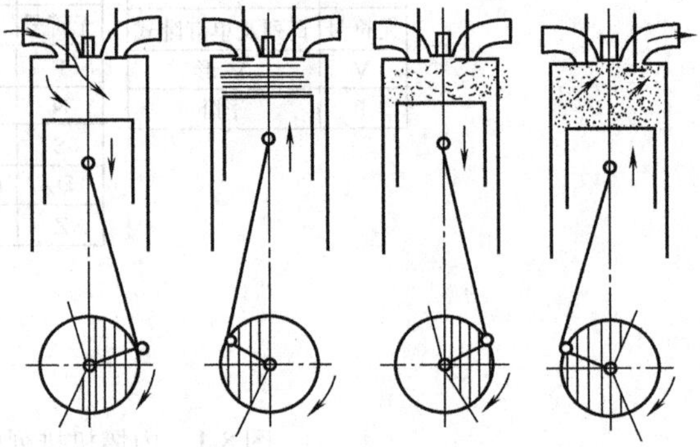

图 8-4　四冲程柴油机工作循环示意图
a) 进气　b) 压缩　c) 做功　d) 排气

1. 进气行程

如图 8-4a 所示，活塞从上止点向下止点移动。活塞向下移动的过程中，活塞上方的气缸容积增大，压力减小，使气缸内形成一定的真空度。空气便不断被吸入气缸内，直到活塞下移到下止点。

2. 压缩行程

如图 8-4b 所示，活塞在曲轴的带动下，从下止点向上止点运动。这时进、排气门均关闭，气体受压后温度、压力不断升高，为喷入的柴油燃烧创造条件。

3. 做功行程

如图 8-4c 所示，当压缩过程终了时，喷油器将柴油喷入气缸。油雾在高温下很快蒸发，与空气混合成可燃混合气，并在高温下自行着火燃烧，放出大量热量，使气缸中气体的温度和压力大大上升。由于进、排气门是关闭着的，高压气体便膨胀而推动活塞从上止点向下止点移动，推动曲轴旋转。这样，气体的热能就变成了活塞及曲轴的机械运动。随着活塞的下移，气缸内的气体压力逐渐下降，温度也逐渐降低。

4. 排气行程

如图 8-4d 所示，当做功行程结束时，在曲轴的带动下，活塞从上止点向下止点移动。这时排气门打开，进气门关闭。燃烧后的废气受活塞的排挤从排气门排出气缸外。

排气结束后，又开始进入下一次进气。内燃机每进气、压缩、膨胀和排气一次叫做一个工作循环。活塞需要四个行程(曲轴转两周)，才能完成一个工作循环的内燃机叫做四冲程内燃机。

图 8-5 是单缸四冲程汽油机的工作示意图。和柴油机一样，每一工作循环同样有进气、压缩、做功和排气四个行程。但由于汽油机用的燃料是汽油，其沸点比柴油低，易蒸发，而其自燃温度却较柴油高。故可燃混合气的形成及点燃方式都与柴油机不同，与柴油机的差别有以下几点：

1）进气行程时，进入气缸的不是纯空气，而是可燃混合气。由图 8-5 可知，在进气通道上装有化油器，空气流经化油器时具有很高的速度，将吸入的汽油汽化，并随同空气一起进入气缸。

2）可燃混合气由火花塞强制点火。当活塞压缩到临近上止点时，火花塞及时放出电火花，使可燃混合气点燃，然后膨胀做功，排出废气。

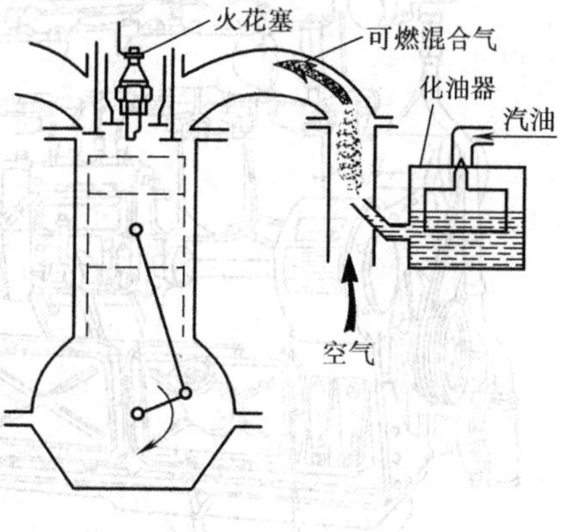

图 8-5　四冲程汽油机示意图

3）汽油机的压缩比小，一般为 5 ~9，压缩比过大容易产生过早燃烧。

从柴油机和汽油机的工作过程可知，四冲程内燃机工作循环的四个行程中，只有一个行程做功，其余三个行程则是做功的准备行程。因此，单缸内燃机曲轴每转两周时只有半周是由于膨胀气体的作用使曲轴旋转，其余一周半则依靠飞轮惯性维持转动。

二、多缸四冲程柴油机和汽油机

单缸内燃机在做功行程时，曲轴的转速比其他三个行程时的转速大，所以曲轴转速不均匀，因而内燃机运转不平稳。为此，飞轮必须具有更大的惯性，而这样做，将使整个内燃机重量和尺寸增加，故实际上很少使用单缸内燃机。常见的有两缸、六缸、八缸、十二缸和十六缸等内燃机。

多缸四冲程柴油机和汽油机的每一个气缸的工作过程相同，都按前述次序进行，但每个气缸的做功行程不同时发生。例如在四缸柴油机和汽油机内，曲轴每转半周便有一个气缸在做功；在八缸柴油机和汽油机内，曲轴每转四分之一周便有一个做功行程。显然气缸数愈多，柴油机和汽油机的工作愈平稳。但缸数增多时，将使结构复杂，尺寸及重量增加。

第三节　内燃机的构造

图 8-6 所示为 4135 型柴油内燃机外形图。内燃机是一种比较复杂的机器，由许多机构和系统组成，目的是使内燃机能很好地进行工作循环，实现燃烧放热、膨胀做功的能量转换，保证内燃机能长期正常工作。尽管内燃机的结构形式很多，同形式内燃机各个机构的具体构造也各有不同，但一般都必须由下列机构和系统组成：机体组件、曲轴连杆机构、配气机构、燃料供给系统、润滑系统、冷却系统、起动系统和汽油机点火系统。

一、机体组件

机体组件由气缸体、气缸套、气缸盖、气缸垫、上曲轴箱和下曲轴箱(油底壳)等组成。内燃机机体组件不仅用来作内燃机各机构、系统的装配基体，而且其本身的许多部分又分别

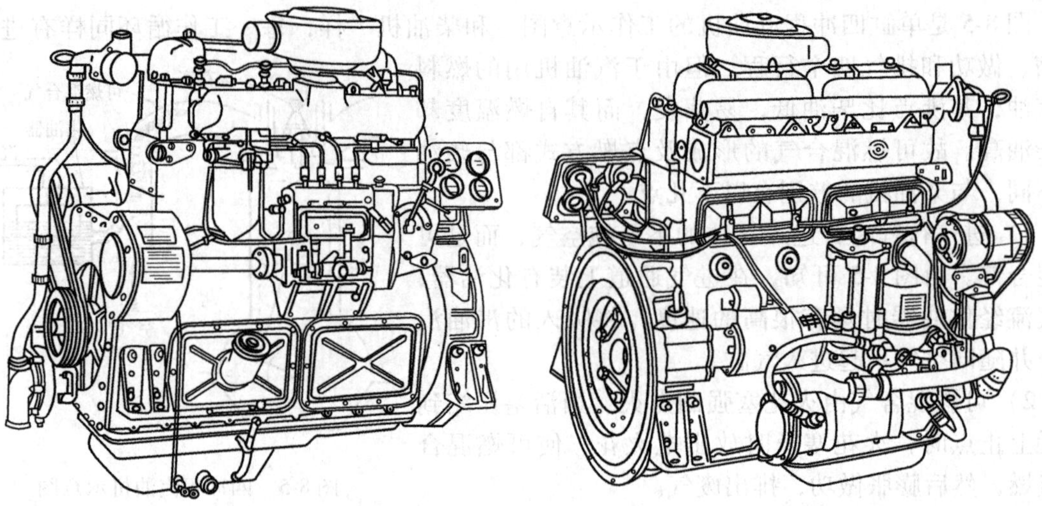

图 8-6　4135 型柴油内燃机外形
a）正面　b）反面

是曲轴连杆机构、配气机构、供给系统、冷却系统和润滑系统的组成部分。气缸盖还与气缸体内壁的一部分组成燃烧室，是承受高压、高温的机件。其中气缸体、气缸盖、油底壳的结构，如图 8-7、图 8-8 和图 8-9 所示。

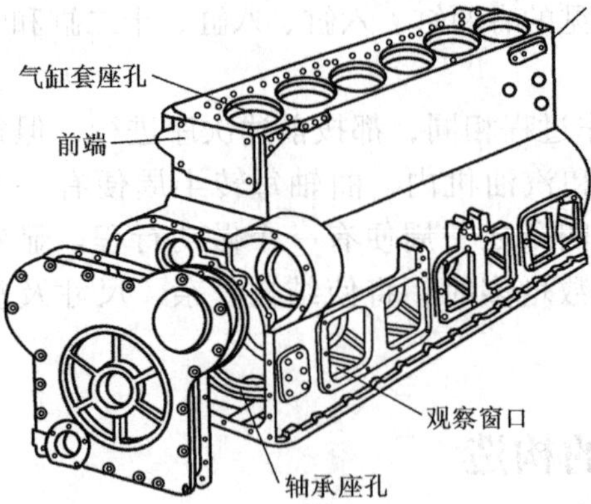

图 8-7　气缸体

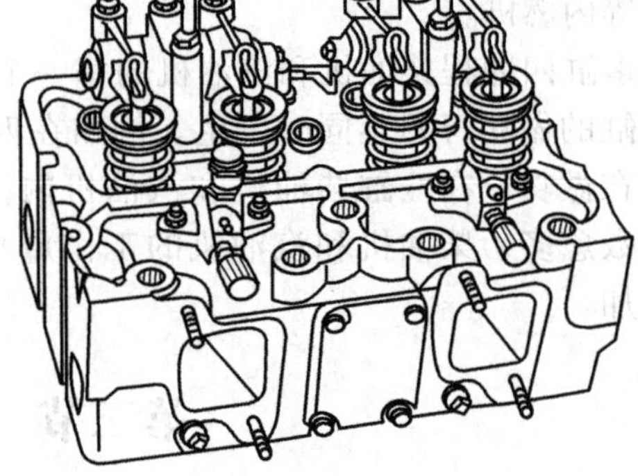

图 8-8　气缸盖

二、曲轴连杆机构

曲轴连杆机构由活塞、活塞环、活塞销、连杆、曲轴和飞轮等组成。

曲轴连杆机构是内燃机中将热能变为机械能的主要机构。它可分为两组，图 8-10 所示为活塞连杆组，图 8-11 所示为曲轴飞轮组。前者由活塞、活塞环、活塞销和连杆组成；后者由曲轴和飞轮等组成。连杆小头用活塞销与活塞连接在

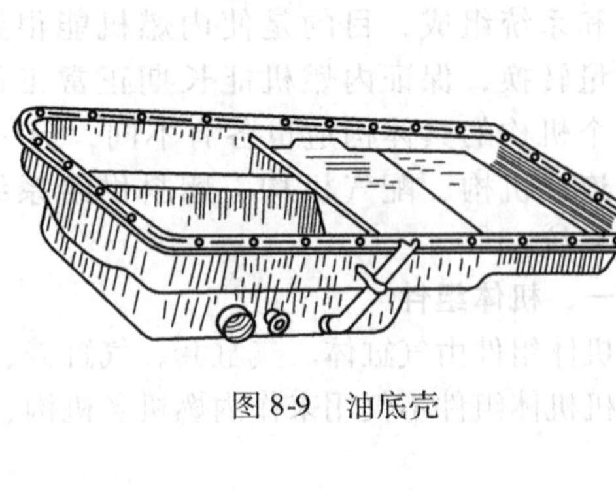

图 8-9　油底壳

一起，连杆大头与偏离曲轴回转中心线的连杆轴颈(又称曲柄销)相连；曲轴通过本身的主轴颈支承在机体上。燃烧气体的压力直接作用在活塞上，推动活塞作直线往复运动，经活塞销、连杆和曲轴，将活塞的直线运动变为曲轴旋转运动。内燃机产生的动力，大部分从飞轮输出，小部分通过装在曲轴上的齿轮及皮带轮传出，以驱动其他机构和系统。

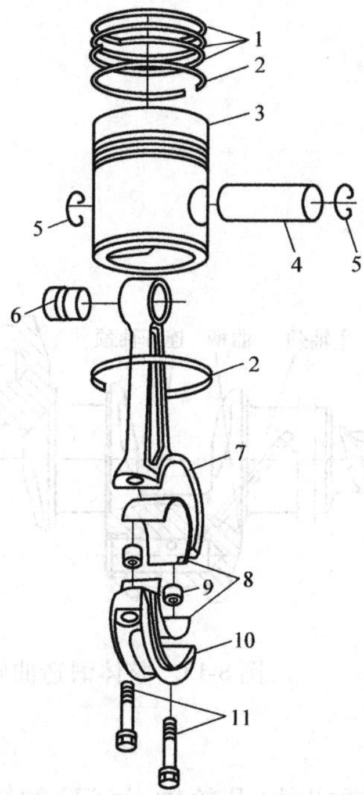

图 8-10　活塞连杆组

1—气环　2—油环　3—活塞　4—活塞销　5—锁簧　6—连杆衬套　7—连杆杆身　8—轴瓦　9—定位轴套　10—连杆螺栓　11—连杆盖

三、配气机构

配气机构由气门组和气门传动组组成，气门组主要由进气门、排气门、摇臂、推杆、挺柱、凸轮和齿轮等组成。

内燃机进气过程中进入气缸的空气和可燃混合气的更换由曲轴驱动的配气机构控制。配气机构按照内燃机的工作顺序，定时地打开或关闭进气门或排气门，使空气或可燃混合气进入气缸或从气缸中排出废气。它分为侧置气门式配气机构和顶置气门式配气机构两种，如图 8-14 所示。

配气机构一般由曲轴前端驱动，有些大型内燃机由曲轴后端驱动。

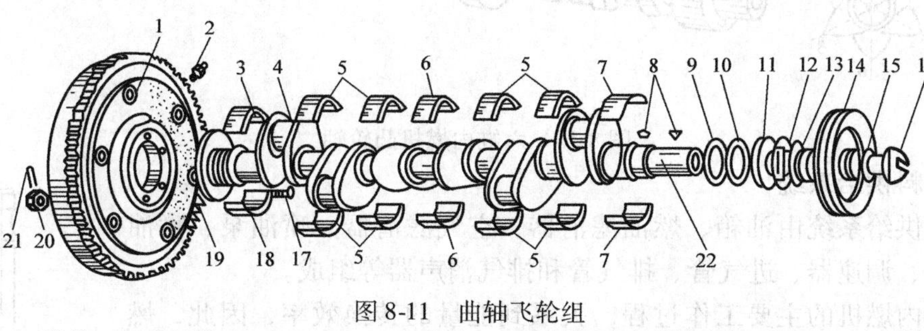

图 8-11　曲轴飞轮组

1—飞轮　2—注油嘴　3、5、6、7、18—主轴　4—连杆轴颈(与曲轴连为一体)　8—半圆键　9、10—后止推垫圈　11—正时齿轴　12—挡油圈　13—曲轴油封　14—皮带轮　15—起动爪锁紧垫圈　16—起动爪　17—曲轴螺钉　19—飞轮齿圈　20—螺母　21—开口销　22—曲轴

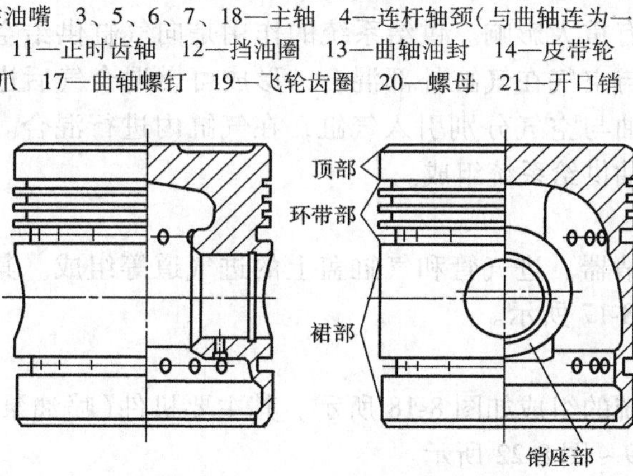

图 8-12　普通活塞的典型结构

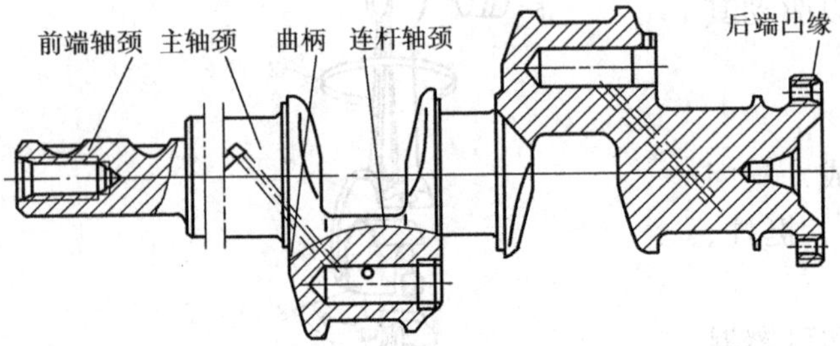

图 8-13 整体锻造曲轴

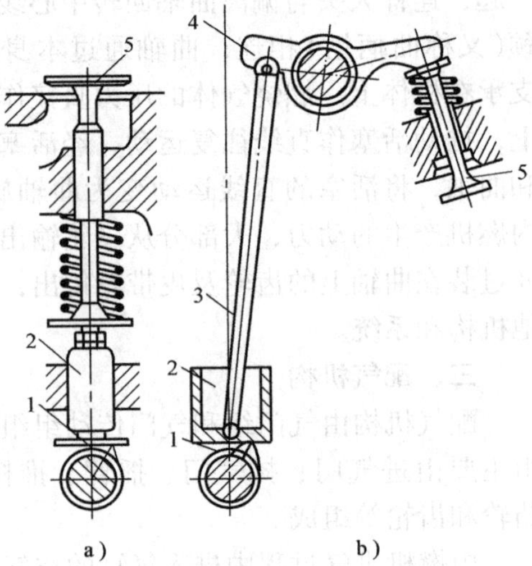

图 8-14 配气机构简图

a) 侧置气门机构 b) 顶置气门机构

1—凸轮 2—挺柱 3—推杆 4—摇臂 5—气门

其主要机件(凸轮轴、气门)的结构如图 8-15 和图 8-16 所示。

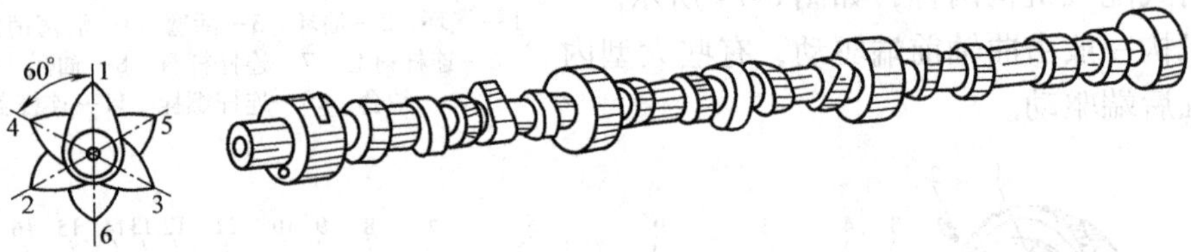

图 8-15 六缸内燃机凸轮轴

四、燃料供给系统

柴油机供给系统由油箱、燃油滤清器、空气滤清器、喷油泵、喷油器、输油泵、调速器、进气管、排气管和排气消声器等组成。

燃烧是内燃机的主要工作过程，关系到能量的转换效率，因此，燃烧室的结构对燃烧性能有重大影响。供给系统的作用是向气缸供给空气和燃料。汽油机的燃油与空气在气缸外部混合，形成可燃混合气后进入气缸；在柴油机中，燃油与空气分别引入气缸，在气缸内进行混合。供给系统由进气系统和燃油供给系统组成。

1. 进气系统

进气系统由空气滤清器、进气管和气缸盖上的进气道等组成。其中空气滤清器的结构如图 8-17 所示。

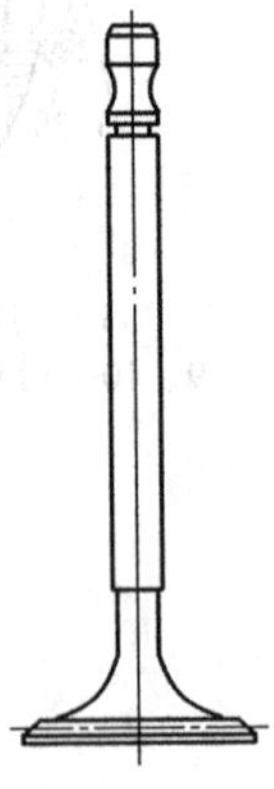

图 8-16 气门结构

2. 燃油供给系统

柴油机燃油供给系统的组成如图 8-18 所示。其主要机件(喷油泵、喷油器、输油泵、柴油滤清器)的结构如图 8-19 ~ 图 8-22 所示。

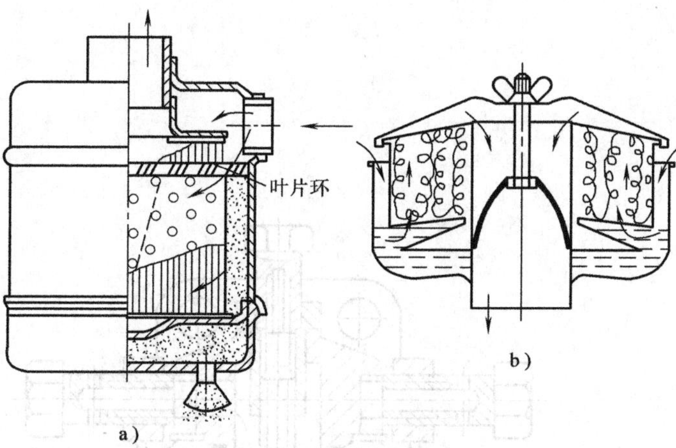

图 8-17　空气滤清器

a）干式空气滤清器(叶片环粗滤及纸质细滤器)

b）湿式空气滤清器(单级油浴式)

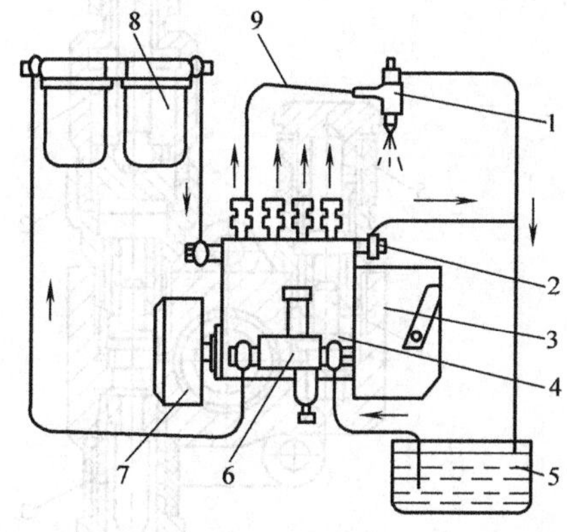

图 8-18　柴油机燃油供给系统

1—喷油器　2—溢流阀　3—调速阀　4—喷油泵　5—燃料油箱　6—输油泵　7—喷油角提前器　8—柴油过滤器　9—高压油管

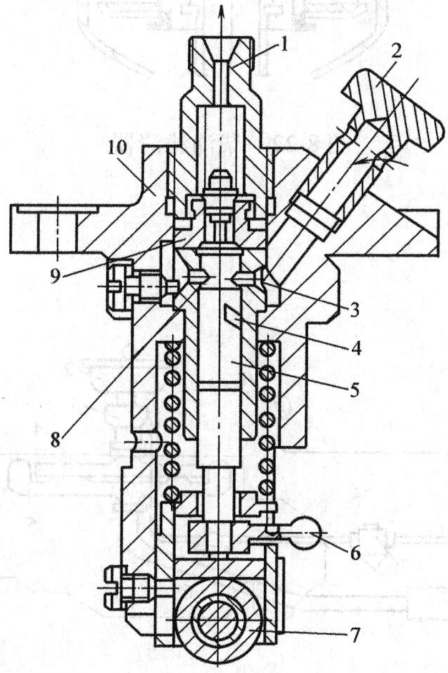

图 8-19　喷油泵

1—高压油管接头　2—进压油接头　3—进油孔　4—控油棱边　5—柱塞偶件　6—拨叉　7—滚轮　8—回油孔　9—出油阀偶件　10—油泵体

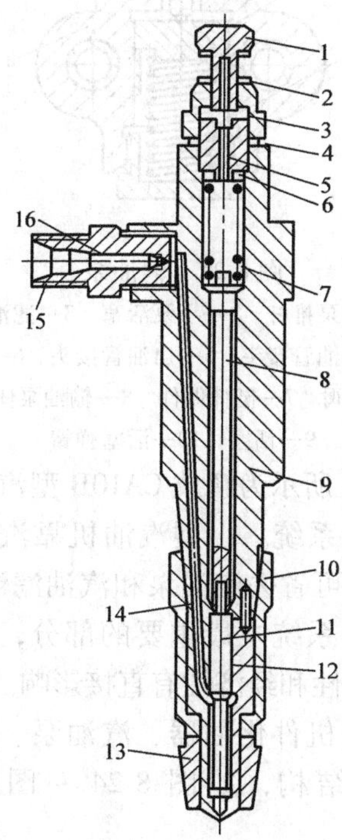

图 8-20　喷油器

1—回油管螺栓　2—回油管衬垫　3—调压螺钉护帽　4—垫圈　5—调压螺钉　6—调压弹簧垫圈　7—调压弹簧　8—推杆　9—喷油器体　10—紧固螺套　11—针阀　12—针阀体　13—铜锥体　14—定位销　15—进油管接头　16—滤芯

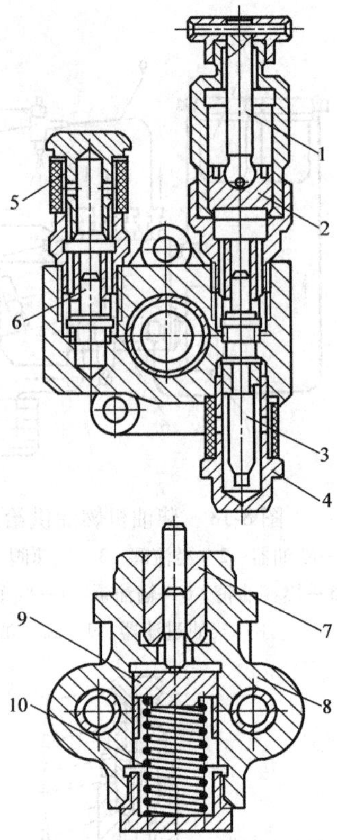

图 8-21　输油泵

1—手泵推杆　2—手泵活塞　3—滤油网　4—进油管接头　5—出油管接头　6—单向阀　7—挺杆偶件　8—输油泵体　9—活塞　10—活塞弹簧

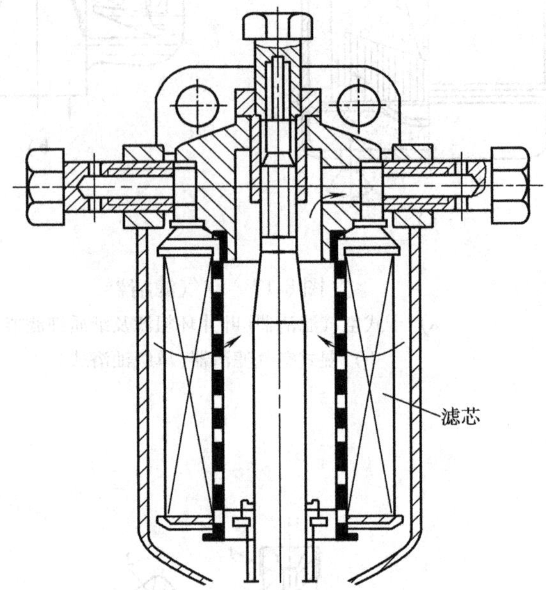

图 8-22　柴油滤清器

图 8-23 所示为解放 CA10B 型汽车内燃机的供给系统。小型汽油机靠汽油的自重供油，可省去汽油泵和汽油滤清器。化油器是本系统中最重要的部分，对汽油机的动力性和经济性有直接影响。

其主要机件化油器、汽油泵、汽油滤清器的结构，如图 8-24 ~ 图 8-26 所示。

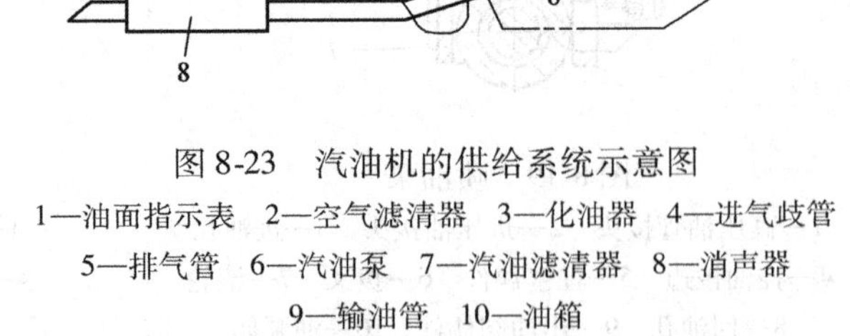

图 8-23　汽油机的供给系统示意图

1—油面指示表　2—空气滤清器　3—化油器　4—进气歧管　5—排气管　6—汽油泵　7—汽油滤清器　8—消声器　9—输油管　10—油箱

五、润滑系统

内燃机润滑系统由润滑油泵、压力阀、润滑油道、机油滤清器和机油冷却器等组成。

润滑系统的功能主要是将一定数量的清洁润滑油送到各摩擦部位，润滑、冷却和净化摩擦表面。

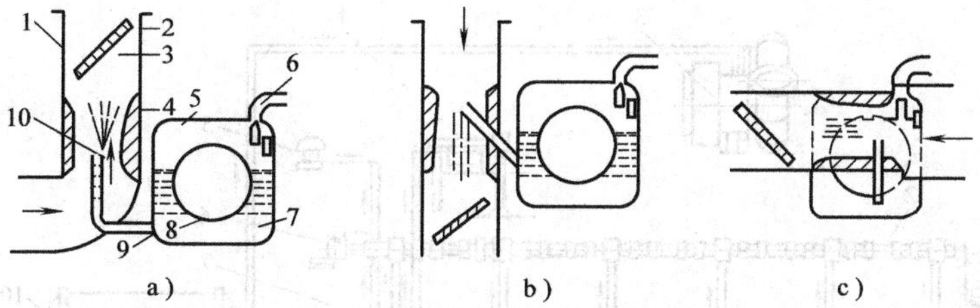

图 8-24　简单化油器

a）上吸气　b）下吸气　c）平吸气

1—混合室体　2—节气门　3—混合室　4—喉管　6—进油管

7—浮子室　8—浮子　9—油量孔　10—喷口

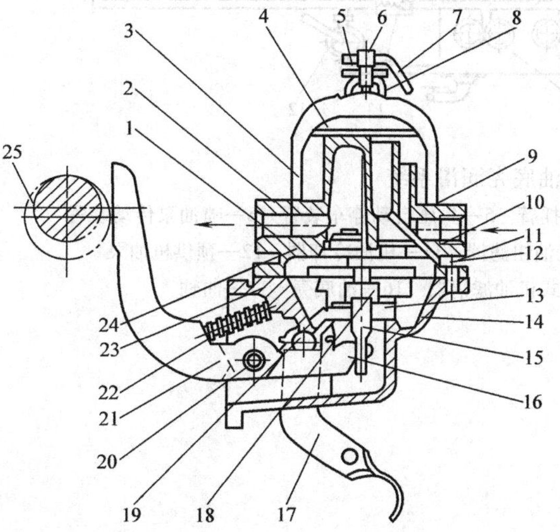

图 8-25　膜片式汽油泵

1—出油口　2—泵盖　3—沉淀杯　4—滤网　5—压紧螺母
6—压紧螺钉　7—托架　8—压紧套筒　9、19—垫圈
10—进油口　11—螺钉　12—弹簧垫圈　13—泵膜弹簧
14—泵壳体　15—泵膜拉杆　16—横拉杆　17—手拉杆
18—进油阀　20—摇杆轴套　21—摇杆　22—回位弹簧
23—膜片　24—出油阀　25—凸轮轴

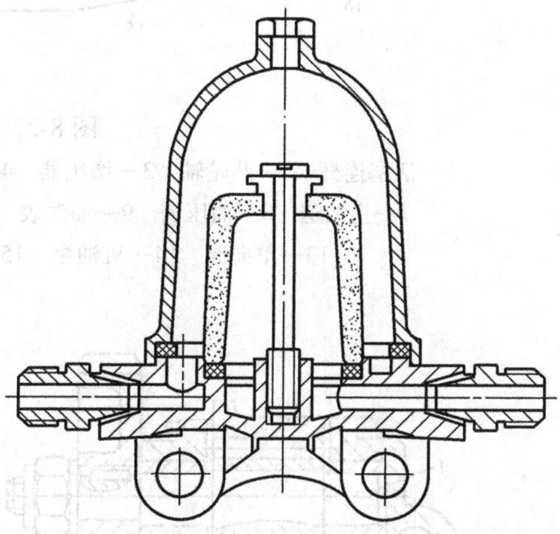

图 8-26　陶瓷滤芯汽油滤清器

根据内燃机类型和润滑部位不同，有不同的润滑方式。除个别情况采用单一润滑方式（如二冲程摩托车汽油机采用掺混润滑）外，大多数内燃机的润滑系统是压力循环润滑、飞溅润滑和油雾润滑的复合。典型润滑系统有湿式油底壳和干式油底壳两类。图 8-27 所示为湿式油底壳润滑系统，主要用于汽车、拖拉机、工程机械和机车等内燃机；干式油底壳润滑系统主要用于船用柴油机等。

其主要机件循环机油泵、预供机油泵、机油滤清器、机油冷却器的结构，如图 8-28 ~ 图 8-31 所示。

六、冷却系统

冷却系统由水泵、散热器（水箱）、风扇、分水管和机体及气缸盖浇铸出的水套等组成。冷却系统使内燃机受热零件（气缸套、气缸盖和活塞等）在适宜的温度状态下工作，以保证其工作可靠、耐久，并得到良好的动力和经济指标。冷却系统的冷却介质有液体和空气两种。

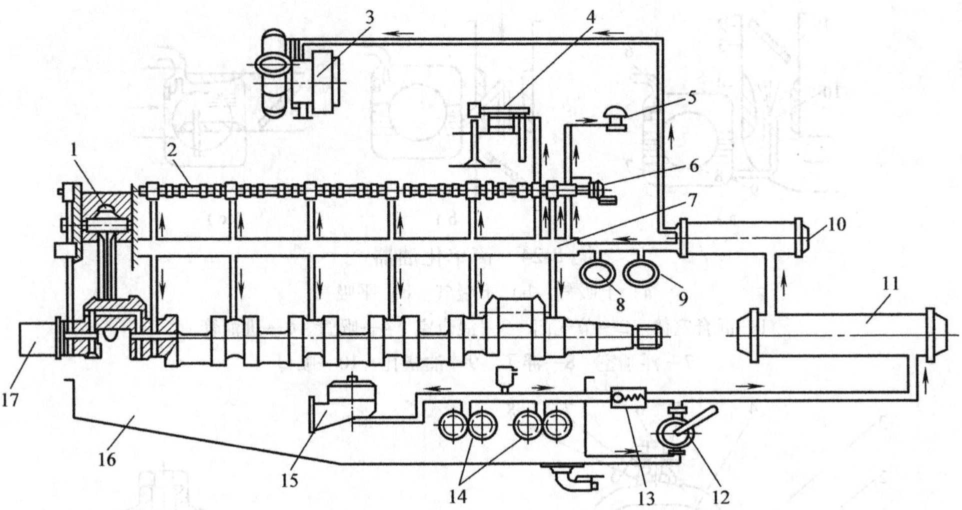

图 8-27　湿式油底壳润滑系统

1—活塞连杆　2—凸轮轴　3—增压器　4—气门摇臂　5—失压自动停车装置　6—喷油泵传动装置　7—主油道　8—油压表　9—油温表　10—机油粗滤器　11—机油冷却器　12—预供机油泵　13—单向阀　14—机油泵　15—离心式机油滤清器　16—油底壳　17—曲轴

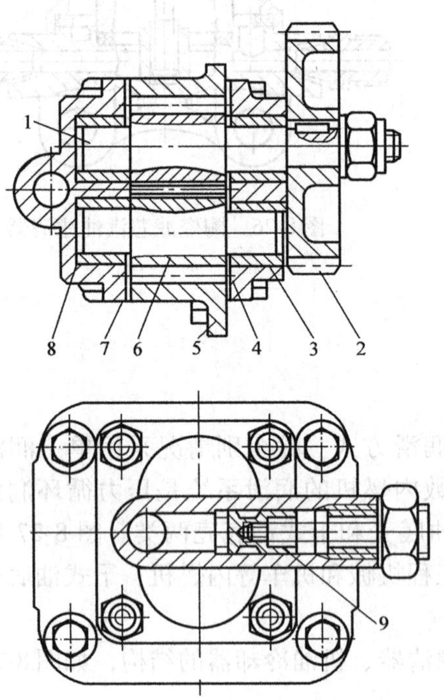

图 8-28　机油泵

1—主动齿轮轴组　2—驱动齿轮　3—衬套　4—内泵盖　5—泵体　6—从动齿轮　7—调整垫片　8—外泵盖　9—限压阀

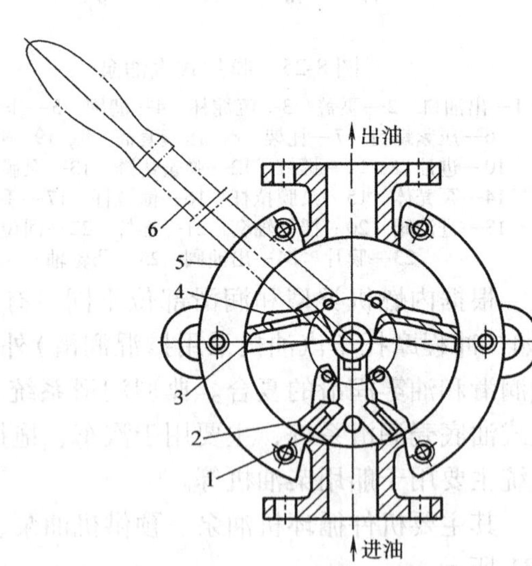

图 8-29　预供机油泵

1—固定阀门座　2—固定阀门　3—活动阀门座　4—活动阀门　5—泵体

由于冷却介质不同，其结构布置和所采用的装置有较大差别，大多数内燃机采用以水为冷却介质的水冷系统。

1. 常用水冷系统

由于内燃机强化程度和使用场合的不同，其散热部分有不同的构造形式，因而形成不同的水冷系统。图 8-32 所示是散热器散热封闭强制循环冷却系统的典型水路。它能保持适宜的工作温度，特别是由于采用散热器散热，适应性较好，使用广泛。图 8-33 所示为汽车和拖拉机用内燃机的封闭循环冷却系统。

2. 高温冷却系统

采用散热器散热的封闭强制循环系统中，应提高水的沸点(可增加散热器盖蒸汽阀开阀压力，以提高系统压力，使水的沸点升高)，或改用高沸点液体(乙烯、乙二醇等)，使冷却液温度高于 90℃，甚至达 110℃以上，这种冷却系统称之为高温冷却系统。冷却系统中水泵、散热器的结构，如图 8-34 和图 8-35 所示。

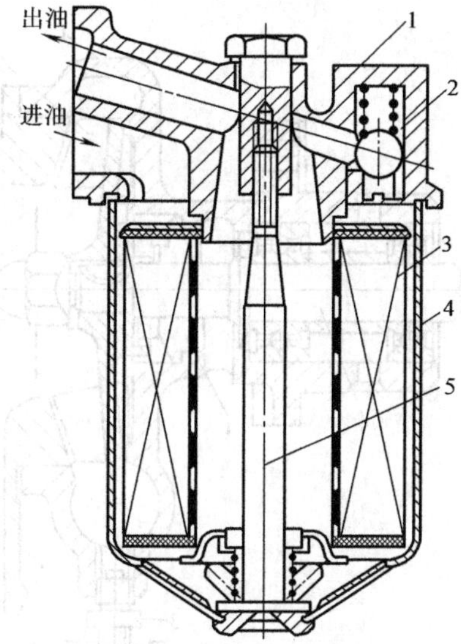

图 8-30　滤清器

1—座底　2—旁通阀　3—滤芯　4—水封(机械密封式)　5—轴

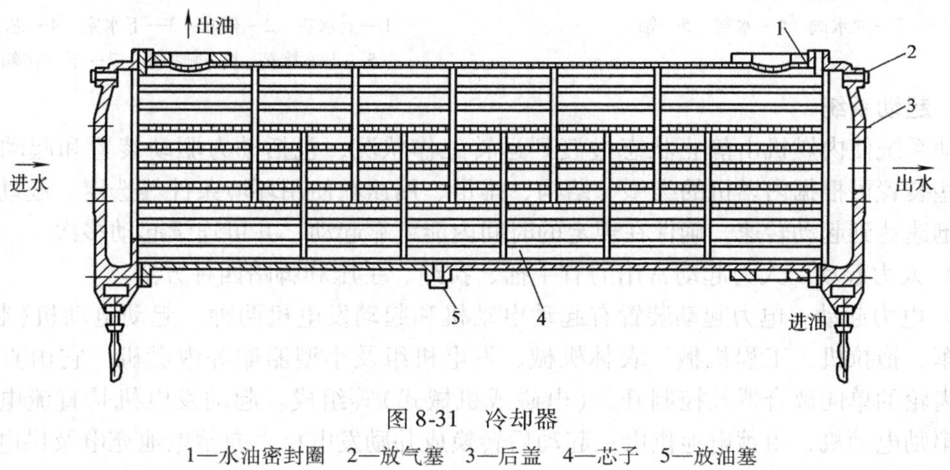

图 8-31　冷却器

1—水油密封圈　2—放气塞　3—后盖　4—芯子　5—放油塞

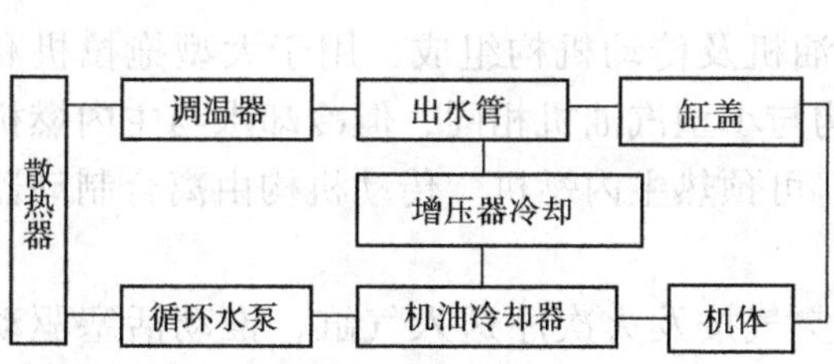

图 8-32　封闭强制循环冷却典型水路

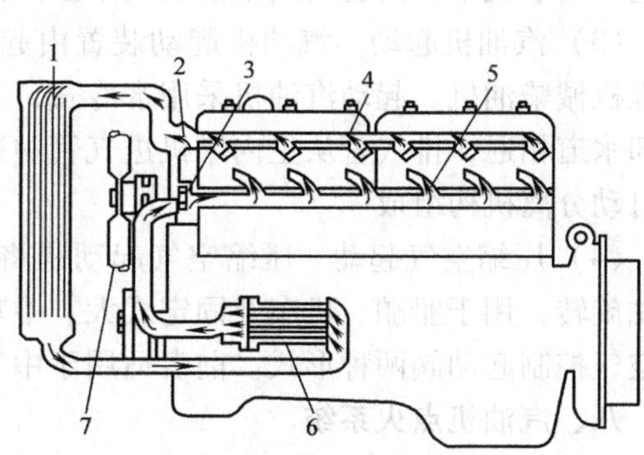

图 8-33　汽车和拖拉机用内燃机的封闭循环冷却系统

1—散热器　2—调温器　3—水泵　4—气缸盖出水　5—气缸盖喷水管　6—机油冷却器　7—风扇

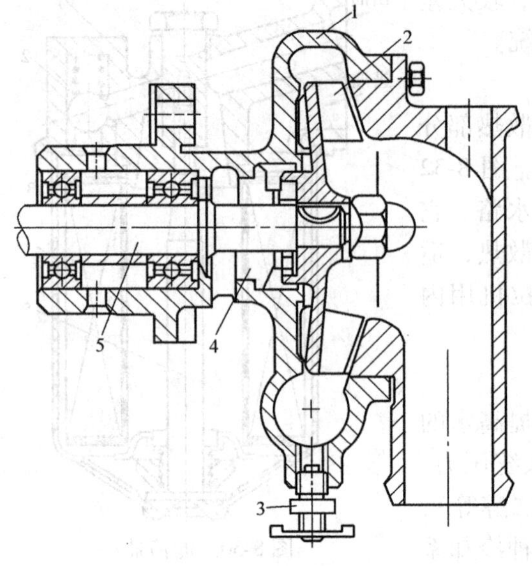

图 8-34　冷却泵

1—泵壳（蜗壳）　2—叶轮

3—放水阀　4—水封　5—轴

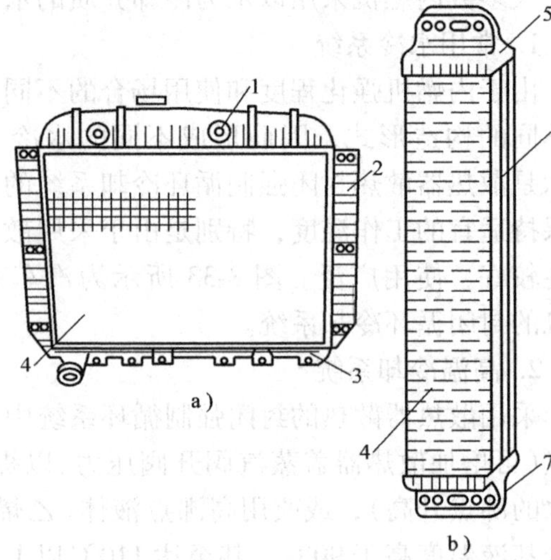

图 8-35　散热器

a）汽车用　b）机车用

1—上水室　2—架套　3—下水室　4—芯子

5—上连接箱　6—侧护板　7—下连接箱

七、起动系统

起动系统使内燃机由静止状态过渡到运转工作状况，包括动力驱动装置和起动辅助装置。这些装置可根据内燃机的类型、结构、排量、用途和使用环境条件等选定。起动系统应能保证迅速达到起动转速，确保在规定的时间内能可靠起动，并可连续起动多次。

（1）人力起动　人力起动常用的有手摇、拉绳、手压和脚踏四种方法。

（2）电力起动　电力起动装置有起动电动机和起动发电机两种。起动电动机（起动机）用于汽车、拖拉机、工程机械、农林机械、发电机组及小型船舶等内燃机。它由直流电动机、带齿轮的单向离合器及控制开关（电磁或机械式）等组成。起动发电机是直流电机，起动时为串励电动机，由蓄电池供电；起动后转换成并励发电机，向蓄电池充电及供电气设备用电。用于机车和高速船用柴油机及小型汽油机。

（3）汽油机起动　汽油机起动装置由起动汽油机及传动机构组成，用于大型拖拉机和工程机械柴油机。起动汽油机采用水冷式，其结构与小型汽油机相同，但冷却水与主内燃机冷却水道相通，排气管从主内燃机进气管中通过，可预热主内燃机。传动机构由离合制动器和自动分离机构组成。

（4）压缩空气起动　压缩空气起动是将高压空气按发火次序送入气缸，推动活塞驱动曲轴旋转，用于船舶、机车及固定式大、中功率柴油机。常见的有起动空气控制起动阀和分配空气控制起动阀两种形式。前者适用于中等功率柴油机，后者用于大功率柴油机。

八、汽油机点火系统

汽油机点火系统由蓄电池、发电机、火花塞、点火线圈、分电器和磁电机等组成。

汽油机点火系统可产生足够能量的高压电流，准时和可靠地击穿火花塞两极间空气，发生火花，点燃汽油机或煤气机气缸的混合气。还能自动调整点火时曲轴曲拐位置之间的夹角，以适应不同的工作状况。

汽油机点火系统的种类有蓄电池点火系统和磁电机点火系统等。图8-36所示为蓄电池点火系统的电路图。蓄电池点火系统主要部件有蓄电池、点火线圈、分电器(带白金触点断电器)和火花塞等。系统由蓄电池供低压电流给点火线圈一次绕组，靠白金触点断电器使初级电流骤然断开，在点火线圈二次绕组产生高压电，通过分电器配电部分引至火花塞。

点火系统中点火线图、分电器的结构如图 8-37 和图 8-38 所示。

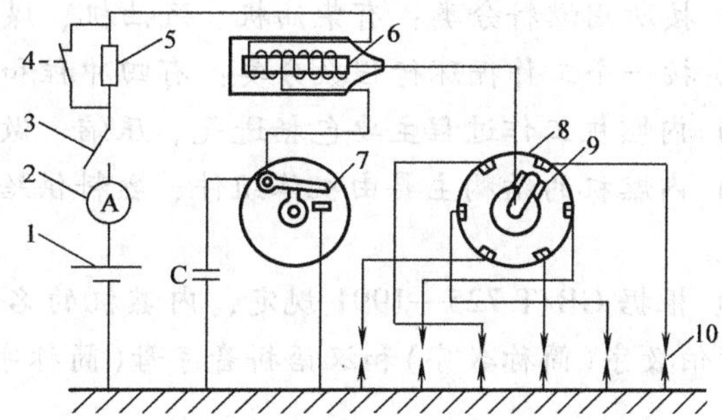

图 8-36　蓄电池点火系统的电路图

1—蓄电池　2—电流表　3—点火开关　4—启动短路开关　5—电阻　6—点火线圈　7—断路器　8—分电器盖　9—分火头　10—火花塞

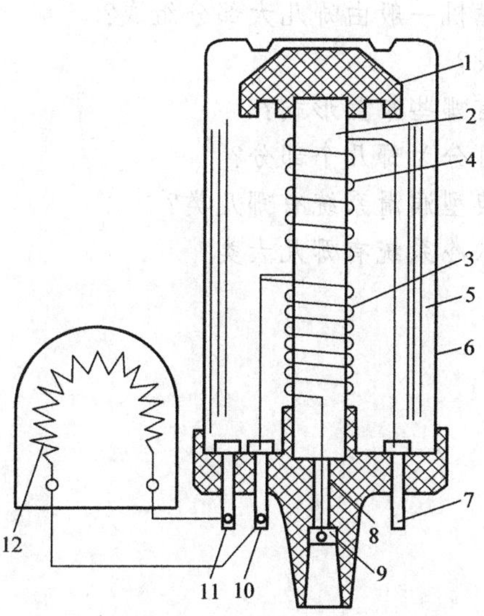

图 8-37　点火线圈

1—瓷杯　2—铁心　3—二次绕组　4—一次绕组　5—导磁钢套　6—外壳　7—接线柱　8—胶木盖　9—高压线接头　10—接线柱(接附加电阻及其短路开关)　11—接线柱(接电源,并附加电阻及短路开关)　12—附加电阻(热敏电阻)

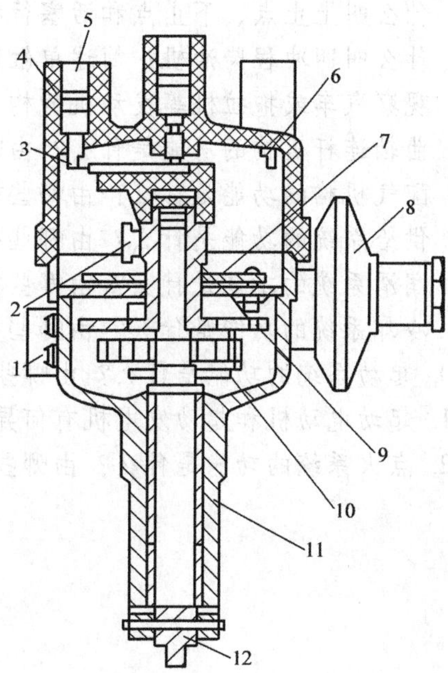

图 8-38　分电器

1—电容器　2—断路器触点　3—分火头　4—配电器盖　5—高压导线接头　6—电极　7—断电底板　8—真空点火提前机构　9—凸轮　10—离心点火提前机构　11—外壳　12—分电器轴

本 章 小 结

本章重点阐述了内燃机各组成部件的构造及工作原理，并介绍了内燃机的分类及代号，其中主要内容有：

1）内燃机的分类：

① 按基本工作原理分类，有往复活塞式、旋转活塞式、涡轮式内燃机等。

② 按所用燃料分类：有柴油机、汽油机、煤气机和沼气机等。

③ 按一个工作循环行程数分类：有四冲程和二冲程内燃机。

2）内燃机工作过程主要包括进气、压缩、做功和排气四个阶段。

3）内燃机的结构主要由机体组件、燃料供给系统、起动系统、汽油机点火系统等部件组成。

4）根据 GB/T 725—1991 规定，内燃机的名称均按所采用的燃料命名。内燃机的型号由阿拉伯数字(简称数字)和汉语拼音字母(简称字母)组成。

复习思考题

1. 什么叫内燃机？试解释下列内燃机型号的意义：495T、22V135ZG、165F、R175(此处 R 表示 175 的换代标志符号)、R175ND(R 含义同前)、X4105(X 表示系列代号)、6E135C、12VE230ZC$_1$、6E430SDzZC$_1$、G6300DzC(G 系列)柴油机和 4100Q、IE65F 汽油机。

2. 什么叫上止点、下止点和活塞行程？什么叫气缸工作容积和压缩比？

3. 什么叫四冲程柴油机？简述单缸四冲程柴油机的工作原理。

4. 观察汽车或拖拉机等发动机的构造，说明内燃机一般由哪几大部分组成？

5. 曲轴连杆机构的功能是什么？由哪些机件组成？

6. 配气机构的功能是什么？由哪些机件组成？有哪些布置形式？

7. 供给系统的功能是什么？由哪些机件组成？可分为哪几个部分？

8. 润滑系统的功能是什么？由哪些机件组成？典型润滑系统有哪几类？

9. 冷却系统的功能是什么？由哪些机件组成？水冷系统有哪几大类？

10. 起动系统的功能是什么？由哪些机件组成？

11. 起动电动机和起动发电机有何异同？

12. 点火系统的功能是什么？由哪些机件组成？

第九章 数控机床及装配

教学目标 1. 了解数控机床的特点、组成和工作原理。

2. 熟悉数控机床的主要机械结构；了解数控机床的主要机械特点。

3. 掌握数控机床中滚珠丝杠副、齿隙补偿机构的装配及键联接。

教学重点 1. 数控机床的主要机械结构。

2. 数控机床的装配。

教学难点 数控机床的装配中滚珠丝杠副的装配、齿隙补偿机构的装配及键联接的装配。

第一节 数控机床的特点及组成

一、数控机床及其特点

采用数字化信号，对机床的机械运动及其加工过程进行控制的机床，称为数字程序控制机床，简称数控机床。数控机床较好地解决了形状复杂、精密工件的加工问题，并满足了产品批量小、更新速度快的要求。数控机床是一种高效而灵活的自动化机床，具有适应性强、加工精度较高、加工质量稳定和生产效率高等优点。它是一种综合应用了计算机技术、自动化控制技术、精密测量技术和机床设计等先进技术的典型机电一体化产品，是现代制造技术的基础。

机床控制是数控技术应用最早、最广泛的领域，数控机床的水平代表了当前数控技术的性能、水平和发展方向。数控机床的研制经过40余年的发展，已经从当初的点位控制机床发展成为多功能、多种类、高精度、高效率的数控机床，和由多台数控机床组成的“柔性加工系统”。

数控机床不同于由其他方法控制的自动和半自动机床，在数控机床上，工件的整个加工过程全是由数字指令控制的。在工件加工前，根据工件图的要求和机床的加工工艺过程，用数控系统可以识别的数字代码将工件的加工尺寸、切削用量以及机床的辅助操作(即主轴开停、换向、刀具的更换、切削液的通断等)等各种信息编制成程序，然后输入到数控系统中。数控机床按照程序中的指令自动完成对工件的每一个加工工序，直到工件加工完为止。因此，数控机床具有如下特点：

1. 可以加工形状复杂的工件

由于机床的控制系统是由计算机来控制完成的，因此机床在加工过程中，可以在两坐标或三坐标上同时对机床的进给运动进行控制，并且可以控制机床在各个坐标方向上的相对运动速度大小，从而可以加工出普通机床难以加工的特殊曲面等形状复杂的工件。

2. 灵活性较强

由于数控机床是按照输入的工件加工程序进行工作的。所以改变加工工件时，只要更换加工程序、重新装夹工件以及更换刀具即可。

3. 生产率较高

数控机床的刚度大，功率也大，且在加工过程中，切削用量可以自动调整到最佳状态，这就有效地节省了机动时间。数控机床具有自动换刀、不停机变速、快速空行程运动和自动检测等功能，大大缩短了机床的辅助时间，提高了生产率。

4. 加工精度较高和加工质量较稳定

因为机床加工过程中不需要工人直接操作，因而避免了人为误差。由于机床的传动系统和结构都具有较高的精度和刚度，因此机床的重复精度高，加工质量稳定。为了保证加工精度，机床又采用了诸如闭环控制系统和利用系统软件调整等提高加工精度的措施，可以使机床达到较高的加工精度。

5. 改善了劳动条件，减轻了工人的劳动强度

由于数控机床的加工过程是自动进行的，不需要工人直接操作，加工完毕后即自动停机，使工人的劳动条件大为改善。但是，对数控机床使用人员的文化素质要求较高。

6. 便于实现生产过程的自动化管理

由于数控机床是使用数字指令来进行控制的，便于与计算机连接，所以它为采用计算机进行生产管理创造了条件，为实现生产过程高度自动化，例如实现柔性加工系统、无人车间、无人工厂等，奠定了基础。

二、数控机床的组成及其各部分的功能

数控机床一般由数控加工程序、数控系统、包含伺服电动机和检测反馈装置的伺服系统、强电控制柜、机床本体和各类辅助装置组成，如图 9-1 所示。

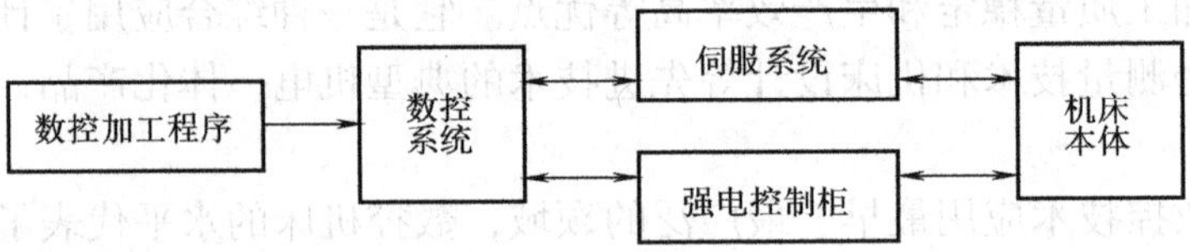

图 9-1　数控机床的系统组成图

现简介各组成部分及其功能如下：

1. 数控加工程序

数控加工程序是数控机床进行自动加工的指令序列。它须用符合标准的文字、数字和符号来表示，按规定的方法和格式编制而成。加工程序可以手工输入，通过远程通信接口传输，或通过控制介质输入。控制介质可以是穿孔纸带、磁盘、磁带或其他可以储存代码的介质。采用哪一种方式输入，取决于数控装置的输入设备类型。

2. 数控系统

数控系统主要由输入装置、译码器、主控制器、存储器和输出装置等组成。数控装置是数控机床的核心，它根据输入装置获得的指令信息进行分析和运算，并将运算结果输送到伺服系统中，以驱动机床对工件进行加工。

3. 伺服系统

伺服系统是数控系统和机床本体之间的电传动联系环节，它的作用是把来自数控装置的脉冲信号转换为机床运动部件的运动。主要由伺服电动机、驱动控制系统、位置检测与反馈装置等组成。伺服电动机是系统的执行元件，驱动控制系统是伺服电动机的动力源。数控系

统发出的指令信号与位置反馈信号比较后作为位移指令，再经过驱动系统的功率放大后，驱动电动机运转，通过机械传动装置拖动工作台或刀架运动。伺服系统的性能直接影响着数控机床的加工精度、表面粗糙度和生产效率。开环控制的数控机床的伺服系统常用步进电动机和电液脉冲马达作为伺服元件；闭环控制的数控机床的伺服系统常用宽调速直流电机和交流伺服电动机等作为伺服元件。

4. 强电控制柜

强电控制柜主要用来安装机床强电控制的各种电气元器件，除了提供数控、伺服等一类弱电控制系统的输入电源以及各种短路、过载、欠电压等电气保护外，主要在 PLC 的输出接口与机床各类辅助装置的电气执行元件之间起桥梁连接作用，控制机床辅助装置的各种交流电动机、液压系统电磁阀或电磁离合器等。此外，它也与机床操作台有关手动按钮连接。强电控制柜由各种中间继电器、接触器、变压器、电源开关、接线端子和各类电气保护元器件等构成，与一般普通机床的电气类似，但为了提高弱电控制系统的抗干扰性，要求各类频繁起动或切换的电动机、接触器等电磁感应器件中均须并接 *RC* 阻容吸收器；对各种检测信号的输入均要求用屏蔽电缆连接。

5. 机床本体

数控机床的本体指其机械结构实体。它与传统的普通机床相比较，同样由主传动系统、进给传动机构、工作台、床身及立柱等部分组成。但为了满足数控技术的要求和充分发挥数控机床的特点，数控机床的整体布局、外观造型、传动机构、工具系统及操作机构等方面都发生了较大变化：

1）采用高性能主传动及主轴部件，具有传递功率大、刚度高、抗振性好及热变形小等优点。

2）进给传动采用高效能传动件，具有传动链短、结构简单、传动精度高等特点，一般采用滚珠丝杠副、直线滚动导轨副等。

3）具有完善的刀具自动交换和管理系统。

4）在加工中心上一般具有工件自动交换、工件夹紧和放松机构。

5）机床本身具有很高的动、静刚度。

6）采用全封闭罩壳。由于数控机床是自动完成加工，为了操作安全，一般采用移动门结构的全封闭罩壳，对机床的加工部件进行全封闭。

6. 辅助装置

辅助装置主要包括自动换刀装置 ATC（Automatic Tool Changer）、托盘交换器 APC（Automatic Pallet Changer）、工件夹紧放松机构、回转工作台、液压控制系统、润滑装置、切削液装置、排屑装置、过载和保护装置。

三、数控机床的分类

数控机床的品种规格很多，分类方法也各不相同。其分类可根据功能和结构，按下述原则进行：

1. 按运动轨迹分类

这种方法是按照控制刀具相对于工件的运动轨迹来进行分类的。

（1）点位控制的数控机床　特点是控制机床的移动部件（刀具或机床工作台），从一点到另一点准确定位，而点与点之间的运动轨迹和速度不需严格控制。移动过程中刀具不进行切削加工，各坐标轴之间的运动是不相关的。图 9-2 为点位控制加工示意图。采用这类系统的机床一般有数控钻床、坐标镗床和冲床等。

(2) 直线控制数控机床　也称平行控制数控机床，其特点是不仅控制两相关点之间的位置，而且还要控制刀具在这两点间的运动轨迹为一直线，其运动路线只是与机床坐标轴平行移动。刀具在移动过程中对工件进行切削加工，一般只能加工矩形、台阶形零件。图 9-3 所示为直线控制加工示意图。具有这类功能的机床主要有比较简单的数控车床、数控铣床、数控磨床等，但单纯用于直线控制的数控机床并不多见。

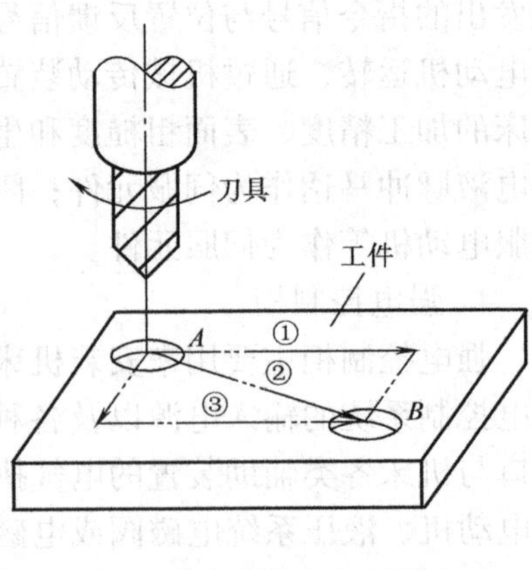

图 9-2　点位控制切削加工

(3) 轮廓控制数控机床　也称连续控制数控机床，其特点是可以同时严格控制刀具相对于工件在两个或两个以上坐标方向上的运动速度和轨迹，以保证形成所需的斜线、曲线和曲面。图 9-4 为轮廓控制加工示意图。采用这类系统的机床有数控车床、数控铣床、数控磨床、数控齿轮加工机床以及加工中心等。根据它所控制的联动坐标轴不同，又可分为二轴联动、二轴半联动、三轴联动、四轴联动、五轴联动等。

图 9-3　直线控制的切削加工图

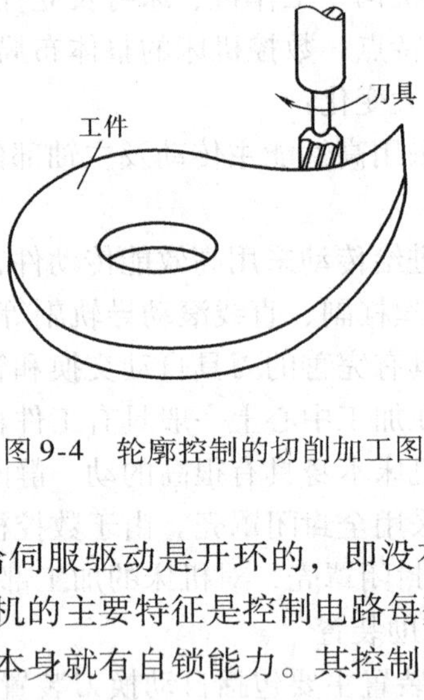

图 9-4　轮廓控制的切削加工图

2. 按伺服控制的方式进行分类

(1) 开环控制数控机床　开环控制数控机床的进给伺服驱动是开环的，即没有监测反馈装置，它的驱动电动机一般为步进电动机，步进电动机的主要特征是控制电路每变换一次指令脉冲信号，电动机就转动一个步距角，并且电动机本身就有自锁能力。其控制系统的框图如图 9-5 所示。

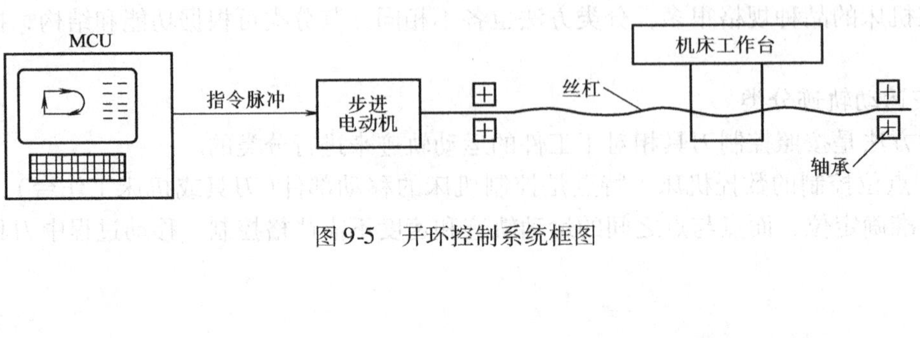

图 9-5　开环控制系统框图

（2）闭环控制数控机床　闭环控制数控机床的进给伺服驱动是按闭环反馈控制方式工作的，其驱动电动机可采用直流或交流两种伺服电动机，并需配置位置反馈和速度反馈，在加工中随时监测移动部件的实际位移量，并及时反馈给数控系统中的比较电路，它与插补运算所得到的指令信号进行比较，其差值又作为伺服驱动的控制信号，进而带动部件移动以消除位移误差。

按位置反馈监测元件的安装部位和所使用的反馈装置的不同，它又分为全闭环和半闭环两种控制方式。

1）全闭环控制数控机床。如图 9-6 所示，其位置反馈装置采用直线位移检测元件（目前一般采用光栅尺），安装在机床的床鞍部位，即直接检测机床坐标的直线位移量，通过反馈可以消除从电动机到机床床鞍的整个机械传动链中的传动误差，得到很高的机床静态定位精度。但是，由于在整个控制环内，许多机械传动环节的摩擦特性、刚性和间隙均为非线性，且整个机械传动链的动态响应时间与电气响应时间相差又非常大，为整个闭环系统的稳定性校正带来很大困难，系统的设计和调整也都相当复杂。故这种全闭环控制方式主要用于精度要求很高的数控坐标镗床、数控精密磨床等。

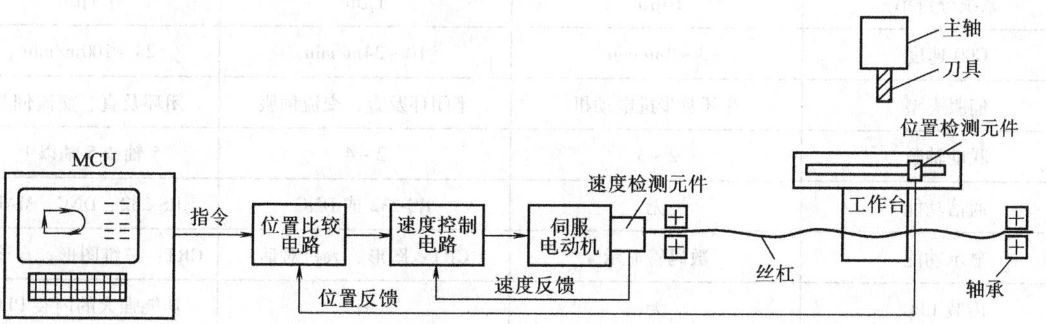

图 9-6　全闭环控制系统框图

2）半闭环控制数控机床。如图 9-7 所示，其位置反馈采用转角检测元件（目前主要采用编码器等），直接安装在伺服电动机或丝杠端部，由于大部分机械传动环节未包括在系统闭环环路内，因此可获得较稳定的控制特性。丝杠等机械传动误差不能通过反馈来随时校正，但是可采用软件定值补偿方法来适当提高其精度。目前，大部分数控机床采用半闭环控制方式。

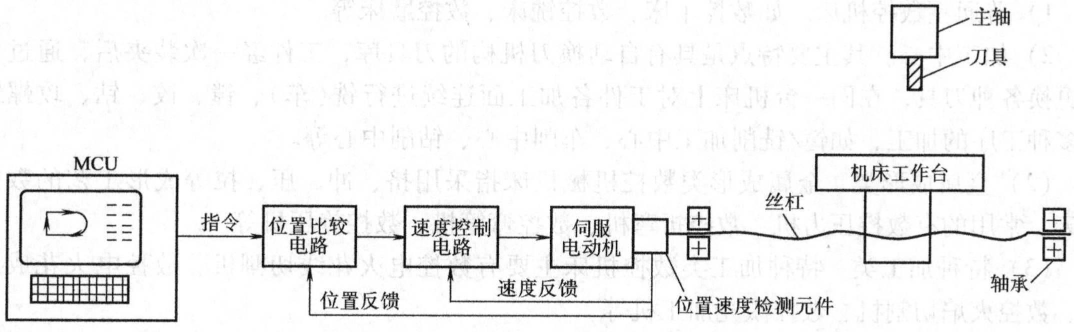

图 9-7　半闭环控制系统示意图

（3）混合控制数控机床　将上述控制方式的特点有选择地集中，可以组成混和控制的方案。如前所述，由于开环控制方式稳定性好、成本低、精度差，而全闭环稳定性差，将两者组合可以互相弥补，以满足某些机床的控制要求。采用较多的有开环补偿型和半闭环补偿型两种方式。

3. 按数控系统的功能水平分类

按数控系统的功能水平，通常把数控系统分为低、中、高三档。这种分类方法，在我国用的较多。低、中、高三档的界限是相对的，不同时期，划分标准也会不同。据目前的发展水平，可根据表 9-1 所列的一些功能及指标，将各类数控系统分为低、中、高档三类。其中，中、高档一般称为全功能数控或标准型数控。在我国还有经济型数控的提法，经济型数控属于低档数控，是指由单片机和步进电动机组成的数控系统，或其他功能简单、价格低的数控系统，主要用于车床、线切割机床以及旧机床改造等。

表 9-1　各类数控系统的功能指标

功　能	低　档	中　档	高　档
系统分辨率	10μm	1μm	0.1μm
G00 速度	3～8m/min	10～24m/min	24～100m/min
伺服类型	开环及步进电动机	半闭环及直、交流伺服	闭环及直、交流伺服
联动轴数	2～3	2～4	5 轴或 5 轴以上
通信功能	无	RS-232 或 DNC	RS-232、DNC、MAP
显示功能	数码管显示	CRT：图形、人机对话	CRT：三维图形、自诊断
内装 PLC	无	有	功能强大的内装 PLC
主 CPU	8 位、16 位 CPU	16 位、32 位 CPU	32 位、64 位 CPU
结构	单片机或单板机	单微处理器或多微处理器	分布式多微处理器

4. 按加工工艺及机床用途分类

（1）金属切削类　金属切削类数控机床指采用车、铣、镗、钻、铰、磨、刨等各种切削工艺的数控机床。它又可分为以下两类：

1）普通型数控机床。如数控车床、数控铣床、数控磨床等。

2）加工中心。其主要特点是具有自动换刀机构的刀具库，工件经一次装夹后，通过自动更换各种刀具，在同一台机床上对工件各加工面连续进行铣（车）、镗、铰、钻、攻螺纹等多种工序的加工，如镗/铣削加工中心、车削中心、钻削中心等。

（2）金属成形类　金属成形类数控机械机床指采用挤、冲、压、拉等成形工艺的数控机床，常用的有数控压力机、数控折弯机、数控弯管机、数控旋压机等。

（3）特种加工类　特种加工类数控机床主要有数控电火花线切割机、数控电火花成形机、数控火焰切割机、数控激光加工机等。

（4）测量、绘图类　测量、绘图类数控机床主要有三坐标测量仪、数控对刀仪、数控绘图仪等。

第二节　数控机床的主要机械结构及特点

数控机床的机械结构与普通机床相似，主要由两大部分组成，即机械传动部分和各类辅助装置部分。

一、机械传动机构

1. 主传动变速(主传动链)

数控机床的工艺范围很宽，工艺能力强，因此其主传动要求较大的调速范围和较高的最高转速，以便在各种切削条件下获得最佳切削速度，从而满足加工精度和生产率的要求。现代数控机床的主运动广泛采用无级变速传动，用交流调速电动机或直流调速电动机驱动，能方便的实现无级变速，且传动链短，传动件少，提高了变速的可靠性，其制造精度则要求很高。数控机床的主轴组件具有较大的刚度和较高的精度，由于多数数控机床具有自动换刀功能，其主轴具有特殊的刀具安装和夹紧结构。

(1) 主传动的类型　为了适应不同加工需要，根据数控机床的类型与大小，其主传动主要有以下四种形式：

1) 带有二级齿轮变速。如图9-8a 所示，主轴电动机经过二级齿轮变速，使主轴获得低速和高速两种转速系列，这是大中型数控机床采用较多的一种配置方式。滑移齿轮常用液压拨叉或电磁离合器来改变其位置。这种分段无级变速，确保低速时的大转矩，满足机床对转矩的要求。缺点是结构复杂，要有变速机构、润滑系统及温控系统，成本高，制造、安装、维修比较困难。

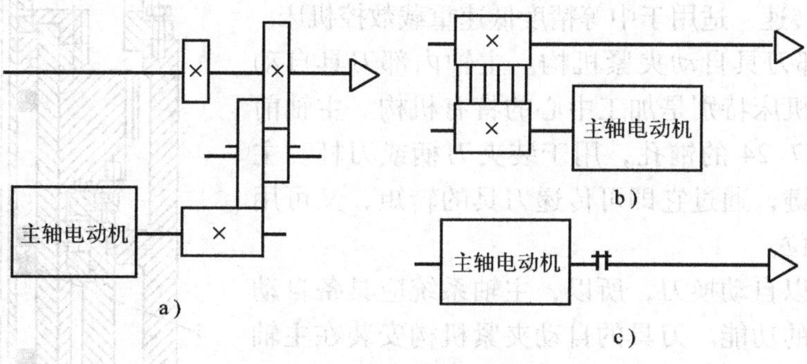

图 9-8　主传动的三种形式

2) 带有定比传动。如图9-8b 所示，主轴电动机经定比传动机构将运动传递给主轴，定比传动采用齿轮传动或带传动。带传动主要应用于小型数控机床上，可以避免齿轮传动的噪声与振动。缺点是调速范围仍受电动机约束。

3) 由主轴电动机直接驱动。如图9-8c 所示，电动机轴与主轴用联轴器同轴连接。这种方式简化了主轴结构，有效地提高了主轴的刚度。但主轴输出转矩小，电动机的发热对主轴精度影响大。

4) 近来出现新式内装电动机。即主轴与电动机转子合为一体，转速高达 20000r/min。这种主轴的优点是主轴部件结构更紧凑、重量轻、惯量小，适合快速起动、停止，并改善了主轴起、停响应特性，振动及噪声小，便于控制。缺点仍是热变形问题。

(2) 主轴部件结构　机床主轴对加工质量有直接影响，数控机床主轴部件应有更高的动、静刚度和抵抗热变形的能力。主轴部件主要包括主轴、轴承、传动件、密封件和刀具自动卡紧机构等组成。

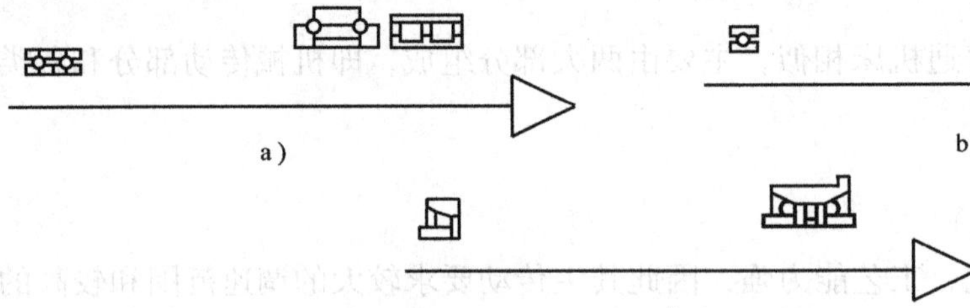

图 9-9　主轴的支承

1）主轴的支承。如图 9-9 所示为数控机床主轴轴承配置三种主要形式。如图 9-9a 所示为前支承采用双列圆柱滚子轴承和 60°角接触球轴承，后支承采用成对角接触球轴承。此结构应用于各种数控机床，其综合刚度高，可以满足强力切削要求。图 9-9b 所示为前支承采用多个高精度角接触球轴承，这种配置具有良好的高速性能，但它的承载能力较小，适用于高速轻载和精密数控机床。图 9-9c 所示为前支承采用双列圆锥滚子轴承，后支承为单列圆锥滚子轴承，其径向和轴向刚度高，能承受重载荷。但这种结构限制了主轴最高转速，适用于中等精度低速重载数控机床。

2）主轴内部刀具自动夹紧机构。主轴内部刀具自动夹紧机构是数控机床特别是加工中心的特有机构。主轴前端一般有锥度为 7∶24 的锥孔，用于装夹刀柄或刀杆。主轴端面有一端面键，通过它即可传递刀具的转矩，又可用于刀具的周向定位。

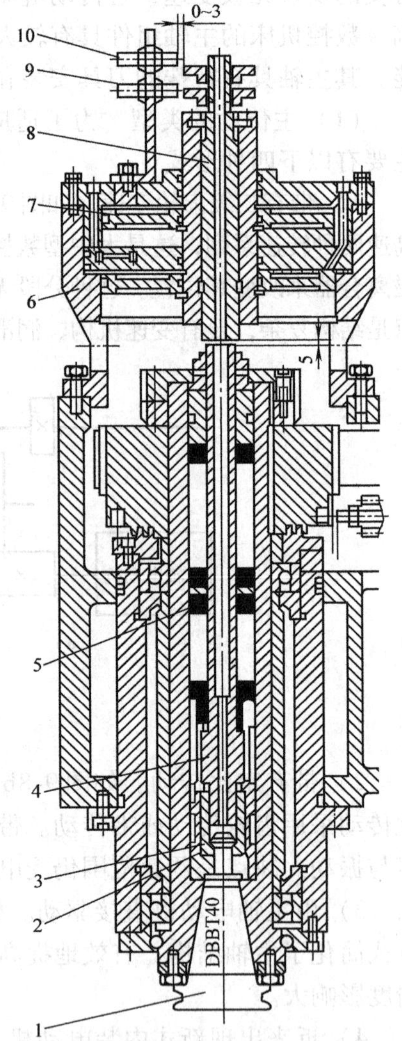

图 9-10　刀具自动夹紧机构

1—刀柄　2—抓刀爪　3—内套　4—拉杆　5—碟形弹簧　6—气缸　7—活塞　8—压杆　9—撞块　10—行程开关

加工中心可以自动换刀，所以，主轴系统应具备自动松开和夹紧刀具的功能。刀具的自动夹紧机构安装在主轴的内部。图 9-10 所示为刀具自动夹紧机构，刀柄 1 由主轴抓刀爪 2 夹持，碟形弹簧 5 通过拉杆 4、抓刀爪 2，在内套 3 的作用下将刀柄的拉钉拉紧。当换刀时，要求松开刀柄，此时将主轴上端气缸的上腔通压缩空气，活塞 7 带动压杆 8 及拉杆 4 向下移动，同时压缩碟形弹簧 5，当拉杆 4 下移到使抓刀爪 2 的下端移出内套 3 时，卡爪张开，同时拉杆 4 将刀柄顶松，刀具即可由机械手或刀库拔出。待新刀装入后，气缸 6 的下腔通压缩空气，活塞上移，在碟形弹簧 5 的作用下，带动抓刀爪 2 上移，抓刀爪拉杆 4 重新进入内套 3，将刀柄拉紧。活塞 7 移动的两个极限位置分别设有行程开关 10，作为刀具夹紧和松开的信号。

刀杆尾部的拉紧机构，除上述的卡爪式外，常见的还有钢球拉紧机构，其内部结构如图 9-11 所示。

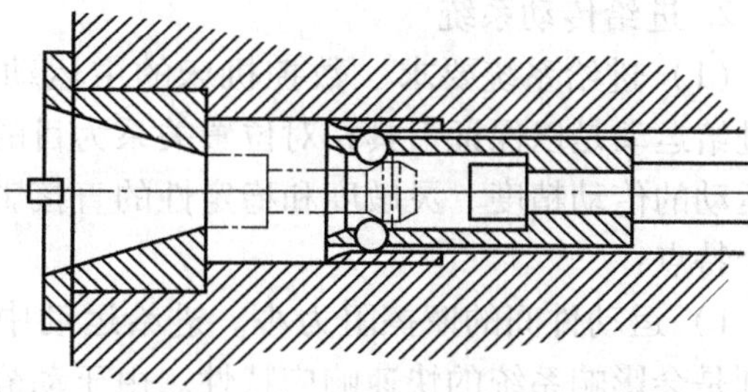

图 9-11　刀杆拉紧机构

3）主轴准停装置。主轴准停功能又称主轴定位功能（Spindie Specified Position Stop）。数控机床为了完成 ATC（刀具自动交换）的运作过程，必须设置主轴准停机构。即当主轴停止时，控制其停于固定的位置，这是自动换刀所必需的功能。目前准停装置很多，主要分为机械方式和电气方式两种。机械方式采用机械凸轮机构或光电盘方式进行粗定位，然后有一个液动或气动的定位销插入主轴上的销孔或销槽实现精确定位，完成换刀后定位销退出。机械准停装置中较典型的有 V 形槽轮定位盘准停机构和端面螺旋凸轮准停机构等，其基本原理类同。电气准停装置主要有磁传感器方式、编码型方式和数控系统控制方式。其中数控系统控制方式要求主轴驱动控制器具有闭环伺服控制功能，因此对大功率的主轴驱动系统，较难适用。一般用的较多的是磁传感器主轴准停系统。常用准停机构如图 9-12 所示。

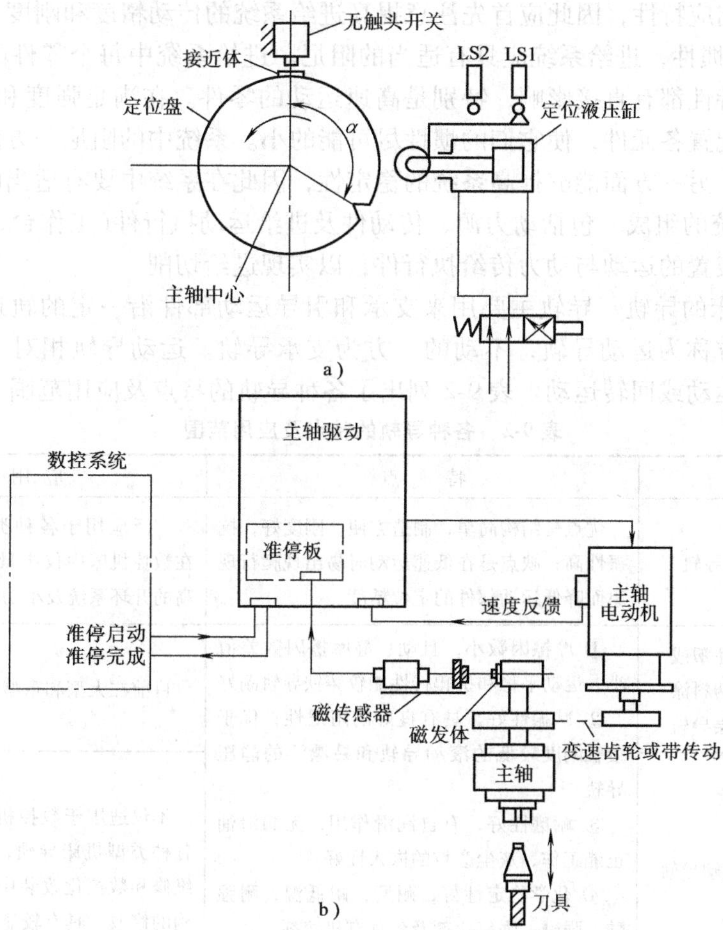

图 9-12　准停机构示意图

a）机械准停机构示意图　b）磁传感器准停控制系统构成

2. 进给传动系统

(1) 进给系统要求　数控机床的主运动多为提供主切削运动，它代表的是生产效率。而进给运动是以保证刀具相对位置关系为目的，被加工工件的轮廓精度和位置精度都受到进给运动的传动精度、灵敏度和稳定性的直接影响。因此，进给运动的机械结构必须具备以下几个特点：

1）运动件间的摩擦阻力小。进给运动中的摩擦阻力会降低传动效率，并产生摩擦热，特别是会影响系统的快速响应特性。由于动静摩擦阻力之差会产生爬行现象，因此，必须有效地减少运动之间的摩擦阻力。进给系统虽有很多零部件，但摩擦阻力主要来源是导轨和丝杠，故应改善导轨和丝杠结构使摩擦阻力减小。

2）消除传动系统中的间隙。进给系统的运动是双向的，系统中的间隙会使工作台不能马上跟随指令运动，造成系统快速响应特性变差。因此，在传动系统各个环节，包括滚珠丝杠、轴承、齿轮、蜗轮蜗杆、甚至联轴器和键联接都必须采取相应的消除间隙措施。

3）传动系统的精度和刚度高。数控机床进给系统的直线位移精度达到微米级，角位移达到秒级。进给传动的驱动力矩也很大，进给传动链的弹性会引起工作台运动的时间滞后，降低系统的快速响应特性，因此应首先注意提高进给系统的传动精度和刚度。

4）减少运动惯性，进给系统应具有适当的阻尼。进给系统中每个零件的惯量对伺服系统的起动和制动特性都有直接影响，特别是高速运动的零件。在满足强度和刚度的条件下，应尽可能的合理配置各元件，使它们的惯性尽可能的小。系统中的阻尼一方面降低伺服系统的快速响应特性，另一方面能够提高系统的稳定性，因此在系统中要有适当的阻尼。

(2) 进给系统的组成　包括动力源、传动件及进给运动执行件(工作台、刀架)等，其功用是将伺服驱动装置的运动与动力传给执行件，以实现进给切削。

(3) 数控机床的导轨　导轨主要用来支承和引导运动部件沿一定的轨道运动。在导轨副中，运动的一方称为运动导轨，不动的一方为支承导轨。运动导轨相对于支承导轨的运动，通常是直线运动或回转运动。表 9-2 列出了各种导轨的特点及应用范围。

表 9-2　各种导轨的特点及应用范围

<table>
<tr><th colspan="3">导轨类型</th><th>特　点</th><th>应用范围</th></tr>
<tr><td rowspan="3">滑动导轨</td><td colspan="2">普通滑动导轨</td><td>优点是结构简单，制造方便，刚度好，抗振性高；缺点是在低速运动时易出现爬行现象而降低运动部件的定位精度</td><td>广泛应用于各种类型的普通机床中，在数控机床中仅少量应用在精度要求不高的开环系统及小功率闭环系统中</td></tr>
<tr><td rowspan="2">塑料滑动导轨</td><td>注塑或塑料涂层导轨</td><td rowspan="2">① 摩擦因数小，且动、静摩擦因数差值小，运动平稳和抗爬行性能较铸铁导轨副好
② 减振性好，具有良好的阻尼性；优于接触刚度较低的滚动导轨和易漂浮的静压导轨
③ 耐磨性好，有自润滑作用，无润滑油也能工作，灰尘磨粒的嵌入性好
④ 化学稳定性好，耐磨，耐低温，耐强酸、强碱、强氧化剂及各种有机溶剂
⑤ 维修方便，经济性好</td><td>目前在大型和重型机床上应用很多</td></tr>
<tr><td>贴塑导轨</td><td>不仅适用于数控机床，还适用于其他各种类型机床导轨，应用广泛。在机床维修和数控化改装中还可以减少机床结构的修改，具有较显著的技术经济效益</td></tr>
</table>

（续）

导 轨 类 型	特 点	应 用 范 围
滚动导轨	优点是灵敏度高，摩擦阻力小，动、静摩擦因数小，因而运动均匀，低速运动时不易出现爬行现象；定位精度高，重复定位误差达0.2μm；牵引力小，移动轻便；磨损小，精度保持好，寿命长 缺点是抗振性差，对防护要求高，结构复杂，制造较困难，成本高	在立式车床上使用可提高加工速度
静压导轨	优点是导轨之间为纯液体摩擦，不产生磨损，精度保持性好，摩擦因数小（一般为0.0005～0.001），低速不易产生爬行，承载能力大，刚性好；承载油膜有良好的吸振作用，抗振性好 缺点是结构复杂且需要配置一套专门的供油系统	在车床上得到日益广泛的应用

二、数控机床各辅助装置的功能及结构

1. 自动换刀装置

为进一步提高数控机床的加工效率，出现了各种类型的加工中心，这类多工序加工的数控机床加工中使用多种刀具，因此必须有自动换刀装置，以便选用不同刀具，完成不同工序的加工工艺。自动换刀装置应当具备换刀时间短，刀具重复定位精度高的特点，并应具有足够的刀具储备量，占地面积小，安全可靠等特性。

各类数控机床中自动换刀装置的结构取决于机床的类型、工艺范围、使用刀具的种类和数量。数控机床常用的自动换刀装置的类型、特点、使用范围见表9-3。

表9-3　常用的自动换刀装置的类型、特点、使用范围

类别形式		特　点	使用范围
转塔型	回转刀架	多为顺序换刀，换刀时间短，结构简单紧凑，容纳刀具量较少	各种数控机床，数控车削加工中心
	转塔头	顺序换刀，换刀时间短，刀具、主轴都集中在转塔头上，结构紧凑。但刚性差，刀具数量受限制	数控钻、镗、铣床
刀库式	刀具与主轴之间换刀	换刀运动集中，运动部件少。但刀库容量受限	各种类型的自动换刀数控机床。尤其是对使用刀具的数控镗、铣床类立式、卧式加工中心机床，要根据工艺范围和机床特点，确定刀库容量和自动换刀装置类型
	用机械手配合刀库进行换刀	刀库只有选刀运动，机械手进行换刀运动，刀库容量大	

2. APC托盘交换器

在数控加工中为了减少工件安装、调整的辅助时间，提高自动化生产水平，在数控车

床、冲床等一类数控机床中，对工件的上下料可采用机械手或工业机器人进行工件自动装卸，该方式目前主要用于FMS系统中。对于加工中心，目前已比较多地采用了多工位托盘交换器，即每台加工中心至少配有两个可自动交换的托盘工作台。当其中一个托盘工作台进入封闭式的数控机床内进行自动循环加工时，另一个在机床外侧的托盘工作台，就可以进行工件的装卸调整。使工件的安装调整时间与机床加工时间重合，从而节省了机床安装工件的辅助时间。

托盘的交换可采用液压活塞推拉机构或机械链式传动等方法来实现。如图9-13所示为具有10工位托盘交换器的柔性加工单元。托盘支撑在圆柱环形导轨上，由内侧的环链拖动而回转，链轮由电动机驱动。托盘的选位和停位由可编程控制器（PLC）控制，并借助终端开关、光电识码器实现。具有五个以上托盘的加工中心，可称为柔性制造单元（FMC）。

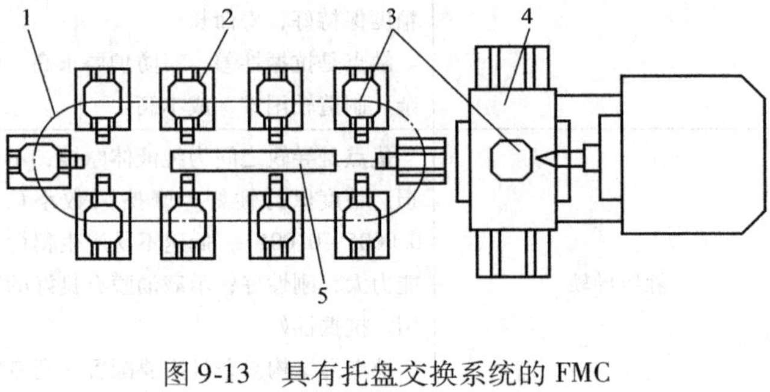

图9-13　具有托盘交换系统的FMC

1—环形交换工作台　2—托盘座　3—托盘
4—加工中心　5—托盘交换装置

3. 回转工作台

数控机床中常用的回转工作台有分度工作台（图9-14）和数控回转工作台，它们的功用各不相同。分度工作台的功用只是将工件转位换面，和自动换刀装置配合使用，实现工件一次安装能完成几个面的多种工序，因此，极大地提高了工作效率。而数控回转工作台除了分度和转位的功能之外，还能实现圆周进给运动。

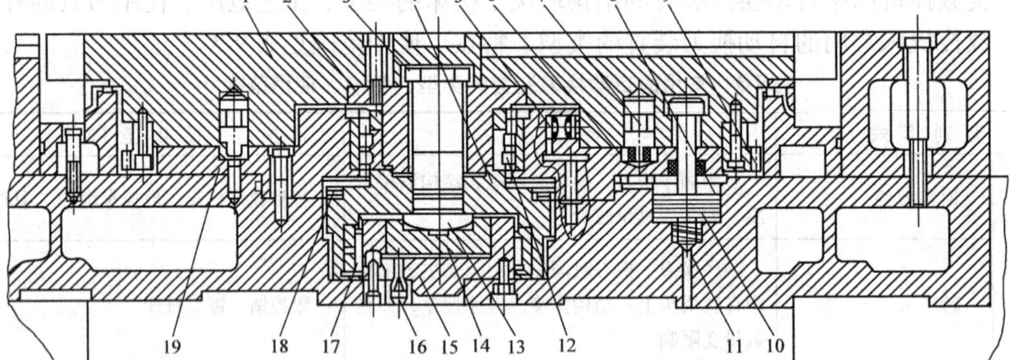

图9-14　分度工作台

1—工作台　2—转台轴　3—六角螺钉　4—轴套　5、10、14—活塞　6—定位套
7—定位销　8、15—液压缸　9—齿轮　11—弹簧　12、17、18—轴承
13—止推螺钉　16—管道　19—转台座

4. 排屑装置

为了数控机床的自动加工顺利进行和减少数控机床的发热，数控机床应具有合适的排屑装置。数控车床的切屑往往混合着切削液，排屑装置应从其中分离出切屑，并将其送入切屑

收集箱内，切削液则回收到切削液箱。常见的排屑装置有以下几种：

（1）平板链式排屑装置　平板链式排屑装置以滚动链轮牵引钢质平板链带在封闭箱中运转，切屑用链带带出机床，如图 9-15a 所示。这种装置在数控车床使用时要与机床冷却箱合为一体，以简化机床结构。

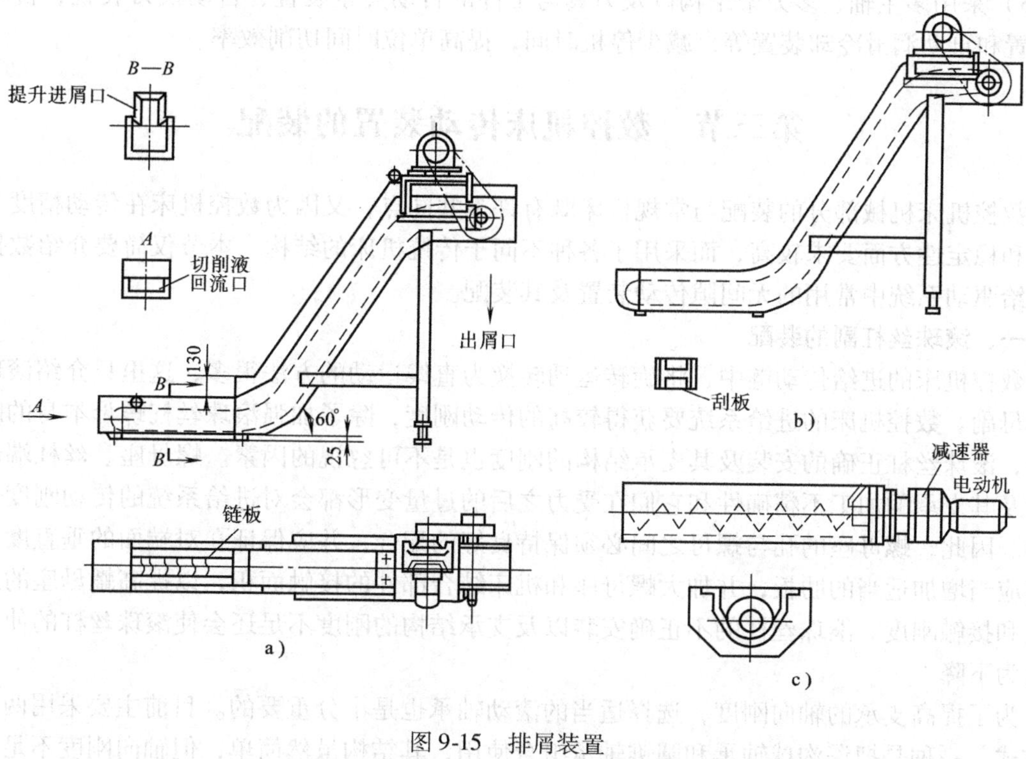

图 9-15　排屑装置

a）平板链式　b）刮板式　c）螺旋式

（2）刮板式排屑装置　其传动原理与平板链式基本相同，只是链板不同，带有刮板链板，如图 9-15b 所示，这种装置常用于输送各种材料的短小切屑，排屑能力较强。

（3）螺旋式排屑装置　是利用电动机经减速装置驱动安装在沟槽中的一根绞笼式螺旋杆进行工作的，如图 9-15c 所示。螺旋杆工作时，沟槽中的切屑即由螺旋杆推动连续向前运动，最终排入切屑收集箱。这种装置占据空间小，适用于安装在机床与立柱间间隙狭小的位置上。螺旋槽排屑结构简单、性能良好，但只适合沿水平或小角度倾斜的直线运动排屑，不能大角度倾斜、提升和转向排屑。

排屑装置的安装位置一般尽可能靠近刀具切削区域，车床的排屑装置装在旋转工件下方，以利于简化机床和排屑装置结构，减少机床占地面积，提高排屑效率。

三、主要机械结构的特点

1）主运动采用交流或直流电动机拖动，简化了主传动系统的机械结构、转速高、功率大、速度变换迅速可靠，且能无级变速。

2）主轴部件及支承件均采用了刚度和抗振性较好的机械结构，如采用动静轴承的主轴部件、钢板焊接结构的支承件等。

3）采用摩擦因数很小的塑料滑动导轨、滚动导轨、静压导轨，以提高数控机床运动的快速响应特性。

4）进给传动中，即采用无间隙的传动装置和元件，如滚珠丝杠螺母副、静压蜗杆蜗条副及预加载荷的双齿轮齿条副等；又采取消除间隙措施，如偏心套式、锥度齿轮式及斜齿轮垫片错齿式等消隙机构。

5）采用多主轴、多刀架结构以及刀具与工件的自动夹紧装置、自动换刀装置、自动排屑装置和自动润滑冷却装置等，减少停机时间，提高单位时间切削效率。

第三节　数控机床传动装置的装配

数控机床机械部分的装配与常规机床既有许多共同点，又因为数控机床在传动精度、灵敏度和稳定性方面要求较高，而采用了各种不同于传统机床的结构。本节仅简要介绍数控机床进给驱动系统中常用的无间隙传动装置及其装配。

一、滚珠丝杠副的装配

数控机床的进给传动链中，将旋转运动转换为直线运动的方法很多，这里只介绍滚珠丝杠螺母副。数控机床的进给系统要获得较高的传动刚度，除了加强滚珠丝杠螺母本身的刚度之外，滚珠丝杠正确的安装及其支承结构的刚度也是不可忽视的因素。螺母座、丝杠端部的轴承及其支承的加工不精确性和它们在受力之后的过量变形都会对进给系统的传动刚度带来影响。因此，螺母座的孔与螺母之间必须保持良好的配合，并应保证孔对端面的垂直度，螺母座应当增加适当的肋板，并加大螺母座和机床结合部件的接触面积，以提高螺母座的局部刚度和接触刚度。滚珠丝杠的不正确安装以及支承结构的刚度不足还会使滚珠丝杠的使用寿命大为下降。

为了提高支承的轴向刚度，选择适当的滚动轴承也是十分重要的。目前主要采用两种组合方式。一种是把深沟球轴承和圆锥轴承组合使用，其结构虽然简单，但轴向刚度不足。另一种是把推力轴承或角接触球轴承和深沟球轴承组合使用，其轴向刚度有了提高，但增大了轴承的摩擦阻力和发热，且增加了轴承支架的结构尺寸。

1. 滚珠丝杠螺母副优缺点

由于滚珠丝杠螺母副是以滚动摩擦代替滑动摩擦，所以具有以下优点：传动效率高；动作灵敏，低速运动平稳性好，随动精度和定位精度高；磨损小，精度保持好，使用寿命长；不自锁，可以进行逆向传动；进行适当的预紧后，可消除轴向间隙，提高轴向运动精度和刚度。缺点是制造成本高，另外，由于不能自锁，垂直安装时须有制动装置。

2. 滚珠丝杠螺母副有两种结构形式

滚珠在循环过程中有时与丝杠脱离接触的形式称为外循环式；始终与丝杠保持接触的形式称为内循环式，如图9-16所示。外循环式制造工艺简单，使用较广泛。其缺点是滚道接缝处难于做得很平滑，影响滚珠滚动的平稳性，有时会发生卡珠现象，噪声也比较大。内循环式反向器结构紧凑，定位可靠，刚性好，且不易磨损，回珠管，不易发生滚珠堵塞，摩擦损失小。其缺点是反向器结构复杂，制造困难，且不能用于多头螺纹传动。

3. 滚珠丝杠螺母副间隙调整方法

为了保证滚珠丝杠螺母副的传动精度和刚度，必须施加预紧力以消除其轴向间隙，预紧力大小应合适，如果预紧力过大，会使空载力矩增加，降低传动效率，缩短使用寿命；如果

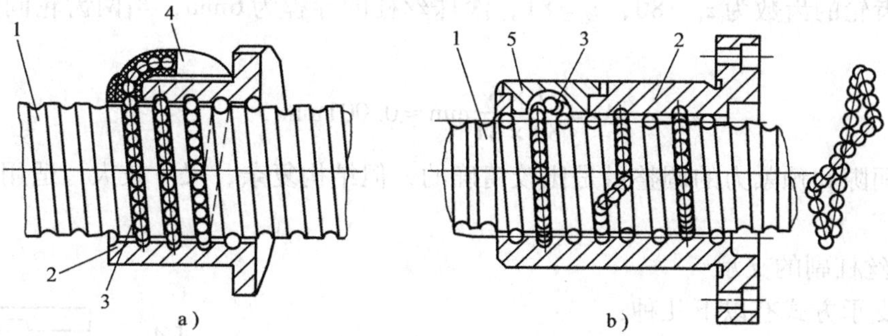

图 9-16　滚珠丝杠螺母副的结构

a）外循环方式　b）内循环方式

1—丝杠　2—螺母　3—滚珠　4—回珠管　5—反向器

预紧力过小，则达不到消除间隙的目的。

常用的双螺母滚珠丝杠螺母副间隙消除方法有三种，基本原理都是使两个螺母产生轴向位移，以消除它们之间的间隙和施加预紧力：

（1）垫片调隙式　如图 9-17a 所示，调整垫片 3 的厚度，从而改变螺母 1、2 之间的距离，以达到消除间隙，并产生一定的预紧力的目的。这种方法调整简单，刚性好，但调整费时，且不能在工作中随意调整，适用于普通精度的机床。

（2）螺纹调隙式　如图 9-17b 所示，左螺母 1 固定于螺母座上，右螺母 2 的外圆上有螺纹，转动圆螺母 4 时，可调整螺母之间的轴向间隙和进行预紧，然后用螺母 4 右边的圆螺母锁紧。这种调隙形式结构紧凑，工作可靠，可经常调整，但调整量难以控制。

（3）齿差调隙式　如图 9-17c 所示两螺母 1、2 的端部加工有圆柱齿轮 z_1、z_2。两齿轮的齿数相差一个齿，分别安装于内齿轮 5、6 中。两内齿轮用螺钉和定位销固定于螺母座上，调整时，先卸下内齿轮 5、6，然后使两螺母同向旋转相等的 n 个齿，则两螺母的转数差值 Δr 为

$$\Delta r = n\left(\frac{1}{z_1} - \frac{1}{z_2}\right) = \frac{n}{z_1 z_2} \tag{9-1}$$

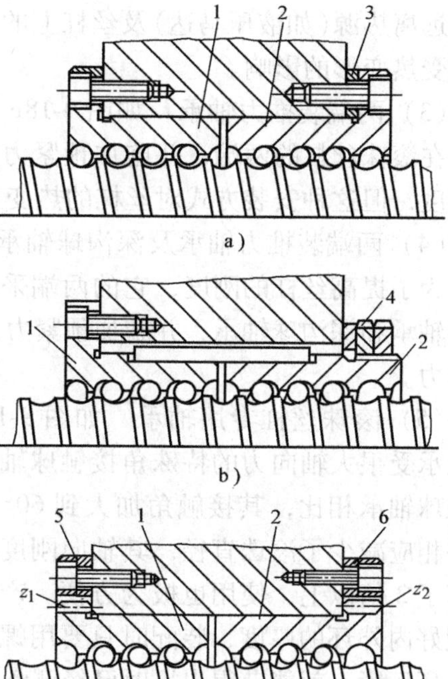

图 9-17　滚珠丝杠螺母副的间隙调整机构

a）垫片调隙式　b）螺纹调隙式　c）齿差调隙式

1、2—螺母　3—垫片　4—调整螺母　5、6—内齿轮

两螺母相对轴向位移为：

$$\Delta s = P_h \Delta r = \frac{nP_h}{z_1 z_2} \tag{9-2}$$

式中　Δs——两螺母相对轴向位移值（mm）；

P_h——滚珠丝杠导程（mm）。

如果两齿轮的齿数为 $z_1 = 80$，$z_2 = 81$，滚珠丝杠的导程为 6mm，当两齿轮同向旋转 1 个齿时，则

$$\Delta s = \frac{1 \times 6}{80 \times 81}\text{mm} \approx 0.001\text{mm}$$

因此，间隙和预紧力的调整量是比较精确的，但结构复杂，尺寸较大，适用于高精度传动，应用较广。

4. 滚珠丝杠副的支承

常用的支承方式有以下几种：

（1）一端装推力轴承　如图 9-18a 所示，这种安装方式的承载能力小，轴向刚度低。只适用于短丝杠，一般用于数控机床的调节或升降台式数控铣床的垂直坐标中。

（2）一端装推力轴承，另一端装深沟球轴承　如图 9-18b 所示，此方式可用于丝杠较长的情况。应将推力轴承远离热源（如液压马达）及丝杠上的常用段，以减少丝杠受热变形的影响。

（3）两端装推力轴承　如图 9-18c 所示，把推力轴承装在滚珠丝杠的两端，并施加预紧力，有助于提高传动刚度，但这种安装方式对丝杠的热变形较为敏感。

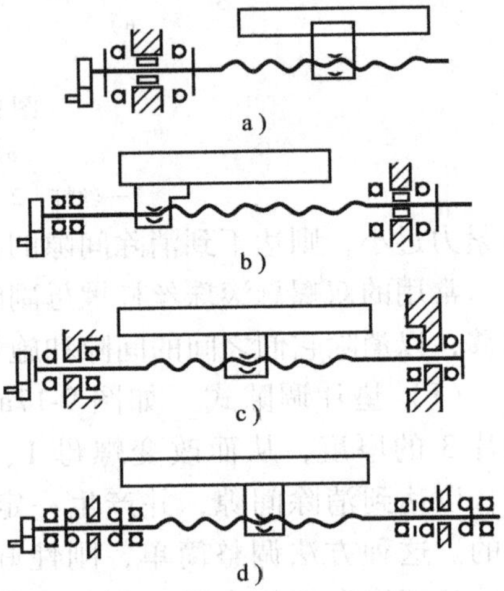

图 9-18　滚珠丝杠常用支承方式

（4）两端装推力轴承及深沟球轴承　如图 9-18d 所示，为了提高丝杠的刚度，它的两端采用双重支承，即推力轴承和深沟球轴承，并施加预紧力。这种结构方式可使丝杠的热变形转化为推力轴承的预紧力。

（5）滚珠丝杠专用轴承　如图 9-19 所示，这是一种能承受很大轴向力的特殊角接触球轴承，与一般的角接触球轴承相比，其接触角加大到 60°，增加了滚珠数目并相应减少了滚珠直径，其轴向刚度比一般推力轴承提高了 2 倍以上，使用也极为方便。产品在出厂时已经选配好内外环的厚度，装配时只要用螺母和端盖将内环和外环压紧，就能获得出厂时已经调整好的预紧力。

图 9-19　滚珠丝杠专用轴承

5. 滚珠丝杠副的防护和润滑

（1）滚珠丝杠副的防护　滚珠丝杠副和其他滚动摩擦的传动器件一样，应避免硬质灰尘或切屑污物进入，故须有防护装置。如果滚珠丝杠副在机床上外露，则应采用封闭的防护罩，如用螺旋弹簧钢带套管、伸缩套管以及折叠式套管等。安装时将防护罩的一端连接在滚珠螺母的侧面，另一端固定在滚珠丝杠的支承座上。如果滚珠丝杠副处于隐蔽的位置，可采用密封圈防护，密封圈装在螺母的两端。接触式的弹性密封圈采用耐油橡胶或尼龙制成，其内孔做成与丝杠螺纹滚道相配的形状；接触式密封圈的防尘效果好，但由于存在接触压力，使摩擦力矩略有增加。非接触式密封圈又称迷宫式密封圈，它采用硬质塑料制成，其内孔与丝杠螺纹滚道的形状相反，并稍有间隙，这样可避免摩擦力矩，但防尘效果差。工作中应避

免碰击防护装置，防护装置一有损坏应及时更换。

（2）滚珠丝杠副的润滑　润滑剂可提高滚珠丝杠副耐磨性及传动效率。润滑油一般为全损耗系统用油；润滑脂可采用锂基润滑脂。润滑脂一般加在螺纹滚道和安装螺母的壳体空间内，而润滑油则经过壳体上的油孔注入螺母的空间内。应每半年对滚珠丝杠上的润滑脂更换一次，清洗丝杠上的旧润滑脂，涂上新的润滑脂。用润滑油润滑的滚珠丝杠副，可在每次机床工作前加油一次。

二、齿隙补偿机构的装配

数控机床的机械进给装置中常用齿轮副来达到一定的传动比和转矩要求。由于齿轮的齿侧间隙影响加工精度及系统稳定性，为了提高数控机床伺服系统的性能，在设计时必须采取相应的措施，使齿侧间隙减少到允许的范围内。

消除传动齿轮间隙的措施，一般有下列几种：

（1）偏心套筒消除齿侧间隙　如图 9-20 所示，齿轮 1 装在电动机上，调整偏心轴套可以改变齿轮 1 和齿轮 2 之间的中心距，从而消除齿侧间隙。这种方法结构简单，传动刚性好，但无自动补偿间隙的功能。

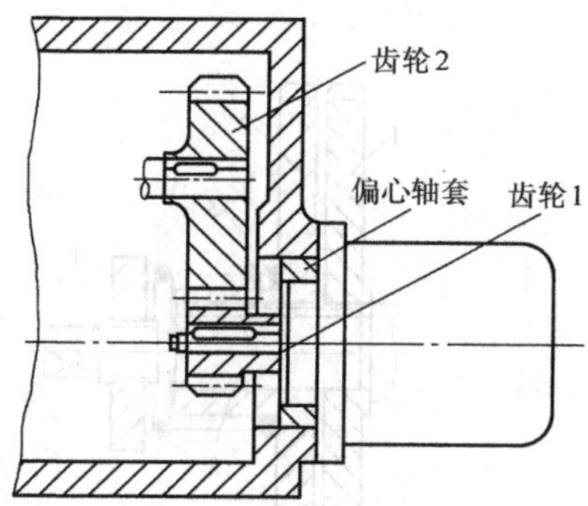

图 9-20　偏心轴套式消除间隙结构

（2）双片薄齿轮错齿消除间隙　如图 9-21 所示，两个薄片齿轮和一个宽齿轮（图中未示出）相啮合。薄片齿轮 1、2 沿圆周方向开有圆弧槽，在圆弧槽内通过圆柱 3 安装上弹簧 4。弹簧 4 使齿轮 1、2 错齿，与宽齿轮的轮齿两侧面贴紧，消除齿侧间隙。但这种结构不能承受较大的转矩，故常用于检测装置。

（3）斜齿轮轴向垫片消除齿侧间隙　如图 9-22 所示，用一个带有锥度的齿轮来消除间隙的结构。将一对齿轮（1 和 2）的轮齿沿齿宽方向制成稍带锥度，改变垫片的厚度就改变了齿轮 1 和齿轮 2 的轴向相对位置，从而消除齿侧间隙。这种方法结构简单，传动刚性好，但无自动补偿间隙的功能。

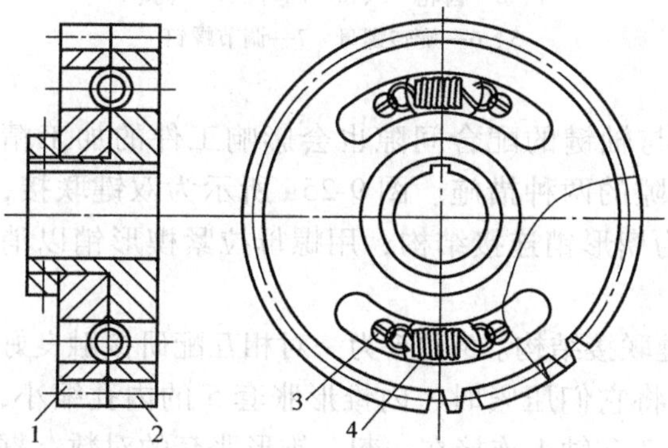

图 9-21　双片薄齿轮消除齿侧间隙

1、2—薄片齿轮　3—短圆柱　4—弹簧

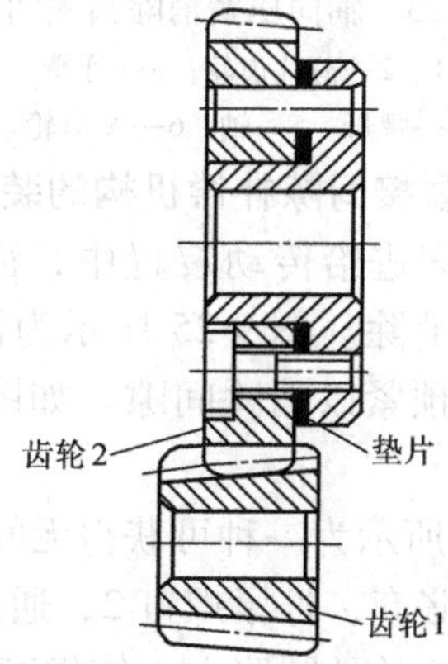

图 9-22　斜齿轮消除间隙结构

（4）轴向压簧消除齿侧间隙　如图 9-23 所示，在加工两薄片齿轮 1、2 时在两者中间装一垫片，与宽斜齿轮 6 相啮合时，去掉垫片，用一弹簧 3 压紧齿轮 2，使之与齿轮 1 之间产生齿向错位，从而与宽斜齿轮齿槽的两侧面贴紧，消除了斜齿轮的齿侧间隙。这种调整方法的特点是可以自动补偿间隙，但轴向尺寸较大，结构不紧凑，不能传递较大的转矩。

（5）周向弹簧调整消除齿侧间隙　如图 9-24 所示，将对啮合锥齿轮中的一个齿轮做成大小两片（1 和 2），齿轮 1 空套在齿轮 2 上，可以相对回转。每个齿轮端面分别均匀装有 4 个螺孔，分别装上凸耳 3 和 8，齿轮 1 的端面还有 4 个通孔，凸耳 8 可以从中穿过，弹簧 4 分别钩在调节螺钉 7 和凸耳 3 上。旋转螺母 5 和 6 可以调节弹簧 4 的拉力，弹簧的拉力可以使薄片齿轮错位，即两片薄齿轮的左、右齿面分别与宽齿轮齿槽的右、左贴紧，消除了齿侧间隙。

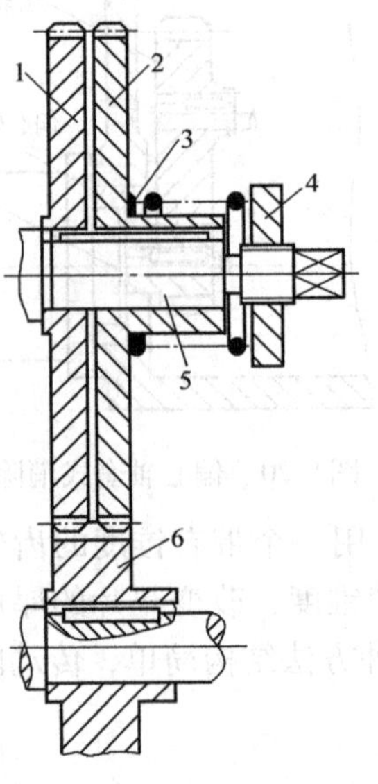

图 9-23　轴向压簧消除齿侧间隙

1、2—薄片齿轮　3—弹簧

4—螺母　5—轴　6—宽齿轮

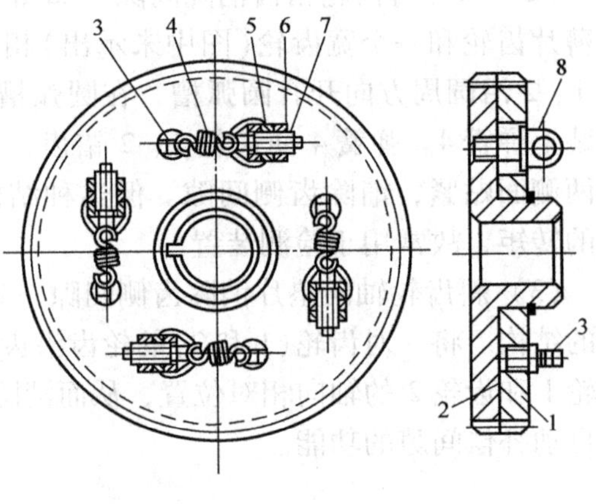

图 9-24　周向弹簧调整

1、2—齿轮　3、8—凸耳　4—弹簧

5、6—旋转螺母　7—调节螺钉

三、键联接间隙补偿机构的装配

数控机床进给传动装置中，齿轮等传动件与轴键的配合间隙也会影响工件的加工精度，应将其消除。图 9-25 所示为消除键连接间隙的两种措施。图 9-25a 所示为双键联接，用紧定螺钉预紧以消除间隙。如图 9-25b 所示为楔形销连接结构，用螺母拉紧楔形销以消除间隙。

图 9-26 所示为一种可获得无间隙传动的无键联接结构。5 和 6 为一对相互配研接触良好的弹性锥形胀套，拧紧螺钉 2，通过圆环 3 和 4 将它们压紧时，内锥形胀套 5 的内孔缩小，外锥形胀套 6 的外圆胀大，依靠摩擦力将传动件 7 和轴 1 连接在一起。锥形胀套的对数，据所需传递的转矩大小，可以是一对或几对。

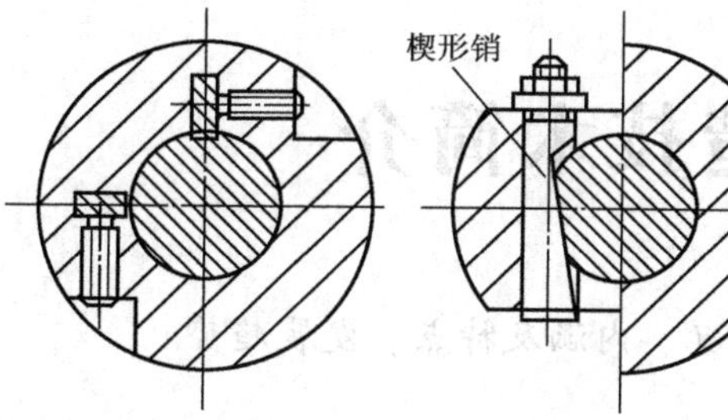

a)　　　b)

图 9-25　键联接间隙消除方法

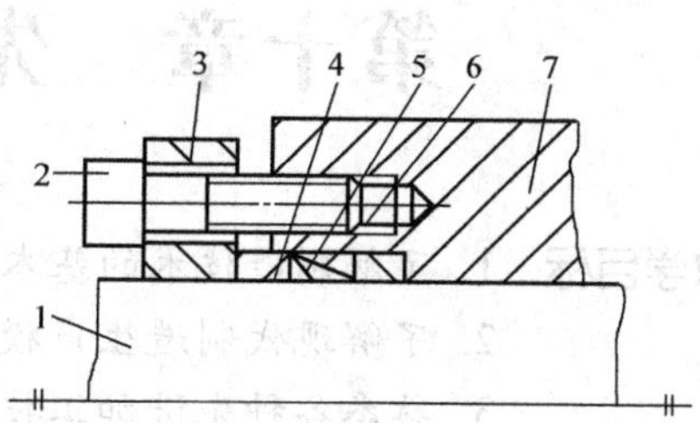

图 9-26　无键联接结构

1—轴　2—螺钉　3、4—圆环

5—内锥形胀套　6—外锥形胀套　7—传动件

本 章 小 结

本章主要介绍了数控机床的特点、组成和各部分的功能；数控机床的工作原理和数控机床的分类；数控机床的机械传动结构；数控机床各辅助装置的功能及结构；数控机床主要机械结构的特点；数控机床的装配，包括滚珠丝杠副的装配、齿隙补偿机构的装配、键联接间隙补偿机构的装配。

复习思考题

1. 数控机床有何特点？简述数控机床的工作原理。
2. 数控机床由哪几部分组成？各部分的基本功能是什么？
3. 数控机床的机械结构主要包括哪几个部分？
4. 齿隙补偿机构的消隙措施有哪几种？各有何特点？
5. 数控机床使用的导轨分为哪几类？各有何特点？
6. 滚珠丝杠副中的滚珠循环方式有哪两类？各有何特点？各运用于什么场合？
7. 简述丝杠螺母副间隙的调整方法。
8. 简述键联接间隙补偿机构的装配。

第十章　先进制造技术简介

教学目标　1. 了解制造技术的基本概念与发展概况、内涵及特点、发展趋势。

2. 了解现代制造生产模式。

3. 熟悉各种先进加工技术方法。

4. 熟悉柔性制造系统技术。

教学重点　采取与加工现场相结合或采取录像等手段教学，增强学生对各种先进加工技术的感性认识。

教学难点　各种先进加工技术方法。

第一节　先进制造技术概述

一、制造技术的基本概念与发展概况

1. 制造技术的基本概念

制造技术(Manufacturing Technology)是完成制造活动所需的一切手段的总和，是将原材料和其他生产要素经济合理地转化为可直接使用的具有较高附加值的成品、半成品和技术服务的技术群。健康发达的高质量制造业必然有先进的制造技术作为后盾。

2. 传统制造业及其技术的发展

人类文明的发展与制造业的进步密切相关，制造技术的发展，主要经历了三个发展阶段。

1）用机器代替手工，从作坊转变为工厂。

2）从单件生产方式发展成大量生产方式。

3）柔性化、集成化、智能化和网络化的现代制造技术。

3. 现代制造及其技术的发展

自然科学的进步促进了新技术的发展和传统技术的革新、发展及完善，产生了新兴材料技术(新冶炼技术、新合金材料、高分子材料、无机非金属材料、复合材料等)、新切削加工技术(数控机床、新刀具、超高速和精密加工)、大型发电和传输技术、核能技术、微电子技术(集成电路、计算机、电视、广播和雷达)、自动化技术、激光技术、生物技术和系统工程技术。

4. 先进制造技术在我国的发展状况

先进制造技术在中国政府的关怀下得到快速发展和重大突破，具体表现在以下10个方面：

1）计算机辅助设计(CAD)技术普及化。

2）快速原型制造技术由起步迈向成熟，应用初具规模。

3）精密工程与加工技术水平显著提高，在汽车零部件、重大装配制造中获得广泛应用。

4）热加工工艺模拟优化技术取得重要进展，使材料热加工由“技艺”走向“科学”。

5）激光加工在基础研究和技术开发方面有实质性进展，产业应用获得经济效益。

6）数控技术取得重要进展，国内市场占有率有所提高。

7）现场总线智能仪表的研究开发获重要进展，应用已有一定的基础。

8）微型机械研究进展迅速，标志着先进制造技术正向微观领域扩展。

9）现代集成制造系统研究和应用取得突破，在国际上占有一席之地。

10）新生产模式的研究和实践具有特色，推动了中国制造业的技术进步和管理现代化。

20世纪90年代，中国在汽车制造业中首先推广精良生产。通过精简机构，减少管理层次，组织团队，消除企业中存在的各种浪费现象，显著提高了企业的经营效益。随着国际互联网(Internet)的普及应用，众多高等院校将敏捷制造作为研究方向，并结合中国制造业的实际情况进行了有益的探索和实践。

二、先进制造技术的内涵及特点

1. 先进制造技术的定义

先进制造技术是为了适应时代要求，提高竞争能力，对制造技术不断优化及推陈出新而形成的。先进制造技术作为一个专有名词提出后，至今没有一个明确的、公认的定义。经过近来对发展先进制造技术方面开展的工作，通过对其特征的分析研究，可以认为：“先进制造技术是制造业不断吸收信息技术及现代化管理等方面的成果，并将其综合应用于产品设计、制造、检测、管理、销售、使用、服务乃至回收的全过程，以实现优质、高效、低耗、清洁、灵活生产，提高对动态多变的产品市场的适应能力和竞争能力的制造技术的总称”。

2. 先进制造技术的内涵

先进制造技术的内涵是“使原材料成为产品而采用的一系列先进技术”，其外延则是一个不断发展更新的技术体系，具有动态性和相对性。因此，不能简单地理解为先进制造技术就是计算机辅助设计(CAD)、计算机辅助制造(CAM)、柔性制造技术(FMS)、计算机制造技术(CIMS)等各项具体的技术。

先进制造技术在不同发展水平的国家和同一国家的不同发展阶段，有不同的技术内涵和构成。对我国而言，它是一个多层次的技术群。

3. 先进制造技术的特点

(1) 先进性　先进制造技术的核心和基础是经过优化的先进工艺(优质、高效、低耗、清洁工艺)。它从传统制造工艺发展起来，并与新技术实现了局部或系统集成。

(2) 广泛性　先进制造技术不是单独分割在制造过程的某一环节，而是将其综合运用于制造的全过程，它覆盖了产品设计、生产设备、加工制造、销售使用、维修服务，甚至回收再生的整个过程。

(3) 实用性　先进制造技术的发展是针对某一具体的制造目标(如汽车制造、电子工业)的需求而发展起来的先进、适用技术，有明确的需求导向；先进制造技术不是以追求技术的高新度为目的，而是注重产生最好的实践效果，以提高企业竞争力和促进国家经济增长和综合实力为目标。

(4) 集成性　先进制造技术由于专业、学科间的不断渗透、交叉、融合，界限逐渐淡化甚至消失，技术趋于系统化、集成化，已发展成为集机械、电子、信息、材料和管理技术为一体的新兴交叉学科，因此可以称其为“制造工程”。

（5）系统性　随着微电子、信息技术的引入，先进制造技术能驾驭信息生成、采集、传递、反馈、调整的信息流动过程。先进制造技术是可以驾驭生产过程的物质流、能量流和信息流的系统工程。

（6）动态性　它不断地吸收各种高新技术成果，将其渗透到企业生产的所有领域和产品寿命循环的全过程。实现优质、高效、低耗、清洁、灵活的生产。

三、先进制造技术的体系结构及分类

1. 先进制造技术的体系结构

1994 年，美国联邦科学、工程和技术协调委员会（FCCSET）下属的工业和技术委员会先进制造技术工作组提出将先进制造技术分为三个技术群：①主体技术群；②支撑技术群；③制造技术环境。这三个技术群相互联系，相互促进，组成一个完整的体系，每个部分均不可缺少，否则就很难发挥预期的整体功能效益。图 10-1 所示给出了先进制造技术的体系结构。

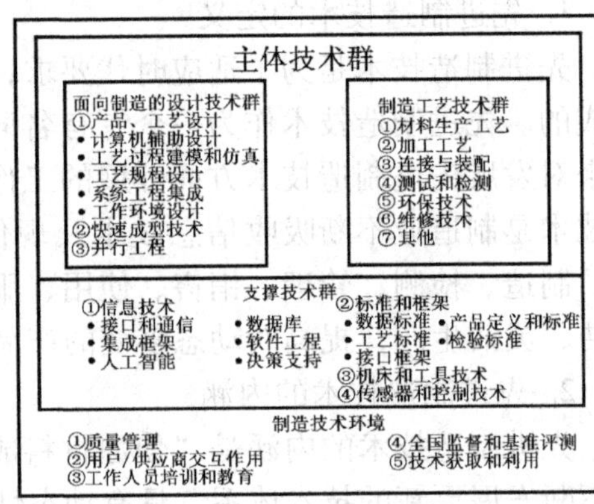

图 10-1　先进制造技术的体系结构

2. 先进制造技术的分类

目前各国对先进制造技术的研究分为下述四大领域。

（1）现代设计技术

1）计算机辅助设计技术。

2）性能优良设计基础技术。

3）竞争优势创建技术。

4）全寿命周期设计技术。

5）产品设计技术。

6）设计试验技术。

（2）先进制造工艺技术

1）精密铸造技术。

2）精确塑性成形技术。

3）优质高效焊接及切割技术。

4）优质低耗洁净热处理技术。

5）高效高精机械加工工艺。

6）现代特种加工工艺。

7）新材料成形加工技术。

8）优质清洁表面工程新技术。

9）快速模具制造技术。

（3）制造自动化技术　制造自动化是指用机电设备工具取代或放大人力，甚至取代和延伸人的部分智力，自动完成特定的作业，包括物料的存储、运输、加工、装配和检验等各个生产环节的自动化。制造自动化技术是机械制造业最重要的基础技术之一，涉及以下几方面技术：

1）数控技术。

2）工业机器人。

3）柔性制造系统（FMS）。

4）自动检测及信号识别技术。

5）过程设备工况监测与控制。

（4）系统管理技术

1）先进制造生产模式。

2）集成管理技术。

3）生产组织方法。

四、先进制造技术发展趋势

随着以信息技术为代表的高新技术的不断发展和市场需求的个性化与多样化，未来制造业发展的重要特征是全球化、网络化、虚拟化，未来先进制造技术发展的总趋势是向精密化、柔性化、虚拟化、网络化、智能化、敏捷化、清洁化、集成化及管理创新的方向发展。

第二节　先进加工技术简介

一、激光加工技术

激光加工技术是利用激光束与物质相互作用的特性对材料（包括金属与非金属）进行切割、焊接、表面处理、打孔及微加工等的一门加工技术。激光加工技术是涉及光、机、电、材料及检测等多门学科的一门综合技术。

1. 激光加工的原理与特点

激光是一种经受激辐射产生的加强光。其强度高，方向性、相干性和单色性好，通过光学系统可将激光束聚焦成直径为几十微米到几微米的极小光斑，从而获得极高的能量密度（$10^8 W/cm^2 \sim 10^{10} W/cm^2$）。当激光照射到工件表面时，激光束被工件吸收并迅速转化为热能，光斑区域的温度可达10000℃以上，使材料熔化甚至汽化。工件不断吸收激光的能量，材料凹坑内的金属蒸汽迅速膨胀，压力突然增大，熔融物爆炸式的高速喷射出来，在工件内部形成方向性很强的冲击波。激光加工就是工件在光热效应下产生的高温熔融和冲击波的综合作用过程。

下面以固体激光器为例来说明激光加工的工作原理，如图10-2所示。

当激光的工作物质（钇铝石榴石等）受到光泵（激励脉冲氙灯）的激发后，吸收具有特定波长的光，在一定条件下可导致工作物质中的亚稳态粒子数大于低能级粒子数，这种现象称为粒子数反转。此时一旦有少量激发粒子自发辐射发出光子，即可感应所有其他激发粒子产生受激辐射跃迁，实现光放大，并通过全反射镜和部分反射镜组成的谐振腔的反馈作用产生振荡，由部分反射镜的一端输出激光，通过透镜将激光束聚焦形成高能光束，照射到待加工工件的表面上，即可进行加工。

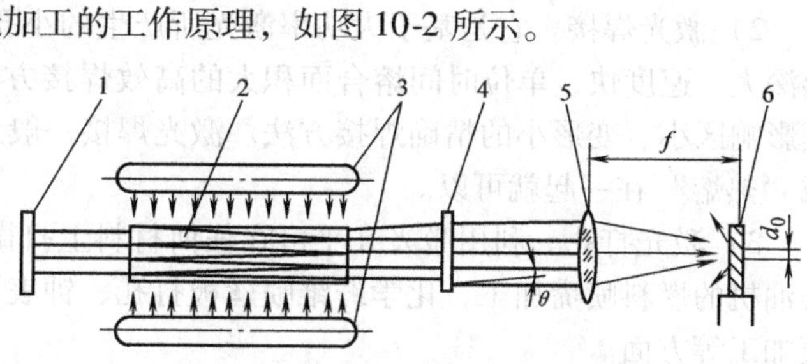

图10-2　固体激光器加工原理示意图

1—全反射镜　2—激光工作物质　3—光泵（激励脉冲氙灯）　4—部分反射镜　5—透镜　6—工件　d_0—光斑直径　f—透镜焦距　θ—发散角

激光加工具有如下特点：

1）加工范围广，几乎可以加工任何金属与非金属材料，如钢材、耐热合金、高熔点材料、陶瓷、宝石、玻璃、硬质合金和复合材料等。

2）属于高能束流加工，不存在工具的磨损和更换问题。

3）加工时不产生振动和机械噪声，加工效率高，可实现高速打孔和高速切割，也易于实现加工过程自动化。

4）属非接触加工，工件不受机械切削力，能加工易变形的薄板和橡胶等弹性工件。

5）加工速度快，热影响区小。

6）激光可通过玻璃、空气及惰性气体等透明介质进行加工，如可对隔离室或真空室内工件进行加工。

7）激光可以通过聚焦，形成微米级的光斑，输出功率的大小又可以调节，因此可用于精密微细加工。

2. 激光加工的基本设备

激光加工的基本设备包括激光器、电源、光学系统及机械系统四大部分。

1）激光器。激光器是激光加工的重要设备，它的作用是产生激光束。目前常用的激光器按激活介质的种类可以分为固体激光器和气体激光器两类。

2）激光器电源。激光器电源为激光器提供所需要的能量及控制功能。

3）光学系统。包括激光聚焦系统和观察瞄准系统，后者能观察和调整激光束的焦点位置，并将加工位置显示在投影仪上。

4）机械系统。主要包括床身、能在三坐标范围内移动的工作台及机动电控制系统等。随着电子技术的发展，目前已采用计算机来控制工作台的移动，实现了激光加工的数控操作。

3. 激光加工的应用

1）激光表面处理。这是近十年来激光加工领域中最为活跃的研究与开发方向，发展了相变硬化、快速熔凝、合金化等一系列处理工艺。其中相变硬化和快速熔凝处理技术已趋向成熟并产业化。

2）激光焊接。它是基于大功率激光所产生的小孔效应基础上的深熔焊接，它既是一种熔深大、速度快、单位时间熔合面积大的高效焊接方法，又是一种焊缝深宽比大、比能小、热影响区小、变形小的精确焊接方法。激光焊接一般无需焊料和焊剂，只需将工件的加工区域“热熔”在一起就可以。

3）激光打孔。利用激光几乎可在任何材料上打微型小孔，目前已应用于火箭发动机和柴油机的燃料喷嘴加工、化学纤维喷丝板打孔、钟表及仪表中的宝石轴承打孔、金刚石拉丝模加工等方面。

4）激光切割。激光可以切割各种各样的材料，它既可以切割金属材料，也可以切割非金属材料；既可以切割无机物，也可以切割皮革之类的有机物。它可以代替锯子切割木材，代替剪子切割布料、纸张，还能切割无法进行机械接触加工的工件（如从电子管外部切断内部的灯丝）。由于激光对被切割材料几乎不产生机械冲击和压力，故适宜切割玻璃、陶瓷和半导体等既硬又脆的材料。再加上激光光斑小、切缝窄，且便于自动控制，所以更适宜于对细小部件作各种精密切割。

二、纳米级加工技术

1. 概述

纳米(Nanometer,nm)是一个长度单位，1nm 是 1m 的十亿分之一。20 世纪 80 年代，纳米科学技术的出现标志着人类改造自然的能力已延伸到原子、分子水平，标志着人类科学技术已进入一个新的时代——纳米科学技术时代。纳米科学技术的发展将推动信息、材料、能源、环境、生物、农业、国防等领域的技术创新，将导致21 世纪的一次技术革命。

2. 纳米级加工的物理实质

纳米级加工的物理实质和传统的切削、磨削加工有很大不同，一些传统的切削、磨削方法和规律已不能用在纳米级加工领域。

欲得到1nm 的加工精度，加工的最小单位必然在亚微米级。由于原子间的距离为0.1～0.3nm，实际上纳米级加工已达到了加工精度的极限。在纳米级加工中，试件表面的一个个原子或分子成为直接的加工对象，因此纳米级加工的物理实质就是要切断原子间的结合，实现原子或分子的去除加工。各种物质是以共价键、金属键、离子键或分子结构的形式结合而成，要切断原子或分子的结合，就要研究材料原子间结合的能量密度。切断原子间结合所需的能量，必然要求超过该物质的原子间结合能，因此需要的能量密度是很大的。表 10-1 中是几种材料的原子间结合能密度。在机械加工中，工具材料的原子间结合能必须大于被加工材料的原子间结合能。

表 10-1　不同材料的原子间结合能密度

材料	结合能/(J/cm³)	备注	材料	结合能/(J/cm³)	备注
Fe	2.6×10^3	拉伸	SiC	7.5×10^5	拉伸
SiO_2	5×10^2	剪切	B_4C	2.09×10^6	拉伸
Al	3.34×10^2	剪切	CBN	2.26×10^8	拉伸
Al_2O_3	6.2×10^5	拉伸	金刚石	1.02×10^7～5.64×10^8	晶体各向异性

在纳米级加工中，要切断原子间结合，就需要很大的能量密度，约为 10^5～10^6J/cm³。传统的切削、磨削加工消耗的能量密度较小，实际上是利用原子、分子或晶体间连接处的缺陷进行加工。用传统切削、磨削加工方法进行纳米级加工，要切断原子间的结合是相当困难的。

因此直接利用光子、电子、离子等能量束的加工，必然是纳米级加工的主要方向和主要方法。但纳米级加工要求达到的精度极高，使用能量束进行加工，如何进行有效的控制以达到原子级的去除，是实现原子级加工的关键。近年来纳米级加工有了很大突破，例如，用电子束光刻加工超大规模集成电路时，已实现 0.1μm 线宽的加工；离子刻蚀已实现微米级和纳米级表层材料的去除；扫描隧道显微技术已实现单个原子的去除、搬迁、增添和原子的重组。纳米加工技术已成为现实的、有广阔发展前景的全新加工领域。

3. 纳米级加工精度

纳米级加工精度包含纳米级尺寸精度、纳米级几何形状精度及纳米级表面质量。对不同的加工对象，这三方面各有侧重。

（1）纳米级尺寸精度

1）较大尺寸的绝对精度很难达到纳米级。零件材料的稳定性、内应力、本身质量造成的变形等内部因素和环境的温度变化、气压变化、测量误差等都将产生尺寸误差。

2）较大尺寸的相对精度或重复精度达到纳米级。现在使用激光干涉测量和 X 射线干涉测量法都可以达到 A 级的测量分辨力和重复精度，可以保证这部分加工精度的要求。

3）微小尺寸加工达到纳米级精度。这是精密机械、微型机械和超微型机械中遇到的问题，无论是加工或测量都需要继续研究发展。

（2）纳米级几何形状精度　这在精密加工中经常遇到，例如，精密轴和孔的圆度和圆柱度；精密球（如陀螺球、计量用标准球）的圆度；制造集成电路用的单晶硅基片的平面度；光学、激光、X 射线的透镜和反射镜、要求非常高的平面度或是要求非常严格的曲面形状。因为这些精密零件的几何形状直接影响它的工作性能和工作效果。

（3）纳米级表面质量　表面质量指包括表面粗糙度内在的表层物理状态。例如，制造大规模集成电路的单晶硅基片，不仅要求很高的平面度，很小的表面粗糙度值和无划伤，而且要求无表面变质层或极小的变质层、无表面残余应力、无组织缺陷；高精度反射镜的表面粗糙度值和变质层等因素会影响其反射效率；微型机械和超微型机械的零件对其表面质量亦有极严格的要求。

4. 纳米级加工的 LIGA 技术

LIGA 技术是由深度同步辐射 X 射线光刻、电铸成型、塑铸成型等技术组合而成的综合性技术，被认为是一种三维立体微细加工的最有前景的新加工技术，将对微型机械的发展起到很大的促进作用。

采用 LIGA 技术可以制作各种各样的微器件和微装置；工件材料可以是金属或合金、陶瓷、聚合物和玻璃等；可以制作微器件的最大高度为 1000μm，横向尺寸 0.5μm 以上，高宽比大于 200 的立体微结构；加工精度可达 0.1μm。刻出的图形侧壁陡峭，表面光滑；加工出的微器件和微装置可以大批量复制生产、降低加工成本。

三、高速切削技术

1. 概述

高速切削（High Speed Cutting, HSC）起源于 1931 年德国物理学家萨洛蒙（Salomon）博士发表的著名的“高速切削理论”。他认为任何一种材料都有一个对应的临界切削速度，在此切削速度下的切削温度最高，超过这个临界值，随着切削速度的增加，切削温度反而降低，

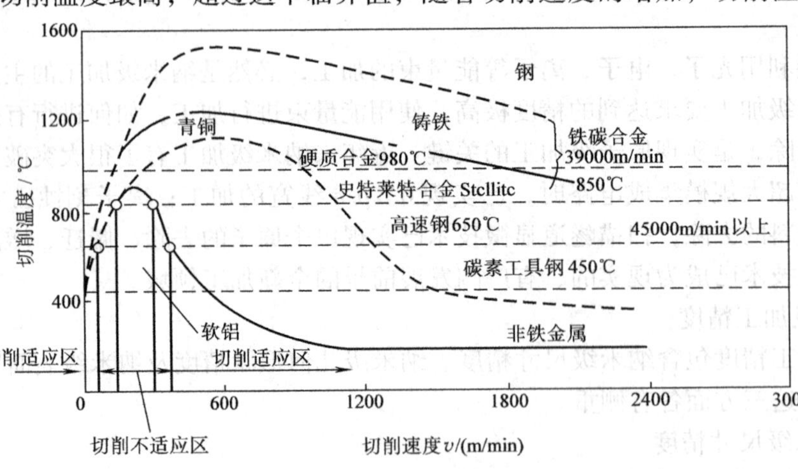

图 10-3　Salomon 高速切削理论的示意图

同时，切削力也会大幅度下降。图10-3为Salomon高速切削理论的示意图。这一理论的发现为人们展示出在低温、低能耗条件下高效率切削金属的美好前景。

由于高速切削加工具有生产效率高，能够减少切削力，提高加工精度和表面质量，降低生产成本并且可加工高硬材料等许多优点，已在航空航天、汽车和摩托车、模具制造和其他制造业中得到了越来越广泛的应用，并取得了重大的技术与经济效益。

2. 高速切削的关键技术

（1）高速主轴　高速主轴是高速切削的首要条件，对于不同的工件材料，目前的切削速度可在5～100m/s的范围内选取。主轴的转速与刀具的直径有关，采用小直径的球头铣刀时，主轴转速可达100000r/min。

1）滚珠轴承高速主轴。主要是采用直径较小的钢球和保持架，以轴承外圈滚道导向，从而减少了钢球因离心力的作用而引起的对轴承外圈的压力和改善保持架运转时的润滑条件。滚珠与轴承内外圈之间的油膜很薄，轴承的摩擦损失由此相应减少，从而降低了主轴发热，提高了主轴的最高转速。

2）液体静压轴承高速主轴。液体静压轴承主轴的最大特点是运动精度很高，回转误差一般在0.2μm以下。因而不但可以提高刀具的使用寿命，而且可以达到很高的加工精度和低的表面粗糙度值。

3）气体静压轴承高速主轴。气体静压轴承主轴主要有高回转精度、高转速和低温升等优点，因而主要适合于对工件形状精度和表面粗糙度有高要求的场合。它的缺点是承载能力较低，故不适合于材料切除量较大的场合。

4）磁浮轴承高速主轴。磁浮轴承高速主轴的优点是高精度、高转速和高刚度。缺点是不仅机械结构复杂，而且需要一整套的传感器系统和控制电路，所以磁浮主轴的造价一般是滚珠轴承高速主轴的两倍，甚至更高。

（2）高速切削机床结构　自20世纪90年代起，高速切削机床开始向两个方向发展：一是在普通机床的基础上对关键零部件进行改进；二是研制完全不同于普通机床的新型结构机床。对普通机床关键零部件的改进主要有：

1）进给驱动系统高速化。为了能达到更高的进给速度，出现了直线电动机驱动系统，它具有无间隙、惯性小、刚度较大而无磨损等特点，通过控制电路可实现高速度和高精度驱动。

2）运动部件轻量化和伺服进给控制精密化。

3）新运动原理机床的出现——六杆机床（又称并联结构机床）。它的基本原理如图10-4所示，机床的主轴由六条伸缩杆支撑，通过调整各伸缩杆的长度，使机床主轴在其工作范围内既可作直线运动，也可作转动。因为六条伸缩杆完全相同，所以易于组织大批量生产，从而降低生产成本。由于每条伸缩杆只是轴向受力，结构刚度高，故可以降低其重量以达到高速进给的目的。

图10-4　六杆机床的结构和运动原理示意图

（3）高速切削的刀具系统　高速切削时的一个主要问题是刀具磨损，另外，由于高速切削时离心力和振动的影响，刀具必须具有良好的平衡状态和安全性能。设计刀具时，必须根据高速切削的要求，综合考虑磨损、强度、刚度和精度等方面因素。

高速加工技术中最主要的刀具材料有聚晶金刚石(PCD)和聚晶立方氮化硼(PCBN)。

高速切削条件下刀具与机床的连接界面结构装夹要牢靠、工具系统应有足够整体刚性，同时，装夹结构设计必须有利于迅速换刀并有最广泛的互换性和较高的重复精度。

四、超精密加工技术

1. 概述

现代制造业持续不断地致力于提高加工精度和加工表面质量。主要目标是提高产品性能、质量和可靠性，改善零件的互换性，提高装配效率。超精密加工技术是精加工的重要手段，在提高机电产品的性能、质量和发展高新技术方面都有着至关重要的作用，因此，该技术是衡量一个国家先进制造技术水平的重要指标之一，是先进制造技术的基础和关键。

目前工业发达国家的企业已能稳定掌握1μm的加工精度。通常称低于此值的加工为普通精度加工，而高于此值的加工则称之为高精度加工。

在高精度加工的范畴内，根据精度水平的不同，分为三个档次：

(1) 精密加工　加工精度为0.3~3μm，表面粗糙度为0.03~0.3μm。

(2) 超精密加工(或称亚微米加工)　加工精度为0.03μm~0.3μm，表面粗糙度为0.005~0.03μm。

(3) 纳米加工　加工精度为0.03μm，表面粗糙度优于0.005μm以上。

目前应用最为广泛的超精密加工工艺有车、磨、研、抛光等。

2. 超精密车削技术

(1) 概述　超精密车削加工主要是指金刚石刀具超精密车削，一般称为金刚石刀具切削或SPDT技术(Single Point Diamond Turning)。

金刚石车床机械结构复杂，技术要求严格。除了必须满足很高的运动平稳性外，还必须具有很高的定位精度和重复精度。金刚石车床必须具备很高的轴向和径向运动精度，才能减少对工件的形状精度和表面粗糙度值的影响。

(2) 超精密金刚石切削的机理　超精密切削加工与普通切削加工的重要区别就是背吃刀量小，一般都在微米级。终极加工的背吃刀量多在1nm至数微米。

切削表面基本上是由工具的挤光作用而形成的。切削表面的轮廓是在垂直于切削方向的平面内工具轮廓的复映。工具的轮廓在向工件表面复映的过程中，要受到许多因素的影响：

1) 切削刃的粗糙度。

2) 切削刃口的复映性。刃口的复映性决定了超精密切削加工精度的界限。

3) 毛刺与加工变质层。被切削表面的毛刺也是影响微观粗糙度的因素之一。

(3) 超精密切削加工用金刚石刀具　超精密切削工具必须具备下列条件：

1) 刀具刃口的锋利性。

2) 切削刃的粗糙度。在理想状态下，切削刃的粗糙度将决定切削表面的粗糙度。

3) 刀具与被切削材料的亲和性。亲和性是指在切削过程中，刀具与被加工材料接触的界面上发生凝着、熔着或其他界面反应的难易程度。

4) 刀具的切削刃强度高、耐磨损。

(4) 金刚石车削的应用范围　金刚石车削早期主要用来加工非铁金属材料，如无氧铜或铝合金等，其产品主要是各种光学系统中的反射镜，如激光切割机床中的反射镜等。

在日常消费品中，金刚石车削常被用来加工有机玻璃和各种塑料，如大型投影电视屏幕、照相机的塑料镜片以及树脂隐形眼镜镜片。

大批量生产时，光学元件多采用挤压成形或压注成形。成形所用的型腔可采用金刚石车削来完成；型腔材料多采用超强度镍钢。利用金刚石车削可加工出最佳的形状精度和表面质量，型腔材料除超强度镍钢外还有工具钢和陶瓷等。用金刚石刀具加工工具钢时，刀具易产生化学磨损，因为工具钢中的碳元素会与金刚石产生化学反应，所以此时要在刀架上附加一个超声振动装置，或改用立方氮化硼刀具进行加工。

3. 超精密磨削和磨料加工技术

（1）概述　超精密磨削和磨料加工是利用细粒度的磨粒和微粉对钢铁材料、硬脆材料等进行加工的，利用这种技术可以得到较高的加工精度和较低的表面粗糙度。超精密磨削和磨料加工可分为固结磨料加工和游离磨料加工两大加工方式。

1）固结磨料加工。将磨料或微粉与粘结剂粘接在一起，形成一定的形状并具有一定强度，再采用烧结、粘接、涂敷等方法形成砂轮、磨石、砂带等磨具。

固结磨料加工的主要形式有超精密砂轮磨削和超硬材料微粉砂轮磨削、超精密砂带磨削、ELID 磨削（电解在线修整磨削法，Electrolytic In-Process Dressing，ELID）以及电泳磨削等。

2）游离磨料加工。游离磨料加工指在加工时，磨粒或微粉不是固结在一起，而是成游离状态，如研磨时的研磨剂、抛光时的抛光液。

游离磨料加工的典型方法是超精密研磨与抛光加工，如：超精密研磨、磁流体精研、磁力研磨、电解研磨复合加工、软质磨粒机械抛光（弹性发射加工、机械化学抛光、化学机械抛光）、磁流体抛光、挤压研抛、砂带研抛、超精研抛等。

（2）超精密砂轮磨削技术　超精密磨削指加工精度在 0.1μm 以下、表面粗糙度在 0.025μm 以下的砂轮磨削方法，此时因磨粒去除切屑极薄，将承受很高的压力，其切削刃表面受到高温和高压作用，因此，需要用人造金刚石、立方氮化硼（CBN）等超硬磨料砂轮。

超精密磨削与普通磨削的不同之处主要是背吃刀量极小，是超微量切除，除微切削作用外，可能还有塑性流动和弹性破坏等作用。

超硬材料微粉砂轮超精密磨削技术主要用于加工难加工材料，其精度可达 0.025mm，其中的关键有微粉砂轮制备及修整技术、多磨粒磨削模型的建立和磨削过程分析的计算机仿真技术等。

（3）超精密砂带磨削技术　砂带制作质量较提高，砂带上砂粒的等高性和微刃性较好，并采用带有一定弹性的接触轮材料，使砂带磨削具有磨削、研磨和抛光的多重作用，从而可以达到高精度和低表面粗糙度值。

（4）ELID（电解在线修整）超精密镜面磨削技术　ELID 技术的基本原理是利用在线的电解作用对金属基砂轮进行修整，即在磨削过程中在砂轮和工具电极之间浇注电解液并加以直流脉冲电流，使作为阳极的砂轮金属结合剂产生阳极溶解效应而被逐渐去除，使不受电解影响的磨料颗粒凸出砂轮表面，从而实现对砂轮的修整，并在加工过程中始终保持砂轮的锋锐性。其工作原理如图 10-5 所示；ELID 的修整循环如图 10-6 所示。

ELID 磨削技术由于采用 ELID 技术，使得用超微细的超硬磨料（甚至超微粉）制造砂轮并用于磨削成为可能，其可代替普通磨削、研磨及抛光并实现硬脆材料的高精度、高效率的超精加工。

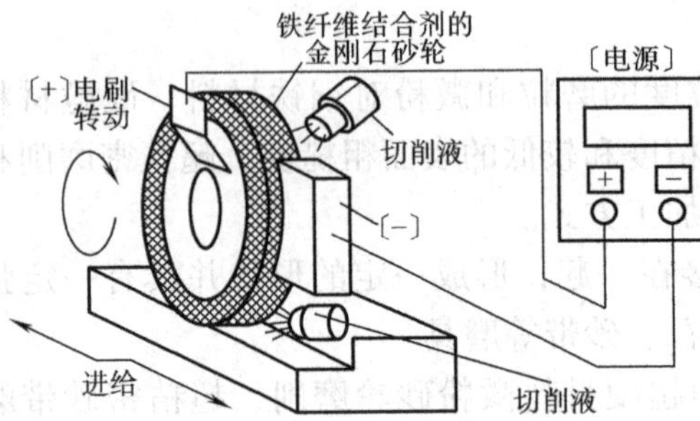

图 10-5　ELID 磨削原理示意图

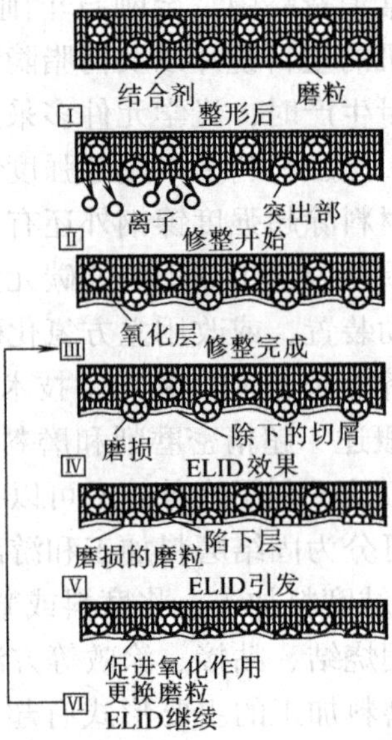

图 10-6　ELID 的修整循环示意图

（5）电泳磨削技术　基于超微磨粒电泳效应的磨削技术即电泳磨削技术也是一种新的超精密纳米级磨削技术，其磨削机理是利用超细磨粒的电泳特性，在加工过程中使磨粒在电场力作用下向磨具表面运动，并在磨具表面沉积形成一超细磨粒吸附层，利用磨粒吸附层对工件进行切削加工，同时新的磨粒又不断补充，如图 10-7 所示。在电泳磨削技术中，磨粒吸附层可以作为磨具用于脆性材料的精密磨削工艺。

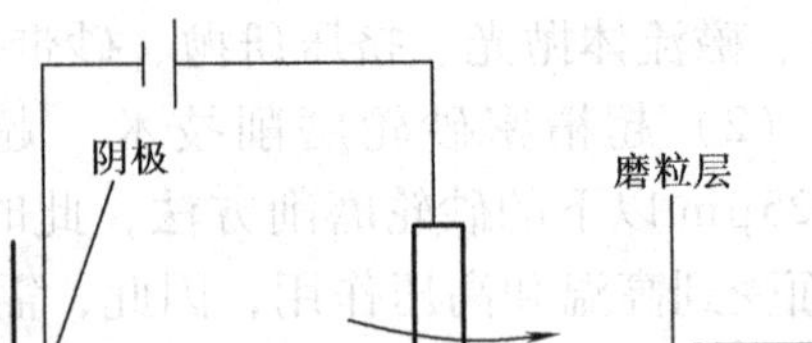

图 10-7　电泳磨削示意图

（6）超精密研磨与抛光技术

1）超精密研磨技术。超精密研磨是一种加工误差在 0.1μm 以下，表面粗糙度小于 0.02μm 的研磨方法，是一种以原子、分子为加工单位的加工方法。

与研磨加工比较而言，超精密研磨具有以下特点：在恒温条件下进行，磨料与研磨液混合均匀，超精研磨时所使用磨粒的颗粒非常小，所用研具材料较软，研具刚度精度高，研磨液经过了严格过滤。超精密研磨常作为精密量块、球面空气轴承、半导体硅片、石英晶体、高级平晶和光学镜头等零件的最后加工工序。

2）磁流体精研技术。磁性流体为强磁粉末在液相中分散为胶态尺寸（小于 0.015μm）的胶态溶液，由磁感应可产生流动性，其特性是：每一个粒子的磁力矩极大，不会因重力而沉降；磁性曲线无磁滞，磁化强度随磁场增加而增加。当将非磁性材料的磨料混入磁流体，置于磁场中时，磨粒在磁流体浮力作用下压向旋转的工件而进行研磨。磁流体精研为研磨加工的可控性开拓了一个方向，它将成为一种新的无接触研磨方法。磁流体精研的方法又有磨粒悬浮式加工、磨料控制式加工及磁流体封闭式加工。磨粒悬浮式加工是利用悬浮在液体中的磨粒进行可控制的精密研磨加工。研磨装置由研磨加工部分、驱动部分和电磁部分组成。磨料控制式加工是在研磨具的孔洞内预先放置磨粒，通过磁流体的作用，将磨料逐渐输送到研磨盘上面。磁流体封闭式加工是通过橡胶板将磨粒与磁流体分隔放置进行加工。

3）磁力研磨技术。磁力研磨是利用磁场作用，使磁极间的磁性磨料形成如刷子一样的研磨刷，它被吸附在磁极的工作表面上，在磨料与工件的相对运动下，实现对工件表面的研磨作用。这种加工方法不仅能对圆周表面、平面和棱边等进行研磨，而且还可对凸凹不平的复杂曲面进行研磨。

4）电解研磨、机械化学研磨、超声研磨等复合研磨方法。电解研磨是电解和研磨的复合加工，研具是一个与工件表面接触的研磨头，它既起研磨作用，又是电解加工用的阴极（工件接阳极）。利用这种研磨方法可在极短时间内，获得十分光洁的镜面。

机械化学研磨是在研磨的机械作用下，加上研磨剂中的活性物质的化学反应，来提高研磨质量和效率。

超声研磨是在研磨中对研具附加超声振动，从而提高加工效率的加工方法，这种方法对难加工材料的研磨有较好效果。

5）软质磨粒机械抛光。典型的软质磨粒机械抛光是弹性发射加工（Elastic Emission Machining, EEM），其最小切除量可达原子级，即可小于 0.001μm，直至切去一层原子，而且被加工表面的晶格不致变形，能够获得极小表面粗糙度值和材质极纯的表面。

6）超精研抛。超精研抛是一种具有均匀复杂轨迹的精密加工，它同时具有研磨、抛光和超精加工的特点。由于研抛头和工作台的运动造成复杂均密的运动轨迹，又有液中研抛的特性，因此可获得极高的加工精度和表面质量。

第三节　柔性制造系统技术简介

一、柔性制造系统技术概述

FMS 的雏形源于美国马尔西（MALROSE）公司，该公司在 1963 年制造了世界上第一条多种柴油机零件的数控生产线。FMS 的概念由英国莫林（MOLIN）公司最早正式提出，并在 1965 年取得了发明专利，1967 年 FMS 正式形成。

目前，随着全球化市场的形成和发展，无论是发达国家还是发展中国家，都越来越重视柔性制造技术的发展，FMS 已成为当今乃至今后若干年机械制造自动化发展的重要方向。

FMS 有两个主要特点，即柔性和自动化。此外，FMS 还具有以下特点：

1）设备利用率高，占地面积小。FMS 中设备的利用率一般可达 70% 以上，同时由于系统布局紧凑，占地面积可减少 20% ~50%。

2）减少直接劳动工人数。在 FMS 中，加工、换刀、装夹、测量和物料搬运全部由计算机自动控制，工人只需负责观察运行情况。

3）产品质量高而稳定。FMS 采用全自动加工，减少了人为因素，故产品质量高而稳定。

4）减少在制品库存量。FMS 采用的是流水线加工原理，因此在制品的中间存储缓冲站可减到最少。

5）投资高、风险大，开发周期长、管理水平要求高。

二、柔性制造系统（FMS）的定义及组成

1. FMS 的定义

FMS 目前还没有统一的定义。根据中华人民共和国国家军用标准有关“武器装备柔性制

造系统术语”的定义，FMS被定义为：“柔性制造系统(Flexible Manufacturing System,FMS)是数控加工设备、物料运储装置和计算机控制系统等组成的自动化制造系统。它包括多个柔性制造单元，能根据制造任务或生产环境的变化迅速进行调整，适用于多品种、中小批量生产。”

2. FMS的组成

从定义可以看出，典型的FMS主要由三个子系统组成：

(1) 加工系统　加工系统的功能是以任意顺序自动加工各种工件，并能自动地更换工件和刀具。通常由两台以上的数控机床、加工中心或柔性制造单元(FMC)以及其他的加工设备(如测量机、清洗机、动平衡机和各种特种加工设备等)所组成。

(2) 储运系统　包含传送带、有轨小车、无轨小车、搬运机器人、上下料托盘、交换工作台等机构，能对刀具、工件和原材料等物料进行自动装卸和传送。

(3) 计算机控制系统　能够实现对FMS的运行控制、刀具管理、质量控制，以及FMS的数据管理和网络通信。

各子系统的构成框图及功能特征如图10-8所示。三个子系统的有机结合，构成了一个制造系统的能量流(通过制造工艺改变工件的形状和尺寸)、物料流(主要指工件和刀具)和信息流(制造过程的信息和数据处理)。

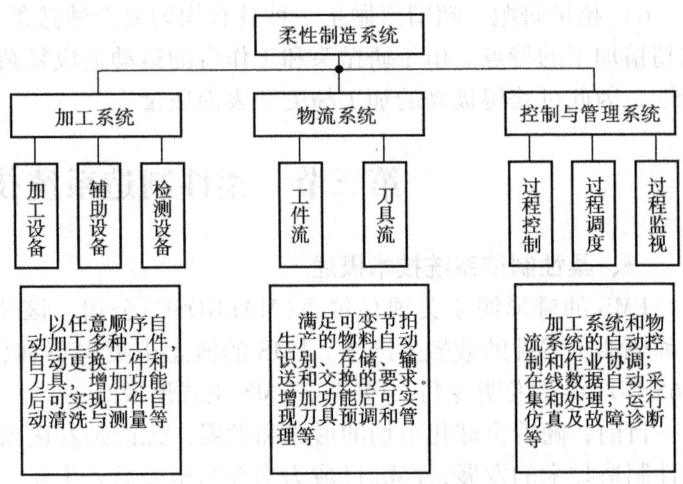

图10-8　FMS的组成框图及功能特征

图10-9是一个典型的柔性制造系统示意图。该系统由4台卧式加工中心、3台立式加工中心、2台平面磨床、2台自动导向小车、2台检验机器人组成，此外还包括自动仓库、托盘站和装卸站等。在装卸站，由人工将工件毛坯安装在托盘夹具上，然后由物料传送系统把毛坯连同托盘夹具输送到第一道工序的加工机床旁边，排队等候加工；一旦该加工机床空闲，就由自动上下料装置立即将工件送上机床进行加工；当每道工序加工完成后，物料传送系统便将该机床加工完成的半成品取出，并送至执行下一道工序的机床等候。如此不停地运行，直至完成最后一道加工工序为止。在这整个运作过程中，除了进行切削加工之外，若有必要还需进行清洗、检验等工序，最后将加工结束的零件入库储存。

三、柔性制造系统(FMS)的控制

1. 控制系统的结构

FMS的控制系统是FMS的核心，负责控制整个系统协调、优化、高效地运行。由于FMS是一个复杂的自动化集成体，其控制系统的结构和性能直接影响整个FMS的柔性、可靠性和自动化程度。

FMS的控制系统通常采用递阶控制的结构形式，即通过对系统的控制功能进行正确、合理地分解，划分成若干层次，各层次分别进行独立处理，完成各自的功能，层与层之间在

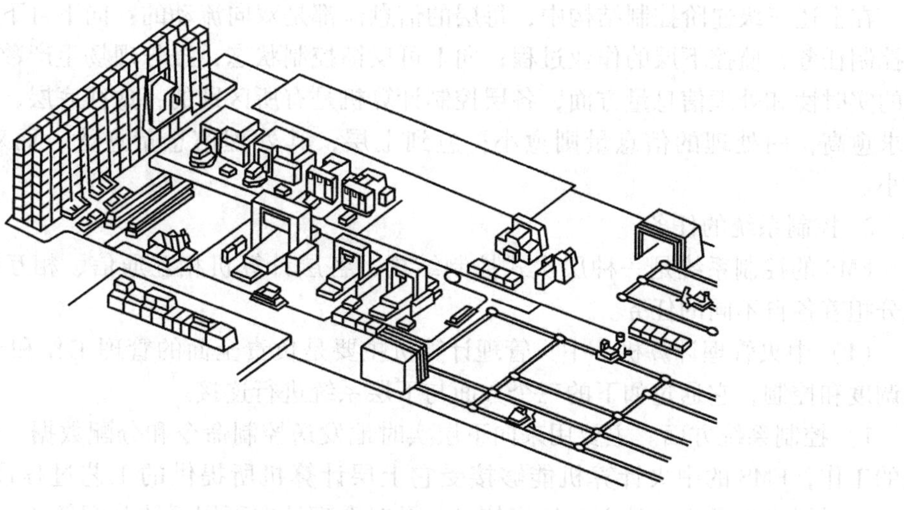

图 10-9 典型的柔性制造系统示意图

网络和数据库的支持下，保持信息交换，上层向下层发送命令，下层向上层回送命令的执行结果。通过信息联系，构成完整的系统，以减少全局控制的难度和控制软件开发的难度。FMS 的递阶控制结构一般采用三层，其参考模型如图 10-10 所示。

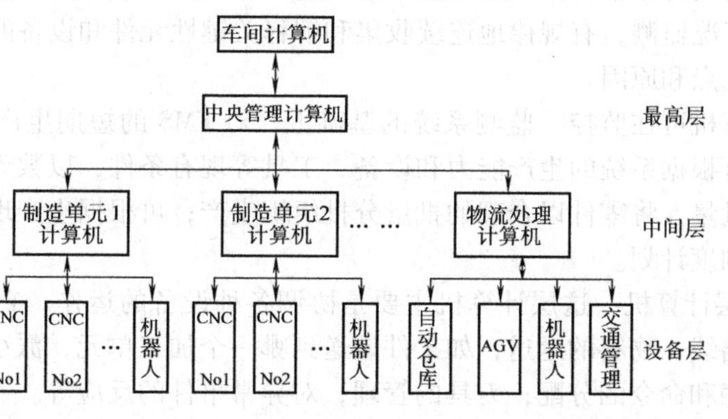

图 10-10 FMS 多级递阶控制系统

第一层为系统管理与控制层(中央管理计算机)，这是 FMS 中全部生产活动的总体控制系统。它按上级下达的计划制定系统内的作业计划，实时分配作业任务到各工作站、点，监控作业任务的执行状况，协调各部门与 FMS 的工作及相互支援等，起沟通及与上级(车间级)控制系统联系的桥梁作用。

第二层是过程协调与监控层，它将来自中央计算机的数据和任务分送到底层的各个 CNC 装置和其他控制装置上去，并协调底层的工作。完成各设备间的交换和系统运行状态的监视与控制、加工程序的分配以及工况和设备运行数据的采集与向上级控制器的报告等。现场操作人员主要通过该层界面实现对整个系统的实时运控与现场调度。

第三层是设备控制层。它由加工机床、机器人、AGV、自动化仓库等设备的 CNC 装置和 PLC 逻辑控制装置组成。它直接控制各类加工设备和物料系统的自动工作循环，接受和执行上级系统的控制指令，并向上级系统反馈现场数据和控制信息。

在上述三级递阶控制结构中，每层的信息流都是双向流动的：向下可下达控制指令，分配控制任务，监控下层的作业过程；向上可反馈控制状态，报告现场生产数据。然而，在控制的实时性和处理信息量方面，各层控制计算机是有所区别的：愈往底层，其控制的实时性要求愈高，而处理的信息量则愈小；愈到上层，其处理信息量愈大，而对实时性要求则愈小。

2. 控制系统的任务

FMS 的控制系统是一种层次式控制结构，各层计算机相互通信、相互协同地工作，但又分担着各自不同的任务。

（1）中央管理计算机　中央管理计算机主要是负责全面的管理工作和支持 FMS 按计划的调度和控制，它通过如下的三个方面与下层系统进行连接。

1）控制系统方面。主要用来向下层实时地发送控制命令和分配数据。为了支持控制系统的工作，FMS 的中央计算机能够接受它上层计算机所提供的工艺过程设计、NC 零件程序、工时标准以及生产计划和调度信息，及时合理地向下层系统分配任务，发送控制指令。

2）监控系统方面。主要用来实时采集现场工况，把收集的信息看作系统的反馈信号，以它们为基础作出决策，控制被监控的过程。

3）监测系统方面。主要用来观察系统的运行情况，将所收到的信息登记备用，计算机将利用这些信息定期打印报告供决策系统检索。例如，定期登记刀具寿命值作为刀具管理的基本信息；在线工况监测，有规律地连续收集和解释关键性元件和设备的运行状态，用这些信息预测故障的地点和原因。

中央管理计算机可在监控、监测系统的基础上，对 FMS 的短期生产计划和调度计划作出决策。例如，可根据系统的生产能力和设备、工具等现有条件，以数天或数周为计划周期计算最佳的生产批量，将零件以合理的批量分批组织生产；可根据生产现场工况，选择最佳工艺路线，制定调度计划。

（2）工作站层计算机　这层计算机主要是协调各种设备的运作。它需要做出如下的决策：零件的工艺路线；物料的运送，如工件该送到哪一个加工单元，派小车到何处拣取加工好的工件等；程序和命令的分配；刀具的管理；对异常事件的反应等。

（3）设备层计算机　设备层计算机的任务是执行各种操作。系统中的主要设备是由 CNC 系统控制的，只要下达的程序和命令没有差错，所有设备都能按照指令完成规定的操作。这一级控制系统要完成的主要操作任务如下：①接收程序和命令；②接受调度命令，运输物料；③各类工作站设备按程序执行操作；④为下一步操作准备夹具或更换已磨损的刀具；⑤传感器信息采样，部分采样信息作为 CNC 系统的反馈信息，其他送往上层计算机。

本章小结

先进制造技术是制造业不断吸收信息技术及现代化管理等方面的成果，将其综合应用于产品设计、制造、检测、管理、销售、使用、服务乃至回收的制造全过程，可以实现优质、高效、低耗、清洁、灵活生产，并可提高企业对动态多变的产品市场的适应能力和竞争能力。先进制造技术一方面发展了以数控机床为基础的自动化加工技术，另一方面发展了各种新的加工方法和加工工艺，比较典型的有(超)高速切削、(超)精密切削技术、干切削等。

复习思考题

1. 先进制造技术的定义及特点是什么?
2. 简述先进制造技术的发展趋势。
3. 什么是激光加工?简述它的工作原理及特点。
4. 简述激光加工的应用。
5. 纳米级加工精度包含哪些内容?
6. 简述高速切削的特点及应用。
7. 何为超精密加工?目前应用最广泛的超精密加工工艺有哪些?
8. 高速切削的关键技术有哪些?
9. 简述 ELID 技术的基本原理。
10. 简述柔性制造系统(FMS)的定义。
11. FMS 由哪几部分组成?各有什么作用?

附录

附录 A 常用车床、钻床类、组、系划分表(摘自 GB/T 15375—1994)

一、车床类 C

组		系		主参数	
代号	名称	代号	名称	折算系数	名称
0	仪表车床	0	仪表台式精整车床	1/10	床身上最大回转直径
		1			
		2			
		3	仪表转塔车床	1	最大棒料直径
		4	仪表卡盘车床	1/10	床身上最大回转直径
		5	仪表精整车床	1/10	床身上最大回转直径
		6	仪表卧式车床	1/10	床身上最大回转直径
		7	仪表棒料车床	1	最大棒料直径
		8	仪表轴车床	1/10	床身上最大回转直径
		9	仪表卡盘精整车床	1/10	床身上最大回转直径
1	单轴自动车床	0	主轴箱固定型自动车床	1	最大棒料直径
		1	单轴纵切自动车床	1	最大棒料直径
		2	单轴横切自动车床	1	最大棒料直径
		3	单轴转塔自动车床	1	最大棒料直径
		4	单轴卡盘自动车床	1/10	床身上最大回转直径
		5			
		6	正面操作自动车床	1	最大车削直径
		7			
		8			
		9			
2	多轴自动、半自动车床	0	多轴平行作业棒料自动车床	1	最大棒料直径
		1	多轴棒料自动车床	1	最大棒料直径
		2	多轴卡盘自动车床	1/10	卡盘直径
		3			
		4	多轴可调棒料自动车床	1	
		5	多轴可调卡盘自动车床	1/10	卡盘直径
		6	立式多轴半自动车床	1/10	最大车削直径
		7	立式多轴平行作业半自动车床	1/10	最大车削直径
		8			
		9			

（续）

一、车床类 C

组		系		主参数	
代号	名称	代号	名称	折算系数	名称
3	回转、转塔车床	0	回轮车床	1	最大棒料直径
		1	滑鞍转塔车床	1/10	卡盘直径
		2	棒料滑枕转塔车床	1	最大棒料直径
		3	滑鞍转塔车床	1/10	卡盘直径
		4	组合式转塔车床	1/10	最大棒料直径
		5	横移转塔车床	1/10	最大棒料直径
		6	立式双轴转塔车床	1/10	最大棒料直径
		7	立式转塔车床	1/10	最大棒料直径
		8	立式卡盘车床	1/10	卡盘直径
		9			
4	曲轴及凸轮轴车床	0	旋风切削曲轴车床	1/100	转盘内孔直径
		1	曲轴车床	1/10	最大工件回转直径
		2	曲轴主轴颈车床	1/10	最大工件回转直径
		3	曲轴连杆颈车床	1/10	最大工件回转直径
		4			
		5	多刀凸轮轴车床	1/10	最大工件回转直径
		6	凸轮轴车床	1/10	最大工件回转直径
		7	凸轮轴中轴颈车床	1/10	最大工件回转直径
		8	凸轮轴端轴颈车床	1/10	最大工件回转直径
		9	凸轮轴凸轮车床	1/10	最大工件回转直径
5	立式车床	0			
		1	单柱立式车床	1/100	最大车削直径
		2	双柱立式车床	1/100	最大车削直径
		3	单柱移动立式车床	1/100	最大车削直径
		4	双柱移动立式车床	1/100	最大车削直径
		5	工作台移动单柱立式车床	1/100	最大车削直径
		6			
		7	定梁单柱立式车床	1/100	最大车削直径
		8	定梁双柱立式车床	1/100	最大车削直径
		9			
6	落地及卧式车床	0	落地车床	1/100	最大工件回转直径
		1	卧式车床	1/10	床身上最大回转直径
		2	马鞍车床	1/10	床身上最大回转直径
		3	轴车床	1/10	床身上最大回转直径
		4	卡盘车床	1/10	床身上最大回转直径
		5	球面车床	1/10	刀架上最大回转直径
		6			
		7			
		8			
		9			

（续）

一、车床类 C

组		系		主参数	
代号	名称	代号	名称	折算系数	名称
7	仿形及多刀车床	0	转塔仿形车床	1/10	刀架上最大车削直径
		1	仿形车床	1/10	刀架上最大车削直径
		2	卡盘仿形车床	1/10	刀架上最大车削直径
		3	立式仿形车床	1/10	最大车削直径
		4	转塔卡盘多刀车床	1/10	刀架上最大车削直径
		5	多刀车床	1/10	刀架上最大车削直径
		6	卡盘多刀车床	1/10	刀架上最大车削直径
		7	立式多刀车床	1/10	刀架上最大车削直径
		8	异形仿形车床	1/10	刀架上最大车削直径
		9			
8	轮、轴、辊、锭及铲齿车床	0	车轮车床	1/100	最大工件直径
		1	车由车床	1/10	最大工件直径
		2	动轮曲拐销车床	1/100	最大工件直径
		3	轴颈车床	1/100	最大工件直径
		4	轧辊车床	1/10	最大工件直径
		5	钢锭车床	1/10	最大工件直径
		6			
		7	立式车轮车床	1/100	最大工件直径
		8			
		9	铲齿车床	1/10	最大工件直径
9	其他车床	0	落地镗车床		最大工件回转直径
		1			
		2	单能半自动车床		刀架上最大车削直径
		3	气缸套镗车床		床身上最大回转直径
		4			
		5	活塞车床		最大车削直径
		6	轴承车床		最大车削直径
		7	活塞环车床		最大车削直径
		8	钢锭模车床		最大车削直径
		9			

二、钻床类 Z

组		系		主参数	
代号	名称	代号	名称	折算系数	名称
0		0			
		1			
		2			
		3			
		4			
		5			
		6			
		7			
		8			
		9			

（续）

二、钻床类 Z

组		系			主参数
代号	名称	代号	名　称	折算系数	名　称
1	坐标镗床钻床	0	台式坐标镗床钻床	1/10	工作台面宽度
		1			
		2			
		3	立式坐标镗钻床	1/10	工作台面宽度
		4	转塔坐标镗钻床	1/10	工作台面宽度
		5			
		6	定臂坐标镗钻床	1/10	工作台面宽度
		7			
		8			
		9			
2	深孔钻床	0			
		1	深孔钻床	1/10	最大钻孔直径
		2			
		3			
		4			
		5			
		6			
		7			
		8			
		9			
3	摇臂钻床	0	摇臂钻床	1	最大钻孔直径
		1	万向摇臂钻床	1	最大钻孔直径
		2	车式摇臂钻床	1	最大钻孔直径
		3	滑座摇臂钻床	1	最大钻孔直径
		4	坐标摇臂钻床	1	最大钻孔直径
		5	滑座万向摇臂钻床	1	最大钻孔直径
		6	无底座式万向摇臂钻床	1	最大钻孔直径
		7	移动万向摇臂钻床	1	最大钻孔直径
		8			
		9			
4	台式钻床	0	台式钻床	1	最大钻孔直径
		1	工作台台式钻床	1	最大钻孔直径
		2	可调多轴台式钻床	1	最大钻孔直径
		3	转塔台式钻床	1	最大钻孔直径
		4	台式攻钻床	1	最大钻孔直径
		5			
		6	台式排钻床	1	最大钻孔直径
		7			
		8			
		9			

（续）

二、钻床类 Z

组		系		主参数	
代号	名称	代号	名称	折算系数	名称
5	立式钻床	0	圆柱立式钻床	1	最大钻孔直径
		1	方柱立式钻床	1	最大钻孔直径
		2	可调多轴立式钻床	1	最大钻孔直径
		3	转塔立式钻床	1	最大钻孔直径
		4	圆方柱立式钻床	1	最大钻孔直径
		5			
		6	立式排钻床	1	最大钻孔直径
		7	十字工作台立式钻床	1	最大钻孔直径
		8			
		9	升降十字工作台立式钻床	1	最大钻孔直径
6	卧式钻床	0			
		1			
		2	卧式钻床	1	最大钻孔直径
		3			
		4			
		5			
		6			
		7			
		8			
		9			
7	铣钻床	0	台式铣钻床	1	最大钻孔直径
		1	立式铣钻床	1	最大钻孔直径
		2			
		3			
		4	龙门式铣钻床	1	最大钻孔直径
		5	十字工作台立式铣钻床	1	最大钻孔直径
		6	镗铣钻床	1	最大钻孔直径
		7	磨铣钻床	1	最大钻孔直径
		8			
		9			
8	中心孔钻床	0			
		1	中心孔钻床	1/10	最大钻孔直径
		2	平端面中心孔钻床	1/10	最大钻孔直径
		3			
		4			
		5			
		6			
		7			
		8			
		9			
9	其他钻床	0	双面卧式玻璃钻床	1	最大钻孔直径
		1	数控印制板钻床	1	最大钻孔直径
		2	数控印制板铣钻床	1	最大钻孔直径
		3			
		4			
		5			
		6			
		7			
		8			
		9			

附录 B　卧式车床精度标准(摘自 GB/T 4020—1997)

序号	简　图	检 验 项 目	公差①/mm			检 验 工 具
			精 度 级	普 通 级		
			D_a≤500 和 DC≤1500	D_a≤800	800 < D_a≤1600	
G1	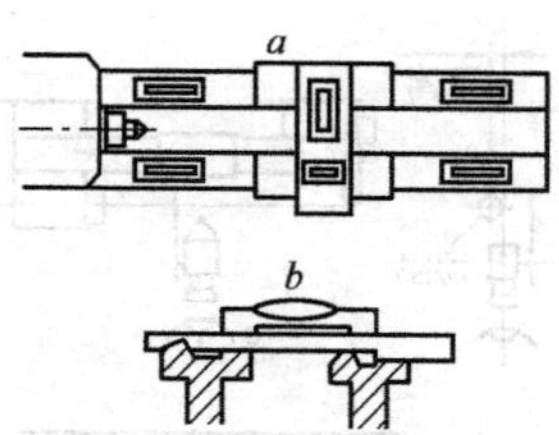	A—床身导轨调平 a. 纵向： 导轨在垂直平面内的直线度	DC≤500 0.01(凸)	DC≤500 0.01(凸)	0.015(凸)	精密水平仪、光学仪器或其他方法
			500 < DC≤1000 0.015(凸) 局部公差② 任意 250 测量长度上为 0.005	500 < DC≤1000 0.02(凸)	0.03(凸)	
				局部公差 任意 250 测量长度上为 0.0075	0.01	
			1000 < DC≤1500 0.02(凸) 局部公差② 任意 250 测量长度上为 0.005	DC > 1000 最大工件长度每增加 1000 公差增加 0.01	0.02	
				局部公差任意 500 测量长度上为 0.015	0.02	
		b. 横向： 导轨的平行度	b. 水平仪的变化 0.03/1000	b. 水平仪的变化　0.04/1000		精密水平仪

（续）

<table>
<tr><th rowspan="3">序号</th><th rowspan="3">简　图</th><th rowspan="3">检 验 项 目</th><th colspan="3">公差①/mm</th><th rowspan="3">检 验 工 具</th></tr>
<tr><th>精 度 级</th><th colspan="2">普 通 级</th></tr>
<tr><th>$D_a \leqslant 500$ 和
$DC \leqslant 1500$</th><th>$D_a \leqslant 800$</th><th>$800 < D_a \leqslant 1600$</th></tr>
<tr><td rowspan="5">G2</td><td rowspan="5">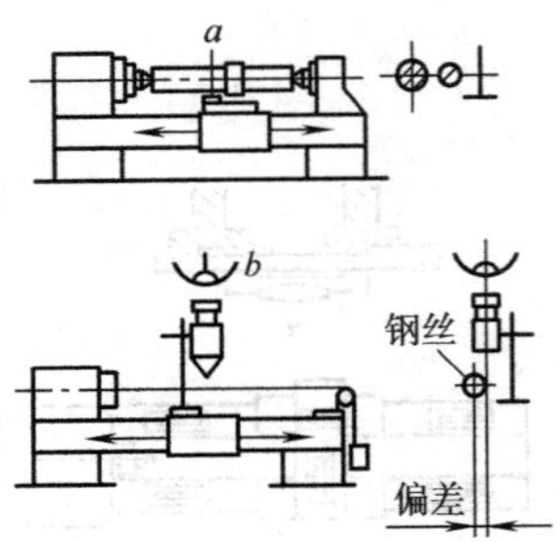</td><td rowspan="5">B—床鞍
床鞍移动在水平面内的直线度
在两顶尖轴线和刀尖所确定的平面内检验</td><td rowspan="2">$DC \leqslant 500$
0.01</td><td colspan="2">$DC \leqslant 500$</td><td rowspan="5">a. 对于 $DC \leqslant 2000$m：指示器和两顶尖间的检验棒或平尺
b. 不管 DC 为任何值：钢丝和显微镜或光学方法</td></tr>
<tr><td>0.015</td><td>0.02</td></tr>
<tr><td>$500 < DC \leqslant 1000$
0.015</td><td>0.02</td><td>0.025</td></tr>
<tr><td rowspan="2">$1000 < DC \leqslant 1500$
0.02</td><td colspan="2">$DC > 1000$
最大工件长度每增加 1000 公差增加 0.005
最大公差</td></tr>
<tr><td>0.03</td><td>0.05</td></tr>
<tr><td rowspan="3">G3</td><td rowspan="3">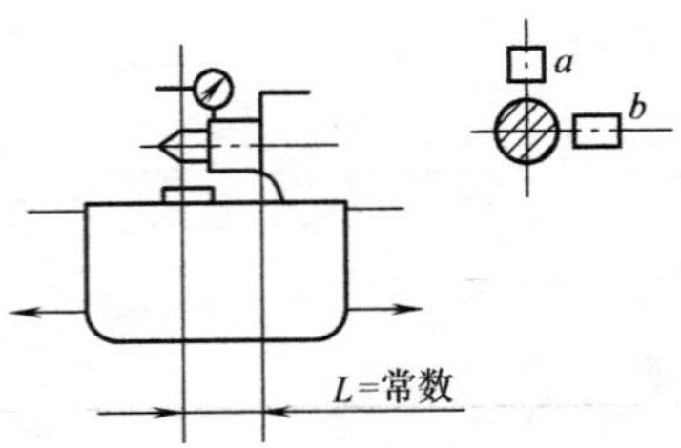</td><td rowspan="3">尾座移动对床鞍移动的平行度
a. 在水平面内
b. 在垂直平面内</td><td rowspan="3">a. 0.02 局部公差，任意 500 测量长度上为 0.01
b. 0.03 局部公差，任意 500 测量长度上为 0.02</td><td colspan="2">$DC \leqslant 1500$</td><td rowspan="3">指示器</td></tr>
<tr><td>a 和 b　0.03</td><td>a 和 b　0.04</td></tr>
<tr><td colspan="2">局部公差
任意 500 测量长度上为 0.02
$DC > 1500$
a 和 b　0.04
局部公差
任意 500 测量长度上为 0.03</td></tr>
<tr><td rowspan="2">G4</td><td rowspan="2">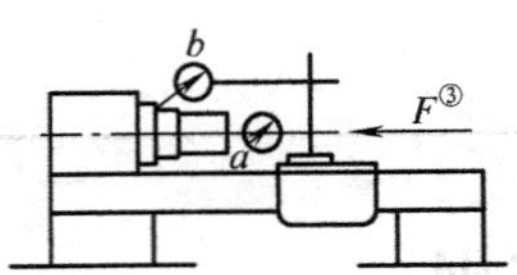</td><td rowspan="2">C—主轴
a. 主轴轴向窜动
b. 主轴轴肩支承面的跳动</td><td rowspan="2">a. 0.005
b. 0.01 包括轴向窜动</td><td>a. 0.01
b. 0.02</td><td>a. 0.015
b. 0.02</td><td rowspan="2">指示器和专用检具</td></tr>
<tr><td colspan="2">包括轴向窜动</td></tr>
</table>

（续）

序号	简图	检验项目	公差①/mm			检验工具
			精度级	普通级		
			$D_a \leqslant 500$ 和 $DC \leqslant 1500$	$D_a \leqslant 800$	$800 < D_a \leqslant 1600$	
G5	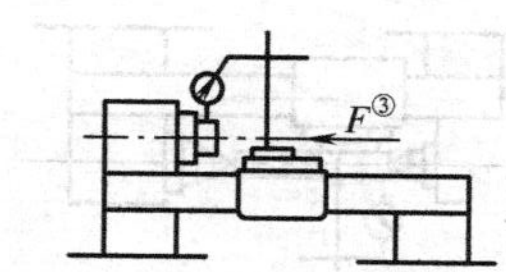	主轴定心轴颈的径向跳动	0.007	0.01	0.015	指示器
G6	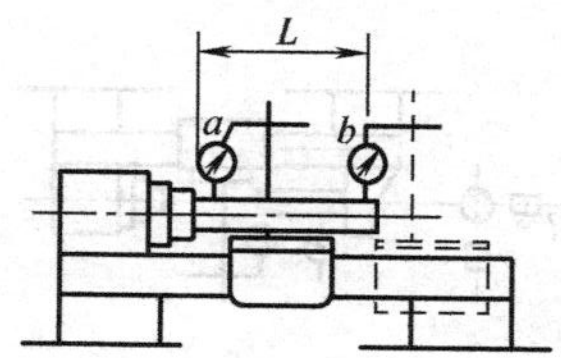	主轴锥孔轴线的径向跳动 a. 靠近主轴端面 b. 距主轴端面 $D_a/2$ 或不超过 300mm	a. 0.005 b. 在 300 测量长度上为 0.015，在 200 测量长度上为 0.01，在 100 测量长度上为 0.005	a. 0.01 b. 在 300 测量长度上为 0.02	a. 0.015 b. 在 500 测量长度上为 0.05	指示器和检验棒
G7	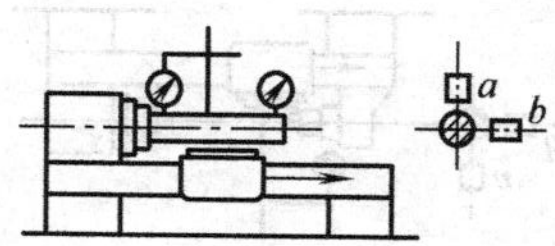	主轴轴线对床鞍纵向移动的平行度 测量长度 $D_a/2$ 或不超过 300mm a. 在水平面内 b. 在垂直平面内	a. 在 300 测量长度上为 0.01 向前 b. 在 300 测量长度上为 0.02 向上	a. 在 300 测量长度上为 0.015 向前 b. 在 300 测量长度上为 0.02 向上	a. 在 500 测量长度上为 0.03 向前 b. 在 500 测量长度上为 0.04 向上	指示器和检验棒
G8	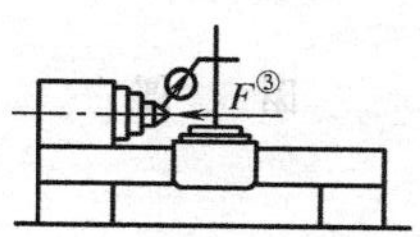	主轴顶尖的径向跳动	0.01	0.015	0.02	指示器

（续）

序号	简　图	检 验 项 目	公差①/mm			检 验 工 具
			精 度 级	普 通 级		
			D_a≤500 和 DC≤1500	D_a≤800	800＜D_a≤1600	
G9	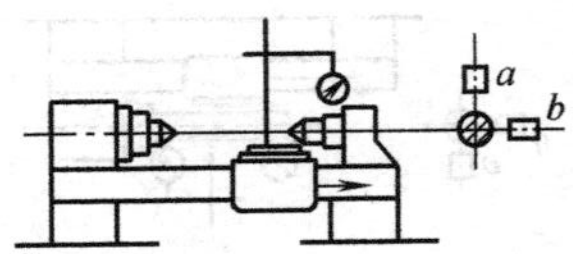	D—尾座 尾座套筒轴线对床鞍移动的平行度： a. 在水平面内 b. 在垂直平面内	a. 在 100 测量长度上为 0.01 向前 b. 在 100 测量长度上为 0.015 向上	a. 在 100 测量长度上为 0.015 向前 b. 在 100 测量长度上为 0.02 向上	a. 在 100 测量长度上为 0.02 向前 b. 在 100 测量长度上为 0.03 向上	指示器
G10	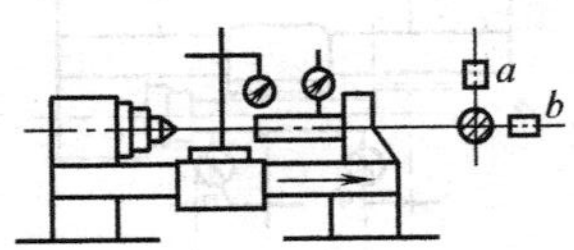	尾座套筒锥孔轴线对床鞍移动的平行度： 测量长度为 $D_a/2$ 或不超过 300mm a. 在水平面内 b. 在垂直平面内	a. 在 300 测量长度上为 0.02 向前 b. 在 300 测量长度上为 0.02 向上	a. 在 300 测量长度上为 0.03 向前 b. 在 300 测量长度上为 0.03 向上	a. 在 300 测量长度上为 0.05 向前 b. 在 300 测量长度上为 0.05 向上	指示器和检验棒
G11	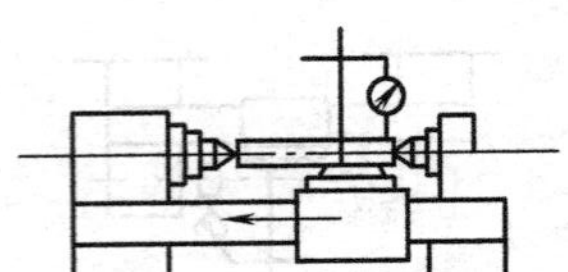	E—顶尖 主轴和尾座两顶尖的等高度	0.02 尾座顶尖高于主轴顶尖	0.04 尾座顶尖高于主轴顶尖	0.06 尾座顶尖高于主轴顶尖	指示器和检验棒
G12	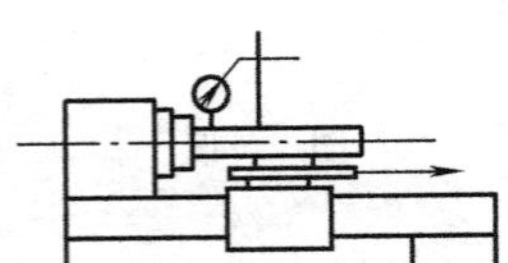	F—小滑板 小滑板纵向移动对主轴轴线的平行度	在 150 测量长度上为 0.015	在 300 测量长度上为 0.04		指示器和检验棒

（续）

序号	简图	检验项目	公差①/mm 精度级	公差①/mm 普通级		检验工具
			$D_a \leqslant 500$ 和 $DC \leqslant 1500$	$D_a \leqslant 800$	$800 < D_a \leqslant 1600$	
G13	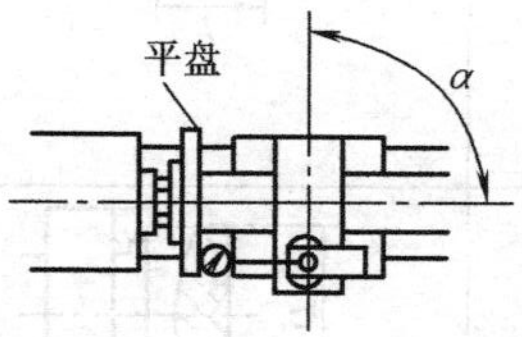	G—中滑板 中滑板横向移动对主轴轴线的垂直度	0.01/300 偏差方向 $\alpha \geqslant 90°$	0.02/300 偏差方向 $\alpha \geqslant 90°$		指示器和平盘或平尺
G14	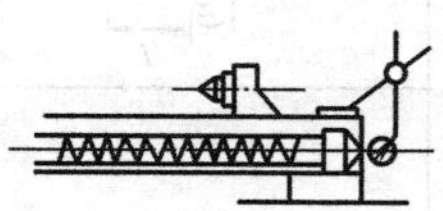	H—丝杠 丝杠的轴向窜动	0.01	0.015	0.02	指示器
G15		由丝杠所产生的螺距累积误差	a. 任意 300 测量长度上为 0.03 b. 任意 300 测量长度上为 0.01	a. 在 300 测量长度上为 $DC \leqslant 200$ 0.04 $DC > 2000$ 最大工件长度每增加 1000，公差增加 0.005 最大公差： 0.005 b. 任意 60 测量长度上为 0.015		电传感器、标准丝杠、长度规和指示器

① DC = 最大工件长度，D_a = 床身上最大回转直径。

② 形状位置公差通常是指整个形状位置上的公差，它不能满意地限制局部长度上的允许偏差，为此可建立一个针对全长上的一部分而言的局部公差来达到目的。

③ F 为消除主轴轴承的轴向游隙而施加的恒定力。

附录C　卧式车床工作精度(GB/T 4020—1997)

序号	简　图	检验性质	切削条件	检验项目	公差①/mm 精度级	公差①/mm 普通级		检验工具
					$D_a \leqslant 500$ 和 $DC \leqslant 1500$	$D_a \leqslant 800$	$800 < D_a \leqslant 1600$	
P1	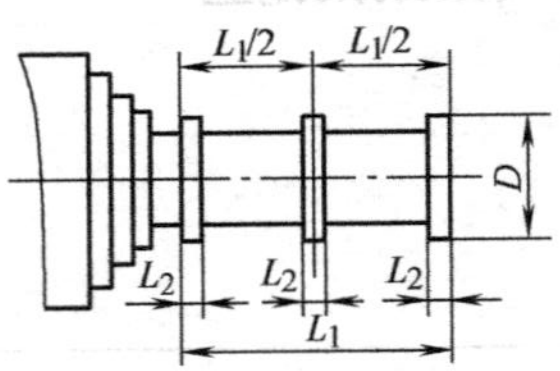	车削夹在卡盘中的圆柱试件①(圆柱试件也可插入主轴锥孔中) $D \geqslant D_a/8$ $L_1 = 0.5D_a$ $L_{1max} = 500mm$ $L_{2max} = 20mm$	用单刃刀具在圆柱体上车削三段直径(如果 $L_1 < 50mm$ 则车削两段直径)	精车外圆 a. 圆度 试件固定端环带处的直径变化，至少取四个读数(见 GB/T 1958) b. 在纵截面内直径的一致性 在同一纵向截面内测得的试件各端环带处加工后直径间的变化，应当是大直径靠近主轴端	a. 0.007 b. 0.02 $L_1 = 300$ 相邻环带间的差值不应超过两端环带之间测量差值的75%(只有两个环带时除外)	a. 0.01 b. 0.04 $L_1 = 300$	a. 0.02 b. 0.04 $L_1 = 300$	圆度仪或外径千分尺棒
P2	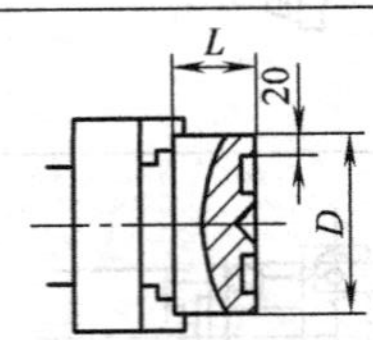	车削夹在卡盘中的圆柱试件① $D \geqslant 0.5D_a$ $L_{max} = D_a/8$	车削垂直于主轴的平面(仅车两段或三段平面,其中之一为中间平面)	精车端面的平面度只许凹	300 直径上为 0.015	300 直径上为 0.025		平尺和量块或指示器
P3	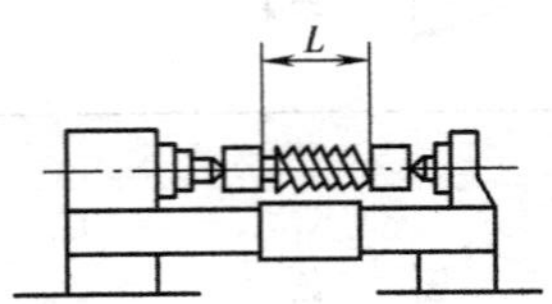	圆柱试件①的螺纹加工 $L = 300mm$ 车三角形螺纹(GB/T 192)	从丝杠某一点开始切削螺纹，试件的直径和螺距应尽可能接近丝杠的直径和螺距	精车 300mm 长螺纹的螺距累积误差	a. 在 300 测量长度上为 0.03 b. 任意 60 测量长度上为 0.01	a. 在 300 测量长度上为： $DC \leqslant 2000$ 0.04 $DC > 2000$ 最大工件长度每增加 1000，公差增加 0.005 最大公差：0.05 b. 任意 60 测量长度上为 0.015		专用检验工具

① 试件用易切钢或铸铁件

参考文献

[1] 马鹏飞．钳工与装配技术[M]．北京：化学工业出版社，2004.

[2] 王兴民．钳工工艺学[M]．北京：中国劳动出版社，1996.

[3] 易幸育．机修钳工工艺学[M]．北京：中国劳动社会保障出版社，2005.

[4] 刘忠伟．先进制造技术[M]．北京：国防工业出版社，2006.

[5] 王侃夫．数控机床故障诊断及维护[M]．北京：机械工业出版社，2005.

[6] 吴国华．金属切削机床[M]．北京：机械工业出版社，2004.

[7] 姜波．钳工工艺学[M]．4 版．北京：中国劳动社会保障出版社，2005.